KB144761

NCS(국가직무능력표준) 기반 출제기준 반영 / CBT 대비서

중장비 운전기능사

개정판

지게차, 굴삭기, 불도저, 로더, 천공기, 모터그레이더, 기중기운전기능사

탁덕기, 최성욱, 주용호, 박찬모, 정욱재 지음

 (주)도서출판 **성안당**

■ 도서 A/S 안내

성안당에서 발행하는 모든 도서는 저자와 출판사, 그리고 독자가 함께 만들어 나갑니다.

좋은 책을 펴내기 위해 많은 노력을 기울이고 있습니다. 혹시라도 내용상의 오류나 오탈자 등이 발견되면 "좋은 책은 나라의 보배"로서 우리 모두가 함께 만들어 간다는 마음으로 연락주시기 바랍니다. 수정 보완하여 더 나은 책이 되도록 최선을 다하겠습니다.

성안당은 늘 독자 여러분들의 소중한 의견을 기다리고 있습니다. 좋은 의견을 보내주시는 분께는 성안당 쇼핑몰의 포인트(3,000포인트)를 적립해 드립니다.

잘못 만들어진 책이나 부록 등이 파손된 경우에는 교환해 드립니다.

저자 문의 : tak7355@daum.net(탁덕기)

본서 기획자 e-mail : coh@cyber.co.kr(최옥현)

홈페이지 : http://www.cyber.co.kr 전화 : 031) 950-6300

머리말

　우리나라의 건설기계시장은 건설 경기 여파에 따라 크게 좌우되며, 현재 국내 건설경기 침체로 인하여 유휴 건설장비와 많은 건설장비 운전자의 일자리 축소 및 수입이 절감하고 있습니다. 다행히 해외건설경기 호황에 따른 국내 중장비 제조업체들의 브라질, 중국, 인도 등의 브릭스 국가들에 대한 해외 수출 증가와 70년대 이후 계속 보급되어 온 국내 건설기계들의 노후화와 현재 출시되는 첨단기술이 적용된 건설기계들에 대한 유지 보수의 필요에 따라 절대적으로 부족한 건설장비 정비와 운전자가 가장 유망한 직종이 되고 있습니다.

　따라서 본 교재에는

　첫째, 전공과 무관한 건설기계운전 수험생들을 위해 이해가 어려운 문제들에 가장 쉽게 접근할 수 있도록 최근 기출문제를 철저히 분석하고 문제와 동시에 바로 아래에 주해를 첨삭함으로써 이해를 도왔습니다.

　둘째, 최근 관련법규를 신속히 업데이트하여 수험생들의 편의를 도모하였습니다.

　셋째, 관련 내용을 전공하지 않은 수험자일지라도 문제를 접했을 때 불안하지 않고 쉽게 풀 수 있도록, 현직에서 활동하고 있는 집필자들이 강의를 통해 항상 내용을 개선·보완하여 이론과 문제를 쉽게 이해할 수 있도록 교재를 구성하였습니다.

　본 교재가 수험생 여러분의 학습에 많은 도움이 되기를 바라며, 교재가 나올 수 있도록 작업에 참여한 많은 관계자들의 노고에 감사드립니다.

저자 탁덕기, 최성욱, 주용호, 박찬모, 정욱재

NCS(국가직무능력표준)

■ 국가직무능력표준(NCS)이란?

> 국가직무능력표준(NCS, National Competency Standards)은 산업현장에서 직무를 수행하기 위해 요구되는 지식·기술·태도 등의 내용을 국가가 산업부문별, 수준별로 체계화한 것이다.

(1) 국가직무능력표준(NCS) 개념도

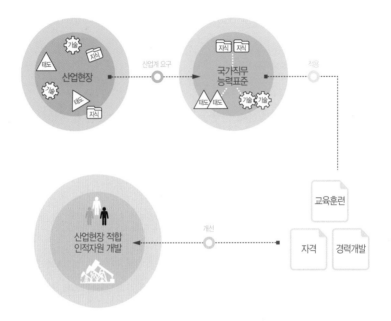

직무능력 : 일을 할 수 있는 On-spec인 능력
① 직업인으로서 기본적으로 갖추어야 할 공통
  능력 → 직업기초능력
② 해당 직무를 수행하는 데 필요한 역량(지식,
  기술, 태도) → 직무수행능력

보다 효율적이고 현실적인 대안 마련
① 실무중심의 교육·훈련 과정 개편
② 국가자격의 종목 신설 및 재설계
③ 산업현장 직무에 맞게 자격시험 전면 개편
④ NCS 채용을 통한 기업의 능력중심 인사관리
  및 근로자의 평생경력 개발 관리 지원

(2) 국가직무능력표준(NCS) 학습모듈

국가직무능력표준(NCS)이 현장의 '직무 요구서'라고 한다면, NCS 학습모듈은 NCS 능력단위를 교육훈련에서 학습할 수 있도록 구성한 '교수·학습 자료'이다.

NCS 학습모듈은 구체적 직무를 학습할 수 있도록 이론 및 실습과 관련된 내용을 상세하게 제시하고 있다.

② 국가직무능력표준(NCS)이 왜 필요한가?

> 능력 있는 인재를 개발해 핵심 인프라를 구축하고, 나아가 국가경쟁력을 향상시키기 위해 국가직무능력표준이
> 필요하다.

(1) 국가직무능력표준(NCS) 적용 전/후

🔍 지금은,

- 직업 교육 · 훈련 및 자격제도
  가 산업현장과 불일치
- 인적자원의 비효율적 관리
  운용

국가직무
능력표준

🔍 바뀝니다.

- 각각 따로 운영되었던 교육 ·
  훈련, 국가직무능력표준 중심
  시스템으로 전환
  (일-교육 · 훈련-자격 연계)
- 산업현장 직무 중심의 인적자원
  개발
- 능력중심사회 구현을 위한 핵심
  인프라 구축
- 고용과 평생 직업능력개발 연계
  를 통한 국가경쟁력 향상

(2) 국가직무능력표준(NCS) 활용범위

기업체 Corporation	교육훈련기관 Education and training	자격시험기관 Qualification
- 현장 수요 기반의 인력채용 및 인사 관리 기준 - 근로자 경력개발 - 직무기술서	- 직업교육 훈련과정 개발 - 교수계획 및 매체, 교재 개발 - 훈련기준 개발	- 자격종목의 신설 · 통합 · 폐지 - 출제기준 개발 및 개정 - 시험문항 및 평가 방법

❸ NCS 학습모듈(www.ncs.go.kr)

(1) NCS '지게차' 직무 정의

지게차 운전이란 지게차를 사용하여 작업현장에서 화물을 적재 또는 하역하거나 운반하는 일이다.

① '지게차' NCS 학습모듈

대분류	중분류	소분류	세분류
14. 건설	07. 건설기계운전 · 정비	04. 적재기계운전	01. 지게차

② 능력단위별 능력단위요소

분류번호	능력단위	수준	능력단위요소
1407040101_16v2	장비구조	2	엔진구조 익히기
			전기장치 익히기
			전 · 후진 주행장치 익히기
			유압장치 익히기
			작업장치 익히기
1407040111_16v2	핸들 및 레버조작	2	레버 조작하기
			방향 전환하기
1407040112_16v2	작업장치 및 주행장치조작	2	운반 및 하역작업하기
			스위치 조작 및 계기판 확인하기
1407040103_16v2	작업계획 수립	3	작업요청서 확인하기
			화물의 종류에 따른 작업계획 수립하기
			화물크기 및 중량 확인하기
			장비 선정하기
1407040104_16v2	안전관리	2	안전보호구 착용 및 안전장치 확인하기
			위험요소 확인하기
			안전운반 작업하기
			장비 안전관리하기
1407040105_16v2	작업장 확인	2	작업현장 점검하기
			지반확인하기
			장애물 파악하기
			안전표시 및 안전작업 준비하기

분류번호	능력단위	수준	능력단위요소
1407040106_16v2	작업 전 점검	2	외관점검하기
			누유·누수 확인하기
			계기판 점검하기
			마스트·체인 점검하기
			엔진시동 상태 점검하기
1407040113_16v2	화물 적재 및 하역작업	3	화물의 무게중심 확인하기
			화물 하역작업하기
1407040114_16v2	화물 운반작업	2	전·후진 주행하기
			화물 운반작업하기
1407040115_16v2	운전시야확보	2	운전시야 확보하기
			장비 및 주변상태 확인하기
1407040108_16v2	작업 후 점검	2	안전주차하기
			연료 및 충전상태 점검하기
			외관점검하기
			작업 및 관리일지 작성하기
1407040109_16v2	사후유지관리	2	작업·조정장치 점검하기
			엔진 관리하기
			필터류 관리하기
			간단정비하기
1407040116_16v2	도로주행	2	교통법규 준수하기
			안전운전 준수하기
1407040117_16v2	응급대처	2	고장 시 응급처치하지
			교통사고 시 대처하기

(2) NCS '굴삭기' 직무 정의

굴삭기 운전은 건설 현장의 토목공사를 위하여 장비를 조종하여 터파기, 깎기, 상차, 쌓기, 메우기 등의 작업을 수행하는 일이다.

① '굴삭기' NCS 학습모듈

대분류	중분류	소분류	세분류
14. 건설	07. 건설기계운전 · 정비	01. 토공기계운전	01. 모터그레이더운전
			02. 아스팔트피니셔운전
			03. 롤러운전
			04. 불도저운전
			05. 로더운전
			06. 굴삭기운전
			07. 준설선운전

② 능력단위별 능력단위요소

분류번호	능력단위	수준	능력단위요소
1407010601_16v2	작업상황 파악	2	작업목적 파악하기
			작업공정 파악하기
			작업간섭사항 파악하기
			작업관계자 간 의사소통 방법 수립하기
1407010602_16v2	운전 전 점검	2	장비의 주변상황 파악하기
			각부 오일 점검하기
			벨트 · 냉각수 점검하기
			타이어 · 트랙 점검하기
			전기장치 점검하기
1407010603_16v2	장비 시운전	2	엔진 시동 전 · 후 계기판 점검하기
			엔진 예열하기
			각부 작동하기
			주변 여건 확인하기
1407010604_16v2	주행	2	주행성능 장치 확인하기
			작업현장 외 주행하기
			작업현장 내 주행하기
1407010612_16v2	시험 터파기	2	주변 상황 파악하기
			작업 내용 숙지하기
			시험 터파기
1407010613_16v2	터파기	2	관로 터파기
			구조물 터파기

1407010606_16v2	깎기	3	깎기 작업 준비하기
			부지사면 작업하기
			암반 구간 작업하기
			상차 작업하기
1407010607_16v2	쌓기	2	쌓기 작업 준비하기
			쌓기 작업하기
			야적 작업하기
1407010608_16v2	메우기	2	메우기 작업 준비하기
			메우기 작업하기
			되메우기 작업하기
1407010609_16v2	선택장치 작업	2	선택장치 연결하기
			브레이커 작업하기
			크러셔 작업하기
			집게 작업하기
1407010610_16v2	안전·환경관리	2	안전교육 받기
			안전사항 준수하기
			작업 중 점검하기
			환경보존하기
			긴급 상황 조치하기
1407010611_16v2	작업 후 점검	2	필터·오일 교환주기 확인하기
			오일·냉각수 유출 점검하기
			각부 체결상태 확인하기
			각 연결부위 그리스 주입하기

(3) 건설기계 산업현장 직무능력수준(공통)

세분류 직능수준	토공기계운전	기준
5수준	특급	• 기사의 자격을 취득한 후 5년 이상 관련 업무를 수행한 자 • 산업기사의 자격을 취득한 후 8년 이상 관련 업무를 수행한 자 • 기능사의 자격을 취득한 후 11년 이상 관련 업무를 수행한 자
4수준	고급	• 기사의 자격을 취득한 후 2년 이상 관련 업무를 수행한 자 • 산업기사의 자격을 취득한 후 5년 이상 관련 업무를 수행한 자 • 기능사의 자격을 취득한 후 8년 이상 관련 업무를 수행한 자

3수준	중급	• 기사의 자격을 취득한 자 • 기능사의 자격을 취득한 후 2년 이상 관련 업무를 수행한 자 • 건설기계관련 학과의 학사 이상의 학위를 취득한 자 • 건설기계관련 학과의 전문학사 학위를 취득한 후 2년 이상 관련 업무를 수행한 자 • 건설기계관련 학과의 고등학교를 졸업한 후 4년 이상 관련 업무를 수행한 자 • 건설기계관련 학과 외의 학사 이상의 학위를 취득한 후 4년 이상 관련 업무를 수행한 자 • 건설기계관련 학과 외의 전문학사 학위를 취득한 후 6년 이상 관련 업무를 수행한 자 • 건설기계관련 학과 외의 고등학교 이하인 학교를 졸업한 후 10년 이상 관련 업무를 수행한 자
2수준	초급	• 산업기사의 자격을 취득한 자 • 기능사의 자격을 취득한 자 • 건설기계관련 학과의 전문학사 학위를 취득한 자 • 건설기계관련 학과의 고등학교를 졸업한 후 2년 이상 관련 업무를 수행한 자 • 건설기계관련 학과 외의 학사 이상의 학위를 취득한 후 2년 이상 관련 업무를 수행한 자 • 건설기계관련 학과 외의 전문학사 학위를 취득한 후 4년 이상 관련 업무를 수행한 자 • 건설기계관련 학과 외의 고등학교 이하인 학교를 졸업한 후 8년 이상 관련 업무를 수행한 자

CBT[Computer Based Test]

1 CBT란?

CBT란 Computer Based Test의 약자로, 컴퓨터 기반 시험을 의미한다.

정보기기운용기능사, 정보처리기능사, 굴삭기운전기능사, 지게차운전기능사, 제과기능사, 제빵기능사, 한식조리기능사, 양식조리기능사, 일식조리기능사, 중식조리기능사, 미용사(일반), 미용사(피부) 등 12종목은 이미 오래전부터 CBT 시험을 시행하고 있으며, 전산응용기계제도기능사는 2016년 5회 시험부터 CBT 시험이 시행되었다.

CBT 필기시험은 컴퓨터로 보는 만큼 수험자가 답안을 제출함과 동시에 합격 여부를 확인할 수 있다.

2 CBT 시험과정

한국산업인력공단에서 운영하는 홈페이지 큐넷(Q-net)에서는 누구나 쉽게 CBT 시험을 체험할 수 있도록 실제 자격시험 환경과 동일하게 구성한 가상 웹 체험 서비스를 제공하고 있으며, 그 과정을 요약한 내용은 아래와 같다.

(1) 시험 시작 전 신분 확인절차

수험자가 자신에게 배정된 좌석에 앉아 있으면 신분 확인절차가 진행된다.

이것은 시험장 감독위원이 컴퓨터에 나온 수험자 정보와 신분증이 일치하는지를 확인하는 단계이다.

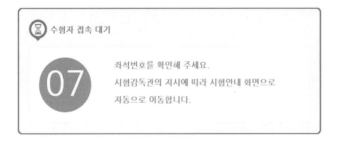

(2) CBT 시험안내 진행

신분 확인이 끝난 후 시험시작 전 CBT 시험안내가 진행된다.

> 안내사항 > 유의사항 > 메뉴 설명 > 문제풀이 연습 > 시험준비 완료

① 시험 [안내사항]을 확인한다.
- 시험은 총 5문제로 구성되어 있으며, 5분간 진행된다. ☞ 자격종목별로 시험문제 수와 시험시간은 다를 수 있다.
   (지게차운전기능사 필기 − 60문제/1시간)
- 시험 도중 수험자 PC 장애 발생 시 손을 들어 시험감독관에게 알리면 긴급장애조치 또는 자리이동을 할 수 있다.
- 시험이 끝나면 합격 여부를 바로 확인할 수 있다.

② 시험 [유의사항]을 확인한다.
   시험 중 금지되는 행위 및 저작권 보호에 관한 유의사항이 제시된다.

③ 문제풀이 [메뉴 설명]을 확인한다.
   문제풀이 기능 설명을 유의해서 읽고 기능을 숙지해야 한다.

④ 자격검정 CBT [문제풀이 연습]을 진행한다.
   실제 시험과 동일한 방식의 문제풀이 연습을 통해 CBT 시험을 준비한다.
- CBT 시험문제 화면의 기본 글자 크기는 150%이다. 글자가 크거나 작을 경우 크기를 변경할 수 있다.
- 화면배치는 1단 배치가 기본 설정이다. 더 많은 문제를 볼 수 있는 2단 배치와 한 문제씩 보기 설정이 가능하다.

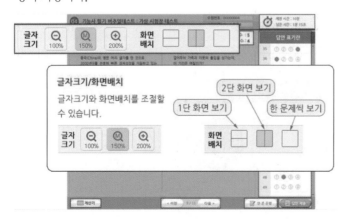

- 답안은 문제의 보기번호를 클릭하거나 답안표기 칸의 번호를 클릭하여 입력할 수 있다.
- 입력된 답안은 문제화면 또는 답안표기 칸의 보기번호를 클릭하여 변경할 수 있다.

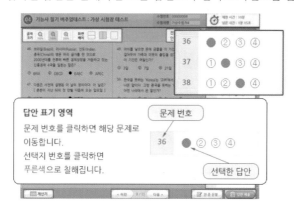

- 페이지 이동은 아래의 페이지 이동 버튼 또는 답안표기 칸의 문제번호를 클릭하여 이동할 수 있다.

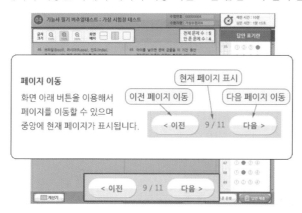

- 응시종목에 계산문제가 있을 경우 좌측 하단의 계산기 기능을 이용할 수 있다.

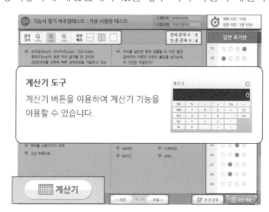

• 안 푼 문제 확인은 답안 표기란 좌측에 안 푼 문제 수를 확인하거나 답안 표기란 하단 [안 푼 문제] 버튼을 클릭하여 확인할 수 있다. 안 푼 문제번호 보기 팝업창에 안 푼 문제번호가 표시된다. 번호를 클릭하면 해당 문제로 이동한다.

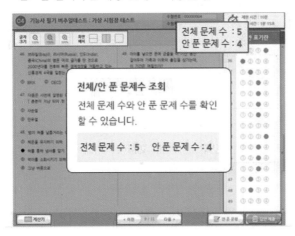

• 시험문제를 다 푼 후 답안 제출을 하거나 시험시간이 모두 경과되었을 경우 시험이 종료되며 시험결과를 바로 확인할 수 있다.

• [답안 제출] 버튼을 클릭하면 답안 제출 승인 알림창이 나온다. 시험을 마치려면 [예] 버튼을 클릭하고 시험을 계속 진행하려면 [아니오] 버튼을 클릭하면 된다. 답안 제출은 실수 방지를 위해 두 번의 확인 과정을 거친다. 이상이 없으면 [예] 버튼을 한 번 더 클릭하면 된다.

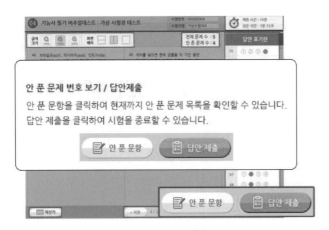

⑤ [시험준비 완료]를 한다.

　시험 안내사항 및 문제풀이 연습까지 모두 마친 수험자는 [시험준비 완료] 버튼을 클릭한 후 잠시 대기한다.

❸ CBT 시험 시행

❹ 답안 제출 및 합격 여부 확인

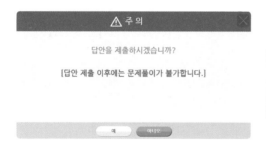

※ 좀 더 자세한 내용은 홈페이지(www.ncs.go.kr)를 방문하여 참고하시기 바랍니다.

1 시행처

- 한국기술자격검정원 : 지게차/굴삭기운전기능사
- 한국산업인력공단 : 불도저/로더/모터그레이더/기중기/천공기운전기능사

2 시험과목 및 합격기준

자격명	구분	시험과목	검정방법 및 합격기준

지게차운전기능사
굴삭기운전기능사
불도저운전기능사
로더운전기능사
모터그레이더운전기능사
기중기운전기능사
천공기운전기능사
	필기	1. 건설기계기관
		2. 전기 및 작업장치
		3. 유압일반
		4. 건설기계관리법규 및 도로통행방법
		5. 안전관리
			• 전과목 혼합, 객관식
			  60문항 (60분)
			• 100점 만점에 60점
			  이상

	실기	운전작업 및 도로주행 작업형 - 지게차 작업형 (6분 정도) - 굴삭기 작업형 (6분 정도) - 불도저 작업형 (5분 정도) - 로더/모터그레이더 작업형 (3분 정도) - 기중기 작업형 (기계식 : 8분 정도, 유압식 : 6분 정도) - 천공기 작업형 (5~10분 정도)	• 작업형 • 100점 만점에 60점 이상

3 시험접수

① 한국기술자격검정원(t.q-net.or.kr)에 접속한 후 메인화면에서 [상시시험 원서접수 및 자격증 발급]을 클릭합니다.

② 화면 상단의 로그인을 클릭한 후 아이디와 비밀번호를 입력하고 [로그인] 버튼을 클릭합니다.

※ 회원가입을 하지 않았다면, [회원가입하기] 버튼을 클릭하고 가입절차를 진행합니다.

③ 메인화면에서 [원서접수]를 클릭합니다.

④ 원서접수 신청절차에 대한 순서를 확인할 수 있으며, 현재 접수 중인 자격증이 표시됩니다.
   [접수하기] 버튼을 클릭한 후 절차에 따라 원서접수를 진행합니다.

※한국인력공단(q-net.or.kr) 원서접수도 동일한 과정으로 진행합니다.

이 책의 특징

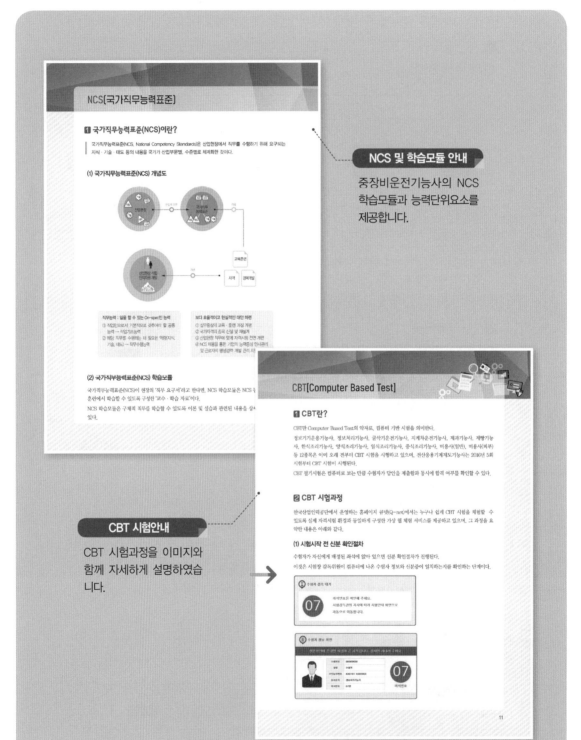

NCS 및 학습모듈 안내

중장비운전기능사의 NCS 학습모듈과 능력단위요소를 제공합니다.

CBT 시험안내

CBT 시험과정을 이미지와 함께 자세하게 설명하였습니다.

Section
3 조향장치

중장비 운전기능사

1 조향장치의 구조

조향장치는 주행 또는 작업 중 방향을 바꾸기 위한 장치이다. 일체차축 방식과 독립 차축 방식이 있으며, 일체 차축 방식은 조향핸들, 조향축, 조향기어 박스, 피트먼암, 드래그링크, 너클암 등으로 구성되며 독립차축 방식은 조향핸들, 조향축, 조향 기어박스, 피트먼암, 링크, 너클암 등으로 구성된다.

2 동력식 조향장치

장비의 대형화로 앞타이어의 접지압력과 면적이 증가함에 따라 신속하고 원활한 조향조작을 위해 기관의 동력으로 오일 펌프를 구동하여 발생한 유압을 동력 조향장치를 설치하여 조 하체드이 조작력을 경감시키는 장치로서 작동부분, 제어부분, 유량조절 밸브 및 유압제어 밸브와 밸브로 구성된다.

가. 동력식 조향장치의 장점

① 조작력이 작아도 된다.
② 조향 기어비를 조작력에 관계없이 선정할 수 있다.
③ 조향 핸들의 시미(흔들림)현상을 방지할 수 있다.

112 | Chapter 3 · 건설기계 섀시장치

핵심이론 정리

각 과목별로 출제비중이 높은 이론을 이해하기 쉬운 그림과 함께 구성하였습니다.

---

1. 건설기계기관

중장비 운전기능사

01 기관에서 실화(miss fire)가 일어났을 때의 현상으로 맞는 것은?

① 연료소비가 적다.
② 엔진의 출력이 증가한다.
③ 엔진이 과냉한다.
④ 엔진회전이 불량하다.

해설

실화는 기관에 악영향을 미치기 때문에 기관의 나쁜 현상을 맞으면 된다.
실화 : 압축이 불완전하거나 혼합기가 희박하거나 또는 전기 점화장치의 결함으로 점화가 안 되거나 불완전하여 폭발하지 않는 현상을 말한다.

02 다음 운전 중 기관이 과열되면 가장 먼저 점검해야 하는 것은?

① 헤드 개스킷   ② 팬벨트
③ 물재킷   ④ 냉각수량

해설

육안으로 볼 수 있는 것이 냉각수량이다.

03 다음 중 기관에서 흡입효율을 높이는 장치는?

① 과급기   ② 발전기
③ 토크 컨버터   ④ 터빈

해설

흡입 효율을 높이는 장치는 과급기이다.

04 기관의 연소실 모양과 관련이 적은 것은?

① 기관출력
② 열효율
③ 엔진속도
④ 운전 정숙도

해설

엔진의 속도는 관련이 적다.

05 다음 중 기관의 피스톤 링에 대한 설명으로 틀린 것은?

① 압축과 오일링이 있다.
② 열전도 작용을 한다.
③ 기밀유지의 역할을 한다.
④ 연료 분사를 좋게 한다.

해설

1. 피스톤 링 : 피스톤에는 2개 또는 3개의 피스톤 링이 결합되며, 3개의 링이 있는 경우 위쪽 2개의 링이 압축 링이다. 이 압축링은 실린더와의 일차를 통해 연소실 내의 가스 누설을 방지시키는 기능을 하지만, 연료 분사하는 거리가 멀다.

2. 피스톤 링의 구비 조건
① 내열 및 내마멸성이 우수해야 한다.
② 고온에서 장력 저하가 작아야 한다.
③ 작동 중에 적절한 장력을 유지시킬 수 있어야 한다.
④ 실린더 라이너의 마멸을 최소화시킬 수 있어야 한다.
⑤ 열전도성이 우수해야 한다.

정답 1. ④ 2. ④ 3. ① 4. ③ 5. ④

224 | Chapter 8 · 적중예상문제

CBT 시험대비 각 과목별 문제은행식 기출문제

CBT 시험과정을 이미지와 함께 자세하게 설명하였습니다.

목 차

CHAPTER 02 건설기계 전기장치

CHAPTER 05 건설기계 작업장치

중장비 운전기능사

Chapter
1

건설기계 기관장치

Section 1 기관일반

1 기관의 출제 경향

건설기계는 대부분 디젤기관을 채택하므로 디젤기관만의 특징에 주목하여 이 단원을 공부하기 바라며, 특히 타 기관에 비하여 디젤기관의 큰 추력과 관련이 깊은 실린더와 관련된 부분이 많은 출제 비중을 차지하고 있다. 구체적으로 실린더 수에 따른 특징 및 압축압력 저하 원인 그리고 피스톤에 연동된 부품들의 구체적인 문제가 출제되므로 이 부분에 대한 확실한 이해가 필요하다.

2 기관의 기본 용어

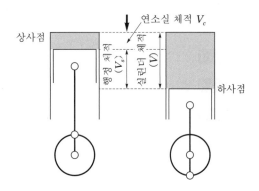

① 상사점 : 피스톤은 실린더 안에서 위아래로 직선 왕복 운동을 한다. 이때, **피스톤 운동 위 지점의 최고점을 상사점**(TDC : Top Dead Center)이라고 한다.

② 하사점 : 실린더 안에서 피스톤 운동 아래 지점의 **최저점을 하사점**(BDC : Bottom Dead Center)이라고 한다.

③ 행정(L) : **상사점과 하사점의 거리** 또는 상사점에서 하사점까지 운동하는 일, 그 자체를 행정(stroke)이라고 한다.

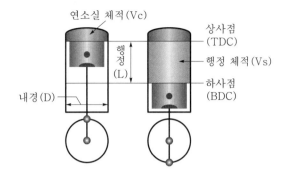

④ 내경(D) : 기관의 내경(bore)이란 실린더의 안지름을 말한다. 즉, 피스톤의 바깥지름을 뜻한다.

⑤ 사이클(cycle) : 사이클은 주기를 말하며, 몇 개의 작동으로 하나의 과정을 완성하는 것이다. 기관은 크랭크축의 회전으로 흡입–압축–폭발–배기작용을 반복하여 1사이클을 완성한다.

⑥ 연소실 체적(VC) : 연소실 체적은 피스톤이 상사점에 있을 때 부피를 말하며, 간극 체적이라고도 한다(실린더 헤드 부분에 형성).

⑦ 행정 체적(Vs) : 행정 체적은 배기량이라고도 하며, 피스톤 단면적과 행정의 곱이다.

$$Vs = \frac{\pi D^2 L}{4}$$

(Vs = 행정 체적, D = 실린더 안지름(피스톤 바깥지름), L = 행정)

⑧ 총 행정 체적(Vt) : 총 행정 체적은 총 배기량이라고도 하며, 자동차 세금 부과나 차량의 크기를 나타내는 기준으로 사용되며, 기관의 행정 체적과 실린더 수와의 곱으로 표시한다.

$$Vt = \frac{\pi D^2 L N}{4}$$

(Vt : 총 행정 체적, D : 실린더 안지름(피스톤 바깥지름), L : 행정, N : 실린더 수)

⑨ 압축비(ε) : 압축비란 연소실 체적에 행정 체적을 더한 실린더 체적과 연소실 체적과의 비를 말한다.

$$V = Vc + Vs$$

$$\varepsilon = \frac{Vc + Vs}{Vc} = 1 + \frac{Vs}{Vc}$$

(ε : 압축비, V : 실린더 체적, Vc : 연소실 체적, Vs : 행정 체적)

⑩ 4 행정 사이클 기관 : 크랭크축이 2회전하면 캠축은 1회전하여 1사이클을 완성하는 기관이다.

⑪ 2 행정 사이클 기관 : 크랭크축 1회전으로 1사이클을 완성하는 기관이다.

⑫ 열기관 : 연료를 연소하여 발생하는 열에너지를 기계적인 일로 변환시키는 장치로서 내연기관과 외연기관이 있다.

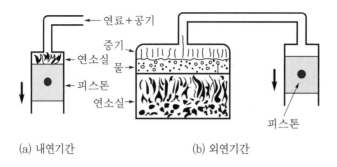

(a) 내연기간   (b) 외연기간

❸ 기관 일반

가. 실린더 수와 배열

1, 2개의 실린더는 소형 오토바이, 경운기 등에 사용되고, 자동차용 기관으로는 3, 4, 6실린더가 많다. 특히, 큰 출력이 필요한 건설기계 기관에는 8, 12실린더 등을 사용한다. 실린더 배열은 직렬형, V형, 수평 대향형 등이 있고 실린더의 개수가 많을수록 큰 힘을 내고 특히 저속에서 운전이 안정적이다.

나. 냉각 방식

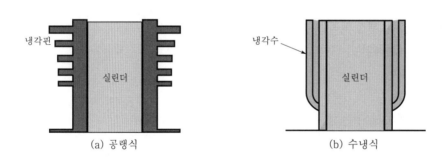

(a) 공랭식   (b) 수냉식

① 공랭식 : 실린더 바깥 둘레에 냉각 핀(cooling fin)을 두어 공기로 냉각시킨다.
② 수랭식 : 실린더와 연소실을 둘러싼 물 재킷(water jacket)과 방열기(radiator) 사이에 물을 순환시켜 냉각시킨다.

다. 작동방식

(1) 원리기관의 실린더 안에서 공기와 연료의 혼합기 또는 공기만을 흡입하고, 피스톤으로 압축한 다음, 점화 또는 착화 연소시키면 열에너지가 발생하여 연소 가스는 고온 고압이 된다. 이 고온 고압의 가스가 실린더 안을 상하로 움직이는 피스톤 헤드에 작용하면 피스톤이

움직이게 된다. 이에 따라 열에너지가 기계적 에너지로 바뀌게 된다. 그리고 기관이 연속해서 작동하려면 흡입, 압축, 폭발연소, 연소 후 일한 가스를 밖으로 배출하는 4개 과정을 반복해야 한다.

(2) 2행정 사이클 기관

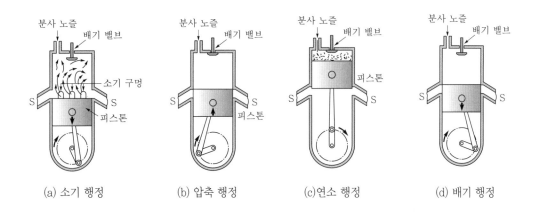

(a) 소기 행정   (b) 압축 행정   (c)연소 행정   (d) 배기 행정

소기, 압축, 연소, 배기의 1사이클을 크랭크축의 1회전에 완성한다. 2행정은 흡입과 배기를 위한 독립된 행정이 없으며, 흡입은 크랭크케이스 내부로 하고 피스톤은 밸브작용도 한다. 즉, 피스톤의 2행정으로 완성하는 기관이다.

(3) 4행정 사이클 기관

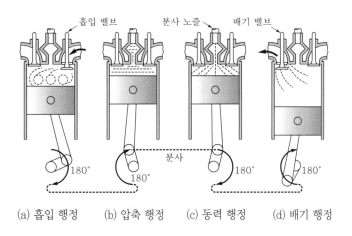

(a) 흡입 행정   (b) 압축 행정   (c) 동력 행정   (d) 배기 행정

흡입, 압축, 동력, 배기의 1사이클을 크랭크축의 2회전, 즉 피스톤의 4행정으로 완성하는 기관이다.

(4) 4행정 사이클과 2행정 사이클 기관의 비교

(가) 4행정 사이클 기관의 특징

① 각 행정이 완전히 구분되어 확실하다.

② 흡입 행정에서의 냉각효과로 실린더 각 부분의 열적 부하가 적다.

③ 넓은 범위의 속도 변화가 가능하다.

④ 블로바이(blow-by)가 적어 체적효율이 높고 연료 소비율이 적다.

⑤ 시동이 쉽고 실화(miss fire)가 일어나지 않는다.

⑥ **밸브 기구가 복잡하기 때문에 부품 수가 많고 충격이나 기계적 소음이 많다.**

⑦ 동력 횟수가 적기 때문에 실린더 수가 적은 경우에 운전이 원활하게 되지 않는다.

(나) 2행정 사이클 기관의 특징

① 크랭크축이 1회전 할 때 1회의 동력이 있으므로 회전력 변동이 적다.

② 실린더 수가 적어도 운전이 원활하다.

③ **밸브 장치가 없으므로 부품 수가 적고 고장도 적다.**

④ 출력당 질량이 적고 값이 싸며 취급하기도 쉽다.

⑤ 배기가 불완전하고 유효 행정도 짧다.

⑥ 새로운 혼합기의 손실이 많고 평균 유효 압력과 효율을 높이기 어렵다.

⑦ 구멍으로 소기하는 경우에 피스톤이 소손되기 쉽다.

⑧ 저속 운전이 어렵고 기화기에서 역화(back fire) 발생의 우려가 있다.

⑨ 윤활유의 소비가 많다.

라. 연소방식

(1) 정적 사이클

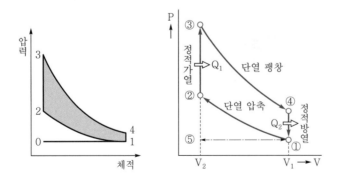

정적 사이클은 일정한 체적 상태에서 연소가 되는 것으로, 가솔린기관이 이에 해당한다. 오토 사이클이라고도 한다.

(2) 정압 사이클

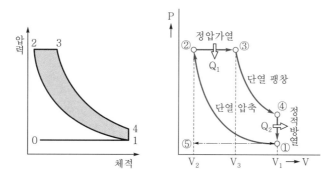

정압 사이클은 일정한 압력 상태에서 연소가 되는 것으로, 디젤기관이 이에 해당한다. 디젤 사이클이라고도 한다.

(3) 합성 사이클(복합 사이클)

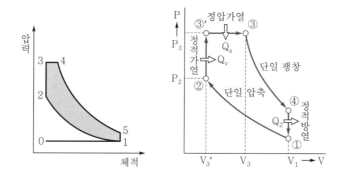

합성 사이클은 정적 및 정압 사이클을 합성한 사이클이며, 일반적으로 고속 디젤기관이 이에 해당한다. 사바테 사이클이라고도 한다.

(4) 가솔린기관과 디젤기관의 비교가솔린기관에 비해 디젤기관의 경우 점화 방식에 큰 차이가 있다. 디젤기관은 기관의 출력을 높이고 줄이는 데에는 실린더 내에 공기만을 흡입하여, 이 공기를 고압 고온으로 압축한 후 연소실에 연료를 분사하면 연료가 착화되어 디젤기관의 출력을 제어한다.(가솔린기관은 공기량 변화를 통해 출력을 제어한다(디젤 : 착화, 가솔린 : 불꽃 점화).

(5) 밸브 개폐 시기 기관의 밸브 개폐 시기는 공기나 혼합기의 관성을 이용하여 흡기나 배기
효율을 높이기 위해 상사점이나 하사점에서 개폐하지 않고, 상사점이나 하사점의 전후에서
개폐한다. 밸브 오버랩(valve overlap)은 상사점 부근에서 흡기 밸브와 배기 밸브가 동시에
열려 있는 상태를 말한다.

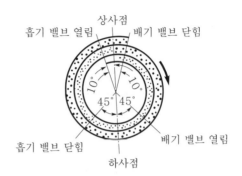

Section 2 기관본체

기관본체는 동력을 발생시키는 부분으로, 그 모양은 작동 방식, 실린더의 배열, 냉각 방식에 따라 다르지만, 기본적인 구조는 거의 비슷하다. 기관 본체는 실린더 블록, 실린더, 실린더 헤드, 크랭크케이스, 피스톤, 커넥팅 로드, 크랭크축과 밸브 기구 등으로 구성된다.

1 실린더 블록

실린더 블록(cylinder block)은 기관의 기초 구조물로 기관 수명을 조우하게 되며, 실린더 부분과 물 재킷이 있고, 각 부품을 장착할 수 있는 몸체이다. 실린더 블록 위에는 실린더 헤드, 밑에는 오일 팬, 내부에는 크랭크축 등이 설치되며, 장착 부분에는 실(seal)이나 개스킷을 두고 있다. 실린더 블록의 재질은 주철, 알루미늄 합금, 특수 주철 등이다.

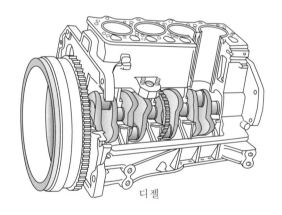

디젤

2 실린더

실린더(cylinder)는 피스톤이 상하 운동을 하는 곳으로 실린더 헤드와 연소실을 형성한다. 재질은 보통 주철이나 알루미늄 합금이다. 형태는 피스톤 행정의 2배 정도 길이가 되는 진원통형이며, 형식은 실린더 블록과 일체 구조로 된 일체식과 실린더 라이너를 끼워 넣는 삽입식이 있다.

실린더 벽은 정밀하게 연마 다듬질이 되어 있으며, 실린더가 마모되었을 때는 일체식은 보링을 하며, 삽입식은 라이너를 교환한다.

가. 실린더 행정과 내경(피스톤 바깥지름)비

① 장 행정기관 : $\dfrac{\text{행정}}{\text{내경(피스톤 바깥지름)}} = 1.0$ 이상인 기관, 측압이 적고 회전력이 크다.

② 정방 행정기관 : $\dfrac{\text{행정}}{\text{내경(피스톤 바깥지름)}} = 1.0$ 인 기관, 회전속도가 빠르다.

③ 단 행정기관 : $\dfrac{\text{행정}}{\text{내경(피스톤 바깥지름)}} = 1.0$ 미만인 기관, 회전속도가 빠르나 측압이 많다.

※측압 : 피스톤의 행정이 바뀔 때 실린더 벽에 압력을 가하는 것

❸ 실린더 헤드

실린더 헤드(cylinder head)는 실린더 블록의 윗면에 설치되어 혼합기의 밀봉과 윤활유 및 냉각수 누출도 방지하며, 실린더 및 피스톤과 함께 연소실을 형성한다. 실린더 헤드의 형식은 일체식과 분할식이 있으며, 윗부분에는 개스킷을 사이에 두고 실린더 헤드 커버가 장착된다.

가. 실린더 헤드의 구비 조건

① 고온에서 열팽창이 적으며 강도가 클 것

② 주조나 가공이 쉬울 것

③ 가열되기 쉬운 돌출부가 없을 것 등이다.

나. 실린더헤드 개스킷의 구비 조건

실린더와 실린더 헤드 사이에 설치하여 냉각수와 오일의 누출을 방지

① 복원성과 적당한 강도가 있을 것

② 내압성이 클 것

③ 내열성이 좋을 것

④ 기밀유지가 좋을 것

❹ 연소실

피스톤과의 공간을 말하여 연소실의 크기와 형상은 기관의 성능과 배출가스에 큰 영향을 미친다. 연소실 형상은 흡입되는 공기의 흐름이나 압축과정에서의 혼합기의 소용돌이가 다양하게 변화하므로 최적화된 연소실은 기관효율에서 대단히 중요한 요소이다. 흡입공기나 혼합기는 연소실

내부에서 특수한 유동을 일으키면서 연료와 공기를 잘 섞이게 하고 혼합기의 완전연소를 도와준다. 그리고 연소실의 체적과 표면적은 기관의 열손실에 다양한 영향을 준다. 또한, 연소실 표면적이 넓으면 연소실 벽의 냉각으로 인해 연소가스의 팽창 일과 열에너지가 줄고 결국 기관효율이 나빠진다. 이것을 열손실이라고 하며, 반대로 표면적이 작은 연소실일수록 열효율이 좋아진다. 따라서 연소실의 크기와 형상은 혼합기 와류 현상, 연소 진행과정을 변화시키며 결국은 기관의 압축비와 열효율에 결정적 영향을 준다.

가. 연소실의 구비 조건

연소실은 밸브기구 등의 구조가 간단하고 출력과 열효율을 높일 수 있으며, 배출가스의 발생이 적고 노킹을 일으키지 않으며, 다음과 같은 구조를 갖추어야 한다.

① 화염 전파에 필요한 시간을 최소로 할 것

② 가열되기 쉬운 돌출부를 두지 말 것

③ 연소실 안의 표면적은 최소가 될 것

④ 밸브 면적을 크게 하여 흡배기 작용을 원활히 할 것

⑤ 압축 행정 끝에 와류를 일으키게 할 것

⑥ 기관출력과 효율을 높일 수 있는 구조일 것

⑦ 배기가스에 유해한 성분이 적을 것

⑧ 노킹을 일으키지 않는 구조일 것

⑨ 충진효율과 배기효율을 높이는 구조일 것

⑩ 화염 전파거리와 연소시간을 최대한 짧게 할 것

⑪ 와류 등의 유동을 일으키는 구조일 것

나. 디젤 연소실의 형식과 특성

디젤 연소실은 크게 단실식과 부실식으로 분류하며 단실식은 직접분사실식이 해당하고 부실식은 와류실과 예연소실, 공기실식으로 분류할 수 있다. 일반적으로 소형기관에는 와류실식이 많이 쓰이고 중 대형에는 직접분사실식이 주로 사용된다.

(1) 직접분사실식

직접분사실식은 피스톤 헤드에 가공된 특수 모양의 연소실에 연료를 직접 분사하는 구조로 되어 있다. 공기와 연료의 혼합은 연료분사에서 나오는 연료의 운동에너지에 의해 이루어진다. 따라서 직접분사실식의 연료분사노즐은 분출구가 여러 개를 두는 다공 노즐이나 다공 인젝터를 사용하고, 연소실에 연료가 방사상으로 분사된다. 이 방식은 상사점 전에 착화하여 압력상승은 직선적으로 증가한다. 따라서 냉각손실이 적어 연료 소비율이 낮고 구성부품의 열적 부하가 적어 내구성이 우수하며 연료 분사특성의 영향이 큰 단점이 있다.

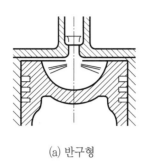 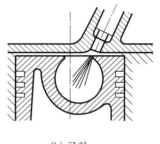

(a) 반구형   (b) 구형

(가) 직접 분사실식의 장점

　　① 연소실의 구조가 간단하여 열효율이 높고 연료 소비율이 비교적 낮다.

　　② 실린더 헤드의 구조가 간단하여 열변형이 적다.

　　③ 연소실의 체적 대비 표면적이 적어 냉각손실이 낮다.

　　④ 냉간 시동이 용이하다.

(나) 직접 분사실식의 단점

　　① 분사압력을 높게 하여 와류를 일으키는 구조여야 한다.

　　② 다공형 노즐을 사용하여야 하고 노즐의 상태가 기관성능에 미치는 영향이 크다.

　　③ 디젤 노크를 일으키기 쉽고 연료 성분의 영향이 크다.

　　④ 기관의 회전속도와 부하의 변화에 대한 영향이 크다.

(2) 와류실식

와류실식은 연소실 상부에 강한 와류를 일으키는 부연소실을 두고 주 연소실과 좁은 통로로 연결되어 있다. 이러한 부 연소실을 와류실이라고 하며 연료를 노즐을 통해 와류실에 직접 분사하여 와류의 방향에 따라 착화된다. 이때 착화 지연된 연소 가스는 좁은 통로를 타고 주 연소실에 유입하여 주 연소실의 공기와 혼합하면서 주 연소를 완료하는 방식으로 일종의 2단 연소 장치이다. 와류실식의 연소는 직접 분사실식과 예연소실식의 중간적 성격을 가진 방식으로 2단으로 연소가 이루어진다. 와류실식의 연소는 와류실 내에서 생성되는 강한 와류를 이용하여 와류실 내에서 대부분의 연소가 일어나는 특성이 있다.

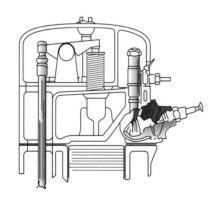 

(가) 와류실식의 장점

① 강한 와류를 이용하므로 기관의 회전속도와 평균 유효 압력을 높일 수 있다.

② 직접 분사실식에 비해 분사압력이 낮아 기관의 회전속도 범위가 넓고 운전성이 정숙하며 안정적이다.

③ 직접 분사실식에 비해 질소 산화물 및 매연 발생이 적다.

④ 연료 소비율이 예연소실식에 비해 낮다.

(나) 와류실식의 단점

① 실린더 헤드의 형상이 복잡하고 체적비가 커서 냉각손실이 크다.

② 냉각시동이 어렵고 예열장치나 시동 보조 장치가 필요하다.

(3) 예연소실식

예연소실식은 연소실 상부에 압축 체적이 20~40% 정도 되는 와류와 함께 착화를 쉽게 하는 예연소실을 만들어 착화지연된 연소상태의 연료가 주 연소실에 확산되고 완전 연소되는 형식이다. 이 형식은 연료의 성분에 영향을 받지 않아 중 대형 상용차에 주로 사용되며 연료의 소모율이 높은 단점이 있다. 예연소실식의 실린더 내의 압력변화는 압축행정에서 피스톤에 의해 압축되면 주연소실의 압력은 즉시 상승되나 예연소실은 좁은 통로에 의해 스로틀링 저항이 발생되면서 압력상승이 지연된다.

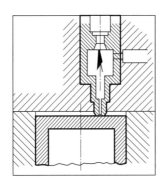

(가) 예연소실식의 장점

① 연료분사 압력이 낮아 연료 분사장치의 고장이 적고 내구성이 크다.

② 연료의 성분에 많은 영향을 미치지 않는다.

③ 디젤 노크가 적고 운전이 정숙하고 안정적이다.

(나) 예연소실식의 단점

① 연소실이 복잡하고 체적비가 커서 냉각손실이 크다.

② 냉간 시동이 어렵고 예열장치나 시동 보조장치가 필요하다.

③ 직접분사실식에 비해 연료 소비율이 높다.

구분	직접분사식	와류실식	예연소실식
연소실 구조	간단하다	약간 복잡하다	복잡하다
압축비	낮다(15~22)	높다(20~23)	높다(17~23)
열손실	작다	약간 크다	크다
연소압력	높음(80kgf/㎠)	중간(55~65kgf/㎠)	낮음(50~60kgf/㎠)
기관 최고 회전속도	낮다	높다	약간 높다
연료소비율	낮음(135~170g/PSh)	보통(180~215g/PSh)	보통(170~220g/PSh)
디젤노크 발생	많다	약간 많다	적다
시동성능	쉽다	어렵다	약간 어렵다
와류생성	약하다(압축말)	크다(압축말)	거의 없다
연료와 공기의 혼합	다공노즐의 의존	공기와류의 의존	예연소실에 의존
사용노즐의 형식	다공식 홀형	스로틀형, 핀들형	스로틀형, 핀들형

5 크랭크케이스

크랭크케이스(crankcase)에는 크랭크축이 들어 있으며, 상부 크랭크케이스와 하부 크랭크케이스로 되어 있다. 상부 크랭크케이스는 실린더 블록의 아랫부분이며, 하부 크랭크케이스는 오일 팬(oil pan)이다. 강판이나 경합금으로 만든 오일 팬은 개스킷을 사이에 두고 결합되며, 기관오일이 담겨 있다. 크랭크케이스 앞면은 크랭크축과 연결하여 캠축을 구동하는 타이밍 기어(timing gear)나 체인 스프로킷(chain sprocket)을 설치하는 구조로 되어 있다.

6 피스톤

피스톤(piston)은 실린더 안에서 왕복 운동을 하며, 동력 행정에서 동력을 커넥팅 로드에 전달하여 크랭크축을 회전시키고, 흡입 행정 및 압축 행정이나 배기 행정을 할 때는 크랭크축의 회전력을 받아 작동한다. 피스톤의 재질은 특수 주철과 알루미늄 합금이 있으며, 알루미늄 합금에는 Y 합금과 로엑스(Lo-Ex) 등이 있다.

가. 피스톤의 종류

① 솔리드 피스톤(solid piston) : 스커트부에 홈(slot)이 없고, 통형(solid)으로 된 형식이며 기계적 강도가 높아 가혹한 운전 조건의 디젤기관에서 주로 사용한다.

② 스플릿 피스톤(split piston) : 측압이 적은 부분의 스커트 윗부분에 세로로 홈을 두어 스커트부로 열이 전달되는 것을 제한하는 피스톤이다.

③ 슬리퍼 피스톤(slipper piston) : 측압을 받지 않는 부분의 스커트부를 절단한 것이다. 이 피스톤은 무게와 슬랩을 감소시킬 수 있으나 스커트를 절단한 부분에 오일이 모이기 쉽다.

④ 오프셋 피스톤(off-set piston) : 슬랩(slap)을 방지하기 위하여 피스톤 핀의 위치를
　중심으로부터 1.5mm 정도 편심(off-set)시켜 상사점에서 경사 변환 시기를 늦어지게 한
　형식이다.

※ 용어 – 슬랩(slap) : 때리다.

나. 피스톤의 구조

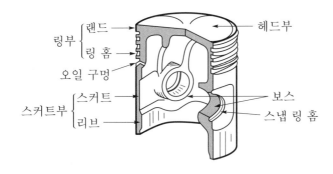

피스톤은 피스톤 헤드(piston head), 링 지대(ring belt), 스커트부(skirt section), 보스(boss) 등으로
되어 있다. 피스톤 헤드는 연소실의 일부를 형성하고, 링 지대는 피스톤 링을 끼우기 위한 홈이 파여
있다. 오일 링이 끼워지는 홈은 전 둘레에 걸쳐 과잉의 오일을 피스톤 안쪽으로 보내기 위한 오일
구멍이 뚫려 있다.

다. 피스톤의 구비 조건

① 고압과 고온에서 내열성이 양호한 재질일 것

② 열적 부하가 적고 방열이 잘 되는 구조일 것

③ 열전도가 잘 되고 열팽창이 적은 재질일 것

④ 고속 왕복운동을 하므로 관성을 줄이기 위하여 가벼울 것

⑤ 내 마멸성이 좋고 마찰계수가 작은 재질일 것

⑥ 충분한 기계적 강도가 있을 것

⑦ 폭발 압력을 유효하게 이용할 것

⑧ 가스 및 오일의 누출이 없을 것

라. 피스톤 간극

피스톤 간극은 실린더 안지름과 피스톤 바깥지름의 차이이며, 기관이 작동할 때의 열팽창을 고려하여 어느 정도 간극을 둔다, 간극이 규정보다 작으면 실린더와 피스톤의 소결이 발생하고, 간극이 크면 블로바이(blow-by), 오일의 희석이나 연소, 피스톤 슬랩(piston slap), 기관의 출력이 저하된다.

(1) 피스톤 간극이 클 경우 기관에 미치는 영향

① 압축 압력이 낮아진다.
② 오일이 연소실에 유입되어 오일의 소비가 많아진다.
③ 기관출력이 저하된다.

(2) 피스톤 간극이 적을 경우 기관에 미치는 영향

① 오일 간극의 저하로 마찰열로 소결된다.

마. 피스톤 링

피스톤 링은 1개의 피스톤에 보통 3~5개가 한 조로 되어 **압축 링과 오일 링**이 있으며, 피스톤 링 홈에 설치된다. 실린더 벽에 밀착되어 압축과 팽창 가스에 대한 기밀을 유지하는 기밀작용, 실린더 벽에 오일을 바르고 긁어내리는 오일제어 작용, 피스톤 헤드가 받은 열을 실린더 벽에 전달하는 열전도 작용을 하며, 재질은 특수주철이나 크롬 도금링을 사용하며 실린더 벽의 마멸을 감소시키기 위하여 실린더 벽보다 경도가 낮게 제작을 한다.

(1) 피스톤 링의 종류

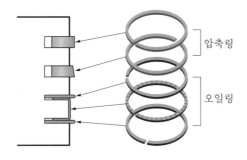

① 압축링 : 실린더와 피스톤 사이에서 압축행정 시 블로바이 방지 및 폭발행정에서 연소가스의 누출을 방지한다.
② 오일링 : 실린더 벽을 윤활하고 남은 오일을 긁어내려 실린더 벽의 유막을 조절한다.

(2) 피스톤 링의 구비 조건

① 내열 및 내마모성이 좋을 것

② 적당한 장력과 면압을 가질 것

③ 열전도성이 양호할 것

④ 고온 고압에 대하여 장력의 변화가 작을 것

⑤ 마찰이 적어 실린더 벽을 마멸시키지 않는 형상일 것

⑥ 실린더와의 길들임성이 좋을 것

⑦ 연소 생성물에 의하여 부식되지 않을 것

⑧ 고온에서 탄성을 유지 할 것

⑨ 열팽창률이 적을 것

⑩ 링 또는 실린더 마멸이 적을 것

⑪ 실린더 벽에 동일한 압력을 가할 것

바. 피스톤 핀

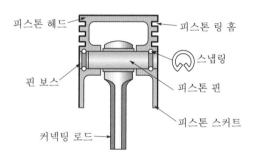

피스톤과 커넥팅 로드를 연결하는 핀이며, 피스톤이 받은 힘을 커넥팅 로드에 설치하는 방법에 따라 고정식, 반부동식, 전 부동식이 있다.

(1) 피스톤핀 구비 조건

① 무게가 가벼울 것

② 강도가 클 것

7 커넥팅 로드

커넥팅 로드(connecting rod)는 피스톤과 크랭크축을 연결하여 왕복운동을 전달한다. 커넥팅 로드는 피스톤 핀에 의해 피스톤과 연결되는 소단부(small end), 크랭크축의 크랭크 핀에 연결되는 대단부(big end)로 되어 있다. 소단부 중심과 대단부 중심 사이의 거리를 커넥팅 로드의 길이라 하며, 그 길이는 피스톤 행정의 1.5~2.3배 정도이다.

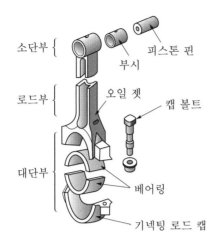

소단부
부시
피스톤 핀
로드부
오일 젯
캡 볼트
대단부
베어링
기넥팅 로드 캡

8 크랭크축

크랭크축(crank shaft)은 크랭크케이스 안에 설치되어 동력 행정에서 얻은 피스톤 힘을 회전력으로 변환하여 외부로 전달한다. 그와 동시에 흡입 행정 및 압축 행정이나 배기 행정을 이루도록 피스톤에 운동을 전달한다. 또, 크랭크축은 큰 하중과 고속 회전에 견딜 수 있는 충분한 강도나 강성이 있어야 하며, 내마멸성과 동적 및 정적 평형이 잡혀 있어야 한다.

가. 구조

① 크랭크축은 보통 일체 구조이며, **크랭크 핀**(crank pin), **크랭크 암**(crank arm), **메인 저널**(main journal), **평형추**(balancing weight) 등으로 되어 있다.

② 크랭크축의 형상은 실린더 수, 실린더 배열, 메인 저널 수, 점화 순서 등에 따라 각각 다르다. 크랭크 핀의 각도는 직렬 4실린더 기관은 180℃로 배열되어 있다.

③ **앞 끝에는 크랭크축 기어와 크랭크축 풀리가 설치되며, 뒤끝에는 플라이휠이 설치된다. 내부에는 커넥팅 로드 베어링과 피스톤 핀 베어링에 오일을 공급하기 위한 오일 통로가 있다.**

나. 크랭크축과 점화 순서

4행정 사이클 기관은 크랭크축이 2회전 할 때 각 실린더는 한 번의 동력을 하게 된다. 점화 순서는 크랭크 핀의 위치와 여러 요소를 조합하여 정한다. 점화 시기를 결정할 때 고려할 사항은 다음과 같다.

① 연소가 같은 간격으로 일어나게 한다.

② 크랭크축에 비틀림 진동이 일어나지 않도록 한다.

③ 혼합기가 각 실린더에 일정하게 분배되도록 한다.

④ 이웃한 실린더에 연이어 점화되지 않도록 한다.

4행정 4실린더 기관의 점화 순서는 1-3-4-2 또는 1-2-4-3, 6실린더 기관은 1-5-3-6-2-4인 우수식과 1-4-2-6-3-5인 좌수식이 있다.

다. 크랭크축의 형식

크랭크축의 형식은 실린더 수, 실린더 배열, 메인 저널 수, 폭발순서 등에 따라 달라진다.

① 4기통 기관 폭발순서 : 4기통기관의 위상차는 180°이며, 폭발순서는 1-3-4-2 또는 1-2-4-3이 있다.

$$\frac{360^\circ \times 2회전}{실린더 수} = \frac{720^\circ}{4} = 180^\circ$$

② 4기통 기관의 위상차 : 크랭크축 2회전에 1사이클이 완성 (=180°)

라. 크랭크축 베어링

플레인 베어링(평면 베어링)을 사용하며, 건설기계용 기관에서는 구리(60~70%), 납(베어링을 (30~40%)의 합금인 켈밋 합금을 사용한다.

바. 밸런스축

크랭크축은 평형추(balancing weight)로 자체 균형은 잡히지만, 동력 행정에서 발생하는 진동이 차체에 전달되어 차실 안의 소음이 된다. 밸런스축(balance shaft)은 이와 같은 기관의 진동을 줄이기 위한 축으로, 크랭크축에 평행하게 2개의 축을 배치하고 크랭크축의 회전으로 구동시킨다. 좌축과 우축은 서로 반대로 회전하며, 무게, 회전방향, 회전 속도 등을 적절히 선정하여 특유의 진동을 적게 한다.

⑨ 플라이휠

플라이휠(flywheel)은 기관의 주기적 변동 하중으로 인한 회전 속도의 불균일을 방지하고, 클러치 마찰면으로 이용된다. 또, 링 기어가 설치되어 기관을 시동하게 한다. 회전 중 관성은 크고 무게는 가능한 가볍게 하기 위해, 중심부 두께는 얇고 바깥 둘레는 두껍게 만든 원판이다. 그리고 바깥 부분에는 시동용 링 기어가 열 박음으로 끼워져 있다.

링 기어

🔟 밸브 및 밸브 기구

밸브 및 밸브 기구는 기관 작동을 위해 최적의 시기에 혼합기 또는 공기를 연소실 안으로 흡입하고, 연소된 가스를 밖으로 배출하는 일을 한다.

가. 밸브

밸브(valve)는 연소실에 마련된 흡기와 배기 구멍을 각각 개폐하여 혼합기 또는 공기의 유입작용 및 연소 가스를 외부로 배출하고, 압축이나 동력 행정에서는 기밀을 유지한다. 밸브는 밸브헤드, 마진, 밸브 면, 스템 등으로 구분된다. 밸브 헤드(valve head)는 높은 온도와 압력에 노출되며, 흡기 밸브 헤드의 지름이 배기 밸브 헤드의 지름보다 크다.

① 마진(margin) : 밸브의 가장자리를 말하고, 기밀 유지를 위해 보조 충격에 대한 지탱력을 가지며, 밸브의 재사용 여부도 결정한다. 두께가 얇으면 높은 온도와 밸브작동 충격으로 위로 벌어지게 되어 기밀 유지가 어렵다.

※ 밸브 재사용 여부 결정 : 0.8mm 이하 시 교환

② 밸브 스템(stem) : 밸브 가이드에 끼워져 밸브 운동을 유지하며, 밸브 헤드의 열을 가이드를 통하여 실린더 헤드에 전달하는 밸브 기둥이다.

③ 밸브 스템 엔드 : 리프트나 로커암과 충격적인 접촉을 하고, 밸브 간극이 설정되기도 하는 밸브 스템의 끝부분

④ 밸브 면(valve face) : 밸브 시트에 밀착되어 기밀작용을 하고 밸브헤드에 작용하는 열을 시트에 전달하며 작동 시의 충격으로 내마멸성이 커야하므로 표면경화 처리한다. 밸브면의 각도는 60°, 45°, 30°가 있으나 일반적으로 45°를 가장 많이 사용한다.

⑤ 밸브 시트(valve seat) : 밸브 면과 밀착되어 연소실의 기밀유지 작용을 하며, 실린더 헤드나 실린더 블록에 설치된다.

⑥ 밸브 가이드(valve guide) : 흡기 및 배기 밸브의 밀착을 바르게 되도록 밸브 스템 운동을 안내한다.

⑦ 밸브 스프링 : 밸브 스프링(valve spring)은 밸브가 닫히면 밸브 시트에 밀착이 잘되어 기밀을 유지하게 하고, 밸브가 열리면 캠의 모양에 따라서 확실히 작동하도록 한다.

나. 밸브 간극(틈새)

밸브 회전 기구
밸브 스프링
밸브 페이스
밸브 시트
밸브 헤드

기관 작동 중 열팽창을 고려하여 간극을 둔다(단, 유압식은 간극이 없다).

① 밸브 간극이 너무 클 경우 영향(늦게 열리고, 일찍 닫혀 운전온도에서 밸브가 완전히 개방되지 못한다.)

㉠ 늦게 열리고 일찍 닫히므로 밸브 열림 기간이 짧다.

㉡ 흡 · 배기 밸브가 완전하게 열리지 못한다.

㉢ 흡기 밸브의 간극이 크면 흡입 공기량의 부족으로 기관의 출력이 감소한다.

㉣ 배기 밸브의 간극이 크면 배기가스의 배출불량으로 기관이 과열된다.

㉤ 심한 잡음이 나며 밸브기구에 충격이 심해진다.

② 반대로 간극이 너무 작을 경우 영향(일찍 열리고 늦게 닫힌다.)

㉠ 일찍 열리고 늦게 닫히므로 밸브의 열림 기간이 길다.

㉡ 블로바이 가스가 다량 배출되어 기관의 출력이 감소된다.

㉢ 흡기 밸브의 간극이 작으면 역화나 실화가 발생되기 쉽다.

㉣ 배기 밸브의 간극이 너무 작으면 후화가 일어나기 쉽다.

※ 흡입밸브 간극 : 0.20~0.35mm, 배기 밸브 간극 : 0.30~0.40mm

다. 밸브 구비 조건

① 고온에서 견딜 것

② 열전도율이 클 것

③ 고온가스에 부식되지 않을 것

④ 무게가 가볍고 내구성이 클 것

라. 밸브 기구

밸브 기구는 캠축의 회전에 따라 밸브를 열고 닫는 기구로 밸브의 설치위치에 따라 구분한다.

① L형 밸브 기구는 캠축, 밸브 리프트, 밸브 등으로 되어 있다.

② 오버헤드 밸브(OHV : Overhead Valve) 기구는 캠축, 밸브 리프트, 푸시로드, 로커암, 밸브 등으로 되어 있다.

③ 오버헤드 캠축(OHC : Over Head Cam shaft) 밸브 기구는 캠축, 로커 암, 밸브 등으로 되어 있으며, 최근에는 캠축, 리프터, 밸브 등으로 작동하는 형식이 사용된다.

④ 캠축(cam shaft)은 캠이 배열되어 있는 축으로 밸브를 열고 닫으며, 기관의 형식에 따라 각종 펌프와 배전기 등을 구동한다. 4행정 사이클 기관인 경우는 크랭크축이 2회전 하면 캠축은 1회전 한다. 캠축의 구동 방식과 기어 구동 방식은 기어 구동식, 체인 구동식, 벨트 구동식으로 분류한다.

※양정 : 기초원과 노즈와의 거리로 리프트라고도 한다.

⑤ 밸브 리프트(valve lifter)는 캠의 회전 운동을 상하 운동으로 변환시켜 밸브나 푸시로드에 전달한다. 밸브 리프트는 기계식과 유압식이 있다.

㉮ 유압식 밸브 리프트의 특징

㉠ 기관 오일의 순환압력과 오일의 비압축성을 이용한 것이다.

㉡ 기관의 작동 온도에 관계없이 밸브 간극이 항상 0이다.

㉢ 밸브 장치의 수명이 길고 진동 소음이 없다.

　　　② 밸브 간극을 점검 및 조정하지 않아도 된다.

　　　⑩ 구조가 복잡하고, 가격이 비싸다.

⑥ 푸시로드(pushrod)는 OHV 기구 등에서 리프터와 로커암을 이어 주는 긴 막대이며, 요즈음에는 별로 사용하지 않는다.

⑦ 로커암 축 어셈블리(rocker arm assembly)는 실린더 헤드에 설치되며, 로커 암, 스프링, 로커암 축 서포트 등으로 되어 있다. 푸시로드나 캠축에 의해 로커암이 움직여서 밸브 스템 끝을 눌러 밸브를 열게 한다. 밸브 간극을 조정하기 위한 조정 나사가 로커 암에 설치된 형식도 있다.

마. 가변 밸브 타이밍 기구

① 가변 밸브 타이밍 기구는 기관이 저속이나 중속에서 회전력 향상과 고속에서 출력을 크게 할 수 있도록 제작된 기구이다.

② 흡기 및 배기 밸브용 캠의 모양을 기관의 저속 및 고속 상태에 맞게 바꿀 수 있다.

③ 캠 모양을 기관의 회전 상태에 알맞게 변화시켜 밸브 개폐 시기와 열림 양도 변화하므로 가변 밸브 타이밍 리프트 기구라고도 한다.

④ 가변 밸브타이밍 기구가 저속 운전에서는 고속용 캠이 붙어 있는 쪽의 로커암이 힘을 받지 않는다. 따라서 밸브는 양정이 작은 저속용 캠으로 구동된다.

⑤ 고속 운전에서는 고속용 로커암이 유압으로 고정되기 때문에 밸브는 양정이 큰 고속용 캠으로 구동된다.

Section 3 연료장치

연료장치는 연료를 각 실린더에 공급하는 장치이다. 사용되는 연료에 따라서 가솔린기관, LPG기관, 디젤기관 등으로 분류한다. 그런데 건설기계는 특별한 경우 제외하고 디젤기관을 채택하고 있어 디젤기관만을 주로 다룬다.

1 디젤기관

가. 디젤기관의 특징

디젤기관은 실린더 안에서 공기만을 압축하면 450~550℃의 압축열이 발생한다. 이때, 분사 노즐을 통해 연료가 분사되면 압축열에 의해 자기 착화 연소한다.

(1) 디젤기관의 장점

① 열효율이 높고 연료 취급이나 저장에 위험이 적다.

② 연료 소비량이 적고 실린더를 크게 할 수 있다.

③ 점화 장치가 없어 무선 통신 방해가 없다.

(2) 디젤기관의 단점

① 운전 중에 진동 소음이 크며 출력당 질량이 크다.

② 평균 유효 압력 및 회전 속도가 낮고 기동 전동기의 출력이 크다.

③ 제작비가 비싸다.

나. 디젤 연료장치의 형식

연료 분사 방식은 압축 공기로 연료에 압력을 가해서 분사하는 공기 분사식과 연료에 기계적인 압력으로 분사하는 무기 분사식이 있다. 주로 사용하는 무기 분사식은 독립식, 분배식, 공동식, 종합식이 있다.

다. 디젤 연료장치 구성 및 기능

연료장치 구성은 연료 탱크, 공급 펌프, 연료 여과기, 연료 파이프, 분사 노즐 등으로 되어 있다.

① 연료 공급 펌프 : 연료 탱크에 있는 연료를 분사 펌프에 공급하며, 분사 펌프에 의하여 구동된다. 공급 펌프는 연료 속의 공기빼기 등에 사용되는 수동식 프라이밍 펌프를 갖추고 있는 것도 있다.

② 분사 펌프(커먼 레일 고압 펌프) : 공급 펌프에서 보내온 연료를 고압으로 하여 분사 파이프를 지나쳐 분사 노즐로 보낸다. 분사 펌프의 형식은 크게 독립식과 분배식으로 나눈다. 최근에는 기계식 분배형 분사 펌프에서 발전되어, 연료 분사 시기와 연료량을 전자 제어하는 분배형 분사 펌프가 개발되어 사용된다. 이 전자 제어 분사 펌프의 가장 큰 특징은 기계식 조속기를 전자 조속기로 바꾼 점이며, 분사 시기 제어를 위해 분사 타이머에 작용하는 유압 제어를 위해 별도의 전자석밸브를 사용한다. 또, 형식에 따라서 분사 노즐에서 분사 시기를 감지하는 것도 있다.

③ 조속기(거버너) : 기관의 회전 속도나 부하의 변동에 따라 자동으로 분사량을 가감하여 차량의 운전을 안정되게 한다. 조속기는 분사 펌프의 캠축에 설치된 원심추에 의해서 작동되는 기계식과 회전 속도와 힘에 의해 변동되는 흡기 부압을 이용한 공기식, 부압과 원심력을 같이 사용하는 복합형이 있다.

④ 타이머 : 기관의 회전 속도나 부하에 따라 분사 시기를 자동으로 조정하며, 수동식과 자동식이 있다. 수동식은 조정 레버에 의해 스플라인 부시를 움직이면 플런저와 캠축 위치가 변화되어 진각(시기를 앞당김) 한다. 자동식은 기관 회전 속도가 증가하면 원심추의 작용으로 작동한다. 분사 시기가 빠르면 배출가스 색이 흑색이 되며, 분사 시기가 지나치게 늦으면 배출가스색이 청색(또는 백색)이 된다.

⑤ 분사 파이프 : 분사 펌프와 분사 노즐을 연결하는 고압 파이프이다. 구조는 분사 지연이 같아지도록 동일한 길이로 되어 있고, 길이는 짧은 것이 바람직하다.

⑥ 분사 노즐(커먼 레일은 인젝터) : 분사 펌프로부터 공급된 고압의 연료를 미세한 안개 모양으로 연소실에 분사한다.

  ㉮ 노즐이 요구하는 조건

    ㉠ 연료를 미세한 안개 모양으로 만들어 착화를 쉽게 한다.

    ㉡ 분무를 연소실 구석구석까지 뿌려지게 한다.

    ㉢ 분사 끝을 완전히 차단하여 후적이 없어야 한다.

    ㉣ 고온 · 고압의 어려운 조건에서 오랜 시간 사용할 수 있어야 한다.

  ㉯ 노즐의 연료분사 3대 요건 : 분포, 무화, 관통력

    ㉠ 분포 : 분사된 연료의 입자가 연소실 내의 구석까지 균일하게 분포되어 알맞게 공기와 혼합되어야 한다. 이 밖에도 연료가 분사된 후 열분해를 일으키지 않고 그대로 기화되어 균일한 혼합기가 만들어져야 한다.

ⓛ 관통력 : 연소실 내로 분사되는 **연료의 미립자가 가능한 먼 곳까지 관통하여 도달할 수 있는 힘이 있어야 한다.** 이와 같이 연료 분무 입자가 압축된 공기 중에 관통하여 도달하는 능력을 관통력이라고 한다. 연료 입자가 지나치게 작으면 압축공기 속을 관통할 수 없어서 노즐 주위에 연료 입자들이 모이게 되고, 이러한 현상을 불완전연소나 디젤 노크를 일으키는 원인이 된다.

ⓒ 무화 : 연료의 증발과 연소는 연료 입자가 작아질수록 신속하게 이루어지므로, **연료 입자를 미세한 입자로 만들어 주는 것이 필요하다.** 이와 같이 분사 노즐에서 분사되는 연료 입자를 미세하게 깨뜨려서 미립화 하는 것을 무화라고 한다.

※ 착화 : 불이 붙거나 켜지는 것

후저 : 연료분사 후 노즐팁(끝부분)에 **연료방울이 생겨 연소실에 떨어진다.** 후적이 발생되면 배압에 발생하여 기관 출력이 저하된다.

⑦ 연료 탱크 : 연료 탱크는 연료를 저장하는 용기이며, 특히 겨울철에는 공기 중의 수중기가 응축(결로현상)되므로 연료 탱크 내에 연료를 가득 채워두어야 한다. 탱크 밑면에는 드레인 플러그를 설치하여 탱크 내의 이물질 및 수분을 제거한다.

⑧ 연료여과기 : 연료여과기는 연료 내의 이물질을 제거하는 장치로서 특히 경유는 분사 펌프 배럴 및 분사노즐의 윤활도 겸하므로 여과 성능이 좋아야 한다. 여과 성능은 0.01mm 이상 되어야 하며, 여과기 윗면에 벤트플러그를 설치하여 공기빼기 작업 시 공기를 뺀다.

ⓐ 연료 필터(filter) : 필터, 여과기(필터)는 액체나 기체 속에 들어 있는 불순물을 걸러내는 것을 말하며 기관에서는 연료를 걸러주면 연료 필터고, 오일을 걸러주면 오일 필터라 하고 보통 필터는 불순물이 쌓이면 새것으로 교환한다.

ⓑ 연료 스트레이너(strainer : 여과기) : 액체의 불순물을 걸러 주는 것으로 불순물 입자가 큰 것을 걸러주고 보통 스트레이너는 액체의 흡입관 입구에 그물망으로 설치하여 흡입되는 액체의 불순물을 걸러 주는 것으로 보통 세척 후 재사용하며, 설치는 액체가 모여 있는 곳(연료 탱크 속, 오일 팬 등)에 설치한다.

⑨ 연료 공급 펌프(1차 연료 공급 펌프 : 연료 탱크 내에 설치한 경우도 있다.) : 연료 탱크 내의 연료를 흡입하여 보내는 장치이며, 연료계통에 공기가 침입하였을 때 **공기빼기 작업을 하는 프라이밍 펌프가 있다.**

ⓐ 프라이밍 펌프 : 수동용 펌프로서 기관이 정지되었을 때 연료 공급 및 회로 내의 공기빼기 등에 사용한다. 디젤기관은 연료 라인에 공기가 들어 있으면 시동이 되지 않으므로 프라이밍 펌프를 작동시키면서 연료공급 펌프→연료 여과기→분사 펌프의 순서로 에어 블리드 스크루를 이용하여 공기를 빼낸다. 그다음 기동 전동기를 작동시키면서 각 실린더의 분사 노즐 입구 커넥터로부터 공기를 빼낸다.

라. 디젤기관의 시동 보조 장치

(1) 예열장치

① 연소실이나 흡기 다기관내의 공기를 예열시켜 기관의 시동을 보조해주는 장치로서 겨울철 또는 한냉 시 사용한다.

② 예열장치는 디젤기관에만 설치되어 기온이 낮은 곳에서 시동할 때 흡입 공기를 가열하여 시동이 쉽게 되도록 한 장치이다. 이 기관은 흡입 공기를 압축할 때 발생한 열로 착화 연소하기 때문에 시동이 쉽도록 예열장치를 설치해야 한다.

③ 예열장치는 연소실 안의 압축 공기를 직접 예열하는 예열 플러그식과 실린더에 흡입되는 공기를 미리 가열하여 연소실에 공급되도록 하는 흡기 가열식이 있다.

㉠ 예열 플러그식 : 예열 플러그식은 예연소실식, 와류실식 등에 사용하며 연소실에 설치된다. 그 종류에는 직렬로 결선되는 코일형과 병렬로 결선되는 실드형 있으며, 현재는 실드형을 사용하고 있다.

㉡ 흡기가열식 : 흡기가열식은 직접분사실식에서 사용하며, 흡기다기관에 부착된다.

(2) 데콤프 장치(감압장치)

데콤프 장치는 기관의 캠축 운동에 관계없이 흡기 또는 배기 밸브를 강제로 열어서 실린더 내의 압축압력을 낮추어 크랭크축의 회전을 쉽게 해주는 장치이다.

마. 커먼 레일 디젤 분사기관

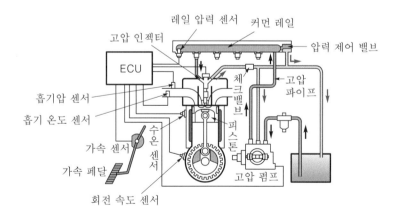

① 커먼 레일 방식은 고압 공급 펌프, 커먼 레일, 전자 밸브 제어의 인젝터, 그리고 컨트롤 유니트 등으로 구성되어 있다.

② 커먼 레일식 분사장치에서는 분사 압력의 발생과 분사 과정이 완전히 별개로 이루어진다. 이렇게 압력 발생과 분사를 분리하기 위해서는 일정 시간 동안 고압을 유지할 수 있는 고압 용기인 레일이 필요하게 된다.

③ 고압 공급 펌프로 사전에 고압화된 연료는 커먼 레일에 축압되고, 그것을 인젝터로부터 방출함으로써 분사를 한다. 이 방식은 연료의 압력을 제어하여 직접 분사하기 때문에 고압을 유지할 수 있어 연소효율을 높일 수 있다. 또한, 엔진의 회전 수와는 크게 관계없이 분사압, 분사량, 분사율, 분사 시기를 독립적으로 제어할 수 있다.

④ 커먼 레일 디젤 분사기관은 진동 및 소음, 유해 배출 가스 저감, 기관 출력의 증감 등을 향상시킨 기관이다.

⑤ 커먼 레일 디젤 분사기관은 분사 시기와 분사 지속 기간에 대한 분사 압력과 변화 폭을 크게 할 수 있는 것이 큰 장점이다.

⑥ 커먼 레일 디젤기관은 연료 탱크, 연료 공급 펌프, 고압 펌프, 여과 및 예열 기능을 가진 연료 여과기, 커먼 레일, 레일 압력 센서, 압력 제어 밸브, 인젝터 등으로 구성되어 있다.

⑦ 고압 펌프가 연료를 높은 압력으로 압축하여 커먼 레일에 압송하여 저장한다. 커먼 레일의 고압 연료는 인젝터에 공급되며 ECU로부터의 펄스 신호에 따라 분사량, 분사율, 분사 시기가 결정된다.

⑧ 커먼 레일 디젤 분사기관 구조

　㉠ 커먼 레일(common rail 연료압력 센서, 레일 압력조절 밸브가 설치되어 있다.) : 고압 연료 저장장치인 파이프에 연료를 저장하고 파이프 양 끝에 연료압력 센서와 레일 압력 조정 밸브가 부착되어 있어 일정 압력 이상에서 각 인젝터에 전기신호를 받아서 연료를 직접 실린더 안에 분사해 연소하는 디젤기관에서 보통 고압 연료 저장장치인 파이프를 커먼 레일이라고 말한다.

연료 압력 센서　　　커먼 레일　　　레일 압력 조절 밸브

　㉡ 1차 연료 공급 펌프 : 연료 탱크 안에 설치된 펌프(저압 계통)

　㉢ 2차 연료 공급 펌프(고압 공급 펌프)

　　고압의 연료를 커먼 레일에 공급하는 역할을 하며, 연료 압력 조절 밸브와 저압 펌프 일체형으로 된 것이 있는 반면 저압과 고압 펌프가 따로 분리된 형이 있다. 고압 펌프는 캠축 또는 타이밍 체인에 의해 구동되며 통상 헤드 옆 부분에 장착되어 있고, 3개의 플런저가 방사형으로 위치하고 있으며 편심 캠에 의해 동작한다. 저압 연료가 최소

50~100KPa는 되어야 고압 펌프 입구의 오리피스 밸브를 밀어올려 고압 연료 계통으로 연료가 공급된다. 연료 압력이 낮으면 펌프 내부는 연료에 의해 윤활은 가능하지만, 고압 라인으로 연료가 흐르지 못해 시동 불량이 될 수 있다.

ⓔ 연료 압력 조절 밸브

압력 조절 밸브는 듀티 제어되며 듀티값에 따라 연료가 리턴되거나 차단되는 구조를 가지고 있다. 예를 들어, 압력 조절 밸브에서의 연료 흐름은 듀티가 0%면(전류값이 작아지면) 연료 통로를 완전히 개방하여 모든 연료가 고압 펌프 쪽으로 흘러가게 하고, 듀티가 100%면(전류값이 커지면) 연료 통로를 막아 연료가 리턴되게 한다. 한편 연료 압력 조절 밸브의 듀티를 가지고 연료 계통의 누설 유무도 판단할 수가 있다.

ⓜ 레일 압력 센서

레일 압력 센서는 커먼 레일에 장착되었으며, 고압 펌프에서 압축되어 레일로 보내지는 연료의 압력을 측정하도록 되어 있다. ECU는 연료 압력 센서에서 측정된 값을 가지고 연료의 분사량과 분사 시기를 결정하는 요소를 사용하기 때문에 중요한 센서이다. 센서 내부에는 얇은 막이 있으며 이 막 상단에 피에조 저항을 붙여 막이 연료압력에 의해 움직이면 저항값이 변화되어 센서 출력 값으로 표시되도록 되어 있다.

ⓗ 레일 압력 제한 밸브 : 엔진이 고회전 시 연료 계통 또는 기계적인 문제가 발생하여 커먼 레일의 압력이 일정 압력 이상으로 상승함으로써 각 부품이 파열하는 것을 방지할 목적으로, 전기적으로 제어할 수 있는 비상사태를 대비하여 커먼 레일 끝단에 압력 제한 밸브를 설치하기도 한다. 비상 시 커먼 레일의 압력이 1,750MPa 이상 되면 스프링의 힘을 이기고 압력 제한 밸브가 열려 내부의 연료가 리턴 라인을 통하여 탱크로 리턴되도록 되어 있는 일종의 릴리프 밸브이다.

ⓢ 커먼 레일용 연료 공급 과정은 : 연료 탱크→연료 스트레이너(망으로 된 필터)→1차 연료 공급 펌프(연료 탱크 내 설치)→연료필터 : (여기까지 저압계통)→2차 연료 공급 펌프 : 여기부터 고압계통(고압 펌프, 분사 펌프)→커먼 레일→인젝터(분사밸브)→연소실

바. 인젝터

(1) 인젝터의 작동

커먼 레일식 디젤기관의 인젝터는 인젝터 솔레노이드에 전류가 흐르게 되면 니들 밸브 상단의 컨트롤 체임버실에 형성되는 압력과 하단의 니들 밸브 실의 압력차를 이용하여 니들 밸브 개폐를 한다. 니들 밸브 상단의 컨트롤 체임버실에는 오리피스 홀이 있고, 이 통로를 통하여 연료가 리턴되면 컨트롤 체임버 압력이 니들 밸브 실의 압력보다 낮아져서 니들 밸브가 위로 들어 올려져서 열리게 된다. 인젝터 솔레노이드에 전류가 흐르지 않으면 오리프스 홀은 볼에 의해 닫히고 니들 밸브실보다 상대적으로 면적이 더 넓은 컨트롤 체임버실의 압력이 상승하게 되면 니들 밸브는 압력에 밀려 아래로 닫히게 된다. 그렇기 때문에 사용 압력에 비해서는 상대적으로 작은 전류를 가지고도 인젝터의 작동이 가능하다.

(2) 인젝터 구성부품

니들 밸브, 리턴스프링, 노즐, 솔레노이드 밸브, 컨트롤 체임버, 컨넥터

사. 연료

연료란 가연물의 통칭으로, 근래에는 대체 에너지로 무공해 에너지의 개발에 관심이 집중되고 있다. 현재까지 자동차나 건설 기계용 연료는 주종이 휘발유와 경유, LPG 등의 석유계 연료이다.

(1) 열의 발생

① 온도 : 주위온도가 높으면 반응속도가 빠르기 때문에 열의 발생이 증가하고 이 경우 보통 반응속도는 온도상승에 따라 현저히 증가한다.

② 발열량 : 발열량이 클수록 열의 축적이 크다. 그러나 발열량이 크다 하더라도 반응속도가 느리면 축적열은 작게 된다.

※ 발열량 : 일정 질량의 물질이 완전 연소할 때에 내는 열량. 고체나 액체 연료에서는 1kg이, 기체 연료에서는 1㎥가 완전 연소했을 때 발생하는 열량을 킬로칼로리(㎉)로 나타낸다.

③ 수분 : 적당량의 수분이 존재하면 수분이 촉매역할을 하여 반응속도가 가속화되는 경우가 많다. 따라서 고온다습한 환경의 경우가 자연발화를 촉진시키며 저온, 건조한 경우는 자연발화가 일어나지 않는다.

※ 자연발화 : 공기 중의 물질이 상온(15~25℃, 표준온도 20℃)에서 저절로 발열을 일으키며 발화하여 연소하는 현상을 말하며, 물질이 스스로 발화하기 위해서는 자체적으로 발생하는 열의 발생과 열의 축적이 이루어져야 자연발화가 일어날 수 있다.

④ 표면적 : 일반적으로 산화반응의 반응속도는 산소의 양에 비례하기 때문에 산소함유 물질을 제외한 물질 중 산소량이 적거나 없는 경우는 자연발화가 일어나지 않는다. 따라서 공기 중의 산소와의 접촉관계가 중요하다. 분말상이나 섬유상의 물질이 내부에 다량의 공기를 포함하는 경우 더욱더 자연발화가 일어날 가능성이 크다. 반응계에 고체 또는 액체가 들어있는 경우 반응속도는 표면적에 비례하므로 이 표면적이 클수록 자연발화하기 쉽고 분말이나 액체가 포나 종이 등에 스며들어 배이면 자연발화가 용이하다.

⑤ 촉매 : 발열반응에 정촉매적 작용을 가진 물질이 존재하면 반응은 가속화된다.

(2) 열의 축적

① 열전도율 : 보온 효과가 좋게 되기 위해서는 열이 축적되기 쉬운 분말상, 섬유상의 물질이 열전도율이 적은 공기를 많이 포함하기 때문에 열이 축적되기 쉽다.

② 축적방법 : 공기 중 노출되거나 얇은 상태의 물질보다는 여러 겹의 중첩상황이나 분말상이 좋다. 대량 집적물의 중심부는 표면보다 단열성, 보온성이 좋아져 자연발화가 용이하다.

③ 공기의 이동 : 공기의 이동은 열의 확산이 많은 역할을 하는 경우가 많다. 통풍이 잘되는 장소에서 열의 축적이 곤란하기 때문에 자연발화하기가 어렵다.

(가) 경유

　　디젤기관용 경유는 등유와 비슷하지만, 등유에 비하여 약간 탁하고 점성을 띤다. 연료 비중은 0.83~0.89이고 인화점은 40~90℃이다. 경유 1kg이 완전 연소할 때 필요한 공기량은 14.4kg이다. 세탄가는 디젤 연료의 착화성을 나타내는 값으로, 세탄가가 클수록 연료의 착화성이 좋고 디젤 노크를 일으키지 않는다.

　　※ 발화(착화) : 외부에서 불꽃을 가까이하지 않아도 자연히 발화되는 것

　　※ 착화온도 : 경유 350℃, 가솔린550℃(경유의 착화온도가 낮기 때문에 경유가 착화성이 좋다.)

　　디젤기관이 요구하는 세탄가는 45~70이다. 연소 촉진제로는 아세트산에틸, 아세트산아밀, 아초산에틸, 아초산아밀 등이 사용된다. 디젤 노크는 연료 착화 지연 기간 중에 분사된 다량의 연료가 화염 전파 기간 중에 일시적으로 연소되어 실린더 안의 압력이 급격히 올라가 피스톤이 실린더 벽을 때리는 것이다.

① 디젤(경유)의 구비 조건

　㉠ 자기착화 방식이므로 착화성이 좋을 것

　㉡ 연료의 무화, 분사 펌프의 마모방지를 위해 적당한 점도를 유지

　㉢ 양호한 연소를 얻기 위해 적당한 증류성상을 가질 것

　㉣ 기관의 부품 부식 마모 방지 및 배출가스 중의 유산화합물 저감을 위해 유황성분의 함량이 적을 것

　㉤ 저온 시동성 확보를 위해 충분한 저온 유동성을 가질 것

　㉥ 착화점과 점도가 적당할 것

　㉦ 분사 펌프 내의 녹, 마도 등의 방지를 위해 수분이나 이물질 등의 불순물이 적을 것

② 착화성 : 착화성은 연료가 기관의 연소실내에 분사되고 나서 착화할 때까지의 시간의 크기를 의미하고 보통 세탄가로 표시한다. 이 착화성이 나쁘게 되면 연소실내의 분사된 원료가 미연인 상태로 다량 체류하다가 한꺼번에 연소함으로써 연소압력은 급상승되고 이로 인해 이상연소가 되어 운전상태가 불안전하게 한다. 이것이 소음 증대 및 저온 시동성을 악화시킨다.

③ 점도 : 경우의 점도는 기관 연소실내에서의 연료의 무화 및 분사 펌프의 윤활작용의 영향을 미친다. 또 너무 낮으면 분사 펌프와 노즐의 니들밸브 등 연료자체로 윤활되고 있는 부위의 마모나 그 부위에서 누수 되기가 쉽다.

④ 증류성상 : 경유의 증류 성상은 공기와 충분히 혼합할 필요가 있기 때문에 연소에 있어서는 중요한 성상이다. 고비 점유분이 너무 많으면 적절한 분무가 되지 않아 기관 출력저항 등 성능에 나쁜 영향을 미친다.

⑤ 유황성분 : 황은 연소에 의해 산화되고 부식을 유발하는 유산 화합물을 생성하기 때문에 피스톤링 실린더 라이너 등 기관각 부품의 부식마모에 영향을 미친다. 특히, 황산화물(SOx)은 산성비에 대한 기여도(60~70%)가 큰 원인이기에 각국마다 엄격히 연료의 황 함유량을 법으로 제한하고 있다.

⑥ 저온유동성 : 경유는 저온에서 왁스가 석출되고 연료필터가 막힌다든지 유로저항을 증가시키기 때문에 저온유동성은 기관의 시동성에 대해 중요한 특성이다.

아. 디젤노크

디젤노크란 착화지연 기간이 길면 분사된 다량의 연료가 화염 전파기간 중에 일시적으로 연소하여 압력 급상승에 원인하여 실린더에 충격을 주는 현상이다.

(1) 디젤노크 방지방법

① 연료의 착화온도를 낮게 한다.

② 착화성이 좋은 연료(세탄가가 높은 연료)를 사용하여 착화 지연기간을 짧게 한다.

③ 압축비. 압축온도 및 압축압력을 높인다.

④ 연소실벽의 온도를 높이고 흡입공기에 와류를 준다.

⑤ 분사 시기를 알맞게 조정한다.

※ 발화점 : 주위의 열로 인하여 스스로 점화되는 최저온도

※ 인화점 : 공기 중에서 연소 가능한 온도

※ 착화점(착화온도) : 공기 중에서 물질을 가열할 때 스스로 발화하여 연소를 시작하는 최저 온도

Section 4 냉각장치

실린더 안에서 연소되는 온도는 200℃이상이며, 이 열은 기관의 각 부품에 전도된다. 냉각장치는 이들 부품이 과열되지 않게 열을 흡수하여 기관을 적당한 온도로 유지하기 위한 장치로, 기관이 과열되면 윤활 불충분으로 유막의 파괴와 부품의 변형, 연소 불량으로 출력이 저하되며, 반대로 과냉이 되면 연료 소비 증대 및 오일이 희석되어 베어링부의 마멸이 빨라진다.

냉각장치는 작동 중인 기관의 온도를 75~85℃ (실린더헤드 물 재킷 내의 온도)를 유지하기 위한 것으로 냉각시키는 방법에 따라 공냉식 및 수랭식이 있다.

공냉식은 기관을 대기와 접촉시켜 냉각시키는 방식으로 냉각수의 누출이 없으나 냉각이 균일하지 못한 단점이 있고, 자연통풍식과 강제통풍식이 있다.

수랭식은 냉각수를 사용하여 기관을 냉각시키는 방식으로 냉각수를 순환시키는 방식에 따라 자연 순환식, 강제 순환식, 압력 순환식, 밀봉 압력방식이 있다.

1 냉각 방식

① 공랭식 : 공랭식은 주행 중에 받는 공기로 냉각시키며, 실린더나 실린더 헤드부에 일체로 주조된 냉각 핀이 있다. 수랭식과 달리 냉각수 보충이나 누수, 동결 등의 염려가 없고, 구조가 간단하며 취급도 쉽다. 그리고 냉각 팬을 사용하여 강제로 통풍시키는 방식도 있다.

② 수랭식 : 수랭식은 물로 냉각시키며, 물의 대류에 의한 자연 순환식과 물 펌프를 이용한 강제 순환식이 있다. 고성능 기관에서 자연 순환식은 적합하지 않으며, 주로 강제 순환식이 널리 사용된다. 또, 강제 순환식은 압력 캡을 사용하여 비등에 의한 손실을 적게 한 압력 순환식과 캡을 밀봉하고 저장 탱크를 별도로 설치한 밀봉 압력식이 있다.

2 냉각장치의 구성품

가. 물 재킷

물 재킷은 실린더 블록과 실린더 헤드에 설치된 냉각수 통로로, 실린더 벽, 밸브 시트, 밸브 가이드, 연소실 등과 접촉하여 열을 흡수한다.

나. 물 펌프

물 펌프는 구동 벨트에 의해 기관 회전 수의 1.2~1.6배로 회전하여 냉각수를 순환시킨다. 원심력 펌프의 원리를 이용하며, 펌프의 능력은 송수량으로 표시된다.

다. 구동 벨트(팬 벨트)

구동 벨트는 팬 벨트 또는 V 벨트라고도 하며 풀리와의 접촉은 양쪽 경사진 부분에 접촉되어야 하며, 풀리의 밑 부분에 접촉하면서 미끄러지며, 크랭크축, 발전기, 물 펌프 등의 풀리를 연결 구동한다. 재질은 내구성 향상을 위해서 섬유질과 고무이며, 벨트의 길이는 두께 중심선상의 길이로 한다.

(1) 팬벨트 장력 점검 및 조정

물 펌프 풀리와 발전기 풀리 사이에서 10kg의 힘으로 눌렀을 때 13~20mm 이면 정상이다.

㉠ 팬벨트 장력이 너무 크면(팽팽할 경우) 각 풀리 베어링의 마모촉진 및 기관이 과냉 된다.

㉡ 팬벨트 장력이 너무 작으면(헐거울 경우) 냉각수 순환불량으로 기관이 과열한다.

㉢ 팬벨트 장력의 조정 : 발전기 조정암의 고정 볼트를 풀고 조정한다.

※ 장력이 크면 유격이 적고, 장력이 적으면 유격이 많다.

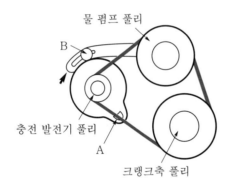

라. 냉각 팬

냉각 팬은 라디에이터의 냉각과 배기 다기관의 고열도 방지하며, 보통 4~6개의 날개로 되어 있다. 냉각 팬은 물 펌프 축과 일체로 회전하는 방식과 전동기로 구동되는 전동 팬 방식이 있다.

마. 슈라우드

슈라우드는 라디에이터와 냉각 팬을 감싸고 있는 판으로, 공기 흐름을 도와서 냉각효과를 크게 한다. 재질은 강판이나 합성수지 등이 사용된다.

바. 라디에이터(radiator)

라디에이터는 냉각수의 열을 대기 중으로 방출시켜 냉각수의 온도를 낮춘다. 공기가 라디에이터 튜브를 통과하는 동안 라디에이터 내부를 흐르고 있는 냉각수로부터 열을 빼앗아 대기 중으로 방출한다.

라디에이터에는 냉각수를 보충할 목적으로 라디에이터 캡이 설치되며, 이 캡에는 가압밸브와 진공(부압)밸브가 설치되었다. 대기압에서 물은 100℃에서 끓고, 그 이상의 온도로 올라가지 않지만, 가압밸브로 밀폐되는 라디에이터 내부압력이 상승하면서 물의 끓는 온도가 100~120℃로 되어서 내부압력이 높으면 열려 넘치는 냉각수를 내어보내고, 부압 밸브는 역으로 온도가 내려가서 내부가 부압으로 될 때에 보조 탱크로부터 냉각수를 흡입하여 항상 냉각수가 라디에이터에 채워지도록 조절하는 기능을 한다.

(1) 라디에이터의 구비 조건

① 단위면적당 방열량이 클 것

② 공기흐름 저항이 적을 것

③ 냉각수 흐름 저항이 적을 것

④ 가볍고 작으며 견고할 것

(2) 라디에이터 코어 막힘 점검

사용 중인 라디에이터의 주수량과 신품 라디에이터의 주수량을 비교하여 신품보다 주수량이 적을 경우에는 세척하고, 세척한 후의 주수량이 20% 이상 적을 경우에는 라디에이터를 교환하여야 한다. 그리고 라디에이터 냉각핀은 압축 공기를 이용하여 기관 쪽에서 불면서 청소한다.

라디에이터 코어 막힘률

$$코어막힘률(\%) = \frac{(\ 신품주수량 - 구품주수량\ )}{신품주수량} \times 100$$

※ 라디에이터 코어의 막힘 한계는 20% 이내이어야 한다.

(3) 라디에이터 캡

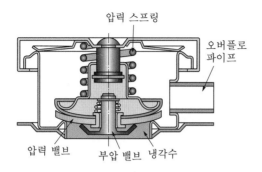

냉각장치 내의 비점(끓는점)을 높이기 위해 압력식 캡을 사용하며, 캡을 열 때는 기관의 시동을 끄고 냉각된 상태에서 열어야 한다.

① 라디에이터 캡을 열었을 때 기포나 기름이 떠있는 경우

    ㉠ 실린더 헤드 개스킷 파손

    ㉡ 실린더 헤드 볼트 풀림

    ㉢ 오일 냉각기에서 기관 오일이 누출될 때

사. 수온 조절기

수온 조절기는 온도를 제어한다. 냉각수 온도 조절기로 실린더 헤드의 냉각수 통로 출구에 설치되어 기관 내부의 냉각수 온도 변화에 따라 자동적으로 통로를 개폐하여 냉각수 온도를 75~85℃가 되도록 조절한다.

냉각수의 온도가 정상 이하이면 밸브를 닫아 냉각수가 라디에이터 쪽으로 흐르지 않도록 하고 냉각수는 바이패스 통로를 통하여 순환하도록 한다. 냉각수 온도가 76~83℃ 되면 서서히 열리기 시작하여 라디에이터 쪽으로 흐르게 하며 95℃가 되면 완전히 열린다. 종류로는 벨로스형과 펠릿형이 있으나 현재는 펠릿형이 주로 사용된다.

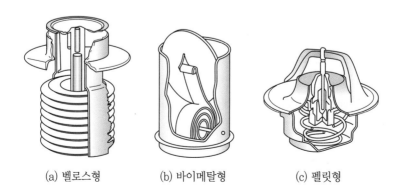

(a) 벨로스형   (b) 바이메탈형   (c) 펠릿형

아. 수온계

수온계는 운전석 계기판에 설치되어 냉각수의 온도를 H와 L로 표시하며 정상 상태는 중간 상태를 표시하고 과열되면 H에 근접하게 된다.

자. 냉각액

보통 물을 사용하며 물은 열을 잘 흡수하고 구입이 용이하기 때문이다. 냉각수로 사용되는 물은 순도 높은 증류수, 수돗물, 빗물 등을 사용하며 광물성이나 산을 포함한 천연수와 경수는 냉각장치를 부식시키거나 물때가 많이 발생하므로 사용하지 않는 것이 좋다.

(1) 부동액

겨울철 빙결과 여름철 과열을 예방하는 역할을 한다. 0℃에서 체적이 10% 정도 팽창하므로 실린더 블록이나, 헤드 등 냉각장치 내에서 빙결하면 부피의 증가로 냉각장치를 동파시키므로 한냉 시 냉각수의 빙결을 방지할 목적으로 냉각수와 부동액을 일정한 정도로 혼합하여 냉각장치 내에서 주입하여 사용한다.

알루미늄 라디에이터용과 동판 라디에이터용이 있는데, 최근에는 알루미늄 라디에이터가 많이 사용되며, 부동액은 주원료에 따라서 에틸렌 글리콜과 프로필렌 글리콜 등이 있다.

(가) 부동액의 구비 조건
① 비등점(끓는 점)이 물보다 높아야 하며 빙점(어느 점)은 물보다 낮을 것
② 냉각수와 혼합이 잘 될 것
③ 물재킷, 라디에이터 등 냉각계통을 부식시키지 않을 것
④ 온도변화에 따른 부식을 일으키지 않을 것(팽창계수가 적을 것)
⑤ 침전물이 없을 것
⑥ 증발(휘발성)이 없을 것

(나) 부동액의 혼합 비율
물과 부동액의 혼합 비율은 그 지방의 최저 기온보다 5~10℃정도 낮게 기준을 정한다. 부동액 원액의 농도가 70%를 초과하거나 35%미만이 되면 냉각장치가 손상된다.

(다) 부동액 구성 물질
메탄올, 알코올, 에틸렌글리콜, 글리세린, 아세톤, 알데히드, 에테르 등

(라) 부동액의 주 기능
냉각장치의 겨울철 동파와 동결 방지이고 요즘은 이에 더하여 냉각장치의 부식방지나 고무호스 재질의 노화와 산화 방지 및 여름철에는 끓는점을 높여 오버히트를 늦게 오게 하는 역할도 한다.

❸ 수랭식 기관의 과열과 과냉의 원인 및 영향

(1) 수랭식 기관의 과열 원인

① 수온조절기의 완전 열림 온도가 높다.

② 라디에이터 코어가 20% 이상 막혔다.

③ 라디에이터 코어가 오손 및 파손되었다.

④ 팬벨트 장력이 헐겁다.

⑤ 물재킷 내에 물때(스케일)가 과다하다.

⑥ 물 펌프의 작동 불량 및 냉각수 양이 부족하다.

⑦ 냉각 팬이 파손되었다.

⑧ 물 재킷 내에 스케일이 많이 쌓여 있다.

⑨ 수온 조절기가 닫힌 채 고장이 났다.

(2) 기관 과냉의 원인

① 수온조절기의 열린 채로 고장

② 대기 온도가 너무 낮음

(3) 기관 과냉 시 영향

① 연료 소비율이 증가한다.

② 연료가 기관 오일에 희석되어 베어링의 마멸을 촉진한다.

③ 카본이 실린더 벽 연소실 등에 퇴적된다.

④ 불완전 연소로 기관의 출력이 저하한다.

Section 5 윤활장치

기관이 운전 중에 마찰로 인하여 베어링의 소결 등이 발생할 수 있는데 이를 방지하기 위한 장치이다. 기관의 마찰부에 오일을 공급하여 유막을 만들어 마멸 감소 및 기계효율 등을 향상 시킨다.

※ 윤활이란 마찰력이 큰 고체 마찰을 마찰력이 작은 유체 마찰로 바꾸는 것을 말한다. 마찰은 맞닿은 두 물체 사이에 작용하는 저항을 말한다.

1 윤활작용

윤활작용에는 강인한 유막을 형성하고 운동부의 표면 마찰을 감소하여 마멸을 방지하는 감마작용과 압축가스의 누출을 방지하는 기밀작용, 불순물을 흡수하여 윤활부를 깨끗하게 하는 청정작용, 마찰열을 방출하는 냉각작용, 부식을 방지하는 방청작용, 순간적인 부분압력을 고루 분산시키는 응력분산 작용 등이 있다.

가. 윤활유의 작용

① 실린더 내 기밀 유지작용

② 냉각작용(열전도작용)

③ 응력분산 작용(충격완화 작용)

④ 부식방지 작용

⑤ 마찰감소 및 마멸방지 작용

⑥ 청정작용

나. 구비 조건

① 점도가 적당하고 점도 지수가 클 것

② 인화점 및 발화점이 높을 것

③ 강인한 유막을 형성할 것

④ 비중과 점도가 적당할 것

다. 기관 오일 온도 상승 원인

① 오일의 점도가 낮다.

② 오일 냉각기(쿨러) 불량

③ 기관의 과부하

④ 기관 오일양 부족

※ 온도가 낮아 점도가 너무 크면 시동 토크가 커서 시동에 문제가 있고, 온도가 너무 높으면 점도가 낮아 유막형성에 지장이 발생하므로 항상 온도에 대하여 적절한 점도가 유지되어야 한다.

② 윤활 방식

① 비산식 : 비산식은 커넥팅 로드 대단부에 있는 주걱을 이용하여 오일을 윤활부로 뿌리는 방식으로, 단기통이나 2기통의 소형 기관에 사용된다.

② 압력식 : 압력식은 오일 펌프로 오일을 흡입하여 압력을 가한 다음 각 윤활부로 공급하는 방식이다.

③ 비산 압력식 : 비산 압력식은 비산식과 압력식의 조합형으로, 실린더 벽, 피스톤 핀 등은 비산식으로 공급하고, 그 외 부분은 압력식으로 공급한다. 자동차용 기관에서 주로 사용된다.

④ 혼기식 : 연료와 오일을 섞어 연소실에 공급하면 오일의 일부는 윤활되며, 또 다른 일부는 연소되는 방식이다. 소형 2행정 사이클 기관에 사용된다.

③ 윤활장치의 구성

가. 오일 펌프

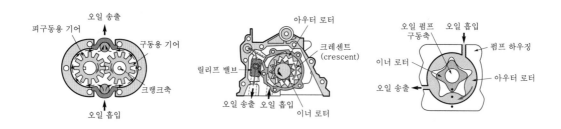

오일 펌프는 오일 팬 안의 오일을 흡입한 후 압력을 가하여 윤활부로 보내는 일을 한다. 오일 펌프의 종류는 기어식, 로터리식, 베인식, 플런저식이 있으며 일반적으로 기어식과 로터리식이 주로 사용된다.

나. 유압 조절 밸브

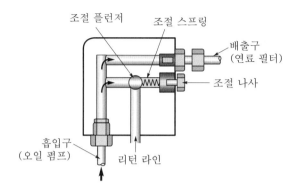

유압 조절 밸브는 윤활 회로 안에서 압력이 지나치게 높아지는 것을 방지하며, 유압이 스프링의 힘보다 커지면 밸브가 열려 오일 팬으로 되돌아가는 구조이다. 정상적인 기관의 유압은 0.2~0.4MPa 정도이다. 일반적으로 기관 온도 80℃, 기관회전 수 2,000rpm 정도에서 최소한 2kg/㎠ 정도의 압력이 유지되어야 한다. 또한, IG on시에는 오일 경고등이 점등되어야만 하고 시동을 걸어 오일 압력이 0.3~1.6kg/㎠ 정도를 형성하면 경고등은 소등되는 것이다. 만약 공회전 상태에서 오일압력이 0.3kg/㎠ 이하가 되면 오일 경고등이 계속 점등되어 있게 되는데, 이때에는 오일 펌프 또는 베어링 각 부의 마멸이나, 오일 스트레이너의 막힘, 오일 필터의 막힘 등을 생각할 수 있다.

(1) 유압이 낮아지는 원인(오일압력 경고등 점등)

① 베어링의 오일 간극이 클 때

② 오일 펌프가 마멸되었거나 윤활회로 내에서 윤활유가 누출될 때

③ 오일팬 내의 윤활유 양이 부족할 때

④ 유압조절 밸브 스프링의 장력이 너무 약하거나 절손 되었을 때

⑤ 윤활유의 점도가 너무 낮을 때

(2) 유압이 높아지는 원인

① 윤활유의 점도가 높을 때

② 윤활 회로의 일부가 막혔을 때

③ 유압 조절밸브의 스프링 장력이 클 때

다. 오일 여과기

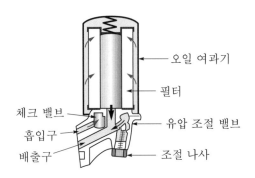

오일 여과기는 오일 속의 수분, 연소 생성물, 금속 분말 등의 불순물을 여과하며, 케이스와 엘리먼트로 구성되어 있다. 오일 여과기는 엘리먼트 교환식과 카트리지식이 있으며, 일반적으로 카트리지식이 많이 사용된다. 여과 방식에는 분류식, 전류식, 샨트식 등이 있다.

(1) 여과 방식

전류식(full-flow), 분류식(by-pass), 샨트식(shunt flow : 복합식, 혼합식)이 있다.

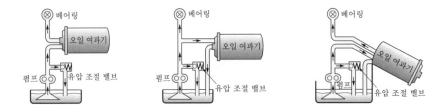

① 전류식 : 오일 펌프에서 송출된 오일 모두를 여과하여 윤활부에 공급하는 방식
② 분류식 : 오일 펌프에서 송출된 오일의 일부는 여과하여 오일팬으로 보내고 나머지 여과되지 않은 오일을 윤활부에 공급하는 방식
③ 샨트식(복합식, 혼합식) : 오일 펌프에서 송출된 오일의 일부는 여과하여 윤활부로 보내고 여과되지 않은 오일도 윤활부로 보내는 방식

라. 오일팬

오일이 담겨지는 용기이며, 기관이 기울어지더라도 오일이 충분히 고여 있도록 하는 칸막이를 두고 있다.

마. 오일 스트레이너

오일 스트레이너는 오일 팬 안의 오일을 흡입할 때 입자가 큰 불순물을 여과한다.

바. 유면 표시기

유면 표시기는 크랭크케이스 안의 오일을 점검하는 금속 막대로, 아랫부분에 F 또는 max의 상한 지점과 L 또는 min의 하한 지점이 표시되어 있다. 기관 오일은 기관이 정지 상태에서 상한과 하한 지점의 사이에 있어야 정상이다.

(1) 오일량 점검 시 오일색상 점검

  ㉠ 우유색 : 냉각수가 혼입된 경우이다.
  ㉡ 검은색 : 교환 시기가 지난 경우이다. 이때 점도를 점검한 다음 교환 여부를 결정한다.

④ 윤활유의 분류

가. SAE(미국자동차기술협회) 분류

점도에 따른 분류로 SAE 번호로 점도를 나타낸다.

  ① 겨울철용 : SAE# 10W, 20W, 10, 20
  ② 봄, 가을철용 : SAE# 30
  ③ 여름철용 : SAE# 40
  ④ 다급오일(사계절용, 범용오일) : SAE5W-20, 10W-30 등이 있다.

나. API(미국석유협회) 분류

API 분류는 기관의 운전 조건(사용온도)에 의한 분류이다.

기관명	사용조건		
	경 부하용	중 부하용	고온 부하용
가솔린기관	ML	MM	MS
디젤기관	DG	DM	DS

다. SAE 신분류

  ① 디젤기관용

    ㉠ CA : 연료에 유황 성분이 적고 경하중, 경부하 기관에서 사용한다.
    ㉡ CB, CC : 고속 고부하에서 사용하며 CA와 CD중간이다.
    ㉢ CD : 고속, 고부하 및 부식 발생 우려가 많은 기관에서 사용한다.

Section 6 흡기 및 배기장치

1 흡기장치

가. 공기청정기(에어크리너)

공기청정기는 공기 중에 포함되어 있는 불순물을 제거하여 실린더에 공급하는 장치로서, 엘리먼트가 막히면 배기색은 흑색이 되며, 기관의 출력은 저하한다. 건식, 습식, 원심식이 있다.

① 건식 : 케이스 안에 엘리먼트를 넣은 것으로 엘리먼트는 여과지 또는 여과성이 좋은 여과포를 접어 방사선상으로 제작한다. 세척 방법은 엘리먼트를 압축공기 안쪽에서 바깥쪽으로 불어낸다.

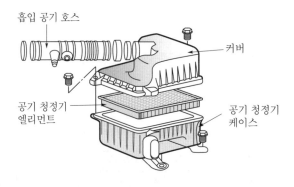

② 습식 : 공기청정기 안에 금속망 엘리먼트에 기관오일을 넣은 것이다.

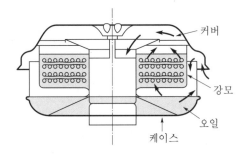

③ 원심식(프리 크리너) : 건식 공기청정기로 들어가기 전에 공기를 한번 더 걸러서 건식 공기청정기로 보내주는 방식이다.

※ 인디케이터(더스트 인디케이터) : 공기청정기의 막힘을 알려주는 게이지

나. 흡기 공기량 센서

① 흡기공기량 센서(AFS : Air Flow Sensor)는 맵(MAP : Manifold Absolute pressure) 또는 에어플로 센서라고도 하며, 기관에 흡입되는 공기량을 측정하는 센서이다.

② 흡입 공기량 센서는 작용 방식에 따라 질량 계측, 체적 계측, 간접계측방식이 있다. 질량계측방식은 열막식(hot film type)과 열선식(hot wire type)이 있고, 체적 계측 방식은 칼만 와류식(karman vortex type)과 베인식(vane type)이 있으며, 간접 계측 방식에는 맵 센서(MAP sensor)가 있다.

③ 디젤이건 가솔린기관이건 현재는 대부분 열막 방식(핫필름)만 사용되고 있다.

종류	계측방식 출력신호		출력형식		특성
핫필름식	전자식	직접 계측	아날로그	흡기질량에 비례하는 전압	• 질량유량 검출로 신뢰성 좋음 • 오염에 의한 측정 오차 큼 • 설치 시 제약이 따름
핫와이어식	전자식	직접 계측	아날로그		
칼만와류식	전자식	직접 계측	디지털	흡기체적에 비례하는 주파수	• 정밀성이 우수하고 신호 처리 가 쉬움 • 대기압 보정이 필요함
맵센서식	전자식	간접 계측	아날로그	흡기관 압력 에 비례하는 전압	• 소형, 저가이며 정착성 양호 • 기관특성 변화에 대응 곤란
베인식	기계식	직접 계측	아날로그	흡기체적에 비례하는 전압	• 사용이 많으나 고장율 높음 • 대기압 보정 필요

왜 현재는 거의 열막 방식만 사용되고 있는가?

기관에서 실제로 사용되는 성분은 산소이고 대기(공기) 중 산소량은 질량에 따라 비례하므로 체적유량 방식보다 질량유량 방식이 정밀도가 높고 같은 질량유량 방식의 핫와이어 방식보다 열막 방식이 생산비가 저렴하고 응답성도 좋아 1987년에 독일 보쉬사에서 핫와이어를 대체할 목적으로 개발하여 지금은 대부분 열막 방식이 사용되고 있다.(간접계측 방식은 정밀도가 낮아 사용 안 한다.)

(1) 핫 필름 방식(hot film type)

핫 필름 방식(hot film type)은 열막식이라고 하며 백금열선, 온도 센서, 정밀 저항기 등을 세라믹 기판에 층 저항으로 접합시킨 것으로 열선식에 비해 열손실이 적고 중량이 가볍다. 핫 필름의 원리는 발열체와 공기 사이의 열전달 형상을 이용한 것으로, 발열체의 주위를 흐르는 공기 유량이 많을 수록 발열체로부터 열전달 양이 증가한다. 흡입통로에 열막(hot film)을 설치하고 전류를 흐르게 하여 가열하면 흡입 공기량에 의하여 냉각되므로 전류흐름에 변화가 생긴다. 이 전류의 변화를 전압으로 바꾸어 흡입 공기량을 측정하는 것이다.

(2) 핫 와이어 방식(hot wire type)

핫 와이어 방식을 열선식이라고 하며 유량계 내부에 직경 약 0.07mm의 가는 백금 열선을 원통형의 계측 관(measuring tube) 내에 설치되었다. 유량계 내에는 정밀 저항기, 온도 센서 등이 있고 계측 관 외부에는 출력 트랜지스터, 공전 전위차 계(idle potentiometer) 등과 하이브리드 회로가 설치되어 있다.

하이브리드 회로는 몇 개의 브리지 저항을 포함하여 제어회로에 위해 제어되며 크린 버닝(clean- burning)기능을 한다. 크린 버닝 기능을 다른 말로 번 오프(burn-off)기능이라고도 하는데, 이 기능은 열선에 먼지 등의 이물질이 부착하여 열선의 발열량 오차를 줄이기 위해 설치한 보조기능이다. 일반적으로 점화스위치를 ON 또는 OFF 시에 몇 초간 작동하여 열선에 부착한 먼지나 이물질을 태워준다. 콜드 와이어(cold wire)라 불리는 흡기온도 센서는 흡입공기 온도가 변하더라도 정확하게 계측하기 위하여 사용된다. 즉 같은 유량의 공기가 공급되더라도 흡입공기가 차가울 때는 따뜻할 때 보다 열선의 발열량이 커지게 되므로 전류가 많이 공급되어 오류가 발생할 수 있다. 예컨대, 공기의 흐름 중에 발열체를 놓으면 공기에 열을 빼앗기게 되므로 발열체는 냉각되고, 발열체의 주변을 통과하는 공기량이 많으면 그만큼 빼앗기는 열량도 증가할 것이다. 이와 같이 열선식 공기 유량계는 이와 같은 발열체와 공기와의 사이에서 일어나는 열전달 형상을 이용한 것이다.

(3) 칼만 와류 방식(karman vortex type)

칼만 와류 방식의 흡입공기량 센서는 균일하게 흐르는 유동장에 와류(vortex) 발생체를 놓고 칼만 와류(Karman vortex)라는 와류열(vortex street)이 발생한다. 칼만 와류의 발생 주파수와 유속과의 관계로부터 유량을 계측하는 것이다. 칼만 와류의 발생주파수를 측정하면 유속을 알 수 있고, 유속과 공기 통로의 유효 단면적의 곱으로부터 체적유량을 구할 수 있다. 칼만 와류의 발생 주파수를 검출하는 방법은 주로 초음파 검출 방식을 사용하고 있다.

(4) 맵센서 방식(MAP : manifold absolute pressure sensor)

맵센서 방식은 흡기다기관의 부압변화에 따라 흡입 공기량을 간접적으로 검출하는 방식으로 연료의 기본 분사량, 분사시간, 점화 시기를 결정하는 데 사용한다. 흡기다기관의 부압은 진공호스로 서지 탱크에 연결되어 흡기관 내 절대압력의 변화를 측정한다. 기관이 작동되고 있을 때 흡기 매니폴드 내의 압력은 기관 상태에 따라 변화된다. 예컨대 스로틀밸브가 열려 기관부하 및 회전 수가 증가하면 부압이 작아져서 흡기다기관 내의 절대압력은 증가하고, 스로틀밸브가 닫혀 기관부하와 회전 수가 감소하면 흡기다기관 내의 절대압력은 낮아진다. MAP센서의 구조는 압전효과(piezo electric effect)를 이용하여 흡기관 내의 절대 압력을 측정한다. 진공포트로 흡기관에 연결되어 흡기관의 압력 변화를 감지하고, 센서는 실리콘 칩과 브리지 회로를 구성하는 압전 저항체(piezo resistor) 등으로 구성된다. 이 압전 저항체는 진공의 변화에 대하여 각기 다른 저항값을 가지며, 흡기관 진공 압력에 비례하는 신호가 브리지 회로를 통하여 나오게 된다.

(5) 흡입공기량센서 고장 시 예상되는 증상

① 기관 크랭킹은 가능하나 시동성이 나쁘다.

② 기관의 공회전이 불안정하다.

③ 주행 중이나 공회전 시 시동이 꺼지는 증상이 있다.

④ 주행 가속성이 좋지 않다.

⑤ 주행 중 자동변속기의 변속지연과 충격이 발생할 수 있다.

(6) 흡입 공기 제어 방식의 발달 과정

① NA(Naturally Aspirated) 방식 : 피스톤의 흡입 과정에 의해서 공기가 유입되는 자연 흡입 방식이다.

② TC(Turbo Charger)방식 : 흡기장치에 터보를 부착한 후 배기가스를 이용하여 흡입 공기를 추가로 공급하는 장치이다.

③ TCI(Turbo Charger Intercooler) 방식 : 터보 인터쿨러 방식으로, 터보가 압축한 고온의 공기를 인터쿨러를 통해 낮춰 주는 장치이다.

④ VGT(Variable Geometry Turbo changer) 방식 : 가변 용량 터보차저 방식으로, 배기가스의 토출량을 가변 날개를 이용하여 제어하는 방식이다.

다. 과급기(turbo charger)

과급기는 기관 출력을 높이기 위하여 흡입 공기량을 증가시켜 흡기에 압력을 가하는 일종의 공기 펌프이다. 과급기는 디젤기관에 주로 이용했으나, 최근에는 가솔린기관에도 일반화되어 사용된다. 배기가스로 구동되는 배기식 터보차저와 기관의 크랭크축 등으로 구동시키는 기계식 슈퍼차저 등이 있다.

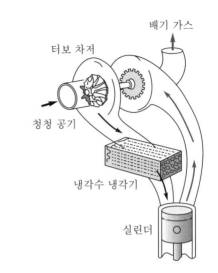

(1) 과급기의 역할

대기압보다 높은 압력으로 기관에 공기를 보내는 것을 과급이라 하고, 과급하면 같은 용량의 기관이라도 실제로 많은 양의 공기를 충전할 수 있기 때문에 연료의 분사량도 증가할 수 있다. 따라서 공기의 충전효율이 증대되어 기관의 출력이 증가한다.

(2) 과급 장치의 효과

① 과급에 의한 출력 증가로 운전성이 향상된다.

② 충전효율의 증가로 연료 소비율이 낮아진다.

③ 기관 소음의 감소로 운전 정숙성이 향상된다.

④ CO, HC, NO_X 등의 배기가스의 배출이 줄어든다.

⑤ 단위 마력당 출력의 증가로 기관 크기와 중량을 줄일 수 있다.

(3) 과급기(Charger)1 종류

과급기에는 다양한 방식이 있으나 배기가스의 압력을 이용하는 방식은 터보차저라 하고, 기관의 크랭크축의 회전력을 이용하는 방식을 기계식 슈퍼차저(super charger)(기계식 과급기 또는 그냥 슈퍼차저)라고 한다.

(가) 배기 터보식 과급기(turbo charger)

터보차저에는 웨이스트 게이트식, 가변 용량식, 인터쿨러 터보식이 있다. 또, 과급에 따른 과급 공기의 냉각을 위해 설치한 냉각기의 형식에 따라 수랭식과 공랭식 인터쿨러가 있다.

① 웨이스트 게이트식 터보차저

웨이스트 게이트식은 터보차저의 특성을 개선할 목적으로 터빈에 웨이스트 게이트 액추에이터를 부착하는 방식이다. 웨이스트 게이트는 급기 압력, 배기 압력이 과대하게 증가하는 것을 방지하기 위하여 배기의 일부를 바이패스시켜 배기터빈의 일양을 감소시킨다. 웨이스트 게이트 방식은 저속 영역에서의 토크 향상, 과도 응답성의 향상, 터보 과급기의 오버런 억제가 가능하다.

② 가변 용량식 터보차저

기관의 저속과 고속 회전 영역에서 과급기의 배기 터빈 입구 면적을 가변으로 제어하여 터보효율을 높이기 위한 방식이다. 기관의 저속 회전 영역에서 과급기의 작동에 충분한 양의 가스가 유입되지 않은 때에는 노즐 면적을 좁게 하여 배출 가스의 속도를 증대시킴으로써 배기 터빈의 회전 에너지를 크게 한다. VGT는 배기 터빈의 제어 방식에 따라 부압 제어식과 전자 제어식으로 구분한다. 기본 원리는 동일하나 날개를 구동하는 형식이 진공 부압을 이용하면 부압 제어 액추에이터, 기관 컴퓨터에 의해 직접 제어하는 방식은 전자 제어 액추에이터 방식이라고 한다.

③ 인터쿨러식 터보차저

터보 과급 장치는 흡입 공기를 압축기에 의하여 압축하면 흡기 온도가 고온으로 높아지므로 흡기의 밀도가 낮아지며, 이로 인해 충전효율 또한 낮아진다. 따라서 인터쿨러라고 하는 열 교환기를 두어 흡입되는 공기를 냉각시킴으로써 연소 온도를 낮추어 충전효율의 향상과 NOx의 발생을 저감시킨다. 또, 연소와 배기 온도의 저하로 기관의 열부하가 저감되고 공기 과잉률을 키울 수 있어 매연의 발생도 억제할 수 있다.

④ 터보식 과급기 작동

배기가스가 임펠러(날개)를 회전시키면 공기가 흡입되어 디퓨저에 들어가고 디퓨저에서는 공기의 속도에너지가 압력에너지로 바뀌게 되며, 압축공기가 각 실린더의 밸브가 열릴 때마다 들어가 충전효율이 증대한다.

※ 디퓨저(defuser)는 과급기 케이스 내부에 설치되며, 공기의 속도에너지를 압력 에너지로 바꾸는 장치이다.

(4) 인터쿨러

인터쿨러는 흡기 다기관과 과급기 사이에 설치되어 공기를 냉각시켜 체적효율을 높이는 냉각기이다. 냉각 방법에 따라 공랭식과 수랭식이 있다. 가솔린기관에서 공기가 압축되면 흡기 온도가 올라가 노킹이 쉽게 발생하므로 이때 인터쿨러는 흡입 공기 온도를 낮추어 노킹을 방지한다. 디젤기관의 경우에는 공기가 압축되면 온도 상승으로 공기 밀도가 낮아져 출력이 감소되므로 냉각하여 밀도를 회복시키는 일을 한다.

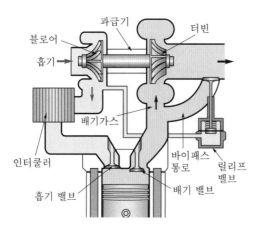

※ 인터 쿨러(inter cooler)공기를 압축하여 실린더에 공급하고 흡입효율을 높여 출력 향상을 도모하는 것이 과급기이지만 이 가압된 공기는 단열 압축되기 때문에 고온이 되어 팽창하여 공기 밀도(空氣密度)가 낮아지고 흡입효율이 감소하게 된다. 이를 위한 대책으로 가압 후 고온이 된 공기를 냉각시켜 온도를 낮추고 공기 밀도를 높여 실린더로 공급되는 공기의 흡입효율을 더욱 높이고 출력 향상을 도모하는 장치이다. 인터 쿨러에는 공랭식과 수랭식 2가지가 있으며, 냉각효과가 높고, 구조가 간단하며 고장 요소가 작은 공랭식이 많이 사용되고 있다.

② 배기장치

가. 디젤 배기가스 저감장치

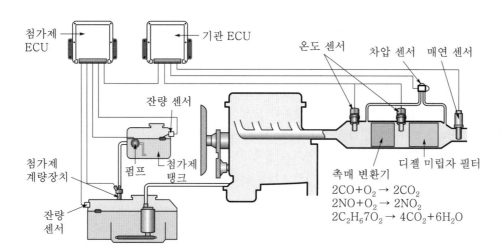

촉매 변환기
$2CO+O_2 \rightarrow 2CO_2$
$2NO+O_2 \rightarrow 2NO_2$
$2C_2H_6O_2 \rightarrow 4CO_2+6H_2O$

디젤기관의 유해 배출물은 기체 상태와 입자 상태로 구분할 수 있다. 기체 상태 유해 배출물은 가솔린기관에 비해 CO배출량은 적지만, 저부하 및 냉간 운전할 때 발생하는 미연 HC는 문제가 된다. NOx는 공기 과잉 상태에서 연소가 진행되면 많이 생성되며, CO, HC 등은 배기가스를 후처리하지 않고도 규제 수준을 충족시킬 수 있지만, CO_2와 함께 지구 온난화의 원인 물질이다.

입자 상태 유해 물질은 가솔린기관에 비해 디젤기관이 많으며, 매연으로 알려진 고형 탄소 입자는 연소 중에 산소 부족 때문에 생성된다. 매연 입자는 고유 표면적이 큰 탄소 입자들의 상호결합체로서, 그 위에 HC들이 흡착된 형태를 취하고 있다. 매연 외에도 HC 결합과 소량의 황 화합물이 연무질 형태로 들어 있으며, 황 화합물은 대부분 연료에 포함된 유황 때문에 생성된다.

① 디젤 산화 촉매기 : 디젤 산화 촉매기는 가솔린기관의 삼원 촉매 변환기와 비슷하며, 매연, CO, HC를 낮출 수 있다. 촉매기 온도가 170~200℃가 되면 촉매 반응을 시작하고, 약 250℃가 되면 촉매기의 효율은 약 90%까지 가능하다. 그리고 HC를 연소시킴으로써 PM(입자상 물질)을 15~30% 낮추며, NO를 NO_2로 변환시킨다. 촉매 가열기의 기능도 하여 미립자 필터를 재생할 때에 배기가스 온도를 상승시키는 데 사용되는데, 유황 화합물의 응집이 되는 부정적인 기능도 한다. 디젤 산화 촉매기는 세라믹 또는 금속의 담체로 구성되며, 담체의 재료로는 산화알루미늄, 산화세슘, 지르코니아, 백금, 팔라듐, 로듐 등이 사용된다.

② 질소 산화물의 후처리 : 질소 산화물 후처리 방법으로는 환원 기술과 산화 기술이 사용된다. NOx를 산화시키면 고체가 되기 때문에 적합하지 않으며, 촉매작용을 통한 NOx의 분해 또는 환원 물질을 이용한 NOx의 환원이 이용된다. 일반적으로 SCR 촉매기를 사용하여 NOx의 배출을 낮추기도 한다. 질소 산화물 저장 촉매기는 저장과 재생의 2단계를 거쳐 NOx를 환원시킨다.

③ 디젤 미립자 필터

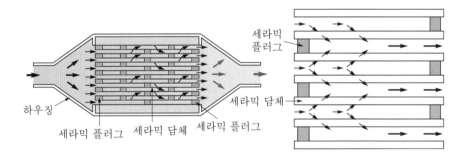

디젤기관에서 배출되는 입자상 고형 물질의 크기는 지름 0.01~10㎛ 정도가 대부분이며, 평균 질량의 입자 크기는 지름 1㎛이하로 매우 적다. 따라서 분리 성능이 뛰어난 디젤 미립자 필터가 필요하다. 매연을 연소시켜 필터를 재생하기 위해서는 미립자 필터를 최소 550℃ 이상으로 가열시켜야 한다. 그러나 항상 작용 온도에 도달할 수 없기 때문에 여러 가지 재생 장치를 사용한다. 디젤 미립자 필터의 종류는 재질에 따라 세라믹 미립자 필터, 소결 금속 미립자 필터가 있다. 미립자 필터는 배압이 지나치게 상승하는 것을 방지하고, 필터가 막히는 위험을 방지하기 위해 가끔 재생시켜야 한다.

나. 배출가스

① 일산화탄소(CO) : 연료의 불완전연소에 의하여 생성되는 무색, 무취의 유해한 가스로, 혈액 속에서 산소를 운반하는 역할을 하는 헤모글로빈(Hb)과 결합하여 일산화탄소-헤모글로빈(CO-Hb)을 만들어 혈액의 산소운반 능력을 저하시킨다. 혈액 중 일산화탄소-헤모글로빈 량은 흡입공기 중의 일산화탄소 농도에 비례하여 증가하며 이때는 두통, 정신집중력 감소를 가져오고 심할 경우 사망한다.

② VOCS와 탄화수소(HC)

VOCS(volatile organic compounds)는 탄화수소 복합물을 통칭하는 용어로 화석 연료의 연소과정과 가솔린이 증발하면서 방출된다.

탄화수소(HC : hydro carbon)는 휘발유와 같은 연료의 성분으로 연료의 증빌과 블로 바이가스, 또는 연료의 불완전연소에 의하여 발생한다. 탄화수소는 질소산화물과 함께 광화학 반응을 일으켜 광화학 스모그를 생성한다.

③ 질소 산화물(NOx : oxide nitrogen) : 연료가 연소될 때 높은 연소온도에 의하여 공기 중의 질소와 산소가 반응하여 질소산화물이 생성되며 NO_2가 주성분으로, 질소산화물은 호흡기 계통에 영향을 미치며 탄화수소와 함께 햇볕과 광화학 반응을 일으켜 광화학 스모그를 발생시킨다. 공기의 조성은 78%의 질소와 21%의 산소로 구성되어있으며, 질소산화물은 높은 온도로 연소 시에 산소와 반응하여 일산화질소(NO)가 산소(O_2)와 반응하여 이산화질소(NO_2)가 된다. 이와 같이 NO와 NO_2 통칭하여 질소산화물(NOx)이라 한다.

④ 황산화물(SOx : sulfur dioxide) : 연료 중의 황이 연소 시에 아황산가스(SO_2)와 황 복합화합물을 배출되며 주로 석탄이나 오일이 연소하면서 많이 배출된다. 황산화물은 입자상 물질로서 아황산가스보다 더욱 유해하다. 휘발유는 경유에 비하여 황이 적게 함유되어있기 때문에 휘발유 자동차보다는 경유 자동차에서 황산화물이 많이 배출된다.

⑤ 입자상 물질(PM : particulate matter) : 디젤기관에서 주로 배출되며 입자상 물질의 조성은 무기탄소, 고 비점 탄화수소와 같은 유기탄소, 황산입자 및 윤활유의 연소에 의한 회분 등이 포함된다. 자동차에서 배출되는 입자상 물질은 10μm 이하이고 대부분이 0.1~0.3μm로 아주 작기 때문에 호흡할 때 폐 깊숙이 침투하여 기관지염, 천식, 심장환자 및 독감에 걸린 사람들의 질병을 악화시킨다.

⑥ 이산화탄소(CO_2 : carbon dioxide) : 석유계 연료와 모든 유기화합물질이 연소할 때에 생성되며 탄산가스라고도 부른다. 공기 중에 이산화탄소량이 증가됨에 따라 지구 온난화 현상이 일어나 평균기온이 상승되고 이로 인한 남극과 북극의 빙하가 녹아 해면이 높아지는 등 우리의 생존마저 위협받고 있는 실정이다.

다. 배기가스 색으로 연소상태 확인방법

① 무색 : 정상 연소　　② 백색 : 윤활유 연소　　③ 흑색 : 혼합비 농후, 에어크리너 막힘

Chapter 2

건설기계 전기장치

Section 1 시동장치

1 시동장치의 정의

시동장치란 기관의 최초 구동을 위한 목적으로 시동 전동기의 회전력을 이용하여 기관에 플라이휠을 구동하는 장치를 말한다.

즉, 시동 전동기란 전기적 에너지를 기계적 에너지로 바꾸어 회전력을 발생시키는 전기 기기로 플레밍의 왼손 법칙을 응용한 것이다. 시동장치는 배터리를 전원으로 하는 직류 전동기와 시동 스위치 및 배선 등으로 구성된다.

일반적으로 시동 전동기는 시동 토크(starting torque)가 큰 직류 직권 전동기에 주로 사용되며, 기관 시동 시 전동기에 회전력은 전동기축에 조립된 피니언으로부터 기관에 플라이휠 둘레에 끼워져 있는 링 기어에 전달된다. 시동 전동기는 동력 전달 기구에 따라서 피니언 미끄럼식인 벤딕스식과 마그네틱 시프트식 및 전기자 이동식, 체인 구동식, 감속 기어식 등이 있으나, 현재 많이 사용되는 형식은 마그네틱 시프트식이다.

마그네틱 시프트식(magnetic shifter type) 시동 전동기는 전동기, 물림 기구 및 제동 기구, 마그네틱 스위치로 구성되어 있다. 마그네틱 스위치(magnetic switch)는 솔레노이드 스위치(solenoid switch)라고도 하며, 배터리에서 시동 전동기까지 흐르는 전류를 단속하는 스위칭 작용과 피니언을 링 기어에 물려주는 일을 한다. 가솔린기관, 디젤기관과 같은 왕복 운동형 내연 기관은 스스로 시동을 할 수가 없다. 따라서 기관을 시동시키기 위해서는 외부로부터 회전력을 공급해야 한다. 이와 같이 기관의 크랭크축을 회전시키기 위해 외부로부터 회전력을 공급해 주는 장치를 시동장치라 한다. 시동장치는 축전지, 시동 전동기, 시동 스위치, 전기 배선 등으로 구성되어 있다.

2 시동장치의 구성

시동 전동기는 일반적으로 직류 직권 모터, 마그네틱 스위치, 오버러닝 클러치로 구성되어 있다. 시동 스위치를 START 위치에 놓으면 마그네틱 스위치의 솔레노이드에 전류가 흘러 솔레노이드 플런저와 클러치 시프트 레버의 작동에 의해 전동기축에 끼워진 피니언과 기관 플라이휠의 둘레에 끼워져 있는 링 기어가 맞물린다. 동시에 마그네틱 스위치를 통해 축전지의 전류가 전동기에 흘러 전동기가 회전한다. 이 회전력은 피니언을 통해 링 기어로 전달되어 기관이 회전하며 시동이 걸린다. 기관이 시동되면 피니언은 링 기어에서 풀리고 시동 전동기는 정지한다.

3 전동기

직류 전동기에는 전기자 코일과 계자 코일의 연결 방법에 따라 전동기에 계자 코일과 전기자 코일을 직렬로 접속한 직권 전동기와 병렬로 접속한 분권 전동기, 직권과 분권의 두 계자 코일을 가지는 복권 전동기가 있다. 종류로는 직권식 전동기, 복권식 전동기로 분류한다. 현재 건설 기계에서는 축전기를 전원으로 하는 직류 직권식 전동기를 사용한다.

(1) 기동전동기는 그 작동상 다음의 3부분으로 구분된다.

① 회전력이 발생하는 부분
② 회전력을 기관 플라이휠에 전달하는 동력 전달 기구 부분
③ 피니언을 미끄럼 운동시켜 플라이휠 링기어에 물리게 하는 부분

(2) 직권식 전동기

이 전동기는 전기자 코일과 계자 코일이 직렬로 접속된 것이다. 특징은 기동 회전력이 크고, 부하가 증가하면 회전속도가 낮아지고 흐르는 전류가 커지는 장점이 있으나 회전 속도 변화가 크다.

(3) 분권식 전동기

이 전동기는 전기자와 계자 코일이 병렬로 접속된 것이다. 특징은 회전속도가 일정한 장점이 있으나 회전력이 작은 단점이 있다.

복권식 전동기 : 이 전동기는 전기자 코일과 계자코일이 직병렬로 접속된 것이다. 특징은 회전력이 크며, 회전속도가 일정한 장점이 있으나 구조가 복잡한 단점이 있다. 복권식 전동기는 윈드 실드 와이퍼 전동기를 사용한다.

※ 직권 전동기와 분권 전동기의 비교

명 칭	장 점	단 점
직권 전동기	기동 회전력이 크다.	회전속도의 변화가 크다.
분권 전동기	회전 속도가 거의 일정하다.	회전력이 비교적 작다.

(4) 전동기의 구성

시동 전동기는 전동기의 회전력을 기관에 전달하는 동력 전달 기구, 피니언을 링 기어에 맞물리게 하는 기구로 구성되어 있다. 회전력을 발생하는 전동기는 아마추어, 계자 코일, 브러시 등으로 구성되어 있으며, 전동기의 회전력을 기관에 전달하는 동력 전달 기구는 오버러닝 클러치, 피니언 등으로 구성되어 있다. 피니언을 링 기어에 맞물리게 하는 기구는 마그네틱 스위치, 클러치 시프트 레버 등으로 구성되어 있다.

① 전기자 : 전기자(armature)는 전동기가 회전하는 주요부로써 축과 철심, 절연되어 철심에 감겨져 있는 전기자 코일, 정류자(commutator) 등으로 구성되어 있고, 축의 양 끝은 베어링으로 지지되어 있다.

② 계자코일, 철심 및 요크 : 철심에 코일을 감고 전류를 흘려서 N, S극의 자기장을 만드는 부분으로써, 철심을 계자 철심, 코일을 계자 코일(field coil)이라 하고, 코일에 흐르는 전류를 계자 전류라 한다. 요크(yoke)는 주철제로 전동기의 몸통이 되며, 자기력선의 통로가 되는 주요부이다. 요크 안쪽에는 계자 코일을 지지하는 계자 철심이 고정되어 있다. 시동할 때의 전류는 축전지로부터 계자 코일을 통하여 브러시→정류자→전기자 코일로 흐른다.

③ 브러시
  ㉠ 브러시(brush)는 정류자에 미끄럼 접촉을 하면서 전기자 코일에 흐르는 전류의 방향을 바꾸어 주는 역할을 한다.
  ㉡ 브러시는 구리 분말과 흑연을 원료로 하여 만든 것으로 윤활성과 전도성이 우수하고, 고유 저항, 접촉 저항 등이 작다.
  ㉢ 브러시는 이상 마모되면 교환한다.
  ㉣ 브러시 스프링 장력은 스프링 저울로 측정하며 브러시는 통상 (+)2개, (−)2개가 설치된다.

④ 동력전달기구
  기동 전동기에서 발생한 회전력을 기관의 플라이휠 링기어로 전달하여 크랭킹 시키는 부분이다. 플라이휠 링기어와 기동 전동기 피니언의 감속비는 10~15 : 1 정도이며, 피니언을 링기어에 물리는 방식은 벤딕스식, 피니언 섭동식, 전기자 섭동식 등이 있다.
  ㉠ 오버러닝 클러치 : 기관이 시동된 후 피니언 기어와 링 기어가 물린 상태로 있으면 전동기는 기관의 회전 속도보다 약 10배 이상의 빠른 속도로 회전하게 된다. 이렇게 되면 전동기의 정류자, 전기자 코일, 베어링 등이 파손될 수 있다. 따라서 시동된 다음에는 피니언이 링 기어에 물려 있어도 기관의 회전력이 전동기에 전달되지 않도록 한다. 이러한 목적으로 사용되는 장치가 오버러닝 클러치(overrunning clutch)이다.

⑤ 마그네틱 스위치 : 마그네틱 스위치는 솔레노이드 스위치(solenoid switch)라고 하며, 피니언을 링 기어에 물리게 하고 전동기의 회로에 전류를 흐르게 하는 작용을 한다.

(5) 기동 전동기 사용시간

기동 전동기 연속 사용시간은 10~15초 정도로 하고, 기동이 되지 않으면 다른 부분을 점검한 후 다시 기동한다.

※ 시동키를 작동할 때 연속으로 사용하지 않고 짧게 간격을 두는 이유는 기동 전동기가 과열될 가능성이 있기 때문이다.

(6) 기동 시 주의사항

기관이 시동된 후에는 시동키를 조작해서는 안 되며, 기동 전동기의 회전속도가 규정 이하이면 기동이 되지 않으므로 회전속도에 유의한다. 또한, 배선용 전선의 굵기가 규정 이하의 것은 사용하지 않는다.

(가) 기동 전동기가 회전하지 않는 원인
① 기동 스위치 접촉 불량 및 배선이 불량하다.
② 계자코일이 단선(개회로)되었다.
③ 브러시와 정류자의 밀착이 불량하다.
④ 축전지 전압이 저하 되었다.
⑤ 기동 전동기 자체가 소손되었다.

Section 2 충전장치

1 축전지

가. 건설기계용 축전지의 역할

기관이 정지해 있을 때 전장품에 전기를 공급하는 전원으로 기관 시동 시 시동 전동기 및 예열장치의 전원으로 사용된다. 또한, 건설기계의 주행조건에 상응하여 발전기 출력과 부하의 균형을 조정하는 역할을 한다.

나. 축전지 기능

① 기동장치의 전기적 부하를 담당한다.

② 발전기 고장 시 주행 전원으로 작동한다.

③ 운전 상태에 따른 발전기 출력과 부하와의 불균형을 조정한다.

다. 축전지의 종류

축전지는 전해액과 극판 재질의 종류에 따라 납산 축전지, 알칼리 축전지 등이 있으며 자동차용으로는 납산 축전지가 주로 사용된다.

라. 납산 축전지의 구조

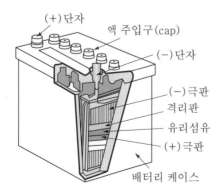

납산 축전지는 케이스 내부에 독립된 전지인 6개의 셀(cell)로 되어 있고, 이들을 직렬로 접속한 것이 12(V)용 축전지이다.

(1) 극판(plate)

① 납산 축전지의 극판은 과산화납으로 다공성이며 색깔은 암갈색인 양극판과 해면상납으로 색깔은 회색인 음극판으로 구성된다.

② 양극판의 과산화납은 다공성이기 때문에 황산의 침투가 잘되어 화학작용이 활발하나 결합력이 약하여 쉽게 탈락할 수 있으므로 오래 사용하면 격자에서 분리되어 케이스 밑에 가라앉게 되어 양(+)극판과 음(−)극판을 단락시키게 되어 축전지의 성능이 저하되고 수명이 짧아지게 된다. 탈락된 작용물질로 인한 극판의 단락을 방지하기 위하여 케이스 밑에서 엘리먼트 레스트의 공간을 두어 단락을 방지하고 있다.

③ 음(−)극판의 해면상납은 해면 모양의 순납으로 결합력이 크기 때문에 쉽게 탈락되지 않으나 다공성이 부족하므로 황산의 질투 확산이 양(+)극판보다 작아 화학작용이 양(+)극판에서 활발하지 못하므로 양(+)극판과의 화학적 평행을 고려하여 양(+)극판보다 1장 더 많게 하고 또, 음극판이 바깥쪽에서 양(+)극판을 보호하도록 하여 탈락을 가능한 방지 하도록 하고 있다.

(2) 격리판(separators)

① 양극판과 음극판이 단락되면 축전지 내의 에너지가 없어지게 되므로 양극판의 단락을 방지하기 위한 것이다.

② 격리판은 비전도성이며 다공성이어야 한다. 전해액에 부식되지 않아야 하며, 전해액의 확산이 잘 되어야 한다. 또한, 기계적 강도가 우수하여야 하며 극판에 좋지 않은 물질을 내뿜지 않아야 한다.

③ 이와 같은 조건을 만족 시키는 것으로는 합성수지로 가공한 섬유 격리판, 미공성 고무 격리판, 합성수지 격리판 또는 목재 격리판 등이 있다. 이들 격리판은 단독 또는 클래스 매트와 함께 사용된다.

④ 이것은 양극판 양면에 끼워져 어떤 일정의 압력으로 양극판을 눌러 작용 물질이 떨어지는 것을 방지한다. 글래스 매트는 반드시 격리판과 함께 사용되며 단독으로 사용하지 않는다. 또 격리판은 홈이 있는 면이 양극판 쪽으로 끼워져 있다. 이것은 과산화납에 의한 산화 부식을 방지하고 전해액의 확산이 잘되도록 하기 위해서이다.

(가) 격리판의 구비 조건
① 비전도성일 것
② 다공성이어서 전해액이 확산이 잘될 것
③ 기계적 강도가 있고, 전해액에 부식되지 않을 것
④ 극판에 좋지 못한 물질을 내뿜지 않을 것

(3) 극판군

① 극판 1장의 두께가 일반적으로 1.5~2.0mm 정도로 양극판과 음극판을 서로 엇갈리게 설치하며, 이렇게 엇갈리게 설치된 한 묶음의 양극판과 음극판을 극판군이라 하며, 한 쌍의 극판군을 셀 또는 단전지라 한다.

② 일반적으로 한 개의 셀에는 3~12장의 양극판을 사용한다. 축전지 셀당 약 2.1~2.3V로 스트랩 포스트를 이용하여 직렬 접속되어 있어, 통상 6개의 12.6~13.8V를 나타낸다.

③ 다시 말하면 축전지 내부의 접속 상태는 직병렬 접속으로 되어 있다고 할 수 있다. 즉, 각 셀의 극판은 병렬접속이고, 셀과 극판의 수가 늘어나면 전류의 용량이 증가하며, 셀의 수가 늘어나면 전압이 증가한다.

(4) 케이스와 전해액 주입구

① 축전지 케이스는 합성수지(plastic) 또는 에보나이트, 경고무 등으로 만들며, 내부는 6개의 칸막이로 되어 있고, 각각의 공간은 극판군이 설치된다.

② 케이스 아래 부분에는 극판을 받쳐주는 브릿지를 설치하고, 브릿지와 브릿지 사이의 엘리멘트 레스트를 만들어 이곳에 탈락된 극판의 작용물질이 떨어지게 하여 극판 사이의 단락을 방지한다.

③ 케이스 커버는 합성수지나 에보나이트로 되어 있고, 전해액을 주입할 수 있는 구멍을 설치하고 통기 구멍이 있는 벤트 플러그로 닫게 되어 있다. 플러그에 설치된 통기 구멍은 화학작용 시 발생하는 수증기와 수소가스 및 산소 가스를 배출하고, 온도가 낮아질 때는 대기를 공급하여 진공이 발생하는 것을 방지한다. MF축전지의 주입구는 축전지 상부의 스티커 아래에 설치되어 있다.

※ 축전지 케이스의 세척은 탄산소다 및 암모니아수로 한다.

(5) 벤트플러그와 셀의 통풍 마개

커버는 합성수지로 제작하며, 커버와 케이스는 접착제로 접착되어 있으므로 기밀을 유지하고 있다. 또 커버의 가운데에는 전해액이나 증류수를 주입하거나, 비중계용 스포이드나 온도계를 넣기 위한 구멍과 이것을 막아 두기 위한 벤트 플러그가 있으며 이 플러그의 중앙이나 옆에는 작은 구멍이 있어 축전지 내부에는 발생한 산소와 수소가스를 방출한다. 최근에 사용되는 MF 축전기에는 벤트 플러그를 두지 않는다.

(6) 커넥터와 단자기둥(connector and terminal post)

커넥터는 각각의 단전지를 직렬로 접속하기 위한 것으로 납 합금으로 되어 있다. 단자 기둥 또한, 납 합금으로 되어 있고 외부와 확실하게 접촉하도록 테이퍼로 되어있으며, P(positive), N(negative)으로 표시되어 있으며, 표식이 없는 것은 굵은 단자 기둥이 (+)이고 가는 단자 기둥은 (−)이다. 적색(+ 빨간색)과 흑색(− 검은색)으로 구분되는 것도 있다.

(가) 단자 기둥 식별방법

① 양극단자가 굵다.

② 축전지 케이스에 (+)로 표시된 쪽이 양극 단자 기둥이다.

③ P자로 표시된 쪽이 양극 단자 기둥이다.

(나) 축전지 탈거

접지단자(−)를 먼저 탈거하고, 설치 시에는 접지단자(−)를 나중에 연결한다.

(7) 전해액

전해액은 증류수로 희석시킨 순도가 높은 무색, 무취의 묽은 황산용액으로 황산 이온(−)과 수소 이온(+)으로 분리되어 존재한다. 묽은 황산에 포함된 불순물은 자기 방전을 증가시키거나 축전지의 수명을 단축시키는 등 나쁜 영향을 끼치므로, 되도록 불순물이 혼입되지 않는 것이어야 한다.

(가) 전해액의 비중

전해액의 비중은 축전지가 완전 충전 상태일 때, 열대지방에서는 1.240, 온대 지방에서는 1.260, 한대 지방에서는 1.280의 것을 사용하며, 우리나라에서는 일반적으로 1.260(20℃)의 것을 표준으로 하고 있다.

※ 전해액의 양은 극판위 10~13mm 이상 올라와 있어야 한다.

※ 전해액의 비중 측정은 비중계로 한다.

마. 축전지 연결

① 직렬 연결 : 같은 전압 및 같은 용량의 축전지 2개 이상을 (+)단자기둥과 다른 축전지의 (−)단자기둥에 연결하는 방법이며, 이때 전압은 연결한 개수만큼 증가하고 용량은 1개일 때와 같다.

A : 건설기계 전원(시동전동기 (B)단자 및 발전기 충전 단자)위 그림 터미널 B와 C 연결

D : 건설기계 차체

② 병렬연결 : 같은 전압, 같은 용량의 축전지 2개 이상을 (+) 단자기둥은 다른 축전지의 (+)단자 기둥에, (−)단자 기둥은 다른 축전지의 (−)단자 기둥에 연결하는 방법이며, 이때 용량은 연결한 개수만큼 증가하고 전압은 1개일 때와 같다.

A : 건설기계 전원(시동전동기 (B)단자 및 발전기 충전 단자 등)과 단자 기둥 A와 C 연결

B : 건설기계 차체, (B와 D 단자기둥 연결)

바. 축전지 충전

장비 보관에는 15일에 1회 충전을 하여야 하며 통상장비 가동 시 충전된다.

(1) 축전지에 충전이 안 되는 경우

① 발전기 전압조정기의 조정 전압이 너무 낮다.

② 충전 회로에서 누전이 있다.

③ 전기 사용량이 과다하다.

(2) 축전지가 충전되는 즉시 방전되는 경우

① 축전지 내부에 불순물이 과다하게 축적되었다.

② 방전종지 전압까지 된 상태에서 충전하였다.

③ 격리판 파손으로 양쪽 극판이 단락되었다.

(3) 방전 종지 전압

축전지의 완충 시 전압은 12.6V(셀당 2.1V)이지만 축전지에 부하를 연결하여 전류가 흐르기 시작하면 축전지의 단자 전압은 어느 일정 시간에서는 전압이 지속되다가 어느 시점에서 부터는 단자 전압이 서서히 감소하여 방전 종지 전압(10.5V)까지 저하하게 된다. 이렇게 축전지의 방전 종지 전압까지 지속적으로 방전하면 0V까지 저하하지만 실제로 축전지는 10.5V이하에서 사용할 수 없기 때문에 10.5V(셀당 1.75V)를 방전 종지 전압으로 정하고 있다.

① 계기판 점등 : 충전 경고등 충전계통에 충전이 전류가 일정 미만일 때 점등 된다(축전지나 발전기 점검).

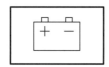

2 발전기

충전장치로써 건설기계 운행 중 각종 전기장치에 전력을 공급하는 전원인 동시에 축전지에 전류를 공급하는 장치를 말한다. 건설기계의 발전기는 3상 교류발전기를 사용하는데, 단상에 비해 3상이 여러 가지 경제적이다(발전기의 스테이터 코일을 보면 120°씩 철심에 감겨있는 것을 볼 수 있다).

이러한 발전기의 종류로는 직류 발전기와 교류 발전기가 있다. 건설기계의 많은 전기, 전자 장치가 증가함에 따라 발전기의 출력도 지속적으로 증대되고 있다. 또한, 작업 준비로 인한 엔진 공회전 상태로 대기하는 시간이 길어지고 있다. 이와 같은 이유로 발전기는 출력 증대와 공회전 시에도 문제없는 발전을 해야 한다. 그러나 직류 발전기의 기계식 정류장치인 정류자는 브러시와 마찰 접촉으로 회전하고 발전기의 허용 최대 회전 속도를 초과하면 정류자의 과열에 의해 브러시가 손상되고 발전기의 수명도 단축된다. 또한, 엔진 공회전 시 발전이 어렵고, 출력을 증대시키기 위해 사이즈를 크게 만들어야 하는 단점이 있어 현재 직류 발전기는 거의 사용하지 않는다. 교류 발전기는 공회전 시에도 발전이 가능하고, 정류자와 브러시 없이 다이오드를 사용하여 정류를 하기 때문에 발전기의 수명이 길고, 작동음과 사이즈도 작은 장점이 있다.

구분	직류발전기	교류발전기
크기	크기가 크고 무겁다.	크기가 작고 가볍다.
발전기 수명	짧다	길다
성능	엔진 공회전 시 발전이 어렵다.	엔진 공회전 시에도 발전이 가능하다.
소음	크다	작다
추가 필요 부품	전압, 전류 조정기 및 역류 방지기 필요	전압 조정기만 필요
여자 방식	타여자 방식	자여자 방식

가. 건설기계장비의 발전기 조건

① 모든 전기 부하에 직류를 공급해야 한다.

② 엔진 공회전 또는 모든 전기 부하 작동 중에도 배터리의 충전이 가능해야 한다.

③ 엔진의 모든 회전 속도 범위에 관계없이 일정한 충전 전압을 유지해야 한다.

④ 소형, 경량이어야 한다.

⑤ 고장이 적고 수명이 길어야 한다.

⑥ 소음이 적어야 한다.

나. 교류(AC) 발전기의 원리

DC(직류) 발전기는 도체와 전류를 회전시켜 전류를 발생시키나, AC 발전기는 도체를 외부에 고정하고 내부의 자계를 회전시켜 전류를 발생시킨다.

다. 발전기 구조

AC발전기(알터네이터)는 스테이터, 로터, 브러시, 정류기(다이오드)로 구성되어 있다.

① 스테이터(고정자) : 스테이터는 전류가 발생하는 부분으로 3상 교류가 유기된다.

② 로터(회전자) : 로터는 브러시를 통하여 여자 전류를 받아서 자속을 형성한다.

③ 브러시와 슬립링

　　㉠ 슬립링 : 브러시와 접촉되어 회전 중인 로터코일과 접속된다.

　　㉡ 브러시 : AC 발전기에 사용되는 브러시는 금속계 흑연을 사용한다.

④ 다이오드(정류기) : 발전기에서 사용하는 전기는 교류이므로 건설기계에서 사용하기 위해서는 직류로 바꾸어야 하는데 교류를 직류로 바꾸기 위해서 다이오드를 사용한다.

　　㉠ 스테이터에서 발생한 교류를 직류로 정류하여 외부로 공급한다.

　　㉡ 역류를 방지한다.

　　㉢ (+)3개, (−)3개 모두 6개 다이오드를 두고 있다.

⑤ 히트싱크(heat sink 냉각판) : 다이오드에 전류가 흐르면 온도가 상승하므로 히트싱크(heat sink 냉각판)가 설치되고 설치 방식은 다이오드를 절연하여 히트싱크에 압입하던지 다이오드를 히트싱크의 배선기판에 부착하여 일체화한 방식 등도 있다.

라. 교류 발전기의 특징

① 저속에서 충전이 가능하다.

② 전압 조정기만 필요하다.

③ 소형 경량이다.

④ 브러시 수명이 길다.

※ 교류발전기에서 브러시(고정)와 접촉하고 있는 것은 슬립링(회전)이다. 그러므로 교류발전기에서 마모성 있는 구성 부품은 브러시와 슬립링이다.

 조명장치 및 운전실

1 조명장치

가. 조명장치의 정의

건설기계의 조명장치는 다양한 종류의 전등이 운전자의 시야와 정보 전달에 이용되고 야간작업을 편리하게 해 주며, 도로 주행 시 다른 운전자에게 신호와 경고 표시를 해준다.

(1) 조명장치의 종류

조명장치는 조명용, 신호용, 지시용, 경고용, 장식용 등 각종 목적에 따라 램프, 릴레이, 배선, 퓨즈, 스위치 등으로 구성되어 있다.

(2) 전선의 종류와 배선방식

① 단선식은 부하의 한쪽 끝을 건설기계의 차체나 설치 기구의 금속부를 이용하여 접지하는 방식으로, 작은 전류의 회로에 사용된다.

② 복선식은 접지 쪽에도 전선을 사용하여 확실히 접지하는 방식으로, 전조등 회로와 같이 비교적 큰 전류가 흐르는 곳에 사용된다.

(3) 조명의 용어

① 광속 : 광원으로부터 나오는 빛이 다발을 광속이라 하고, 단위는 루멘(lumen : 기호[lm])으로 표시한다. 따라서, 광속이 많이 나오는 광원은 밝다고 할 수 있다. 1lm은 모든 방향으로 방출되는 빛의 광도가 동일하게 1cd인 점광원으로부터 1sr의 입체각 내로 방사되는 에너지이다.

② 광도 : 어떤 방향 빛의 세기를 광도라 하고, 단위는 칸델라(candela : 기호[cd])로 나타낸다. 1cd는 광원으로부터 1m 떨어진 1m의 면에 1lm의 광속이 통과할 때, 그 방향의 빛의 세기이다.

③ 조도 : 같은 전구 아래에서도 장소에 따라 그 밝기는 모두 다르다. 즉 전구에 가까우면 밝고, 멀면 어두워진다. 피 조도면의 밝기의 정도를 나타내는 것을 조도라 하고, 단위로는 럭스(lux : 기호[lx])로 표시한다. 1lx는 1cd의 광원을 1m의 거리에서 광원 방향의 수직인 면의 밝기로, 피조면의 조도는 광원의 광도에 비례하고, 광원으로부터의 거리에 2제곱에

반비례한다. 즉, 광원으로부터 rm떨어진 빛의 방향에 수직인 피조면의 조도를 Elx, 그 방향의 광원의 광도를 Icd라고 하면, 조도는 다음과 같이 표시된다.

$$E = \frac{I}{r^2} (Lux)$$

나. 전조등

전조등(headlight)은 야간에 전방을 밝혀 주는 조명 등화 기기로 건설기계의 전방 양쪽에 대칭으로 부착되어 있으며, 건설기계 관리법의 안전 기준에 규정된 밝기를 가져야 한다. 전조등은 야간에 안전하게 주행하기 위해 전방을 조명하는 램프로 렌즈, 반사경, 필라멘트의 3요소로 구성되어 있으며, 실드 빔식과 세미실드 빔식이 있다. 또한, 최근에는 필라멘트가 생략되고 형광 램프와 비슷한 원리로 작동되는 세미실드 빔식의 HID램프가 있다.

(1) 전조등의 구조

보통 일반램프에는 2개의 필라멘트가 있으며 1개는 먼 곳을 비추는 하이빔의 역할을 하고, 다른 하나는 시내 주행할 때나 교행(반대편에서 차가 주행)할 때 대향자동차나 사람이 현혹되지 않도록 광도를 약하게 하고 동시에 빔을 낮추는 로우빔이 있다.

(2) 전조등 구비 조건

① 야간에 전방 100M 이상 떨어져 있는 장애물을 확인할 수 있는 밝기를 가져야 한다.

② 어느 정도 빛이 확산하여 주위의 상태를 파악할 수 있어야 한다.

③ 교행할 때 맞은편에서 오는 차를 눈 부시게 하여 운전의 방해가 되어서는 안 된다.

④ 승차 인원이나 적재 하중에 따라 광축이 변하여 조명효과가 저하되지 않아야 한다.

(3) 전조등의 종류

(가) 조립형
렌즈, 반사경, 전구를 조립하는 방식이다. 렌즈나 전구를 교환하여 사용할 수 있는 장점은 있으나, 습기나 먼지 등이 들어가 조명효율이 떨어져 현재는 거의 사용하지 않는다.

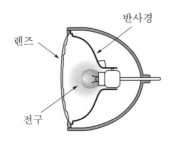

(나) 세미실드 빔(semisealed beam)형

전구는 반사경 뒤에서 교환이 가능하도록 한 것이다. 이 형식은 렌즈와 반사경은 녹여 붙여 일체로 되어 있고 전구는 별개로 설치한 것이다. 그러므로 필라멘트가 끊어지면 전구만 교환하면 된다. 그러나 전구 설치 부분으로 공기가 유입되어 렌즈가 흐려지기 쉽다. 그래서 단점은 반사경이 흐려지기 쉽다.

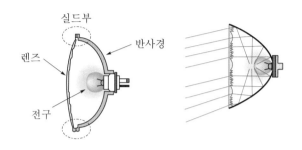

(다) 실드 빔(sealed beam)형

반사경에 필라멘트를 붙이고 여기에 렌즈를 녹여 붙인 후 내부에 불활성가스를 넣어 그 자체가 1개의 전구가 되도록 한 것이다. 즉, 반사경, 렌즈 및 필라멘트가 일체로 된 형식이다.

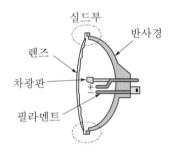

① 실드 빔식의 특징
  ㉠ 대기의 조건에 따라 반사경이 흐려지지 않는다.
  ㉡ 사용에 따르는 광도의 변화가 적다.
  ㉢ 필라멘트가 끊어지면 렌즈나 반사경에 이상이 없어도 전조등 전체를 교환하여야 한다.

(라) 메탈 백 실드 빔(metal-back sealed beam)형 실드 빔 형식과 같이 전구, 렌즈, 반사경이 일체로 밀봉되어 있다. 실드 빔형과의 차이점은 노출된 필라멘트 대신에 전구를, 유리 반사경 대신에 금속 반사경을 사용하고 있다.

(마) 프로젝트(project)형

최근에 개발된 전조등 구조로 보통 전조등이 반사경과 렌즈 프리 시스템으로 배광 성능을 얻는 것에 비하여 이 램프는 영사기의 배광 렌즈와 같은 기본 원리로 배광 성능을 만들어 내는 것이다. 건설기계가 주행 시 조명 이외 신호 또는 표시하는 장치로 조명장치에는 야간에 전방을 확인하는 전조등, 보안등, 방향지시등 등이 있다.

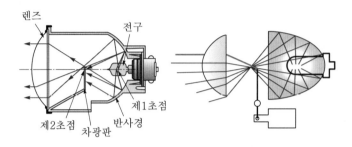

※ 전조등은 병렬로 연결한다.

② 운전실

가. 운전실 내부장치

(1) 인간 공학적 설계에 의한 콘솔박스의 운전석을 채택하여 운전자 체형에 따라 운전석을 조절할 수 있도록 되어 있다.

(2) 전자식 모니터 시스템 채택

① 집중식 전자 모니터 시스템으로 운전실에서 장비의 상태를 한 눈으로 점검할 수 있다.

② 장비의 이상을 초기에 발견할 수 있도록 안전 경고 시스템을 채택하였다.

③ 장비의 전기장치에 이상이 있을 때는 계기판을 조작하여 알 수 있으므로 고장수리가 편리해졌다.

Section 4 계기장치 및 예열장치

기관가동 및 건설기계 주행 시 건설기계의 가동상태를 운전석에서 운전자가 알아볼 수 있도록 각종 게이지로 구성되어 있다.

1 계기류의 정의

건설기계에는 속도계, 적산계, 연료계, 수온계 등 각종 계기류가 운전석의 계기판(instrumental panel)에 부착되어 있다. 운전자는 이들 계기류를 통해 건설기계의 주행 상태와 각 장치의 작동에 관한 정보를 정확하게 할 수 있어 건설기계를 쾌적하고 안전하게 운행 및 작업할 수 있으며, 정비 및 점검을 예고하여 사고를 미연에 방지할 수 있다.

건설기계에 사용되는 계기류는 일반적인 측정기와는 다르게 일종의 표시기이다. 일반적인 표시 방법으로는 지침식과 형광식 표시법이 있다. 광 다이오드, 형광 표시판 등을 이용하여 숫자 표시, 바 그래프(bar graph), 표시등 등을 쓰는 전자식 형광 계기류가 많이 이용되고 있다.

2 계기판(굴삭기 기종 : 현대 1400W)

가. 모니터 판넬

장비의 올바른 사용과 점검, 정비를 위하여 운전자에게 장비의 작동 및 이상 상태를 지시해주는 것으로 아래 3종류로 구성되어 있다.

① LCD : 장비의 작동상태를 표시해 주는 표시등

② 경고등 : 장비의 이상상태를 경고해 주는 등(적색 또는 흰색 점멸)

③ 표시등 : 장비의 상태를 알려주는 등(호박색)

(1) 현재 시간

이 표시계는 현재 시간을 표시한다.

(2) 엔진 회전 수

이 표시계는 엔진의 회전 수를 표시한다.

(3) 작동유 온도계

① 작동유 온도를 12단계로 표시한다.

    ㉠ 1단계 : 30℃ 미만

    ㉡ 10단계 : 30~105℃

    ㉢ 12단계 : 105℃ 초과

② 운전 시에는 지침이 2~10단계에 있는 것이 정상이다.

③ 시동 시에는 지침이 2~10단계에 올 때까지 저속 공회전시킨다.

④ 지침이 11~12단계에 오면 작업부하를 줄이고 만약 지침이 계속 11~12단계 영역에 있으면 장비를 멈추고 문제의 원인을 점검한다.

  (가) 작동유 온도 경고 표시

    ① 작동유 온도가 기준온도(105℃)를 초과하면 경고등이 깜박이고 부저가 울린다.

    ② 램프가 깜박이면 작동유 레벨을 점검한다.

    ③ 오일쿨러와 라디에이터 사이를 점검한다.

(4) 연료계

연료계(fuel gauge)는 연료의 양을 나타내는 계기로서, 지침식과 경고등식이 있다.

① 연료의 잔량을 표시한다.

② 지침이 1단계 또는 적색 경고등이 깜빡이면 연료 잔량이 적게 있으니 연료를 보충한다.

  (가) 연료량 경고 표시

    ① 연료의 잔량이 40 이하일 때 경고등이 깜박이며 부저가 울린다.

    ② 램프가 점등되면 연료를 공급해준다.

(5) 수온계

수온계(water temperature gauge)는 기관 내의 냉각수 온도를 가리키는 계기로서 바이메탈식, 서미스터식 등이 있다.

① 엔진냉각수 온도를 표시한다.

    ㉠ 1단계 : 30℃ 미만   ㉡ 2~10단계 : 30~105℃   ㉢ 11~12단계 : 105℃ 초과

② 운전 시에는 지침이 2~10단계에 있는 것이 정상이다.

③ 시동 시에는 지침이 2~10단계에 올 때까지 저속 공회전시킨다.

④ 지침이 11~12단계에 오면 엔진을 저속 공회전시킨 후 시동을 끄고 라디에이터와 엔진을 점검한다.

(가) 냉각수 온도 경고 표시

① 냉각수 온도가 기준온도 (105℃)보다 상승하여 냉각효과가 없을 때 경고등이 깜박이며 부저가 울린다.

② 램프가 깜박이면 냉각수 레벨을 점검한다.

③ 오일쿨러와 라디에이터 사이를 점검한다.

(6) 경고등 및 표시등

(가) 전체게이지

모든 게이지가 비정상일 때 장비에 문제가 발생하면 경고등이 깜박이며 부저가 울린다.

① 장비를 멈추고 문제의 원인을 점검한다.

(나) 통신 에러

① 장비 컨트롤러와 클러스터 사이에 통신 장애가 발생하면 통신 에러 경고 팝업이 깜빡이며 부저가 울린다.

② 퓨즈가 소손했는지 점검한다.

③ 통신배선 계통을 점검한다.

(다) 엔진 오일압 경고등

① 엔진가동 전에는 압력이 낮으므로 경고등이 깜박이며 부저가 울렸다가 엔진이 가동되면 소등된다.

② 램프가 깜박이면 엔진속도를 줄이고 시동을 즉시 끈 후 오일 레벨을 점검한다.

(라) 에어크리너 경고등

① 엔진에 공급되는 공기를 정화시켜주는 공기 청정기의 필터가 막혀 내부에 진공이 발생하면 스위치가 작동, 점등하게 된다.

② 램프가 깜박이면 필터를 점검하고 세척이나 교환한다.

(마) 냉각수 수위 경고등

① 엔진 냉각수가 라디에이터 보조 탱크의 LOW수위 이하로 내려갈 때 경고등이 깜박이고 부저가 울린다.

② 램프가 깜박이면 엔진 커버를 열고 라디에이터 보조 탱크 안의 냉각 수량이 FULL과 LOW사이에 있는가, 냉각수에 오일 등의 혼입이 없는가를 점검한다.

(바) 장비 컨트롤러 점검 경고등

① 장비 컨트롤러의 이상이 발생한 경우 경고등이 깜박이고 부저가 울린다.

(사) 밧데리 충전 경고등

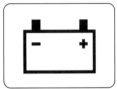

① 엔진 가동 시에 충전램프가 소등되어 있는지 확인한다. 경고등이 깜박이고 부저가 울리면 충전이 되지 않은 상태이다.
② 시동키 ON 위치에서 부터 엔진이 가동되기 전까지는 충전되지 않으므로 점등 상태이다. 엔진이 가동되면 소등된다. 소등되어 있지 않으면 밧데리 계통의 전기회로를 점검한다.

(아) 과부하 경고등

① 장비에 과부하가 걸리면, 과부하 스위치가 ON상태인 동안 과부하 경고등이 깜박거린다.

(자) 원터치 오토 디셀 표시등

① 오토 디셀 및 원터치 디셀이 작동할 경우 점등된다.
② 좌측 조종레버의 원터치 디셀 스위치를 누를 경우 점등된다.

(차) 난기 운전 표시등

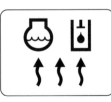

① 엔진 냉각수 온도가 30도 이하 일 때는 램프가 점등된다.
② 램프가 점등되면 자동으로 난기 운전이 시작되고 엔진 냉각수 온도가 30℃ 이상 또는 10분 후에 기능이 복귀되고 램프가 소등된다.

(카) 엔진 예열 표시등

① 혹한기에 자동예열기능이 작동 중이거나 수동예열 스위치를 눌러 엔진 예열 시에 점등된다.
② 엔진 예열 표시등이 소등(OFF)된 후 엔진시동을 한다.

③ 예열장치

가. 예열장치의 정의

디젤엔진은 흡입공기를 연소실 안에서 높은 압축비로 압축한 상태에서 연료를 분사하면 자기 착화에 의해 연소되어 진다. 그러나 겨울철 바깥 온도가 낮은 경우 충분한 온도에 도달하지 못하여 시동곤란 현상이 발생한다. 이를 방지하기 위하여 연소실 안의 유입된 공기를 예열하여 시동곤란 현상을 방지하기 위한 장치를 예열장치라 하며, 예열 플러그식과 흡기 가열식이 있다.

① 예열 플러그식 예열장치 : 예열 플러그(glow plug)를 실린더 헤드에 부착하여 연소실 안으로 흡입되는 공기를 가열하는 방식으로, 예연소실이나 와류실식의 디젤 엔진에 주로 사용한다.

② 예열 플러그 구비 조건

㉠ 열용량이 크고 짧은 시간에 높은 온도에 도달할 수 있어야 한다.

㉡ 내열성과 내식성이 있어야 한다.

㉢ 폭발 압력과 진동에 잘 견디고 내구성이 있어야 한다.

㉣ 기밀성이 좋아야 한다.

MEMO

Chapter

3

건설기계 섀시장치

Section 1 동력전달장치

Section 2 제동장치

Section 3 조향장치

Section 1 동력전달장치

동력전달장치(power transmission system)는 엔진에서 발생된 동력을 주행 조건에 알맞게 조절하여 구동 바퀴에 전달하는 장치를 말한다.

1 클러치

클러치는 엔진과 변속기 사이에 설치되어 동력을 연결 혹은 차단하는 장치이며, 기어 변속을 원활히 하기 위하여 동력을 일시적으로 차단할 목적으로 설치된다. 클러치는 동력 전달 방식에 따라 마찰 클러치, 유체 클러치, 전자 클러치 등이 있다.

가. 클러치의 필요성

① 엔진을 가동할 때 엔진을 무부하 상태로 한다.
② 변속기의 기어를 변속할 때 엔진의 동력을 일시 차단한다.
③ 관성 운전을 할 수 있도록 한다.

나. 클러치의 조작방법

클러치의 차단속도는 빠르게, 연결은 서서히 조작한다.

다. 클러치의 구비 조건

① 회전 관성이 적어야 한다.
② 방열이 잘되고 과열되지 않아야 한다.
③ 구조가 간단하고 고장이 적어야 한다.
④ 조작이 쉬워야 한다.
⑤ 동력을 전달할 때에는 미끄럼을 일으키면서 서서히 전달되고, 전달된 후에는 미끄러지지 않아야 한다.
⑥ 회전 부분의 평형이 좋아야 한다.
⑦ 단속작용이 확실하여야 한다.

라. 클러치의 종류

① 마찰 클러치(단판 클러치)

- ㉠ 클러치 디스크, 압력판, 스프링, 릴리스 레버 등으로 구성된다.
- ㉡ 클러치 디스크는 플라이휠과 압력판 사이에 끼워져 있으며 기관의 동력을 변속기 입력축을 통하여 변속기로 전달하는 마찰판이다.
- ㉢ 중심부에는 허브가 있고 내부에 변속기 입력축을 끼우기 위한 스플라인이 파져 있다.
- ㉣ 허브와 클러치 강판 사이에는 댐퍼 스프링이 설치되어 있고 클러치를 급속히 접속시켰을 때 동력전달을 원활히 하는 쿠션 스프링이 있다.
- ※ 댐퍼 스프링(토션스프링)은 접속 시 회전 충격을 흡수한다.
- ※ 쿠션 스프링은 직각 충격을 흡수하여 디스크의 편마멸, 변형, 파손 등을 방지한다.

② 클러치 페달의 유격(자유간극) : 클러치 페달의 유격은 20~30mm 정도로 클러치의 미끄러짐을 방지한다.

(가) 클러치 페달의 유격이 크면
- ㉠ 클러치의 차단불량으로 변속할 때 소음이나 고변속조작이 불량하다.
- ㉡ 클러치의 끌림 발생이 크다.

(나) 클러치 페달의 유격이 적으면
- ㉠ 클러치가 미끄러져 동력 전달이 불량하다.
- ㉡ 페이싱 릴리스 베어링이 조기 마멸된다.
- ㉢ 클러치가 과열된다.

마. 클러치의 고장 진단

(가) 클러치가 미끄러지는 원인

클러치의 미끄러짐이란 출발 또는 주행 중 가속을 하였을 때 엔진의 회전속도는 상승하지만 출발이 잘 안 되거나 주행속도가 증속되지 않는 경우이다.
- ① 클러치 페달의 자유 간극(유격)이 작다.
- ② 페이싱이 과다하게 마멸 및 경화 되었다.(클러치 판의 마멸이 심하다.)
- ③ 클러치 판에 오일이 묻었다(크랭크축 뒤 오일실 및 변속기 입력축 오일실 파손).
- ④ 플라이휠 및 압력판이 손상 또는 변형되었다.
- ⑤ 클러치 스프링의 장력이 약하거나, 자유 높이가 감소되었다.

(나) 클러치가 미끄러질 때의 영향
- ① 견인력이 증가하지 않는다.
- ② 연료 소비율이 증가한다.
- ③ 엔진이 과열한다.
- ④ 등판능력이 저하한다.
- ⑤ 페이싱이 타는 냄새가 난다.
- ⑥ 증속이 잘되지 않는다.

(다) 클러치 페달의 유격 조정

링키지에서 조정하며, 클러치가 미끄러지면 가장 먼저 페달의 유격을 점검 및 조정해야 한다.

(라) 클러치의 차단 불량 원인

① 클러치 페달의 유격이 크다.(릴리스 베어링과 레버의 거리가 멀다.)
② 릴리스베어링이 마멸되었거나 파손되었다.
③ 클러치판의 런아웃 흔들림이 과다하다.
④ 유압식에서 유압라인에 공기의 혼입은 오일이 누출된다.
⑤ 클러치 각 부가 심하게 마멸되었다.

② 변속기(트랜스미션)

기관의 회전력은 회전속도의 변화에 관계없이 일정하지만, 출력은 회전속도에 따라 변화하는 특징이 있다. 변속기는 클러치와 추진축 사이에 설치되어 엔진의 동력을 주행상태에 맞도록 회전력과 속도를 바꾸어 구동바퀴에 전달하는 장치로 수동변속기 및 자동변속기가 있다.

가. 변속기의 필요성

① 엔진의 회전력을 증대시키기 위해
② 후진을 하기 위해
③ 엔진 기동 시 무부하 상태 유지

나. 변속기의 구비 조건

① 단계 없이 연속적으로 변속될 것
② 소형 경량일 것
③ 변속조작이 쉽고 정숙, 정확하게 이루어질 것
④ 전달효율이 좋을 것
⑤ 정비성이 좋을 것

다. 변속기의 종류

(가) 수동변속기

① 변속기어가 잘 물리지 않는 원인
㉠ 클러치 유격과 클러치 차단 불량

　　　　ⓛ 시프트레일의 휨

　　　　ⓒ 싱크로메시 기구의 접촉 불량 및 키스프링의 마모

　　② 기어가 빠지는 원인

　　　　㉠ 로킹볼의 마모 또는 스프링 쇠약 또는 절손 시

　　　　ⓛ 기어의 백래쉬 과대

　　　　ⓒ 시프트포크의 마모

　　③ 기어에서 소리가 나는 원인

　　　　㉠ 기어 오일량 부족, 오일의 질 불량, 오일의 점도 저하

　　　　ⓛ 기어 및 베어링의 심 마모

　　　　ⓒ 스플라인의 마모한도 초과

　　　　※ 로킹볼 : 물려있는 기어가 빠지는 것 방지

　　　　※ 인터록 볼 : 기어가 2중으로 물리는 것 방지

　　④ 계절별 사용하는 기어오일의 종류

　　　　㉠ 겨울철용 : SAE#80, 90

　　　　ⓛ 여름철용 : SAE#120

(나) 자동변속기

자동변속기는 클러치와 변속기의 작동이 차량의 주행속도나 부하에 따라 자동적으로 이루어지는 변속기로서, 유체클러치, 토크 컨버터 및 유성 기어식이 있다.

　　① 장점

　　　　㉠기어 바꿈이 필요 없어 운전이 쉽고 피로를 줄일 수 있다.(변속조작이 간단하다.)

　　　　ⓛ 각부 진동 및 충격을 오일이 흡수한다.

　　　　ⓒ 운전 중 엔진 정지가 없다.

　　② 단점

　　　　㉠ 구조가 복잡하고 값이 비싸다.

　　　　ⓛ 연료 소비율이 크다.

　　　　ⓒ 밀거나 끌어서 시동해서는 안 된다.

　　③ 자동변속기 종류

　　　　㉠ 유체 클러치(fluid clutch) : 엔진의 동력을 유체의 운동 에너지로 바꾸고 이 에너지를 다시 동력으로 변환하여 변속기에 전달하는 클러치로서 유체 커플링이라고도 한다. 크랭크축에 펌프 임펠러를, 변속기 입력축에 터빈 런너를 설치하며, 오일의 맴돌이 흐름을 방지하기 위하여 가이드 링을 두고 있다. 오일이 보유하는 순환 운동의 에너지만큼 미끄럼이 되어 유체클러치의 펌프 임펠러와 터빈 런너의 토크비는 미끄럼 때문에 1 : 1 이상 되지 못한다.

④ 유체클러치 오일에 요구되는 조건
　　㉠ 클러치 접속 시 충격이 적고 미끄럼이 없는 적절한 마찰계수를 가질 것(윤활성이 클 것)
　　㉡ 기포 발생이 없고 방청성을 가질 것(비등점이 높을 것)
　　㉢ 저온 시에서도 유동성이 좋을 것(비중이 클 것)
　　㉣ 점도지수의 유동성이 좋을 것(점도가 낮을 것)
　　㉤ 내열 및 내산화성이 좋고 슬러지 발생이 없을 것(내산성이 클 것)
　　㉥ 오일실이나 마찰재료의 화학변화, 경화, 수축, 팽창 등과 같은 나쁜 영향을 주지 않을
　　　것(유성이 좋을 것)
　　㉦ 착화점이 높을 것
　　㉧ 응고점이 낮을 것

⑤ 토크 컨버터 : 토크 컨버터(torque converter)는 유체 클러치의 개량형으로, 유체 클러치에
　일방향 클러치(one way clutch)가 부착된 스테이터를 추가시킨 구조로 토크를 자동으로
　변환하면서 동력을 전달하는 장치이다. 펌프는 크랭크축에 연결되고 터빈은 변속기 입력축에
　스플라인으로 결합되어 있으며, 스테이터는 변속기 케이스에 고정된 스테이터축에 일 방향
　클러치를 통해 부착되어 있다. 회전력 변환율은 2~3 : 1이며, 오일의 충돌에 의한 효율
　저하를 방지하기 위하여 가이드 링을 둔다.
　　㉠ 스톨 포인트 : 유체 클러치 토크 컨버터를 설치한 자동차에서 터빈 런너가 회전하지
　　　않을 때 펌프 임펠러에서 전달되는 회전력으로서 펌프 임펠러의 회전 수와 터빈 런너의
　　　회전비가 0인 점으로 회전력이 최대인 점을 말한다. 드래그 토크(drag torque)라고도
　　　한다.
　　㉡ 토크 컨버터는 엔진의 회전력을 증대하는 역할과 클러치의 기능을 한다.
　　㉢ 일 방향 클러치(one way clutch) : 오버러닝 클러치라고도 하며, 한 방향으로만 회전력을
　　　전달하고 역방향으로는 공회전하는 구조의 클러치를 말한다.

⑥ 유성기어식 : 유성기어장치의 구성은 바깥쪽에 링기어가 있고, 중앙에는 선 기어를 두고
　링기어와 선기어 사이에는 유성기어를 두며 유성기어를 구동시키기 위한 유성 기어캐리어
　등으로 구성된다.

❸ 드라이브 라인

드라이브 라인은 변속기의 출력을 종감속기어로 전달하는 부분으로 슬립이음, 자재이음, 추진축
등으로 구성된다.

가. 슬립이음

변속기 주축 뒤에 스플라인을 통하여 설치되며, 뒷차축의 상하운동에 따라 변속기와 종감속기어
사이에서 길이 변화를 가능하도록 하기 위해 사용된다.

나. 유니버설 조인트

유니버설 조인트(universal joint)는 원동축과 종동축이 일직선 상에 있지 않고 어떤 각도를 가지고 있는 경우, 즉, 동력전달 각도 변화를 주어, 두 축 사이에 동력을 전달하기 위한 장치로 자재 이음이라고도 한다. 자재이음은 변속기와 종감속 기어 사이의 구동각 변화를 주는 장치로 3개의 종류가 있다.

① 십자형 자재이음(훅 조인트 : hooks joint) : 십자형 자재이음은 두 개의 요크를 니들 롤러 베어링과 십자축으로 연결하는 방식으로 구동축이 등속도 피동축은 90°마다 변동하므로 자재이음을 한쪽만 연결하면 1회전마다 2회의 감속과 2회의 가속이 발생하여 진동이 발생한다. 작게 하려면 12~18° 이하로 하여야 하며 추진축 앞, 뒤에 자재이음을 설치하여 회전속도의 변화를 상쇄하도록 한다. 특징으로는 구조가 간단하고 큰 동력을 전달할 수 있어서 뒷바퀴 구동용 자동차에 가장 많이 사용되는 타입이다. 십자축과 요크를 양쪽에 직각으로 결합한 것으로 십자축과 요크는 니들 롤러 베어링에 의해서 연결된다.

② 플랙시블 자재이음(flexible joint) : 경질고무로 제작된 자재이음이며 전달각 3~6도로 대단히 적다. 좀 더 자세히 보면 세 갈래로 된 두 개의 요크 사이에 휨이나 원심력에 견딜 수 있는 경질 고무로 만든 커플링을 끼우고 볼트로 조인 이음이다. 두 축의 중심을 맞추기가 힘들어 진동이 쉽게 일어나는 단점이 있으며, 마찰 부분이 없고 급유할 필요가 없어 회전도 조용한 편이나 전달효율이 낮다.

③ 트러니언 자재이음(trunnion joint) : 트러니언 자재이음은 중간에 볼이 있는 형식으로 전달각 12~18°이다. 또한, 이 타입은 자재이음과 슬립이음을 겸함 타입으로 안쪽에 홈이 파져있는 실린더형의 보디 속에 추진축의 한끝을 끼우고 여기에 핀을 끼운 다운 핀의 양 끝에 볼을 조립한 자재이음으로 축 방향을 섭동하기 때문에 별도의 슬립이음이 필요 없으나 마찰이 많이 발생하여 전달효율이 낮은 단점이 있다.

④ 등속 조인트(constant velocity joint) : 항상 구동축과 피동측의 접점을 축의 교차각의 1/2에 있게 하여 등속으로 동력을 전달한다.

다. 추진축(프로펠라 샤프트)

변속기와 종감속 기어 사이의 구동각 변화를 주는 장치이다.

라. 종감속 기어와 차동 기어장치

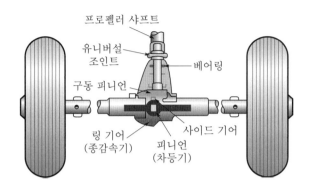

프로펠러 샤프트
유니버설 조인트
베어링
구동 피니언
링 기어 (종감속기)
피니언 (차등기)
사이드 기어

(가) 종감속 기어

종감속 기어란 추진축의 회전력을 직각 방향(90°)으로 바꾸어 주며 엔진의 회전 수를 감속하여 구동력을 증대시켜 준다.

(나) 차동 기어장치(디프렌셜)

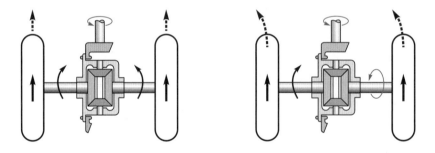

차동 기어장치는 선회 시 좌우구동 바퀴의 회전 속도를 다르게 해준다. 즉, 선회할 때 바깥쪽 바퀴의 회전 속도를 안쪽 바퀴보다 빠르게 해준다.

마. 액슬축 (차축)

액슬축은 종감속 기어 및 차동기어 장치를 통해 들어온 엔진의 동력을 구동바퀴로 전달하는 축이다.

Section 2 제동장치

주행 중인 장비를 감속 또는 정지시키고 주차 상태를 유지하기 위한 장치로, 발로 조작하는 풋 브레이크와 핸드 브레이크가 있으며 제동력을 높이기 위한 배력방식에는 진공서보식, 공기 브레이크식이 있다.

1 구비 조건

① 작동이 확실하고 제동 효과가 클 것   ② 내구성이 클 것
③ 점검 및 정비가 쉬울 것

2 브레이크 종류

가. 유압식 브레이크

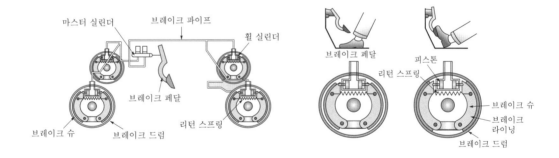

(가) 원리

유압식 브레이크는 파스칼의 원리를 응용한 것으로 유압을 발생시키는 마스터실린더, 마스터실린더의 유압을 받아 브레이크슈를 드럼에 압착시켜 제동력을 발생시키는 휠 실린더, 파이프 및 플렉시블 호스 등으로 구성된다.

(나) 구조

① 마스터 실린더 : 마스터실린더는 브레이크 페달의 조작력에 의하여 유압을 발생시키는 부분이며, 피스톤, 피스톤 컵, 리턴스프링, 체크 밸브 등으로 구성되며 위쪽에는 오일 탱크가 설치되어 있다.

ㄱ 실린더보디 : 실린더보디 위쪽에는 오일 탱크가 설치되어 있고 재질은 주철이나 알루미늄 합금을 사용한다.

ㄴ 피스톤 : 실린더 내에 끼워지며 브레이크 페달을 밟으면 유압을 발생시킨다.

ㄷ 피스톤 컵 : 1차, 2차 컵이 있으며 1차 컵의 기능은 유압을 발생시키며, 2차 컵은 마스터 실린더의 1, 2 오일이 누출되는 것을 방지한다.

ㄹ 체크 밸브 피스톤 리턴스프링에 의해 시트에 밀착되어 있다. 잔압을 유지한다.

ㅁ 리턴 스프링 : 체크 밸브와 피스톤 1차컵 사이에 설치되며 브레이크 페달을 놓았을 때 피스톤이 복귀되도록 하고 체크 밸브와 함께 잔압을 형성한다.

나. 압축 공기브레이크

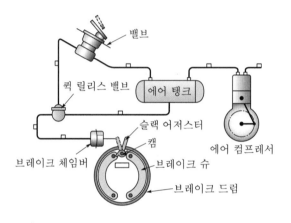

(가) 특징

① 차량 중량에 제한을 받지 않는다.

② 공기가 약간 누출되어도 제동력의 저하가 크지 않다.

③ 베이퍼록의 발생이 없다.

④ 브레이크가 페달 밟는 양에 따라 제동력이 증감한다.

⑤ 구조가 복잡하고, 공기압축기의 구동에 엔진의 출력 일부가 소모된다.

다. 배력식 브레이크

(가) 하이드로 백(진공 배력식)

하이드로 백은 대기압과 흡기다기관의 부압(부분진공)을 이용한 배력식 브레이크이다.

(나) 하이드록 에어백(압축공기 배력식)

하이드록 에어백은 압축공기의 압력과 대기압 차이를 이용한 배력식 브레이크이다.

※배력식 브레이크는 배력장치에 고장이 나도 브레이크 작동이 되나 브레이크 페달이 무겁고 제동력이 감소한다.

3 고장 진단

가. 브레이크가 풀리지 않는 원인

① 마스터 실린더 리턴 구멍이 막혔다.
② 마스터 실린더 푸시로드의 길이가 길다.
③ 브레이크슈 마스터 실린더 리턴스프링 장력이 약하거나 절손되었다.
④ 휠 실린더 피스톤 컵이 팽창되었다.

나. 브레이크 페달의 유격이 크게 되는 원인

① 베이퍼록이 발생하였다.
② 브레이크 오일이 부족하거나 누출된다.
③ 드럼과 슈의 간극이 과다하거나 라이닝이 마멸되었다.
④ 회로 내 잔압이 저하 되었다.

다. 브레이크가 한쪽으로 쏠리는 원인

① 브레이크슈 간극이 불량하다.
② 휠 실린더 컵이 불량하다.
③ 브레이크슈 리턴스프링이 불량하다.
④ 브레이크 드럼의 평형이 불량하다.

라. 제동할 때 소리가 나는 원인

① 라이닝이 경화되었거나 마멸되었다.
② 마찰계수가 저하되었다.
③ 라이닝의 리벳머리가 돌출되었다.
④ 브레이크 드럼의 풀림 및 편심 되었다.

마. 과도한 브레이크 사용 시 나타나는 현상

(가) 베이퍼 로크(록) [vapor lock] 현상

액체를 사용하는 계통에서 열에 의하여 액체가 증기(베이퍼 : vapor)로 변하여 어떤 부분이
폐쇄(lock)되므로 그 계통의 기능을 상실하는 것

① 연료 계통에서 연료 파이프 가운데 증기가 모여 연료 펌프가 연료를 공급할 수 없게 되어
엔진이 정지하는 것
② 유압식 브레이크의 휠 실린더나 브레이크 파이프 속에서 브레이크액이 기화하여 페달을
밟아도 스펀지를 밟는 것 같이 푹신푹신하여 브레이크가 듣지 않는 것

(나) 페이드(fade) 현상

비탈길을 내려갈 때 브레이크를 반복하여 사용하면 마찰열이 라이닝에 축적되어 브레이크의 제동력이 저하되는 경우가 있다. 이 현상을 페이드라고 하는데, 그 이유는 브레이크의 온도가 상승하여 라이닝의 마찰계수가 저하되므로 일정하게 페달을 밟는 힘에 따라 제동력이 감소하기 때문이다. 이것을 방지하는 데는 브레이크 라이닝의 온도가 어느 일정 이상 높아지지 않도록 라이닝을 크게 하거나, 온도에 대하여 마찰계수의 변화가 작은 라이닝을 사용해야 한다. 페이드는 비탈을 내려갈 때 또는 고속으로부터 브레이크를 작동시킬 때 일어나는데, 브레이크의 온도를 냉각시키면 원래대로 되돌아간다.

④ 타이어(바퀴)

타이어(tire)는 직접 노면과 접촉하여, 타이어와 노면 사이에 생기는 마찰에 의해 구동력과 제동력을 전달하고 노면으로부터 받는 충격을 완화시키는 일을 한다.

가. 타이어의 분류

① 사용 공기압력에 따른 분류에는 고압 타이어, 저압타이어, 초 저압타이어 등이 있다.

② 형상에 따른 분류에는 보통타이어 (바이어스타이어), 편평타이어, 레이디얼 타이어, 스노우타이어 등이 있다.

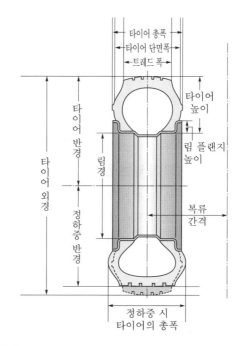

나. 타이어호칭치수

① 저압 타이어 : 타이어 폭(인치)- 타이어내경(인치)-플라이 수

② 고압 타이어 : 타이어 외경(인치)× 타이어 폭 (인치)-플라이 수

※ 굴삭기 및 지게차에는 고압 타이어를 사용한다.

다. 타이어의 구조

(가) 고무층

타이어의 바깥 둘레에는 카커스를 보호하기 위하여 고무층이 덮여 있는데, 이 고무층은 트레드(tread)부, 숄더(shoulder)부, 사이드 월(side wall)부로 나누어진다.

① 트레드(tread)

트레드는 노면과 직접 접촉하는 고무 부분이다.

② 트레드 패턴의 필요성

㉠ 조향 성능과 안전성을 준다.

㉡ 제동력 구동력 및 견인력을 부여한다.

㉢ 타이어의 배수 효과를 부여한다.

(나) 타이어 패턴의 종류

① 슈퍼 트랙션 패턴(super traction pattern) : 이 패턴은 러그 패턴의 중앙부에 연속된 부분을 없애고 진행 방향에 대해 방향성을 가지게 한 것이며 기어와 같은 모양으로 되어 연약한 흙을 확실히 잡으면서 주행할 수 있다.

② 오프 더 로드 패턴(off the road pattern) : 이 패턴은 진흙길에서도 강력한 견인력을 발휘할 수 있도록 러그 패턴의 홈을 깊게 하고 폭을 넓게 한 것이다.

③ 리브 패턴(riib pattern) : 이 패턴은 타이어 원둘레 방향으로 몇 개의 홈을 둔 것이며, 사이드 슬립에 대한 저항이 크고, 조향 성능이 양호하며 포장도로에서 고속 주행에 알맞다.

④ 러그 패턴(lug pattern) : 이 패턴은 타이어 회전 방향의 직각으로 홈을 둔 것이며, 전후진 방향에 대하여 강력한 견인력을 발휘하며 제동 성능과 구동 성능이 우수하다.

⑤ 러그 패턴 : 이 패턴은 타이어 가장자리부에 러그 패턴을 트레드 중앙부에는 지그재그(zig-zag)형의 리그 패턴을 사용하여 양호한 도로나 험악한 노면에서 모두 사용할 수 있다.

⑥ 블록 패턴 (block pattern) : 이 패턴은 눈 위나 모랫길 같은 연약한 노면을 다지면서 주행할 수 있어 사이드 슬립을 방지할 수 있다.

(다) 카커스

카커스(carcass)는 목면, 나이론, 레일온 코드를 몇 층 서로 엇갈리게 겹쳐서 내열성의 고무로 접착시킨 구조로 타이어의 뼈대가 되는 부분이다. 튜브의 공기 압력과 하중에 의한 체적을 유지하면서 하중이나 충격에 따라 변형하여 완충작용을 한다.

(라) 브레이커

브레이커(breaker)는 카커스와 트레드의 접합부로 노면에서 받는 충격을 완화하여 카커스의 손상을 방지한다.

(마) 비드

비드(bead)는 휠의 림에 부착될 수 있는 돌출부로 몇 줄의 비드부 피아노선이 원주 방향으로 들어 있어 비드부의 늘어남과 타이어의 빠짐을 방지한다.

Section 3

조향장치

1 조향장치의 구조

조향장치는 주행 또는 작업 중 방향을 바꾸기 위한 장치이다. 일체차축 방식과 독립 차축 방식이 있으며, 일체 차축 방식은 조향핸들, 조향축, 조향기어 박스, 피트먼암, 드래그링크, 너클암 등으로 구성되며 독립차축 방식은 조향핸들, 조향축, 조향 기어박스, 피트먼암, 링크, 너클암 등으로 구성된다.

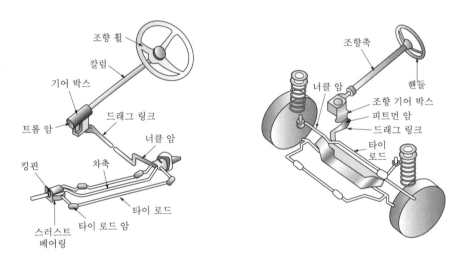

2 동력식 조향장치

장비의 대형화로 앞타이어의 접지압력과 면적이 증가함에 따라 신속하고 원활한 조향조작을 위해 기관의 동력으로 오일 펌프를 구동하여 발생한 유압을 동력 조향장치를 설치하여 조향핸들의 조작력을 경감시키는 장치로서 작동부분, 제어부분, 유량조절 밸브 및 유압제어 밸브와 안전체크 밸브로 구성된다.

가. 동력식 조향장치의 장점

① 조작력이 작아도 된다.
② 조향 기어비를 조작력에 관계없이 선정할 수 있다.
③ 조향 핸들의 시미(흔들림)현상을 방지할 수 있다.

112 | Chapter 3 • 건설기계 섀시장치

④ 노면으로 부터의 충격 및 진동을 흡수한다.

⑤ 조향 조작이 신속하다.

※ 제어 밸브 속에는 안전 체크 밸브가 들어 있어 엔진의 작동정지, 오일 펌프 고장 시 등에도 수동조작을 가능하게 해준다.

❸ 앞바퀴 얼라인먼트(앞바퀴 정렬)

조향핸들의 조작력 경감, 조향핸들 조작을 확실하게 하며 직진성부여 및 조향핸들의복 원성을 두고자 앞바퀴 정렬을 한다.

앞바퀴 얼라인먼트의 요소에는 캠버, 캐스터, 토인, 킹핀 경사각 등이 있다.

가. 캠버

자동차 앞바퀴를 앞에서 보았을 때 바퀴가 수직선과 이루는 각을 말한다.

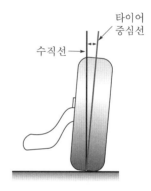

(가) 필요성

ㄱ 조향핸들의 조작력 경감

ㄴ 수직 하중에 의한 액슬축의 휨 방지

ㄷ 하중을 받았을 때 앞바퀴의 아래 부분이 벌어지는 것을 방지한다.

나. 캐스터

앞바퀴를 옆에서 보면 조향 너클과 앞 액슬축을 고정하는 킹핀의 중심선이 수직선과 이루는 각을 말한다.

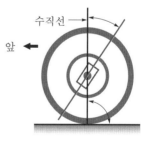

(가) 필요성

ㄱ 주행 중 조향바퀴의 직진성 부여

ㄴ 조향 시 바퀴에 복원성 부여

다. 토인

앞바퀴를 위에서 내려다보았을 때 앞쪽이 뒤쪽보다 좁게 된 상태를 말한다.

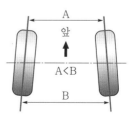

(가) 필요성

ㄱ 앞바퀴를 평행하게 회전시킨다.

ㄴ 타이어의 사이드슬립과 마멸을 방지한다.

ㄷ 주행 중 토우 아웃을 방지한다.

라. 킹핀 경사각

차량을 앞에서 보면 킹핀의 중심선이 수직에 대하여 7~9도 정도의 각도를 두고 설치되는데, 이를 킹핀 경사각이라고 한다.

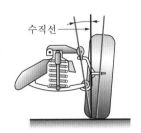

(가) 필요성
     ⊙ 캠버와 함께 조향핸들의 조작력을 가볍게 한다.
     ⓛ 캐스터와 함께 앞 타이어에 복원성을 준다.
     ⓒ 앞바퀴가 시미현상을 일으키지 않도록 한다.

▣ 조향장치의 점검 정비

(1) 조향핸들이 한쪽으로 쏠리는 원인

① 타이어 공기압력의 불균형

② 브레이크 드럼의 간극 불량

③ 앞바퀴 정렬 불량

④ 허브 베어링의 마모

(2) 조향핸들의 조작이 무거운 원인

① 타이어 공기압이 낮다.

② 앞바퀴 정렬의 불량

③ 조향 링키지 급유 부족

④ 타이어의 심한 마모

중장비 운전기능사

Chapter
4

유압일반

Section 1 유압일반

Section 1 유압일반

① 유압 기초편

(1) 파스칼의 원리

파스칼의 원리란, 액체의 압력 전파에 관한 법칙을 말하고, 물리학적으로는 "밀폐되고, 그리고 정지한 액체의 일부에 가해진 압력은 액체의 모든 부분에 그대로 전해진다."로 정의하며, 쉽게 말하면, 다음과 같이 표시된다.

   ① 압력은 면에 직각으로 작용한다.

   ② 각 점의 압력은 모든 방향에 같다.

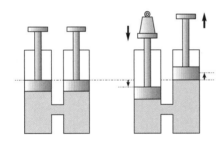

   ③ 밀폐 용기 중의 정지 유체의 압력은 같다.

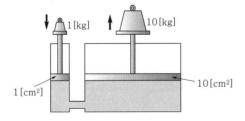

(2) 유압실린더가 움직이는 원인

(가) 실린더의 출력

실린더의 출력이 얻어지는 것은 우선, 실린더의 입구 쪽(캡)에 압유를 공급하면, 캡실 내의 압력은 ① '압력은 면에 직각으로 작용한다', ② '각 점의 압력은 모든 방향에 같다', ③ '밀폐

용기 중의 정지 유체의 압력은 같다'는 파스칼의 원리에 의해서 압력의 발생에 의한 출력이 얻어진다.

(3) 실린더에 작용하는 힘에 대해(로드를 밀어내는 힘(P : 작용 압력))

튜브를 고정한 경우, 캡 쪽으로 압유를 공급하여 로드를 늘리고(pull 힘의 발생), 로드 쪽으로 압유를 공급하여 로드를 줄이는(pull 힘의 발생) 것으로, 출력을 내면서 로드를 왕복 운동시킬 수가 있다. 이때의 출력은 공급하는 압력(P)에 의해서 임의로 바뀐다.

(4) 실린더의 방향 제어

로드를 늘리거나 줄이는 것은 압유를 캡 쪽으로 보내느냐, 로드 쪽으로 보내느냐를 전환해 주면 좋다. 이 전환을 하는 밸브가 방향 제어 밸브이다. 멈추거나 흐리는 수도꼭지와 같은 밸브라도 상관없다.

(5) 실린더의 속도 제어

실린더의 출력이 얻어지고, 그 방향이 제어되면, 다음에 바라고 싶어지는 기능으로서는 빠르게 움직이거나 늦게 움직이는 속도의 제어이다. 속도의 제어는 실린더에 보내는 압유의 양을 크게 하거나 작게 하면 되는 것으로, 이 작용을 하는 밸브를 유량 제어 밸브라고 한다. 우리들 가까이에 있는 유량 제어 밸브로서는 수도꼭지가 있다. 물과 기름에 차이가 있을 뿐이고, 기름이 흐르는 부분의 면적을 작게 하거나 크게 하는 것으로 유량을 간단히 제어할 수 있다. 복잡하게 보이는 어떤 유압의 유량 제어 밸브도 기름이 통하는 부분의 면적을 바꾸고 제어하고 있다.

② 유압기기

실린더에 요구되는 것은, 출력의 크기, 방향, 속도의 3가지로 이것을 일의 3요소라고 한다. 그러나 실린더만으로는 일을 할 수 없다. 기름을 보내는 펌프와 기름을 저장해 두는 탱크도 필요하다.

가. 유압 액추에이터

유압 액추에이터는 유압을 일로 바꾸는 작용을 하는 것으로, 왕복 운동(직선 운동)을 하는 유압 실린더와 회전 운동을 하는 오일 모터가 있다. 인간의 신체에 비유하면, 손과 발에 해당한다고 말할 수 있다. 손과 발이 뇌로부터의 신호와 근육의 작용 등에 의해서 움직이는 것처럼 유압 액추에이터도 독자적으로는 움직이지 않는다. 유압 액추에이터를 어떻게 움직이는가를 제어하는 것이, 다음의 유압 밸브이다.

나. 유압 밸브

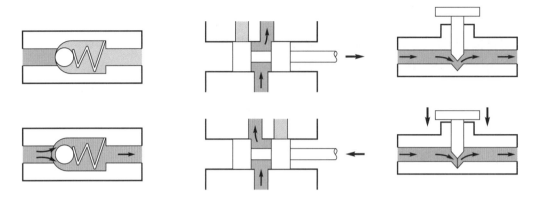

액추에이터의 출력, 방향, 속도를 제어하기 위해, 기름의 압력, 방향, 유량을 제어하는 것으로, 유압 밸브의 종류에는 다음의 3종류가 있다.

(1) 압력 제어 밸브

일의 크기(출력)를 결정한다. 액추에이터는 기름에 따라서 움직일 뿐이므로 필요한 압력으로 제어하여 필요한 출력을 뽑아내야 한다. 그 압력을 제어하는 것이 압력 제어 밸브이다. 출력 부족이 되어서는 곤란하지만, 필요 이상의 출력을 내어 장치의 파괴 등으로 연결되지 않도록 하는 것도 중요한 일이다.

액추에이터의 출력(F)은, F=압력(P)×실린더 사이즈(A)로 결정된다. 실린더의 크기는 한번 설치하면 간단히 변경할 수 없지만, 압력은 조정 핸들로 자유로이 바꿀 수 있다. 유압 장점의 하나이지만, 액추에이터에 얼마만큼의 출력을 내게 하든가, 일의 크기를 결정하는 작용을 하는 밸브가 압력 제어 밸브이다.

(가) 압력 제어 밸브의 용도별 분류

① 릴리프 밸브 : 최고 압력을 제어하여 회로 내 일정 압력 유지

▲ 릴리프 밸브 – 개방 압력   ▲ 릴리프 압력 세팅

② 리듀싱 밸브 : 회로의 일부만 낮은 압력을 만드는 경우
③ 시퀀스 밸브 : 분기회로에서 유압회로의 압력에 의하여 작동순서를 제어

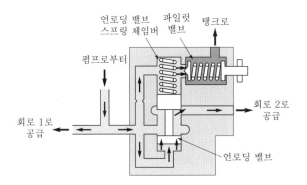

▲ 시퀀스 밸브 열림

※ 릴리프 밸브(안전밸브)의 작용 : 릴리프 밸브는 안전밸브라고도 하고, 전기로 말하면 퓨즈나 브레이커의 작용을 한다. 유압의 최고 압력을 이 밸브로 결정해 버려, 회로 전체 혹은 기계나 장치의 보호를 한다. 안전을 유지하기 위한 밸브이므로 그 작동은 빠르고(응답성이 빠르고), 확실할 필요가 있다.

(2) 유량 제어 밸브

일의 속도를 결정한다. 액추에이터의 속도와 회전 수를 제어하기 위해 필요한 유량을 액추에이터에 보내도록 제어하는 밸브이다. 차의 운전에서도 급발진·급정지는 위험하듯이, 부드러운 발진, 충격이 없는 감속, 정지를 하도록 액추에이터를 제어하기 위해서 필요한 밸브이다.

  (가) 유량 제어밸브의 종류
    교축 밸브 : 스톱밸브, 스로틀 밸브, 스로틀 앤드 체크 밸브

(3) 방향 제어 밸브

일의 방향을 결정한다. 유압 실린더에서는 전진이냐 후퇴냐, 오일 모터에서는 우회전이냐 좌회전이냐를 결정한다. 또 액추에이터를 멈추어 두는 작용도 방향 제어 밸브의 중요한 역할이다.

  (가) 방향 제어 밸브의 종류

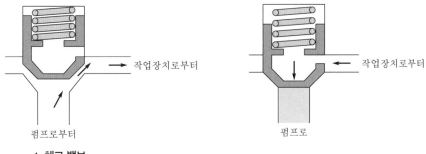

▲ 체크 밸브

체크 밸브, 파일럿 체크 밸브, 매뉴얼 밸브, 솔리노이드, 오퍼레이트 밸브, 파일럿 오퍼레이트 밸브, 기타(셔틀 밸브)

다. 유압 펌프

(1) 유압 펌프는 유압장치의 심장

유압장치를 사용하여 물체를 움직여서 일을 하기 위해서는 기름을 탱크에서 빨아들여 유압 회로에 공급하는 유압 펌프가 필요하게 된다. 그러므로 유압장치에는 반드시 1개 이상의 유압 펌프가 설치되어 있다. 인간으로 말하면 심장에도 비유되는 유압 펌프이다.

(2) 유압 펌프의 작동원리

유압 펌프의 원리를 주사기의 바늘부분을 없앤 것이라고 생각하면 된다. 피스톤 펌프가 기름을 빨아들이고 토출하는 기본 작동원리를 주사기로 설명하자면, 주사기의 입을 물 탱크 속에 넣으면, 이대로는 아무것도 일어나지 않지만, 피스톤을 당기면 물은 위로 올라가 통 속으로 들어간다. 이것은 피스톤을 당김으로써 주사기 통속의 용적이 커져서, 통속의 압력이 내려가 대기압에 밀린 물이 들어오는 것이다. 피스톤에 끌려서 물이 들어가는 것같이 보이지만, 실은 주사기 통속 용적의 증가(압력의 저하)가 그 원인인 것이다. 피스톤을 아래로 밀어주면, 다시 주사기 통 안의 용적이 감소하여 물은 물 탱크 속으로 밀어낸다. 이와 같이 통속의 용적을 변화시키는 것으로 물을 빨아들이고 토출할 수 있는 것이다.

(3) 유압 펌프의 종류와 특징

(가) 피스톤 펌프(고압에 사용하는 피스톤 펌프)

건설기계와 농업기계를 보면, 이전에 비해 힘은 보다 커지고 크기는 작은 것이 많다. 이 실현을 위해서는 유압장치의 소형화와 동시에, 유압 펌프의 고압화가 크게 기여하고 있다. 일반적으로 압력이 21~35MPa(≒210~350kgf /cm²)로 되면, 피스톤 펌프가 많이 사용된다. 그 이유는, 피스톤 펌프는 피스톤의 왕복 운동에 의해서 펌프 작용을 할 수 있으므로, 기름을 빨아드리는 길이가 다른 종류의 펌프에 비해 길게 할 수 있다. 구조상 압유가 작용하는 부분에는 그 작용 방향과 반대 방향으로 압유를 유도하고 부품 단위로 압력 밸런스를 잡는 것으로 하중을 작게 하는 것이 비교적 쉬운 것 등으로 고압 펌프에 적당하다.

또, 고압에서도 사용할 수 있는 용적효율이 좋은 간결한 가변토출량 펌프로 하는 것도 쉽다. 더욱이 제어방법도 유압 전기, 수동식으로 선택할 수 있으므로, 다른 종류의 펌프에 비해 비싼데도 불구하고 많이 사용되고 있다.

(나) 베인 펌프

베인 펌프는 정토 출량형 및 가변 토출량형으로서, 공작기계, 프레스 기계, 사출성형기 등의 산업기계와 차량용에 사용되는 펌프이다. 고압화가 진행되는 유압 중에서, 저용압부터 중압용에 널리 사용하고 있다.

① 축과 베어링　　② 하부 하우징　　③ 카드리지 어셈블리
④ 볼트　　　　　⑤ 실(seal)　　　⑥ 상부 하우징

(다) 기어 펌프

기어 펌프는 구조가 간단하고 값싼 펌프로서 차량, 건설기계, 운반기계 등에 널리 사용되고 있다. 이제까지 기어 펌프는 저압용으로 여겨져 왔었지만, 압력 평형형(프레셔 로딩형)도 만들어져서 성능도 향상되고 30MPa($\fallingdotseq$300kgt/cm²)로 연속 운전할 수 있는 것도 등장하고 있다.

　① 외접형 기어 펌프

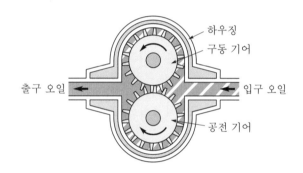

하우징
구동 기어
출구 오일
입구 오일
공전 기어

　㉠ 외접형 기어 펌프는 1쌍의 외접 기어가 그 바깥둘레와 옆면이 딱 들어맞는 케이싱 속에서 회전되도록 되어 있다. 기어가 회전 할 때에 기어의 맞물림이 떨어지는 부분에 발생하는 진공 부분(공간)에 의해서 흡입작용을 하여 출입구의 기어 홈을 기름으로 채운다. 이 기어 홈에 고인 기름을 기어의 회전에 의해 토출구까지 운반하여, 토출구 기어의 맞물림에 의한 용적의 감소에 의해 밀어내는 것이다.

　㉡ 치형은 특수 치형도 있지만 기어 펌프의 고속 · 고압화에 따라 기어에 요구되는 고정밀도 · 고강도로부터 기어 절삭 가공이 쉬운 인벌류트 치형의 평기어가 제일 많이 쓰이고 있다. 토출량이 일반적으로 톱니 수가 10개 전후로 결정되어 있는 것도 있고, 기어의 모듈과 잇폭이 클수록 커진다.

　㉢ 외접형 기어 펌프에도 베인 펌프와 같이 기어 측면의 틈새가 항상 일정한 고정 측판식인 것과 토출 압력에 의해서 부시를 기어로 밀어붙여 틈새를 조절하는 프레셔 로딩형인 것이 있다. 전자는 케이스폭보다 기어의 폭이 약간 작고, 거기에 틈새가 있기 때문에 기어옆면에서의 기름이 누설의 토출압력이 높아지면 증가하여 용적효율이 낮아지므로 최고 압력도 10MPa($\fallingdotseq$100kgf/cm²) 정도가 된다.

② 기어가 부시에 의해 지지되고, 부시는 케이싱 속에서 축 방향으로 이동할 수 있도록 되어 있다. 토출 압력이 높아지면 부시 측면에 토출 압력이 작용하여 부시를 기어 측면에 밀어붙이는 기구로 되어 있다. 그 때문에 토출 압력에 의해서 틈새는 자동적으로 조정되므로, 고압으로 되어도 누설은 많아지지 않으며 최고 압력 25MPa($\fallingdotseq$250kgt/cm²)인 것도 만들어지고 있다.

② 내접형 기어 펌프

㉠ 내접형 기어 펌프는 외접 기어와 내접 기어 각각 1개로 구성된다. 치형은 인벌류트 치형, 트로코이드 치형이 많이 사용되고 있다.

㉡ 트로코이드 치형을 사용한 내접형 기어 펌프로, 저압용(약 2MPa$\fallingdotseq$20kgf/cm²)에 사용되고 있다. 최근에는 기어의 가공 정밀도와 열처리 기술의 향상으로 7MPa ($\fallingdotseq$70kgf/cm²)의 것도 개발되고 있다.

㉢ 내접 기어와 외접 기어의 맞물림 부분은 회전에 따라 그 용적이 증가하여 기름을 흡입한다. 흡입된 기름은 2개의 기어의 이홈과 초승달 모양의 간막이판에 가두어져, 토출구 회전에 의해서 운반된다.

㉣ 내접형 기어 펌프의 특징은 외접형 기어 펌프에 비해 토출 압력의 맥동이 이론적으로 적고, 그 결과 운전음이 조용한 것이다.

(라) 나사 펌프

나사 펌프란 3개의 스크류 로터의 조합으로, 이들의 로터에는 2줄 나사가 절삭되어 있으며, 서로 맞물리고 있다. 흡입된 기름은 나사의 맞물림 부분의 골을 통해 항상 일정량의 기름이 토출된다. 나사 펌프의 특징은 운전 음이 낮은 것, 맥동이 없는 안정한 토출량이 얻어지는 것이다. 그 때문에 유압 펌프로써도 사용되고, 특히 유압 엘리베이터용 유압 펌프로서 많이 사용된다.

(4) 펌프의 고장

유압 펌프의 고장 시에는 대표적인 것으로서 다음 4가지의 현상이 나타난다.

① 기름을 토출하지 않는다.

② 소음이 크다.

③ 유량과 압력이 부족하다.

④ 샤프트 시일에서의 기름 누설

(가) 고장의 원인과 그 대책

현 상	원 인	대 책
기 름 을 토출 하지 않는다	펌프의 축회전 방향이 본체의 회전 방향과 반대이다.	펌프 본체의 화살표 방향으로 축을 돌린다.
	흡입관의 기밀 불량	관 및 관이음 등을 잘 조사해서, 풀려 있으면 조인다.
	흡입 필터가 기름 속에 가라앉아 있지 않거나, 또는 필터가 막혀 있다.	기름 탱크의 레벨 게이지 기준깊이까지 기름을 넣는다. 필터를 깨끗이 한다.
	펌프의 파손	펌프의 교환
소음이 크다	흡입관이 가늘거나, 막혀 있다.	흡입 진공도를 200mm · Hg 이하로 한다.
	흡입 필터의 막힘, 또는 용량 부족	필터의 청소 또는 용량이 큰 것을 사용(일반적으로 펌프 토출량의 2배 이상)
	흡입관 또는 다른 데를 통해 공기를 빨아들이고 있다.	흡입관에 기름을 넣고 불량한 곳을 조사하고 패킹, 시일을 교환한다.
	탱크 안에 기포가 있다.	탱크 안의 복귀 배관, 드레인 배관을 조사한다.
	커플링에서 소리가 난다.	축심이 잘 맞지 않는지, 또는 커플링이 파손되어 있지 않은지 조사한다.
	미끄럼 운동 부분이 마모되어 있다.	비정상으로 마모할 때에는, 기름의 오염, 점도, 기름 속에 있는 수분, 사용 시의 유은을 조사한다.
	베어링이 마모되어 있다.	펌프 수리, 축심의 동심도를 조사한다.
유량 부족	미끄럼 운동 부분이 마모되어 내부 누출이 많다.	펌프 수리 또는 교환
	뒷덮개의 조임이 덜 되어 있다.	펌프를 재조립한다.
샤프트 시일의 기름 누출	샤프트 시일의 파손	샤프트 시일을 교환한다. 이때 축심의 동심도를 조사한다. 또 외부 드레인형 펌프의 경우, 드레인의 막힘도 조사한다.
	드레인 또는 내부 누설이 너무 많다.	펌프 수리, 기름의 점도를 조사한다.
	드레인 배관의 막힘	드레인의 니플, 파이프를 깨끗이 한다.

라. 유압 탱크

인간은 혈액을 스스로 만들 수가 있지만, 기계와 장치에서 그렇게는 할 수 없다. 그러므로 기름을 저장하는 탱크가 필요하게 된다. 탱크는 기름 누설로 부족해진 기름을 보급할 뿐만이 아니고, 일을 해온 기름 중의 먼지와 녹 등을 가라앉히는 작용도 한다. 또, 기름을 냉각시키는 중요한 작용을 가지고 있고, 그 때문에 표면적을 크게 잡는 등의 연구도 되고 있다. 탱크는 기름을 쉬게 하여 다음 일을 향하여 준비를 하는 곳이라고도 할 수 있다.

마. 부속품

유압에 있어서는 피할 수 없는 발열에 대해 기름을 냉각시키기 위한 쿨러, 기름 중의 먼지를 제거하는 필터, 압력을 표시하는 압력계와 기름 온도를 나타내는 온도계 등 주변기기가 필요하게 된다. 이들을 부속품이라고 말하는데, 유압을 보다 사용하기 쉽게 하기 위해 심부름 역할을 하는 것이다.

① 유압 액추에이터 : 유압을 일로 바꾼다.

② 유압 밸브 : 유압·유량·방향 제어

ㄱ 압력 제어 밸브 : 출력을 결정한다.

ㄴ 유량 제어 밸브 : 속도를 결정한다.

ㄷ 방향 제어 밸브 : 방향을 결정한다.

③ 유압 펌프 : 압유를 보낸다.

④ 유압 액세서리 : 유압장치의 보조적 역할을 한다.

⑤ 유압 탱크 : 기름을 저장한다.

③ 유압유

(1) 왜 기름을, 유압으로 사용하는가?

액체이면 파스칼의 원리는 통용되므로, 기름이 아니라도 좋다. 그러나 기름을 사용하는 것에는 그 나름의 이유가 있다. 또, 유압이 오늘날 이렇게 널리 사용되고 있는 것에도 확실한 이유가 있다.

(가) 기름을 사용하는 이유

액체라고 했을 때, 일반적으로는 액체의 대표라고 하면 무한히 존재하는 물 혹은 바닷물일 것이다. 원리적으로는 물이라도 같은 작용을 하는 것으로, 현실로 물을 사용한 수압 기기가 지금의 유압의 시초이기도 하다. 그러나, 물에서는 곤란한 일이 많이 있다. 그래서 왜 액체 중에서 기름을 사용하는가를 생각해 보면, 물은 100℃가 되면 끓어서 증기로 되어 버린다. 또, 0℃가 되면 얼음으로 되어 흐르지 않게 된다. 100℃가 되지 않더라도 상온에서 자꾸 증발도 한다. 다시, 물은 금속을 산화시키는(녹을 발생하는) 해가 있어, 짧은 기간에 장치 자체를 열화시키기도 한다. 점도가 낮고, 또 윤활성도 나쁘기 때문에 기계 부품의 마모가 빨리 된다는 결점도 있다. 이와 같이 생각하면, 압력 전달용 액체로써 필요한 항목은 다음과 같다.

① 윤활성이 좋을 것

② 충분한 유동성을 갖고 있을 것

③ 충분한 비압축성이 있을 것

④ 화학적으로 안정할 것

⑤ 녹과 부식의 발생을 방지할 것

⑥ 시일재와의 적합성이 좋을 것

이들의 전 항목을 만족하는 액체가 기름이라는 것은 아니지만, 지구상에 존재하고 값싸고 풍부한 액체의 하나로서 기름이 사용되고 있는 것이다. 그러나 기름도 좋은 것만은 아니다. 200℃ 가까이서 인화하여 타버린다는 최대의 결점을 갖고 있다. 그래서 기름의 결점을 커버하는 타기 어려운 기름이 개발되어 사용되고 있다.

(2) 유압의 장점

유압에는 다음과 같은 많은 장점이 있으므로 넓은 분야의 기계나 장치에 많이 사용되어 활약하고 있다.

① 소형으로 강력하다.

출력은 〈압력〉×〈면적〉으로, 압력을 올리면 올릴수록, 같은 출력을 얻는 데에도 면적은 작아도 되어, 소형화를 진행하기 쉽게 된다. 또, 고압으로 해도 공기와 같이 폭발의 위험이 없어, 공기압 사용(약 $0.6\sim0.7MPa\fallingdotseq6\sim7kgf/cm^2$, $35MPa(\fallingdotseq350kgf/cm^2)$로, 점점 고압으로 되고 있다.

② 과부하(오버로드)방지가 간단하고 정확하게 된다.

전기에서는 퓨즈와 오버로드 릴레이 등을 넣어, 과부하가 되면 전기를 끊든가, 기계에서는 슬립을 일으키는 안전장치를 넣어 기계 본체와 모터가 고장 나는 것을 방지하고 있다. 여하튼 퓨즈의 교환과 오버로드 릴레이의 교환 비용이 들고 과부하의 값도 벗어나는 결점도 있다. 유압에서는 압력 제어 밸브로 규정 이상의 압력이 되면, 자동적으로 기름은 도피하여, 수고도 비용도 일절 들지 않고, 또 임의의 압력으로 조정된다.

③ 힘의 조정이 쉽고 정확하게 된다.

공작물을 잡는다든가 밀어 넣을 경우, 기계적으로 힘을 저장하게 되면, 상당히 복잡하고 쉽게 되지 않는다. 유압에서는 미는 기름의 압력을 조정하면 힘을 쉽게 바꿀 수 있다. 압력 제어 밸브의 핸들 한 개로 자유롭게, 그리고 정확하게 힘을 조정할 수 있다.

④ 무단 변속이 간단하고, 작동도 원활하다.

자동차의 변속기와 같이 기어의 사용에서는 아무래도 변속에 단계가 생긴다.

유압에서의 속도 조정은 수도꼭지를 트는 감각으로 쉽게 할 수 있다.

즉, 무단 변속이 간단히 되는 것이다. 또, 유량을 천천히 증가시키거나, 천천히 감소시키거나 하면, 실린더도 그것에 따라서 움직이는 것이므로, 부드러운 발진, 충격이 없는 정지도 간단히 된다.

⑤ 진동이 적고, 작동이 원활하게 된다.

전동기와 많은 기어를 사용한 장치에서는, 관성이 커서 급격한 발진·정지·역전에는 충격이 따르기 마련이다. 유압은 가벼운 기름을 사용하고, 게다가 기기 전체가 소형으로 관성력이 작기 때문에, 충격도 비교적 작고, 동작도 원활하게 할 수 있다.

⑥ 원격 조작을 할 수 있다.

기름은 파이프만 이어 주면 어디든지 흘러가며, 멀리 떨어진 장소의 기계라도 조작할 수 있다. 단, 기름에는 점도가 있으므로 파이프를 지날 때에 마찰을 일으켜서 압력 손실을 발생하기 때문에 그 점에서 주의가 필요하다.

(3) 유압의 단점

① 배관이 번거롭고, 기름의 누설이 귀찮다.

많은 유압 기기를 사용하면, 그것을 연결하는 파이프와 이음류가 많아져 배관이 번거롭게 된다. 공기와 달라서 기름 누설은 귀찮고, 특히 클린 룸 등에서는 금지된다. 또, 고압의 배관 용접에는 상당한 기술이 필요하게 된다. 최근에는 배관을 없애거나, 혹은 적게 하기 위해 여러 가지 파이프 없는 밸브나 복합밸브가 상품화 되고, 배관도 쉬운 것이 많아지고 있다.

② 화재의 위험성이 있다.

기름은 인화점이 약 200도의 가연성이므로, 주위에 고온의 것이 있으면 기름이 분출했을 경우 화재의 위험성이 있다. 특히 분무 모양으로 된 기름은 인화하기 쉬우므로 충분한 주의가 필요하다. 공장과 주택이 인접해 있는 지역에서는 지방 조례에 의해 소방법이 적용되는 경우가 있다. 화재의 위험성에 대응하여 합성유와 물첨가의 기름이 난연성 작동유로서 사용되지만, 시일재와 유압 기기 자체의 재질을 바꿀 필요가 있는 경우도 있다.

③ 기름 온도가 변화하면, 속도가 변한다.

기름은 온도가 올라가면 점도가 저하하고, 온도가 내려가면 점도가 높아진다. 유량제어 밸브로 교축할 경우, 같은 교축 면적이라도 점도에 따라서 유량이 다르다. 그 때문에 온도가 바뀌어도 유량이 변화하지 않는 온도 보상 붙이 유량제어 밸브도 만들어지고 있지만, 역시 한계가 있다. 특히 기계와 장치의 사이클 타임이 짧아지는 데 따라서, 약간의 속도 변화도 1사이클 중에서의 중요함은 커지고 있다.

④ 전동기의 마력이 커진다.

전동기의 회전 에너지를 유압의 압력 에너지로 변환해서 사용하므로, 전체로써의 에너지효율은 기어로 직접 에너지를 전하는 것보다 나빠진다. 또, 액추에이터가 일을 하지 않을 때에도 펌프는 가동하고 있으므로, 에너지 손실이 있다. 유압 펌프의 가변 펌프화와 부하압 이상의 압력을 발생시키지 않는 부하 감응형 제어와 필요한 압력 유량만 토출하는 전자 제어 펌프가 사용되고 있다.

항목 제어방식	유압 방식	기계 방식	전기 방식	공기압 방식
출력	크다 (100kN이상 가)	그다지 크지 않다	그다지 크지 않다	약간 크다 (10kN정도)
조작 속도	약간 크다	작다	크다	크다
구조	약간 복잡	보통	약간 복잡	간단

배선 · 배관	복잡	특히 없다	비교적 간단	간단
온도	70℃ 정도까지	보통	주의 크다	100℃ 정도까지
진동	염려 적다	보통	주의 크다	염려 적다
위치 정하기성	약간 양호	양호	양호	불량
위험성	인화성에 주의	특히 문제없다	누전에 주의	문제 없다
원격 조작	양호	곤란	특히 양호	양호
무단 변속	양호	약간 곤란	양호	약간 곤란
속도 조정	쉬움	약간 곤란	양호	약간 곤란
보수	간단	간단	기술을 요함	간단
가격	약간 높다	보통	약간 높다	보통

4 유 · 공압 기호

여러 가지 유공압 기기를 간편하게 나타내는 수단으로 유공압 기호를 사용한다. 이러한 유공압 기호를 사용하여 유공압 장치의 계통을 총괄적으로 표시한 것을 유공압 회로라 부른다.

(1) 펌프, 공기 압축기

베인형, 기어형, 피스톤형 등 펌프의 형식에 관계없이 동일한 기호를 사용하며, 가변 용량형인 경우에는 경사진 화살표를 첨가하게 된다. 삼각형 유체의 송출 방향을 나타내며, 검게 칠한 것은 유압, 칠하지 않는 것은 공기압을 의미한다.

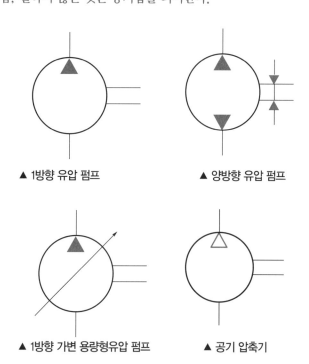

▲ 1방향 유압 펌프   ▲ 양방향 유압 펌프

▲ 1방향 가변 용량형유압 펌프   ▲ 공기 압축기

(2) 작동기

그림은 유압 모터 및 공기압 모터의 기호를 나타낸 것이다. 삼각형 꼭지 부분이 원의 안쪽으로 향하고 있는 것은 압력 유체가 흘러들어와서 모터에 작용함을 의미한다.

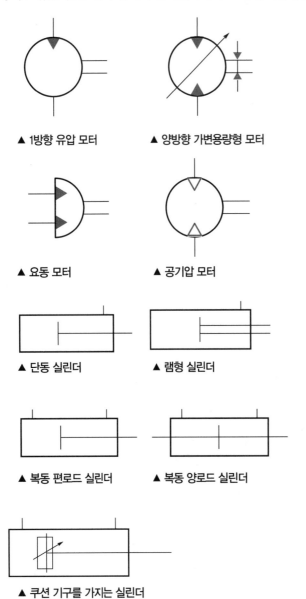

▲ 1방향 유압 모터   ▲ 양방향 가변용량형 모터

▲ 요동 모터   ▲ 공기압 모터

▲ 단동 실린더   ▲ 램형 실린더

▲ 복동 편로드 실린더   ▲ 복동 양로드 실린더

▲ 쿠션 기구를 가지는 실린더

(3) 밸브

① 압력 제어 밸브 : 압력제어 밸브의 대표격인 릴리프 밸브의 기로를 나타낸 것이다. 삼각형은 대기 방출을 의미한다.

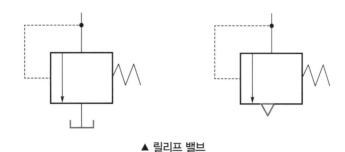

▲ 릴리프 밸브

② 유량 제어 밸브 : 유량 제어 밸브의 기호를 나타낸 것이다.

▲ 유동면적이 일정한 교축 유로(오리피스, 초크)

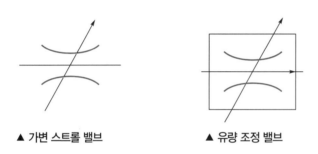

▲ 가변 스트롤 밸브   ▲ 유량 조정 밸브

③ 방향 제어 밸브 : 방향제어 밸브의 유압기호이다.

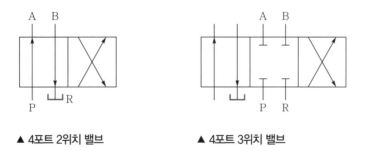

▲ 4포트 2위치 밸브   ▲ 4포트 3위치 밸브

그림에서 A, B는 부하 측 포트, P는 펌프 포트, R은 탱크 포트를 뜻한다. 그림에서 각각의 사각형은 변환할 수 있는 밸브의 위치를 의미하며, 포트 A, B, P, R이 표시되어 있는 사각형이 중립 위치, 즉 조작 신호를 가하지 않았을 때의 밸브 위치를 나타낸다.

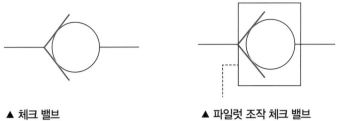

▲ 체크 밸브   ▲ 파일럿 조작 체크 밸브

파일럿 조작 체크 밸브는 파일럿 압력이 작용하지 않는 동안은 체크 밸브의 기능을 하지만, 파일럿 압력이 작용하면 체크 밸브의 기능을 상실하는 밸브이다.

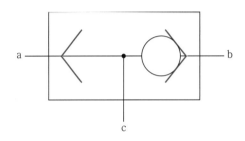

▲ 셔틀 밸브(공기압)

a 또는 b 어느 쪽에서 유체가 공급되어도 밸브 내부에 있는 볼의 작용으로 유체는 언제나 c쪽으로 흐르게 된다.

중장비 운전기능사

Chapter
5

건설기계 작업장치

굴삭기

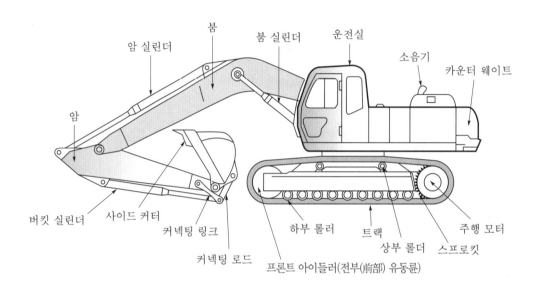

암 실린더　붐　붐 실린더　운전실　소음기　카운터 웨이트

암

버킷 실린더　사이드 커터　커넥팅 링크　커넥팅 로드　프론트 아이들러(전부(前部) 유동륜)　하부 롤러　트랙　상부 롤러　스프로킷　주행 모터

1 굴삭기의 개요 및 분류

굴삭기는 주로 흙을 굴삭하는 장비로 토사 적재, 건물 기초 작업, 택지 조성 작업, 화물 적재, 교량 구멍 파기, 도로 및 상·하수도 공사 등의 다양한 작업을 할 수 있는 건설 기계이다. 그 범위는 무한궤도형과 타이어형이 있으며, 굴삭장치를 가진 자체 중량 1톤 이상인 것이 해당된다.

※ 굴삭이란 기계로 땅이나 흙을 파고 깎는 것을 말하며, 굴착이란 땅이나 암석 따위를 파고 뚫는 것을 말한다.

① 무한궤도형 : 견인력과 등판능력이 좋고, 단위 면적당 접지 압력이 낮아 습지, 모래, 암석, 암반 지역 등의 험한 작업 장소에서 작업이 쉬우나, 장거리 이동 시에는 트레일러를 이용하여야 한다.

② 휠형 혹은 타이어형 : 주행 속도가 30~35km/h로서 기동성이 좋고, 도로상에 주행이 가능하나, 견인력이 약하고, 습지, 모래, 암석, 암반 지역 등의 험한 작업 장소에서는 작업이 곤란한 결점이 있다.

② 굴삭기의 구조와 기능

가. 상부 선회체

상부 선회체는 하부 주행체 위에 설치되어 회전하는 부분으로서 상부 선회체 프레임, 선회장치, 엔진, 운전 기구, 유압장치, 평형추 및 작업 장치 등으로 구성되어 있다. 앞쪽에는 풋핀에 의해 붐이 설치되고, 뒤쪽에는 카운터 웨이트를 설치하여 차체의 롤링완화와 함께 안정성을 유지하여 임계하중을 높여 준다. 일반적으로 재질은 비중이 큰 주철을 사용한다.

(1) 상부 선회체 프레임

하부 주행체 위에 설치되어 엔진, 유압장치, 선회장치, 운전석 등을 탑재하는 상부 선회체의 뼈대에 해당하는 부분이다.

(2) 하부 주행체 프레임

스윙 링 기어에 베어링 케이스와 스윙 볼 베어링 또는 롤러에 의하여지지, 연결되어 있으며 360도 선회할 수 있는 구조로 되어 있다.

(3) 선회장치

스윙 모터, 스윙 피니언 및 기어, 스윙 볼 베어링 등으로 구성되어 상부 선회체를 선회시키는 장치로서 스윙 모터와 피니언은 상부 선회체 프레임에 고정되고, 스윙 링 기어는 하부 주행체 프레임에 고정되어 있다.

(가) 유압식 선회장치의 동력 전달 순서

유압 펌프→유압 제어 밸브→스윙 브레이크 밸브→스윙 모터→스윙 피니언 기어→스윙 링 기어(상부 회전체 회전)

(나) 선회장치의 구성과 역할

① 스윙 모터 : 스윙 피니언을 구동시켜 상부 선회체를 회전시키는 역할을 하는 장치로서 레이디얼 플런저 모터가 많이 사용된다.
② 스윙 감속 기어 : 스윙 모터의 회전 속도를 감속하여 회전력을 증대시키고, 상부 선회체의 고속 회전으로 인한 선회장치 각부의 파손을 방지한다. 유성 기어가 많이 사용된다.
③ 선회 고정장치 : 굴삭기를 트레일러에 싣고 이동할 때 상부 선회체와 하부 주행체를 고정시켜 주는 일종의 안전장치이다.

④ 센터 조인트 : 굴삭기의 상부 선회체에 설치되어 있으며, 상부 선회체의 유압유를 하부 주행체의 주행 모터, 조향 실린더, 아우트리거 작동 실린더 등에 공급하기 위한 회전 유압 이음 장치로서, 상부 선회체가 회전하여도 유압호스나 파이프 등의 꼬임을 방지하는 구조로 되어 있다.

나. 하부 주행체

상부 선회체와 작업 장치의 하중을 지지함과 동시에 작업 목적을 위하여 앞뒤로 이동시키는 장치로 휠형과 무한궤도형이 있다. 무한궤도형은 주로 유압 모터의 구동력으로 무한궤도를 회전시켜 이동하는 유압식이고, 휠형은 자동차와 같은 방법으로 엔진의 동력이 바퀴에 전달되는 방식인 기계식과 유압식이 있다. 무한궤도형 굴삭기의 하부 주행체 구성은 프레임, 주행용 유압 모터, 트랙, 롤러 등으로 구성되어 있다.

① 프레임 : 상부 선회체의 하중을 지지하고 하부 주행체를 구성하는 뼈대이다.

② 브레이크 밸브 : 주행 모터의 회로 내에 설치되어 모터의 작동을 정지시키거나 경사로를 주행할 수 있게 하는 밸브로서 내부의 릴리프 밸브가 회로 내의 압력을 규정 압력으로 유지시킨다.

③ 프런트 아이들러 : 조정 실린더와 연결되어 트랙의 장력을 조정하면서 트랙을 유도하여 주행 방향을 유도하는 역할을 한다.

④ 리코일 스프링 : 주행 중 앞쪽으로부터 프런트 아이들러와 하부 주행체에 가해지는 충격 하중을 완화시키고, 진동을 방지하여 작업이 안정되도록 한다.

⑤ 상부 롤러 : 캐리어 롤러라고도 하는 것으로, 싱글 플랜지형을 사용하고, 트랙 프레임 위에 1~3개가 설치되어 프런트 아이들러와 스프로킷 사이에서 수직으로 트랙이 처지는 것을 방지하며, 트랙이 스프로킷에 원활하게 물리도록 회전 위치를 바르게 안내하는 역할을 한다.

⑥ 하부 롤러 : 트랙 롤러라고도 하는 것으로, 싱글 플랜지 또는 더블 플랜지를 사용하며, 트랙 프레임 아래에 3~7개가 설치되어 트랙이 받는 중량을 지면에 균일하게 분포시키는 역할을 한다.

⑦ 스프로킷은 최종 감속 기어로부터 전달받은 동력을 트랙에 전달하는 역할을 한다.

⑧ 트랙 : 핀, 부시, 링크, 슈 등으로 구성되어 있고 스프로킷의 구동력을 받아 지면과 직접 접촉하면서 본체를 지지 및 주행하는 기구이다.

※ 슈와 슈를 연결하는 부품은 링크와 핀이다.

다. 동력전달 과정

① 무한궤도형

엔진→유압 펌프→유압 제어 장치→주행 모터→감속기(좌우)→스프로킷→무한궤도

② 휠형

㉠ 기계식 : 엔진→클러치 및 변속기→상부 감속기→하부 감속기→차동장치→휠

ⓛ 유압식 : 엔진→유압 펌프→유압 제어 장치→주행 모터→변속기→차동 기어(전후)→휠

라. 작업장치

굴삭기의 작업 장치는 붐, 암, 버킷 등의 구조물과 이들을 작동시키는 유압실린더와 유압 파이프 등의 회로로 구성되어 있다.

① 붐

상부 선회체 프레임에 설치되고, 1~2개의 유압 실린더에 의하여 작동된다.

② 암

붐과 버킷을 연결하는 것으로 디퍼 스틱이라고도 한다.

③ 버킷

주로 굴삭 작업과 토사를 싣는 것을 말하며, 디퍼라고도 한다. 용량 표시는 1회에 산적할 수 있는 용량의 단위를 m³로 표시하고, 평적용량과 산적용량이 있다.

※ 버킷 투스는 닳으면 사용 불가 하므로 교환할 소모품이다.

④ 아웃트리거

휠형 굴삭기에서 작업 중에 넘어지는 것을 방지하고 안전성을 확보하기 위하여 사용하는 장치로서 기계식(수동식)과 유압식이 있다.

㉠ 기계식 : 빔을 손으로 빼내고 받침대의 상하 움직임 등을 조정 스크루로 동작하는 방식

㉡ 유압식 : 빔을 빼내거나 받침대의 상하 움직임 등을 유압에 의하여 동작하는 방식

마. 굴삭기의 5대 작용

① 붐 : 상승 및 하강

② 암 : 굽히기 및 펴기

③ 버킷 : 오므리기 및 펴기

④ 스윙 : 좌우 회전

⑤ 주행 : 전진 및 후진

※ 굴삭기의 1 사이클 : 굴삭-선회-덤프-선회-굴삭

바. 무한궤도형 트랙이 벗겨지는 원인

① 트랙의 유격이 클 때

② 프런트 아이들러와 스프로킷의 중심이 일치되지 않을 때

③ 고속주행 중 급회전

④ 상, 하부 롤러 및 스프로킷 마멸이 클 때

⑤ 리코일 스프링의 장력이 약할 때

사. 고장원인과 대책

(1) 엔진

현 상	원 인	대 책
출력이 부족하다	㉠ 컨트롤러, 전기 가버너 계통의 이상	수리, 교환
	㉡ 오일점도 부적당	기온에 적당한 점도의 오일 사용
	㉢ 연료가 부적당	양질의 것으로 교환
	㉣ 흡입공기량 부족(에어크리너 막힘)	엘리먼트 청소 또는 교환
	㉤ 라디에이터 냉각작용의 지나침(과냉)	라디에이터 커버 또는 부품 교환
	㉥ 연료공급 펌프 필터카트리지의 막힘	필터 카트리지의 교환
	㉦ 라디에이터의 냉각작용 부족(과열)	냉각계통 내부세척 또는 부품 교환
	㉧ 밸브 간극의 부적당	조정
	㉨ 분사 펌프 기능 불량	조정, 교환
	㉩ 분사 시기의 부적당	조정
	㉪ 압축압력 부족(실린더, 피스톤 링크등의 마모)	분해 수리, 부품 교환

현 상	원 인	대 책
엔진 배기색이 백색 또는 청색	오일량의 과다 오일 점도가 너무 낮다 라디에이터 냉각작용의 과다 분사 시기의 부적당 압축압력 부족	규정레벨까지 배유 기온에 적당한 점도의 오일 교환 라디에이터 커버 또는 부품 교환 조정 분해 수리, 부품 교환
엔진 배기색이 흑색 또는 진회색	연료 불량 밸브 간극 부적당 분사 펌프 기능 불량 압축 압력 부족 흡입공기량 부족(에어크리너 막힘)	양질의 것으로 교환 조정 조정, 교환 분해 수리, 부품 교환 엘리먼트 청소 또는 교환
연료 소비량이 많다	분사 펌프 기능 불량 분사 노즐의 분무 불량 분사 시기의 부적당 연료 불량 압축압력 불량 흡입 공기량의 부족	조정, 교환 조정, 교환 조정 양질의 것으로 교환 분해 수리, 부품 교환 엘리먼트 청소 또는 교환 및 터보차저 점검
오일 소비량이 많다	오일량의 과다 오일점도가 너무 낮음 오일 누유 실린더 피스톤링의 마모	규정 레벨까지 배유 기온에 맞는 점도의 오일로 교환 덧죄임, 필요 시 부품 교환 분해 수리, 부품 교환

과열 (엔진 냉각수 경고램프 점등)	팬 벨트의 느슨함 냉각수 부족 냉각수 펌프 불량 향온기 불량 호스의 손상 수온계 불량 라디에이터 막힘	장력 조정 보급 교환 교환 교환 교환 청소
오일압 불량 (엔진 오일압 경고램프 점등)	오일량의 부족 오일 점도가 너무 낮다 오일필터의 막힘 오일 펌프의 작동 불량 유압 조정밸브 작동 불량	규정레벨까지 보급 기온에 맞는 점도의 오일로 교환 엘리먼트 교환 조정 또는 교환 조정 또는 부품 교환
밧데리 충전이 안된다	밧데리 극판의 파손 접지가 불완전함 알터네이터의 불량	교환 수리 수리 또는 교환
밧데리 충전은 되나 곧 방전된다	배선의 일부가 누전되어 있다. 밧데리 내부로 극판이 누전되어 있다. 밧데리내부에 침전물이 많다.	수리 또는 교환 수리 또는 교환 세척

(2) 유압장치

현 상	원 인	대 책
펌프 출력 부족	컨트롤러의 이상	수리 또는 교환
작업장치, 선회, 주행 모두 작동 안됨(펌프 음이 크다.)	펌프 고장작동유량 부족 흡입 파이프 호스 파손 기어 펌프의 고장 선택 밸브의 고장	수리 또는 교환 보급 수리 또는 교환 수리 또는 교환 수리 또는 교환
작업장치, 선회, 주행 모두 힘 부족	펌프의 마모에 의한 기능 저하 컨트롤 밸브내 메인릴리프의 세팅압 저하 작동유량 부족 작동유 탱크 스크린에 이물질 부착 흡입 측에서 공기의 혼입	교환 조정 보급 청소 덧 죄임
한쪽 레버 조작만 작동이 안 되거나 힘 부족	컨트롤 밸브의 불량 체결부의 풀림 체결부의 O-링 손상 펌프의 고장	수리 또는 교환 덧 죄임 교환 수리 또는 교환

현 상	원 인	대 책
어느 한 작동만 안 됨	컨트롤 밸브의 스풀 파손 스풀에 이물질 끼임 배관 파이프, 호스의 파손 체결부의 풀림 체결부의 O-링 손상 실린더 또는 모터의 고장 선회 감속기의 고장	교환 수리 또는 교환 수리 또는 교환 덧 죄임 교환 교환 교환
실린더가 작동 안 되거나 힘 부족	실린더 내 오일씰의 파손 실린더 로드의 파손에 의한 누유	수리 또는 교환 수리 또는 교환
장비 정지 시 실린더의 히강이 큼	피스톤 씰부 파손 또는 마모 컨트롤 밸브 스풀의 이상 마모 메인 또는 과부하 릴리프 밸브의 성능 저하	수리 또는 교환 교환 조정 또는 교환
주행되지 않음	브레이크 밸브 고장 주행 모터의 고장 주차 브레이크 스위치 해체 불량	수리 또는 교환 수리 또는 교환 수리 또는 교환
작동유 온도가 상승됨 (작동유 온도 경고 램프 점등)	오일 냉각기의 오염 엔진 팬 밸브의 장력 부족	청소 조정
저압 호스의 누유	플러그의 풀림 O-링 손상	덧 죄임 교환
조정레버가 작동 안 됨	파일럿 컨트롤 밸브의 고장	수리 또는 교환
조종레버의 흔들림이 크다	파일럿 컨트롤 밸브의 고장	수리 또는 교환
조종레버의 기움	파일럿 컨트롤 밸브 장착볼트의 풀림	덧 죄임

(3) 전기장치

현 상	원 인	대 책
엔진이 작동해도 램프가 흐리거나 깜박거림	터미널의 분리 및 전선의 단선 벨트 장력 이완	점검, 교환 조정
밧데리 충전 경고등의 점등이 안 됨	알터네이터의 고장 전선의 단선	점검, 교환 점검, 교환
알터네이터에서 이상음 발생	알터네이터의 고장	교환
시동키를 ON해도 시동 모터의 작동이 안됨	전선의 단선 밧데리의 방전 시동 모터의 고장 안전 릴레이의 고장	점검, 교환 충전 교환 교환
시동 모터의 피니언이 나오거나 들어간 상태로 있음	밧데리의 방전 안전 릴레이의 고장	충전 교환
시동 모터가 엔진을 돌리지 못함	밧데리의 방전 시동 모터의 고장	충전 교환
엔진의 시동되기 전에 시동 모터가 해체됨	전선의 이상 밧데리 방전	점검, 교환 충전

계기판의 난기운전 표시 등의 점등이 안 됨	전선의 이상 모니터의 고장	점검, 교환 교환
엔진의 정지 상태에서 엔진 오일압 경고등이 점등되지 않음(시동키 ON위치)	모니터의 고장 주행 램프 스위치 고장	교환 교환
엔진의 정지 상태에서 밧데리 충전 경고등이 점등되지 않음(시동키 ON위치)	모니터의 고장 전선의 이상	교환 점검, 교환

(4) 기타

현 상	원 인	대 책
주행이 잘 안 됨	돌, 토사 등의 끼임 주차브레이크 스위치의 물림 파일럿 컨트롤 밸브의 불량 과부하	수리 수리 수리 또는 교환 부하 제거
선회가 부드럽지 못함	공기 혼입(브레이크 밸브 모터) 선회기어의 마모 선회 베어링의 손상, 볼의 파손 그리스 부족	공기빼기 수리 또는 교환 수리 또는 교환 보급

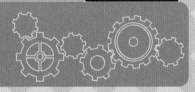

Section 2 지게차

① 지게차의 개요

지게차는 창고, 부두 등에서 화물을 적재 또는 적차 및 운반하는 건설 기계로 널리 사용된다.

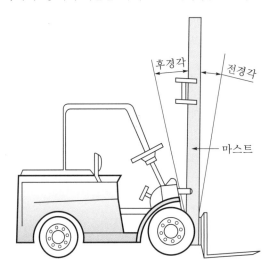

가. 동력원에 따른 분류

엔진식 지게차는 내연 기관을 동력원으로 하며 디젤 엔진, 가솔린 엔진, LPG 엔진 등을 사용하는데, 디젤 엔진이 주종을 이루고 최근에는 LPG 엔진도 사용된다. 진동식 지게차는 배터리를 동력원으로 하며 무소음, 무공해가 필요한 장소에 사용된다.

구 분	엔진식 지게차	전동식 지게차
출력	크다	작다
주행 속도	빠르다	늦다
작업 속도	빠르다	늦다
회전 반지름	크다	작다
소음 및 진동	크다	거의 없다
매연	있다	없다
동력원 충전장치	불필요	필요
가격	싸다	비싸다

② 주행 동력전달장치

엔진이나 모터로부터 발생한 동력이 구동 바퀴에 전달될 때까지의 장치를 말하며, 주행 동력 전달 순서는 다음과 같다.

  ① 엔진-마찰 클러치형 : 엔진→클러치→변속기→종감속 및 차동 장치→차축→최종 구동 기어→앞바퀴

  ② 엔진-토크 컨버터형 : 엔진→토크 컨버터→ 변속기→추진축 및 차동 장치→차축→최종 구동 기어→앞바퀴

  ③ 전동기형 : 배터리→조정기→구동 모터→변속기→차동 및 종감속 장치→앞바퀴

③ 조향장치 및 제동장치

가. 조향장치

지게차의 진행 방향 변경을 위하여 사용하는 장치로 주로 뒷바퀴식 조향 방식을 채택하고 있다. 뒷바퀴식 조향 방식은 주행 중 충격의 영향을 받지 않고 방향 조작이 원활하며, 회전 반지름이 작은 특징이 있다. 핸들 조작력 전달 방식에는 기계식과 유압식이 있다.

기계식은 구조가 간단하고 고장률이 적으나, 핸들 조작력을 크게 가하여야 하는 단점이 있어 2t 이하의 소형 지게차에 사용한다. 유압식은 조향 조작이 가벼운 특성이 있으므로 2t 이상의 지게차에 주로 사용되고 있다.

※ 최소 회전 반지름 : 무부화 상태에서 최대 조향각으로 선회할 경우, 가장 바깥 바퀴의 접지 자국의 중심점이 그리는 궤적의 반지름으로 한다.

※ 최소 선회 반지름 : 무부하 상태에서 최대 조향각으로 선회할 경우, 차체의 가장 바깥 부분이 그리는 궤적의 반지름으로 한다.

나. 제동장치

주행 중인 지게차를 감속 또는 정지시키거나 주차 상태를 유지하기 위한 장치로 유압식과 진공 배력식이 있다.

④ 유압장치

작업을 위한 유압은 오일 펌프에 의하여 요구하는 압력으로 상승된 후에 배관을 거쳐 유압 실린더로 전달되어 포크를 움직인다.

구성 품명	종류		특징 및 기능
유압 펌프	기어 펌프가 주로 사용		유압 발생 장치
제어 밸브	릴리프 밸브		리프트 실린더에 작용하는 유압유 방향 전환
	유량 제어 밸브		
	방향 제어 밸브	리프트 밸브	틸트 실린더에 작용하는 유압유 방향 전환, 역류 방지용 체크 밸브와 엔진 정지 시 마스트 기울임 방지 장치인 틸트 로크 밸브가 내장
		틸트 밸브	
유압 실린더	단동 실린더		유압이 출력 방향으로만 작용, 복귀는 자중 또는 리턴 스프링에 의하며 리프트 실린더에 사용
	복동 실린더		유압이 피스톤 양쪽에 작용, 유압 출입구가 양쪽에 설치되고 틸트 실린더에 사용

5 작업 장치의 구조 및 명칭

지게차의 구조와 작동을 나타낸 것으로 각각의 구조에 대해 설명은 다음과 같다.

① 마스트 : 작업 장치의 기둥 부분으로 핑거 보드 및 백 레스트가 가이드 롤러를 통하여 상하로 미끄럼 운동을 하는 레일 부분이다. 이너 레일과 아웃 레일로 구성되어 리프트 실린더, 리프트 체인, 체인 스프로킷, 리프트 롤러, 틸트 실린더, 핑거 보드, 백 레스터, 캐리어, 포크 등이 장착된다.

② 포크 : L자형으로서 2개이며, 핑거 보드에 체결되어 화물을 떠받쳐 운반한다. 또, 크기에 따라 포크의 간격을 조정할 수 있도록 되어 있다.

③ 핑거 보드 : 지게차의 백 레스터에 있고 포크가 설치되며, 리프트 체인의 한쪽 끝이 연결되어 있다.

④ 리프트 체인 : 바깥 마스트 스트랩에 체인의 한쪽 끝이 고정되어 있고, 다른 끝은 로드의 상단 횡축의 스프로킷을 지나 핑거 보드에 연결되어 있다.

⑤ 리프트 실린더 : 리프트 레버 조작에 의해 포크를 상승 또는 하강시킨다. 리프트 실린더를 중앙에 설치하면, 운전할 때 시야를 방해하므로, 실린더 2개를 양쪽으로 설치하여 시야를 넓히도록 설계한다.

⑥ 틸트 실린더 : 틸트 레버의 조작에 의해 마스트를 전경 또는 후경 시키는 작용을 하며 좌우 각 1개씩 사용한다.

※ 평행추란, 기중기나 지게차가 작업할 때, 앞뒤의 균형을 유지시키기 위하여 뒤쪽에 설치하는 장치

Section 3 도저

1 도저의 개요

도저는 트랙터 앞부분에 토공판인 블레이드를 설치하여 토사의 굴착이나 굴착된 흙을 밀어내기 위한 건설 기계이며 주로 단거리 작업에 이용된다. 작업 거리는 15~100m 이내가 적합하고, 규격은 작업 가능 상태의 자중으로 표시된다.

2 도저의 용도별 분류

가. 불도저

스트레이트 도저라고도 하며, 블레이드를 트랙터의 진행 방향에 직각으로 설치한 것으로서 직선 송토, 거친 배수로 굴삭, 지균 작업, 경사지 작업 등에 효과적이다.

① 송토 작업이란, 블레이드로 흙을 밀어서 운반하는 것

② 지균 작업이란, 지면을 평탄하게 다듬는 작업을 말한다.

나. 앵글 도저

트랙터 빔을 기준으로 블레이드를 좌우로 20~30도 정도 각을 지울 수 있으며 블레이드 길이가 길고 폭은 좁은 것이 특징이다. 또, 직각으로 설치하여 불도저의 기능도 수행할 수 있으며, 땅고르기, 제설 작업, 배수로 매몰 작업 등에도 효과적이다.

다. 틸트 도저

사이드 프레임에 설치된 틸트 실린더를 유압으로 조작하여 트랙터 수평면을 기준으로 블레이드를 15~30cm 정도 기울인 상태의 도저로 V형의 배수로 굴삭이나 굳은 노면 파기, 나무뿌리 뽑기 등에 효과적이다.

❸ 도저의 주행 동력 전달

도저는 엔진의 회전력을 메인클러치와 변속기 등을 거쳐 최종적으로 구동 스프로킷에 의하여 무한궤도에 전달되어 주행하고, 클러치와 변속기의 형식에 따라 여러 가지 형태가 있다. 여기서는 주로 사용하는 마찰 클러치 식과 토크 컨버터식의 동력 전달 순서와 주요 부분의 역할에 대하여 알아본다.

(1) 마찰 클러치를 부착한 도저의 경우

엔진→토크 컨버터→유니버설 조인트→유성 기어 변속기→베벨기어→환향 클러치→ 최종감속기→스프로킷→트랙

(2) 동력 전달 계통의 구성 및 역할

① 모듈레이팅 클러치 : 토크 컨버너 앞에 설치되어 변속 시의 변속 조작을 쉽게 하고 주행 초기의 충격을 흡수하여 엔진을 과부하로부터 보호한다.

② 메인클러치 : 엔진의 플라이휠에 설치되어 동력을 전달하거나 차단하는 역할을 하는 마찰형 클러치이며, 마스터 클러치라고도 한다.

③ 토크 컨버터 : 유체 클러치를 개량하여 클러치의 기능과 전달 회전력을 증대시키는 기능이 동시에 이루어지도록 하는 클러치이다.

④ 토크 디바이더 : 유체 구동과 기계적 구동의 특징을 이용한 동력 전달 방식이다. 엔진 동력의 일부는 토크 컨버터를 통하여 유성 기어 변속기와 연결된 출력축에 전달하고, 나머지 동력을 기계적으로 출력축에 전달하는 구조이다. 스플릿 컨버터라고도 하는데, 입력 분할식과 출력 분할식이 있다.

⑤ 변속기 : 도로의 조건에 따라 도저의 주행 속도와 견인력을 변화시키며, 도저의 후진을 가능하게 하는 장치로서, 마찰 클러치와 선택 기어식 변속기, 토크 컨버터와 유성 기어식 변속기가 각각 조합되는 형식의 것이 사용된다.

⑥ 베벨기어 : 변속기에서 공급되는 동력을 직각 또는 직각에 가까운 각도로 변환하여 환향 클러치에 전달함과 동시에 회전 속도를 감속하여 견인력을 증대시키는 역할을 한다.

※ 토크 컨버터와 토크 디바이더는 엔진의 플라이휠에 설치되며, 출력축은 유성기어 변속기와 연결되어 동력을 전달하는 장치라는 공통점이 있다.

※ 환향 클러치란 도저의 방향을 전환시키는 역할을 하는 것으로 조향 클러치라고도 한다.

⑦ 브레이크 장치 : 환향 클러치 드럼에 외부 수축식으로 설치되어 제동하는 역할과 환향 시에 환향클러치와 동시에 동작시키면 도저의 선회 반지름을 감소시키는 역할을 한다.

⑧ 최종 감속 기어 장치 : 환향 클러치와 스프로킷 사이에 설치되어 있고, 환향클러치에서 전달되는 회전 속도와 견인력을 최종적으로 약 9~12:1로 감속 및 증대시켜 스프로킷에 전달되는 역할을 한다.

④ 하부 주행체

엔진, 변속기 등과 같은 주요 섀시부를 지지하고, 엔진에서 발생한 동력을 구동력으로 바꾸어 차량을 주행시키는 부분을 하부 주행체라 한다. 무한궤도식은 좌우 한 쌍의 트랙 프레임과 이에 설치된 상부롤러, 하부 롤러, 아이들러, 스프로킷, 여기에 감겨 있는 트랙, 평형 스프링 등으로 구성되어 있다.

⑤ 작업 장치

① 블레이드

블레이드의 앞면은 흙의 굴삭과 배출을 쉽게 하기 위하여 약간의 곡선면으로 되어 있고, 원삽날의 아랫부분에 커팅 에지, 아랫부분의 양쪽 귀퉁이에는 엔드 비트가 볼트로 체결되어 있다. 커팅 에지와 엔드 비트는 원삽날 하단에서 2~3cm가량 남았을 때 상하를 뒤집어서 사용할 수 있는 구조이다.

② 견인장치 : 견인장치는 앞뒤에 설치되어 있는데, 앞쪽에 있는 것은 다른 장비에 견인되기 위한 부분이고, 뒤쪽에 있는 것은 견인식 그레이더, 스크레이퍼, 롤러, 리퍼 등을 견인하기 위한 연결장치이다.

Section 4 기중기

1 기중기의 개요 및 분류

기중기(crane)는 무거운 화물을 싣거나 내리는 작업, 이동을 위한 기중 작업(hoisting)과 토사의 굴토 및 굴착 작업, 기둥 박기 작업 등에 사용되는 장비로서 토목 및 건축 공사에서 중추적인 역할을 하는 건설 기계이다. 기중기를 분류하면 무한궤도형, 휠형, 트럭 탑재형, 선박 기중기 등 50여 가지로 나눌 수 있고, 우리나라에서는 무한궤도형 및 트럭 탑재형과 휠형만을 법규에 의하여 건설 기계로 분류한다.

가. 탑재 방식과 주행 장치별 분류

기중기를 상부 선회체의 탑재 방식과 하부 주행체의 형식에 따라 분류하고 기동성 및 작업 특성, 모양을 설명하고 있다.

[탑재 방식과 주행 장치별 분류 및 특성]

종 류	상부 회전체 기동성	작업 특성	탑재 방식
무한 궤도형	무한궤도 위에 설치	1.6km/h 정도	좌우 무한궤도 폭이 넓어 안정성이 좋다. 협소한 장소, 습지, 모래지역, 수중 작업이 가능하다.
트럭형	트럭의 차대 또는 기중기 전용 차체로 제작된 캐리어 위에 설치	60km/h	작업 시 안정성이 좋으나 습지, 모래 지역, 협소한 장소의 작업이 곤란하다. 주행과 작업 운전실이 각각 설치되어 2명의 조종원이 필요하다.
휠 형	타이어형의 견고한 대형 차체에 설치	32km/h 정도	주행과 작업 운전석이 한 곳에 설치되어 1명의 조종원이 주행과 작업 조작을 함께할 수 있어 매우 편리하다.

나. 기구 작동 방식에 따른 분류

기계식은 기중기 작동의 대부분이 기계식 기구에 의하여 움직이는 방식으로, 원동기의 동력을 축과 체인, 클러치, 기어 등의 기계적 방법으로 전달하여 작동한다.

① 유압식 : 기중기 작동의 전부 또는 대부분을 유압 기구에 의하여 조작하는 방식으로, 엔진에 의하여 발생한 유압을 유압 실린더나 모터에 전달하여 기중기의 작업 장치를 작동한다.

② 전기식 : 기중기 작동의 일부 또는 전부를 모터에 의하여 조작하는 방식으로 외부 또는 차체의 발전기에서 발생한 전기 에너지를 이용하여, 일반적으로 철도 기중기, 크롤러 기중기, 정치식 기중기 등에 사용한다.

② 기중기의 구조

가. 상부 선회체

하부 주행체 위에 설치된 형식으로 360도 회전하면서 작업을 하는 부분이다. 앞부분에는 작업 장치를 설치하며 운전탑과 엔진 및 평형추 등이 있다.

(1) 상부 선회체의 구조와 역할

① 메인클러치 : 엔진의 동력을 감속기 및 트랜스 체인에 전달 또는 차단하는 역할을 하며, 마찰식과 토크 컨버터식이 있다.

② 트랜스퍼 체인 : 엔진에서 전달되는 동력을 감속하여 회전력을 증대시키고, 작업 장치에서 엔진으로 전달되는 충격을 차단·완하하는 부분이다. 파워 테이크 오프 체인이라고도 한다.

③ 잭축 : 붐 호이스트 드럼, 리트랙트 드럼과 함께 드럼축과 수평 리버싱축에 동력을 전달하는 것으로 내부 확장식 클러치와 외부 수축식 브레이크가 설치되어 있다.

④ 스윙축 : 상부 선회체가 좌우로 선회할 수 있도록 동력을 전달하여 주는 축으로, 수평 구동축, 수직 역전축, 스윙 기어 및 피니언, 스윙 링 기어 등으로 구성된다.

⑤ 선회 고정장치 : 주행 중이거나 트레일러로 운반 중에 상부 선회체가 선회하지 않도록 하는 장치이다.

나. 하부 주행체

하부 주행체는 상부 선회체를 지지하면서 주행하는 부분이다. 무한궤도형과 휠형의 작동은 기계식과 유압식을 사용한다. 또한, 트럭형 중에서 소형은 후륜 구동식 자동차의 구조를 사용하여, 대형은 유압식을 사용한다.

③ 작업장치

상부 선회체에 설치되어 작업을 하기 위한 장치로 혹 블록, 붐, 붐 지지 로프, 기복 실린더 등으로 구성되어 있다. 전도 방지 장치, 기복 정지 장치, 과권 방지 장치 등의 안전장치도 포함된다.

(1) 작업장치 지지

① 선회 프레임 : 상부 선회체 프레임으로서 앞 선단에 작업 장치의 붐을 장치하는 브래킷이 있고, 뒤 선단에는 작업 시 차체의 균형을 유지하기 위한 평행추가 설치된다.

② 붐 기복 장치 : 풋핀을 중심으로 붐을 수직으로 세우거나 수평으로 눕게 하는 장치이다. 기계식은 A프레임, 와이어 로프, 권상 드럼 및 작동 장치 등으로 구성되어 작동되며, 유압식은 유압 실린더에 의하여 작동된다.

※ A프레임이란 붐 기복시 권상 드럼에 걸리는 하중을 작게 하기 위하여 높이를 높게 조절할 수 있는 장치로서 갠트리 프레임이라고도 한다.

(2) 작업장치의 종류

① 훅 : 화물의 싣기와 내리기 작업을 할 때 로프를 걸 수 있도록 한 장치이다.

② 클램셸 : 버킷을 좌우로 벌렸다가 오므릴 수 있는 작업 장치로 수직 흙파기 작업, 흙이나 모래를 싣는 작업, 오물 제거 작업 등에 쓰인다.

③ 드래그 라인 : 기중기에 긁어 파기 장치를 설치하여 장치보다 낮은 위치의 작업에 적합하고 평면 굴토, 수중 작업, 제방 구축 작업에 많이 쓰인다.

④ 셔블 : 토사 굴토, 적재 등의 작업에 주로 쓰인다.

⑤ 어스드릴 : 소음이 없이 큰 지름의 구멍을 뚫는 데 사용되며, 시가지의 건축물이나 구조물 등의 기초 공사 등에 많이 이용된다.

⑥ 파일 드라이버 : 기둥 때려 박기, 건물의 기초 공사 등에 주로 사용된다.

(3) 붐의 종류

① 마스터 붐 : 기중기 붐 중에서 가장 기본이 되는 붐으로 상자형 셔블 붐, 파이프형의 트렌치 붐, 격자형 붐, 유압에 의하여 신축되는 텔레스코픽형 붐이 있다.

② 중계 붐 : 파이프형의 트렌치 붐에서 길이를 연장하기 위하여 중간에 삽입하는 붐으로서 마스터 붐의 1/2 길이가 가장 이상적이다.

③ 지브 : 붐의 끝단에서 길이를 연장하는 붐으로서 훅 작업에서만 사용되며, 지브의 길이가 길수록 힘은 감소한다.

(4) 와이어로프

케이블 라인이라고도 하며, 강선을 이음매 없이 가공하여 유연성과 강인성을 부여한 것이다. 와이어 로프는 다수의 강선을 꼬아 합쳐서 스트랜드를 만들고, 스트랜드를 6~8개 꼬아 합쳐서 만든 것으로 권상 및 견인용 부품으로 사용되고 있다.

① 와이어 드럼 : 와이어 드럼은 작업 장치의 작동 시 와이어를 감거나 푸는 장치로 드럼의 외주에 와이어 로프의 지름보다 10% 정도 큰 나선형의 홈을 두어 와이어 로프가 겹쳐서 감기는 것을 방지한다. 드럼의 지름은 로프 지름의 16~25배 정도여야 한다.

(5) 유압식 클러치

드럼 클러치 제어 레버의 작동에 의하여 클러치 실린더에 유압이 전달 또는 차단되면, 로커 암이 클러치 슈와 라이닝을 팽창 또는 수축시켜서 와이어 드럼에 동력을 전달하여 구동시키거나 또는 동력을 차단하는 장치이다.

① 드럼 브레이크 및 드럼 고정장치 : 하중을 유지하고 고정시키기 위한 제동작용과 로프를 감을 때와 풀 때에 제동이 풀리도록 하는 장치이다. 일반적으로, 제동부는 외부 수축식을 사용하고, 제동 조작 방식에는 기계식, 유압식, 공기식, 전자식 등이 있다. 제동부의 회전 방향과 슈의 개수에 따라 싱글 슈 브레이크와 듀얼슈 브레이크가 있다.

4 기중기의 안전장치

① 아우트리거 : 아우트리거는 기중 작업 시에 전후, 좌우 방향에 안정성을 주어 넘어지는 것을 방지하기 위한 장치이다. 트럭형과 휠형은 기계 또는 유압 작동 방식의 아우트리거를 사용하고, 무한궤도형은 트랙의 폭을 조정할 수 있도록 되어 있다.

② 과권 정보 장치 : 와이어 로프를 너무 많이 감으면 와이어 로프가 절단되고, 혹 블록이나 기중하중이 붐과 충돌하여 파손될 수 있다. 이를 방지하기 위하여 와이어 로프의 지나친 감김을 방지하기 위하여 규정의 위치에 도달하였을 때 경보음이 울리는 장치이다.

③ 붐 전도 방지 장치 : 붐이 최대 제한각을 벗어나거나 케이블이 벗겨질 경우에 붐이 넘어지는 것을 방지하기 위한 장치로 텔레스코픽식과 로프식이 있다.

④ 붐 기복 정지 장치 : 붐 권상 레버를 당겨 최대 제한각에 도달하면, 붐 뒤쪽에 있는 붐 기복 정지 장치의 스톱 볼트와 접촉하여 유압을 차단하거나 붐권상 레버를 중립으로 복귀시켜 붐 상승을 정지시키는 장치로 최대 제한각은 약 78℃ 정도이다.

⑤ 과부하 방지 장치 : 권상 로프에 가하여지는 하중이 한계를 넘는 것을 방지하는 안전장치이다. 붐의 경사각에 따라 정해져 있는 정격 권상 하중의 초과 여부를 자동적으로 검출하여 과부하가 걸릴 경우에 경고음이 울리거나 자동으로 정지하는 방식이다.

Section 5 로더 및 모터 그레이더

1 로더

① 트랙터 앞에 셔블 작업 장치를 장착한 것으로, 각종 토사나 자갈 또는 골재 등을 퍼서 다른 곳으로 운반하거나 덤프차에 적재하는 건설 기계이다.

② 규격은 버킷의 평적 용량으로 표시하고, 버킷이외의 특수한 장치를 부착하기도 한다.

③ 주행 방식에 따라 무한궤도형과 휠형이 있으며, 작업 장치의 형태에 따라 여러 종류로 분류된다.

2 모터 그레이더

① 모터 그레이더는 도로나 활주로의 건설 시 지면을 평탄하게 다듬는 지균 작업, 배수로 굴삭 작업 파이프 매몰 작업, 경사면 절삭 작업, 제설 작업등을 수행하는 건설 기계이다.

② 큰 견인력과 풍부한 기동성을 가진 장비이고, 작업 장치에는 블레이드와 스캐리파이어가 있다. 건설 기계 관리법에 의한 범위는 정지 장치를 가진 자주식이며, 규격은 블레이드의 길이로 표시하고, 조향 방식에 따라 기계식과 유압식이 있으나 최근에는 유압장치의 발달로 유압식이 많이 사용된다.

MEMO

중장비 운전기능사

Chapter
6

건설기계관리법과
도로교통법

■ 건설기계 관리법 목적 및 정의

① 건설기계의 등록·검사·형식승인 및 건설기계사업과 건설기계조종사 면허 등에 관한 사항을 정하여 건설기계를 효율적으로 관리하고 건설기계의 안전도를 확보하여 건설공사의 기계화를 촉진함을 목적으로 한다(건설기계관리법 제1조).

② 건설기계 등록

1) 건설기계 등록 신청(건설기계관리법 시행령 제3조)

① 건설기계를 등록하려는 건설기계의 소유자는 건설기계등록신청서에 다음 각 호의 서류를 첨부하여 건설기계소유자의 주소지 또는 건설기계의 사용 본거지를 관할하는 특별시장·광역시장·도지사 또는 특별자치도지사에게 제출하여야 한다.

② 건설기계 등록 신청은 건설기계를 취득한 날부터 2월 이내에 하여야 한다. 다만, 전시·사변 기타 이에 준하는 국가비상사태 하에 있어서는 5일 이내에 신청하여야 한다.

③ 건설기계의 출처를 증명하는 서류

　ㄱ) 건설기계제작증(국내에서 제작한 건설기계의 경우에 한한다)

　ㄴ) 수입면장 기타 수입사실을 증명하는 서류(수입한 건설기계의 경우에 한한다)

　ㄷ) 매수증서(관청으로부터 매수한 건설기계의 경우에 한한다)

④ 건설기계의 소유자임을 증명하는 서류. 다만 서류가 건설기계의 소유자임을 증명할 수 있는 경우 당해 서류로 갈음할 수 있다.

⑤ 건설기계제원표

⑥ 자동차손해배상보장법에 따른 보험 또는 공제의 가입을 증명하는 서류

2) 건설기계 수급 계획 수립(건설기계관리법 시행령 제3조의 2)

① 국토교통부장관은 건설기계 수급 계획을 건설기계수급조절위원회의 심의를 거쳐 5년 단위로 수립한다.

② 건설기계의 제작 및 판매 동향

③ 건설기계의 임대단가, 운영 및 유지관리 비용 등에 관한 사항

④ 건설기계의 기종별, 용량별, 지역별 수요예측에 관한 사항

3) 건설기계의 수급조절(건설기계관리법 제3조의 2)

① 국토교통부장관은 건설기계수급조절위원회의 심의를 거친 후 사업용 건설기계의 등록을 2년 이내의 범위에서 일정 기간 제한할 수 있다(연장 가능).

② 심의 내용 : 건설 경기의 동향과 전망, 건설기계의 등록 및 가동률 추이, 건설기계 대여 시장의 동향 및 전망, 그 밖에 대통령령으로 정하는 사항

4) 건설기계의 등록 전에 일시적으로 운행을 할 수 있는 경우(건설기계관리법 시행령 제6조)

① 등록신청을 하기 위하여 건설기계를 등록지로 운행하는 경우

② 신규등록검사 및 확인검사를 받기 위하여 건설기계를 검사장소로 운행하는 경우

③ 수출을 하기 위하여 건설기계를 선적지로 운행하는 경우

④ 수출을 하기 위하여 등록말소한 건설기계를 점검·정비의 목적으로 운행하는 경우

⑤ 신개발 건설기계를 시험·연구의 목적으로 운행하는 경우

⑥ 판매 또는 전시를 위하여 건설기계를 일시적으로 운행하는 경우

5) 등록사항 변경신고(건설기계관리법 시행령 제5조 1항)

① 건설기계의 소유자는 건설기계등록 사항에 변경이 있는 때에는 그 변경이 있은 날부터 30일(상속의 경우에는 상속 개시일부터 6개월) 이내에 시·도지사에게 제출하여야 한다. 다만 전시·사변 기타 이에 준하는 국가비상사태 하에 있어서는 5일 이내에 하여야 한다.

② 등록사항 변경신고 서류 : 변경내용을 증명하는 서류, 건설기계등록증, 건설기계검사증(건설기계관리법 시행령 제5조 1항)

③ 시·도지사는 제1항에 따른 변경신고나 제2항 본문에 따른 변경신고를 받은 날부터 3일 이내에 신고수리 여부를 신고인에게 통지하여야 한다.

④ 시·도지사는 제4항에 따른 변경신고를 받은 경우 대통령령으로 정하는 바에 따라 이를 접수하고 15일 이내에 신고수리 여부를 신고인에게 통지하여야 한다.

6) 시·도지사 등록 직권 말소 사유(건설기계관리법 제6조 1항)

- 시·도지사는 등록된 건설기계를 직권으로 등록을 말소할 수 있는 경우

① 거짓이나 그 밖의 부정한 방법으로 등록을 한 경우

② 천재지변 또는 이에 준하는 사고 등으로 사용할 수 없게 되거나 멸실된 경우

③ 건설기계의 차대(車臺)가 등록 시의 차대와 다른 경우

④ 건설기계안전기준에 적합하지 아니하게 된 경우

⑤ 최고(催告)를 받고 지정된 기한까지 정기검사를 받지 아니한 경우

⑥ 건설기계를 수출하는 경우

⑦ 건설기계를 도난당한 경우

⑧ 건설기계를 폐기한 경우

⑨ 구조적 제작 결함 등으로 건설기계를 제작자 또는 판매자에게 반품한 때

⑩ 건설기계를 교육·연구 목적으로 사용하는 경우

⑪ 건설기계 해체 재활용업을 등록한 자에게 폐기를 요청한 경우

⑫ 대통령령으로 정하는 내구연한을 초과한 건설기계. 다만, 정밀진단을 받아 연장된 경우는 그 연장기간을 초과한 건설기계

7) 등록 말소 기간(건설기계관리법 제 6조 2항)

① 사유가 발생한 날부터 30일 이내 : 천재지변 등으로 멸실된 경우, 건설기계를 폐기한 경우, 교육·연구 목적으로 사용한 경우

② 사유가 발생한 날부터 2개월 이내 : 건설기계를 도난당한 경우

③ 건설기계를 수출하는 자는 수출 전까지 시도지사에게 등록 말소를 신청. 등록 말소일부터 9개월 이내에 시·도지사에게 수출의 이행 여부를 신고하여야 하며, 수출을 이행하지 못한 경우 폐기를 요청하거나 등록을 하여야 한다.

④ 시도지사는 등록을 말소하려는 경우 미리 그 뜻을 건설기계의 소유자 및 이해관계인에게 알려야 하며, 통지 후 1개월(저당권이 등록된 경우에는 3개월)이 지난 후가 아니면 이를 말소할 수 없다.

8) 건설기계 등록번호표

건설기계등록번호표의 규격·재질 및 표시방법

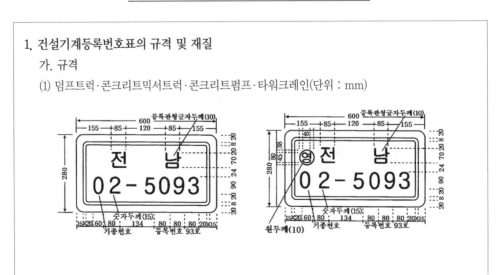

(2) 그 밖의 건설기계(단위 : mm)

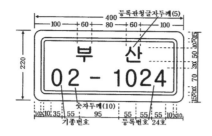 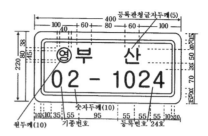

(3) 보통등록번호표(단위 : mm)

비고 : 건설기계 중 첨단안전장치 등을 설치할 경우 앞쪽 등록번호표의 간섭으로 (1)또는 (2)번호표 부착이 어렵다고 인정되는 경우에는 앞쪽 등록번호표에 한하여 보통등록번호표 규격을 적용할 수 있으며, 보통등록번호표에는 영업용의 "영"을 표시하지 않을 수 있다.

나. 재질 : 철판 또는 알루미늄판. 다만, 제73조 제1항 각 호의 1에 해당하는 건설기계의 경우에는 알루미늄판

다. 색칠 : 자가용 녹색판에 흰색 문자

　　　　영업용 주황색판에 흰색 문자

　　　　관용 흰색판에 검은색 문자

라. 번호표에 표시되는 모든 문자 및 외각선은 1.5mm 튀어나와야 한다.

마. 등록번호 : 자가용 1001~4999, 영업용 5001~8999, 관용 9001~9999,

　　　다만, 용도별로 지정된 등록번호가 모두 부여된 경우에는 기종별 기호표시 다음에 가, 나, 다… 순으로 글자를 넣어 등록번호를 표시한다(예 : 02가5001).

2. 건설기계 등록관청 및 기종별 기호 표시

가. 등록관청 기호 표시

서울특별시 : 서울	부산광역시 : 부산
대구광역시 :	대구 인천광역시 : 인천
광주광역시 : 광주	대전광역시 : 대전
울산광역시 : 울산	세종특별자치시 : 세종
경기도 : 경기	강원도 : 강원
충청북도 : 충북	충청남도 : 충남
전라북도 : 전북	전라남도 : 전남
경상북도 : 경북	경상남도 : 경남
제주특별자치도 : 제주	

01 : 불도저	11 : 콘크리트뱃칭플랜트	21 : 공기압축기
02 : 굴삭기	12 : 콘크리트 피니셔	22 : 천공기
03 : 로더	13 : 콘크리트 살포기	23 : 항타 및 항발기
04 : 지게차	14 : 콘크리트믹서트럭	24 : 자갈 채취기
05 : 스크레이퍼	15 : 콘크리트펌프	25 : 준설선
06 : 덤프트럭	16 : 아스팔트믹싱플랜트	26 : 특수 건설기계
07 : 기중기	17 : 아스팔트 피니셔	27 : 타워크레인
08 : 모터그레이더	18 : 아스팔트 살포기	
09 : 롤러	19 : 골재 살포기	
10 : 노상 안정기	20 : 쇄석기	

3. 비고 : 국토교통부장관은 필요하다고 인정하는 때에는 건설기계의 등록 목적에 따라 등록번호의 표지를 따로 정할 수 있다.

9) 건설기계 조종사 면허증 반납(건설기계관리법 시행규칙 제80조)

건설기계조종사 면허를 받은 자는 그 사유가 발생한 날부터 10일 이내에 주소지를 관할하는 시장·군수 또는 구청장에게 그 면허증을 반납하여야 한다.

① 면허가 취소된 때

② 면허의 효력이 정지된 때

③ 면허증의 재교부를 받은 후 잃어버린 면허증을 발견할 때

④ 건설기계조종사 면허를 받은 사람은 본인의 의사에 따라 해당 면허를 자진해서 반납할 수 있다.

10) 미등록 건설기계의 임시운행(건설기계관리법 시행규칙 제6조)

건설기계의 등록 전에 일시적으로 운행을 할 수 있는 경우

① 등록신청을 하기 위하여 건설기계를 등록지로 운행하는 경우(15일 이내)

② 신규등록검사 및 확인검사를 받기 위하여 건설기계를 검사장소로 운행하는 경우(15일 이내)

③ 수출을 하기 위하여 건설기계를 선적지로 운행하는 경우(15일 이내)

④ 수출을 하기 위하여 등록 말소한 건설기계를 점검·정비의 목적으로 운행하는 경우(15일 이내)

⑤ 신개발 건설기계를 시험·연구의 목적으로 운행하는 경우(3년 이내)

⑥ 판매 또는 전시를 위하여 건설기계를 일시적으로 운행하는 경우(15일 이내)

❸ 건설기계 검사 및 점검(건설기계관리법 제3장)

1) 검사(건설기계관리법 제13조)

‐ 건설기계의 소유자는 국토교통부장관이 실시하는 검사를 받아야 한다.

‐ 정기검사 업무 대행기관 : 대한건설기계 안전관리원

① 검사의 종류

ㄱ) 신규등록검사 : 건설기계를 신규로 등록할 때 실시하는 검사

ㄴ) 정기검사 : 건설공사용 건설기계로서 3년의 범위에서 국토교통부령으로 정하는 검사유효기간이 끝난 후에 계속하여 운행하려는 경우에 실시하는 검사와 「대기환경보전법」 제62조 및 「소음·진동관리법」 제37조에 따른 운행차의 정기검사

ㄷ) 구조변경검사 : 건설기계의 주요 구조를 변경하거나 개조한 경우 실시하는 검사

ㄹ) 수시검사 : 성능이 불량하거나 사고가 자주 발생하는 건설기계의 안전성 등을 점검하기 위하여 수시로 실시하는 검사와 건설기계 소유자의 신청을 받아 실시하는 검사

② 정기검사 최고 : 건설기계의 소유자에게 정기검사의 유효기간이 끝난 날부터 3개월 이내에 국토교통부령으로 정하는 바에 따라 10일 이내의 기한을 정하여 정기검사를 받을 것을 최고하여야 한다.

2) 정기검사의 신청 기간(건설기계관리법 시행규칙 제23조)

① 정기검사를 받으려는 자는 검사 유효기간의 만료일 전후 각각 31일 이내의 기간에 신청한다.

② 시·도지사는 신청을 받은 날부터 5일 이내에 검사일시와 검사 장소를 지정하여 신청인에게 통지한다. 이 경우 검사장소는 건설기계소유자의 신청에 따라 변경할 수 있다.

③ 유효기간의 산정은 정기검사 신청 기간 내에 정기검사를 받은 경우에는 종전 검사유효기간 만료일의 다음 날부터, 그 외의 경우에는 검사를 받은 날의 다음 날부터 기산한다.

④ 이의 시정 권고 : 검사기준에 부적합하다고 인정되는 경우 시도지사는 항목 및 그 사유 등을 기재하여 신청인에게 교부하여야 한다. 건설기계 소유자는 부적합 판정을 받은 날부터 10일 이내에 이를 보완하여 보완항목에 대한 재검사를 신청할 수 있다.

3) 정기검사 연기 신청 기간(건설기계관리법 시행규칙 제24조)

① 건설기계 소유자는 천재지변, 건설기계의 도난, 사고 발생, 압류, 1개월 이상에 걸친 정비 그 밖의 부득이한 사유로 검사신청기간 내에 검사를 신청할 수 없는 경우에는 검사신청기간 만료일까지 검사연기신청서에 연기사유를 증명할 수 있는 서류를 첨부하여

시·도지사에게 제출하여야 한다.

② 검사연기신청을 받은 시·도지사는 그 신청일부터 5일 이내에 검사연기 여부를 결정하여 신청인에게 통지하여야 한다. 반면 검사연기 불허통지를 받은 자는 검사신청기간 만료일부터 10일 이내에 검사 신청을 하여야 한다.

③ 검사 연기 기간 : 6개월 이내

4) 구조변경검사(건설기계관리법 시행규칙 제25조)

① 구조변경검사를 받고자 하는 자는 주요 구조를 변경 또는 개조한 날부터 20일 이내에 시도지사에게 서류를 제출하여야 한다.

② 구조변경 검사 신청서 : 변경 전·후의 주요 제원대비표, 변경 전·후의 건설기계의 외관도, 변경한 부분의 도면

5) 수시검사(건설기계관리법 시행규칙 제26조)

① 시도지사는 수시검사를 명령하려는 때에는 수시검사를 받아야 할 날부터 10일 전에 건설기계 소유자에게 수시검사명령서를 교부하여야 한다.

6) 구조변경 범위(건설기계관리법 시행규칙 제42조)

① 건설기계의 기종 변경, 육상작업용 건설기계 규격의 증가 또는 적재함의 용량 증가를 위한 구조 변경은 할 수 없다.

② 구조 변경 가능 범위
- 원동기 및 전동기의 형식 변경
- 동력전달장치의 형식 변경
- 제동장치의 형식 변경
- 주행장치의 형식 변경
- 유압장치의 형식 변경
- 조종장치의 형식 변경
- 조향장치의 형식 변경
- 작업장치의 형식 변경. 다만, 가공작업을 수반하지 아니하고 작업장치를 선택 부착하는 경우에는 작업장치의 형식 변경으로 보지 아니한다.
- 건설기계의 길이·너비·높이 등의 변경
- 수상 작업용 건설기계 선체의 형식 변경
- 타워크레인 설치 기초 및 전기장치의 형식 변경

7) 검사장소에서 검사를 받아야 하는 건설기계

① 덤프트럭

② 콘크리트믹서트럭

③ 콘크리트펌프(트럭적재식)

④ 아스팔트 살포기

⑤ 트럭지게차(국토교통부장관이 정하는 특수건설기계인 트럭지게차를 말한다)

8) 당해 건설기계가 위치한 장소에서 검사

① 도서지역에 있는 경우

② 자체중량이 40톤을 초과하거나 축중이 10톤을 초과하는 경우

③ 너비가 2.5미터를 초과하는 경우

④ 최고속도가 시간당 35킬로미터 미만인 경우

9) 정기검사의 유효기간(건설기계관리법 시행규칙 별표 7)

정기검사 유효기간

기종		연식	검사유효기간
1. 굴착기	타이어식	–	1년
2. 로더	타이어식	20년 이하	2년
		20년 초과	1년
3. 지게차	1톤 이상	20년 이하	2년
		20년 초과	1년
4. 덤프트럭	–	20년 이하	1년
		20년 초과	6개월
5. 기중기	–	–	1년
6. 모터그레이더	–	20년 이하	2년
		20년 초과	1년
7. 콘크리트 믹서트럭	–	20년 이하	1년
		20년 초과	6개월
8. 콘크리트펌프	트럭적재식	20년 이하	1년
		20년 초과	6개월
9. 아스팔트 살포기	–	–	1년
10. 천공기	–	–	1년

11. 항타 및 항발기	–	–	1년
12. 타워크레인	–	–	6개월
13. 특수건설기계			
가. 도로보수트럭	타이어식	20년 이하	1년
		20년 초과	6개월
나. 노면 파쇄기	타이어식	20년 이하	2년
		20년 초과	1년
다. 노면 측정장비	타이어식	20년 이하	2년
		20년 초과	1년
라. 수목 이식기	타이어식	20년 이하	2년
		20년 초과	1년
마. 터널용 고소작업차	–	–	1년
바. 트럭지게차	타이어식	20년 이하	1년
		20년 초과	6개월
사. 그 밖의 특수건설기계	–	20년 이하	3년
		20년 초과	1년
14. 그 밖의 건설기계	–	20년 이하	3년
		20년 초과	1년

비고:
1. 신규 등록 후의 최초 유효기간의 산정은 등록일부터 기산한다.
2. 연식은 신규 등록일(수입된 중고건설기계의 경우에는 제작연도의 12월 31일)부터 기산한다.
3. 타워크레인을 이동 설치하는 경우에는 이동 설치할 때마다 정기검사를 받아야 한다.

4 건설기계 형식 승인(건설기계관리법 제4장)

1) 건설기계의 사후관리(건설기계관리법 시행규칙 제55조)

① 건설기계를 판매한 날부터 12개월(당사자 간에 12개월을 초과하여 별도 계약하는 경우에는 그 해당 기간) 동안 무상으로 건설기계의 정비 및 정비에 필요한 부품을 공급하여야 한다.

② 다만, 취급설명서에 따라 관리하지 아니함으로 인하여 발생한 고장 또는 하자와 정기적으로 교체하여야 하는 부품 또는 소모성 부품에 대하여는 유상으로 정비하거나 정비에 필요한 부품을 공급할 수 있다.

③ 12개월 이내에 건설기계의 주행거리가 2만킬로미터(원동기 및 차동장치의 경우에는 4만킬로미터)를 초과하거나 가동시간이 2천 시간을 초과하는 때에는 12개월이 경과한 것으로 본다.

④ 타워크레인 제작자 등은 타워크레인을 판매한 날부터 8년 이상 해당 타워크레인 부품(국토교통부장관이 정하여 고시하는 부품으로 한정한다)을 공급해야 한다. 이 경우 교체하거나 대체하여 사용이 가능한 다른 부품을 공급하고 있는 경우에는 해당 타워크레인 부품을 공급하고 있는 것으로 본다.

⑤ 타워크레인 제작자 등은 타워크레인 부품의 교체 주기 및 소비자 가격에 대한 자료를 해당 제작자 등의 인터넷 홈페이지에 공개해야 한다. 이 경우 해당 자료의 공개기간은 해당 부품을 공급해야 하는 기간 이상으로 하며, 인터넷 홈페이지를 갖추고 있지 않은 제작자 등은 타워크레인을 판매할 때 제공하는 인쇄물 등을 통하여 공개할 수 있다.

⑥ 제작자 등은 기술 또는 교육자료로서 다음 각 호의 사항을 기재한 건설기계취급설명서를 건설기계구입자에게 교부하여야 한다. 이 경우 인터넷 홈페이지에 게시 또는 공고하는 형태로 제공할 수 있다.

1. 건설기계의 관리요령(「도로법」 제77조에 따른 운행제한 대상 건설기계의 경우에는 분해·이동에 필요한 기술적인 사항을 포함한다)
2. 제작자 등의 사후관리 정비시설·부품판매점 및 고객상담실의 이용 안내
3. 주행거리 또는 가동시간별 무상점검 내용

5 건설기계 사업(건설기계관리법 제5장)

1) 건설기계 사업 분류 : 대여업, 정비업, 매매업, 건설기계 해체 재활용업(시장·군수 또는 구청장 등록)

2) 건설기계 대여업 등록기준 (건설기계관리법 시행규칙 제59조, 별표 14)

① 일반건설기계 대여업 : 5대 이상(2인 이상의 개인 또는 법인 공동 운영)
② 개별건설기계 대여업 : 1인의 개인 또는 법인이 4대 이하의 건설기계로 운영하는 사업

3) 건설기계 대여업의 등록

① 건설기계 소유 사실을 증명하는 서류
② 사무실의 소유권 또는 사용권이 있음을 증명하는 서류
③ 주기장 소재지를 관할하는 시장·군수·구청장이 발급한 주기장 시설 보유 확인서

④ 계약서 사본(영업에 관한 권리·의무에 관하여 국토교통부령이 정하는 바에 따라 계약서를 작성하고, 이를 등록신청서에 첨부하여야 한다)

4) 건설기계 정비업의 등록

① 사무실 및 건설기계정비장의 소유권 또는 사용권이 있음을 증명하는 서류

② 건설기계정비 기술자의 명단

③ 건설기계정비 시설의 보유를 증명하는 서류

5) 건설기계 매매업의 등록

① 사무실의 소유권 또는 사용권이 있음을 증명하는 서류

② 주기장 소재지를 관할하는 시장·군수·구청장이 발급한 주기장시설 보유 확인서

③ 5천만 원 이상의 하자보증금예치증서 또는 보증보험증서

6) 건설기계 해체 재활용업의 등록

① 건설기계 해체 재활용장의 소유권 또는 사용권이 있음을 증명할 수 있는 서류

② 건설기계 해체 재활용 시설의 보유 사실을 증명할 수 있는 서류

⑥ 건설기계 조종사 면허(건설기계관리법 제6장)

1) 건설기계 조종사 면허(건설기계관리법 시행규칙 제71조)

① 건설기계 조종사 면허를 받고자 하는 자는 서류를 시장·군수 또는 구청장에게 제출하여야 한다.

② 적성검사 기준(건설기계관리법 시행규칙 제76조)

ㄱ) 시력 : 교정시력 포함 0.7, 두 눈 시력 각각 0.3 이상

ㄴ) 청각 : 55데시벨(보청기 40데시벨), 언어분별력 80퍼센트 이상

ㄷ) 시각 : 150도 이상

ㄹ) 국토교통부령으로 정하는 사람 : 치매, 조현병, 조현정동장애, 양극성 정동장애(조울병), 재발성 우울장애 등의 정신질환 또는 정신 발육지연, 뇌전증(腦電症) 등으로 인하여 해당 분야 전문의가 정상적으로 건설기계를 조종할 수 없다고 인정하는 사람

2) 건설기계 조종사 면허(건설기계관리법 시행규칙 제73조)

① 건설기계 범위

건설기계의 범위(제2조 관련)

건설기계명	범위
1. 불도저 2. 굴착기	무한궤도 또는 타이어식인 것 무한궤도 또는 타이어식으로 굴착장치를 가진 자체중량 1톤 이상인 것
3. 로더	무한궤도 또는 타이어식으로 적재장치를 가진 자체중량 2톤 이상인 것. 다만, 차체굴절식 조향장치가 있는 자체중량 4톤 미만인 것은 제외한다.
4. 지게차	타이어식으로 들어올림장치와 조종석을 가진 것. 다만, 전동식으로 솔리드타이어를 부착한 것 중 도로(「도로교통법」 제2조 제1호에 따른 도로를 말하며, 이하 같다)가 아닌 장소에서만 운행하는 것은 제외한다.
5. 스크레이퍼	흙·모래의 굴착 및 운반장치를 가진 자주식인 것
6. 덤프트럭	적재용량 12톤 이상인 것. 다만, 적재용량 12톤 이상 20톤 미만의 것으로 화물운송에 사용하기 위하여 자동차관리법에 의한 자동차로 등록된 것을 제외한다.
7. 기중기	무한궤도 또는 타이어식으로 강재의 지주 및 선회장치를 가진 것. 다만, 궤도(레일)식인 것을 제외한다.
8. 모터그레이더	정지장치를 가진 자주식인 것
9. 롤러	1. 조종석과 전압장치를 가진 자주식인 것 2. 피견인 진동식인 것
10. 노상 안정기	노상안정장치를 가진 자주식인 것
11. 콘크리트뱃칭플랜트	골재저장통·계량장치 및 혼합장치를 가진 것으로서 원동기를 가진 이동식인 것
12. 콘크리트 피니셔	정리 및 사상장치를 가진 것으로 원동기를 가진 것
13. 콘크리트 살포기	정리장치를 가진 것으로 원동기를 가진 것
14. 콘크리트믹서트럭	혼합장치를 가진 자주식인 것(재료의 투입·배출을 위한 보조장치가 부착된 것을 포함한다)
15. 콘크리트펌프	콘크리트 배송 능력이 매시간당 5세제곱미터 이상으로 원동기를 가진 이동식과 트럭적재식인 것
16. 아스팔트믹싱플랜트	골재 공급장치·건조가열장치·혼합장치·아스팔트 공급장치를 가진 것으로 원동기를 가진 이동식인 것
17. 아스팔트 피니셔	정리 및 사상장치를 가진 것으로 원동기를 가진 것
18. 아스팔트 살포기	아스팔트 살포장치를 가진 자주식인 것
19. 골재 살포기	골재 살포장치를 가진 자주식인 것
20. 쇄석기	20킬로와트 이상의 원동기를 가진 이동식인 것

21. 공기압축기	공기배출량이 매분당 2.83세제곱미터(매제곱센티미터당 7킬로그램 기준) 이상의 이동식인 것
22. 천공기	천공장치를 가진 자주식인 것
23. 항타 및 항발기	원동기를 가진 것으로 해머 또는 뽑는 장치의 중량이 0.5톤 이상인 것
24. 자갈 채취기	자갈채취 장치를 가진 것으로 원동기를 가진 것
25. 준설선	펌프식·바켓식·딧퍼식 또는 그래브식으로 비자항식인 것. 다만, 「선박법」에 따른 선박으로 등록된 것은 제외한다.
26. 특수건설기계	제1호부터 제25호까지의 규정 및 제27호에 따른 건설기계와 유사한 구조 및 기능을 가진 기계류로서 국토교통부장관이 따로 정하는 것
27. 타워크레인	수직타워의 상부에 위치한 지브(jib)를 선회시켜 중량물을 상하, 전후 또는 좌우로 이동시킬 수 있는 것으로서 원동기 또는 전동기를 가진 것. 다만, 「산업집적활성화 및 공장설립에 관한 법률」 제16조에 따라 공장등록대장에 등록된 것은 제외한다.

② 소형건설기계(건설기계관리법 시행규칙 제73조)

ㄱ) 5톤 미만의 불도저

ㄴ) 4톤 미만의 로더

ㄷ) 5톤 미만의 천공기(다만, 트럭적재식은 제외)

ㄹ) 3톤 미만의 지게차

ㅁ) 3톤 미만의 굴삭기

ㅂ) 3톤 미만의 타워크레인

ㅅ) 공기압축기

ㅇ) 콘크리트펌프(이동식)

ㅈ) 쇄석기

ㅊ) 준설선

3) 건설기계조종사 면허 종류(건설기계관리법 시행규칙 제75조, 별표 21)

건설기계조종사 면허의 종류(제75조 관련)

면허의 종류	조종할 수 있는 건설기계
1. 불도저	불도저
2. 5톤 미만의 불도저	5톤 미만의 불도저
3. 굴착기	굴착기
4. 3톤 미만의 굴착기	3톤 미만의 굴착기
5. 로더	로더

6. 3톤 미만의 로더	3톤 미만의 로더
7. 5톤 미만의 로더	5톤 미만의 로더
8. 지게차	지게차
9. 3톤 미만의 지게차	3톤 미만의 지게차
10. 기중기	기중기
11. 롤러	롤러, 모터그레이더, 스크레이퍼, 아스팔트 피니셔, 콘크리트 피니셔, 콘크리트 살포기 및 골재 살포기
12. 이동식 콘크리트펌프	이동식 콘크리트펌프
13. 쇄석기	쇄석기, 아스팔트믹싱플랜트 및 콘크리트뱃칭플랜트
14. 공기압축기	공기압축기
15. 천공기	천공기(타이어식, 무한궤도식 및 굴진식을 포함한다. 다만, 트럭적재식은 제외한다), 항타 및 항발기
16. 5톤 미만의 천공기	5톤 미만의 천공기(트럭적재식은 제외한다)
17. 준설선	준설선 및 자갈채취기
18. 타워크레인	타워크레인
19. 3톤 미만의 타워크레인	3톤 미만의 타워크레인 중 비고 제3호의 세부 규격에 적합한 타워크레인

비고
1. 영 별표 1의 특수건설기계에 대한 조종사 면허의 종류는 제73조에 따라 운전면허를 받아 조종하여야 하는 특수건설기계를 제외하고는 위 면허 중에서 국토교통부장관이 지정하는 것으로 한다.
2. 3톤 미만의 지게차의 경우에는 「도로교통법 시행규칙」 제53조에 적합한 종류의 자동차운전면허가 있는 사람으로 한정한다.
3. 3톤 미만 타워크레인의 세부 규격은 다음 각 목의 구분에 따른다. 이 경우 세부 규격에 적합한 타워크레인은 조종사 등이 세부 규격을 쉽게 인지할 수 있도록 마스트 1단에 정격하중, 지브 최대길이 및 지브 최대 모멘트가 기재된 안내판을 부착해야 한다.

가. 2020년 6월 30일 이전에 등록된 타워크레인

구분	타워형(T형)	러핑형(L형)
정격하중	3톤 미만	
지브 최대길이	50m 이하	35m 이하
지브 최대 모멘트	686kN·m 이하 ※ 지브 최대 모멘트는 지브의 모든 부분에서 최대 모멘트 값 이하여야 하며, 다음 표의 산식에 따라 계산한다. | 지브 최대 모멘트 (kN·m)	=	타워크레인 중심부에서 후크의 중심부까지의 수평거리(m)	×	인양 가능한 최대하중(톤)	×	중력 가속도 (9.8m/s²)		
설치 높이	지상 15층 이하 건축물 공사에 사용할 수 있는 높이	

나. 2020년 7월 1일 이후에 등록되는 타워크레인

구분	타워형(T형)	러핑형(L형)
정격하중	3톤 미만	
지브 최대길이	40m 이하	30m 이하
지브 최대 모멘트	588kN·m 이하	
설치 높이	지상 10층 이하 건축물 공사에 사용할 수 있는 높이	

4) 건설기계 조종사 면허 취소·정지 처분 기준(건설기계관리법 시행규칙 제79조, 별표 22)

건설기계조종사 면허의 취소·정지처분기준(제79조 관련)

1. 일반기준

가. 사고로 인한 위반사항은 다음의 기준에 따른다.

　1) 중상은 3주 이상의 치료를 요하는 진단이 있는 경우를 말하며, 경상은 3주 미만의 치료를 요하는 진단이 있는 경우를 말한다.

　2) 사고 발생 원인이 불가항력이거나 피해자의 명백한 과실인 경우에는 행정처분을 하지 않는다.

　3) 건설기계와 사람의 사고의 경우 쌍방과실인 경우에는 인명피해의 수 및 재산피해의 금액을 2분의 1로 경감한다.

　4) 건설기계와 차의 사고의 경우 건설기계조종사가 그 사고원인 중 중한 위반행위를 한 경우에 한정하여 적용한다.

　5) 사고로 인한 피해 중 처분 받을 조종사 본인의 피해는 산정을 하지 않는다.

　나. 면허효력정지처분의 일수를 계산하는 경우 소수점 이하는 산입하지 않는다.

　다. 행정처분이 확정되지 않은 2 이상의 위반사항이 있는 경우 그 위반행위가 면허취소와 면허정지에 해당하는 경우에는 면허취소를 하며, 2 이상의 위반행위가 모두 면허정지에 해당하는 경우에는 가장 중한 처분에 나머지 각 위반행위에 해당하는 면허정지기간의 2분의 1을 합산한 기간까지 가중하여 처분한다. 이 경우 합산한 면허정지기간은 1년을 초과할 수 없다.

　라. 1개의 위반행위가 2 이상의 위반사항에 해당하는 경우에는 가장 중한 처분에 나머지 각 위반사항에 해당하는 면허정지기간의 2분의 1을 합산한 기간까지 가중하여 처분한다. 이 경우 합산한 면허정지기간은 1년을 초과할 수 없다.

2. 개별기준

위반행위		처분기준
가. 거짓이나 그 밖의 부정한 방법으로 건설기계조종사 면허를 받은 경우		취소
나. 건설기계조종사 면허의 효력정지기간 중 건설기계를 조종한 경우		취소

다. 건설기계의 조종 중 고의 또는 과실로 중대한 사고를 일으킨 경우		취소
1) 인명피해		
① 고의로 인명피해(사망·중상·경상 등을 말한다)를 입힌 경우		취소
② 과실로 「산업안전보건법」 제2조 제7호에 따른 중대재해가 발생한 경우		취소
③ 그 밖의 인명피해를 입힌 경우		
(1) 사망 1명마다		면허효력정지 45일
(2) 중상 1명마다		면허효력정지 15일
(3) 경상 1명마다		면허효력정지 5일
2) 재산피해 : 피해금액 50만 원마다		면허효력정지 1일 (90일을 넘지 못함)
3) 건설기계의 조종 중 고의 또는 과실로 「도시가스 사업법」에 따른 가스공급시설을 손괴하거나 가스공급시설의 기능에 장애를 입혀 가스의 공급을 방해한 경우		면허효력정지 180일
마. 「국가기술자격법」에 따른 해당 분야의 기술자격이 취소되거나 정지된 경우		「국가기술자격법」 제16조에 따라 조치
바. 건설기계조종사 면허증을 다른 사람에게 빌려 준 경우		취소
사. 술에 취하거나 마약 등 약물을 투여한 상태에서 조종한 경우		
1) 술에 취한 상태(혈중알코올농도 0.03퍼센트 이상 0.08퍼센트 미만을 말한다. 이하 이 목에서 같다)에서 건설기계를 조종한 경우		면허효력정지 60일
2) 술에 취한 상태에서 건설기계를 조종하다가 사고로 사람을 죽게 하거나 다치게 한 경우		취소
3) 술에 만취한 상태(혈중알코올농도 0.08퍼센트 이상)에서 건설기계를 조종한 경우		취소
4) 2회 이상 술에 취한 상태에서 건설기계를 조종하여 면허효력정지를 받은 사실이 있는 사람이 다시 술에 취한 상태에서 건설기계를 조종한 경우		취소
5) 약물(마약, 대마, 향정신성 의약품 및 「유해화학물질 관리법 시행령」 제25조에 따른 환각물질을 말한다)을 투여한 상태에서 건설기계를 조종한 경우		취소
아. 법 제29조에 따른 정기적성검사를 받지 않거나 적성검사에 불합격한 경우		취소

7 벌칙(건설기계관리법 제9장)

1) 2년 이하의 징역 또는 2천만 원 이하의 벌금(건설기계관리법 제40조)

① 등록되지 아니한 건설기계를 사용하거나 운행한 자

② 등록이 말소된 건설기계를 사용하거나 운행한 자

③ 시·도지사의 지정을 받지 아니하고 등록번호표를 제작하거나 등록번호를 새긴 자

④ 건설기계의 주요 구조나 원동기, 동력전달장치, 제동장치 등 주요 장치를 변경 또는 개조한 자

⑤ 등록을 하지 아니하고 건설기계사업을 하거나 거짓으로 등록을 한 자

⑥ 등록이 취소되거나 사업의 전부 또는 일부가 정지된 건설기계사업자로서 계속하여 건설기계사업을 한 자

⑦ 무단 해체한 건설기계를 사용·운행하거나 타인에게 유상·무상으로 양도한 자

⑧ 시정명령을 이행하지 아니한 자

2) 1년 이하의 징역 또는 1천만 원 이하의 벌금(건설기계관리법 제41조)

① 거짓이나 그 밖의 부정한 방법으로 등록을 한 자

② 등록번호를 지워 없애거나 그 식별을 곤란하게 한 자

③ 구조변경검사 또는 수시검사를 받지 아니한 자

④ 정비명령을 이행하지 아니한 자

⑤ 형식승인, 형식 변경승인 또는 확인검사를 받지 아니하고 건설기계의 제작 등을 한 자

⑥ 사후관리에 관한 명령을 이행하지 아니한 자

⑦ 내구연한을 초과한 건설기계 또는 건설기계 장치 및 부품을 운행하거나 사용한 자

⑧ 내구연한을 초과한 건설기계 또는 건설기계 장치 및 부품의 운행 또는 사용을 알고도 말리지 아니하거나 운행 또는 사용을 지시한 고용주

⑨ 부품인증을 받지 아니한 건설기계 장치 및 부품을 사용한 자

⑩ 부품인증을 받지 아니한 건설기계 장치 및 부품을 건설기계에 사용하는 것을 알고도 말리지 아니하거나 사용을 지시한 고용주

⑪ 매매용 건설기계를 운행하거나 사용한 자

⑫ 폐기인수 사실을 증명하는 서류의 발급을 거부하거나 거짓으로 발급한 자

⑬ 폐기 요청을 받은 건설기계를 폐기하지 아니하거나 등록번호표를 폐기하지 아니한 자

⑭ 건설기계조종사 면허를 받지 아니하고 건설기계를 조종한 자

⑮ 건설기계조종사 면허를 거짓이나 그 밖의 부정한 방법으로 받은 자

⑯ 소형 건설기계의 조종에 관한 교육과정의 이수에 관한 증빙서류를 거짓으로 발급한 자

⑰ 술에 취하거나 마약 등 약물을 투여한 상태에서 건설기계를 조종한 자와 그러한 자가 건설기계를 조종하는 것을 알고도 말리지 아니하거나 건설기계를 조종하도록 지시한 고용주

⑱ 건설기계조종사 면허가 취소되거나 건설기계조종사 면허의 효력정지처분을 받은 후에도 건설기계를 계속하여 조종한 자

⑲ 건설기계를 도로나 타인의 토지에 버려둔 자

3) 양벌규정

법인의 대표자나 법인 또는 개인의 대리인, 사용인, 그 밖의 종업원이 그 법인 또는 개인의 업무에 관하여 어느 하나에 해당하는 위반행위를 하면 그 행위자를 벌하는 외에 그 법인 또는 개인에게도 해당 조문의 벌금형을 과(科)한다. 다만, 법인 또는 개인이 그 위반행위를 방지하기 위하여 해당 업무에 관하여 상당한 주의와 감독을 게을리하지 아니한 경우에는 그러하지 아니하다.

4) 300만원 이하의 과태료 부과

① 건설기계임대차 등에 관한 계약서를 작성하지 아니한 자

② 시도지사 및 구청장에게 시설 또는 업무에 관한 보고를 하지 아니하거나 거짓으로 보고한 자

③ 소속 공무원의 검사·질문을 거부·방해·기피한 자

④ 정기적성검사 또는 수시적성검사를 받지 아니한 자

⑤ 정당한 사유 없이 행정 업무에 따른 직원의 출입을 거부하거나 방해한 자

5) 100만원 이하의 과태료 부과

① 수출의 이행 여부를 신고하지 아니하거나 폐기 또는 등록을 하지 아니한 자

② 등록번호표를 부착·봉인하지 아니하거나 등록번호를 새기지 아니한 자

③ 등록번호표를 부착 및 봉인하지 아니한 건설기계를 운행한 자

④ 등록번호표를 가리거나 훼손하여 알아보기 곤란하게 한 자 또는 그러한 건설기계를 운행한 자

⑤ 등록번호의 새김명령을 위반한 자

⑥ 건설기계안전기준에 적합하지 아니한 건설기계를 도로에서 운행하거나 운행하게 한 자

⑦ 특별한 사정없이 건설기계임대차 등에 관한 계약과 관련된 자료를 제출하지 아니한 자

⑧ 건설기계사업자의 의무를 위반한 자

6) 50만원 이하 과태료

과태료의 부과기준(제19조 관련)

1. 일반기준

가. 위반행위의 횟수에 따른 과태료의 부과기준은 최근 1년간 같은 위반행위로 과태료를 부과받은 경우에 적용한다. 이 경우 위반 횟수는 같은 위반행위에 대하여 과태료를 부과처분한 날과 그 처분 후에 다시 같은 위반행위를 하여 적발된 날을 각각 기준으로 하여 계산한다.

나. 가목에 따라 가중된 부과처분을 하는 경우 가중처분의 적용 차수는 그 위반행위 전 부과처분 차수(가목에 따른 기간 내에 과태료 부과처분이 둘 이상 있었던 경우에는 높은 차수를 말한다)의 다음 차수로 한다.

다. 부과권자는 다음의 사항을 고려하여 제2호의 개별기준에 따른 과태료 금액의 2분의 1 범위에서 그 금액을 줄일 수 있다.

    1) 위반행위가 고의나 중대한 과실이 아닌 사소한 부주의나 오류로 인한 것으로 인정되는 경우

    2) 위반의 내용·정도가 경미하다고 인정되는 경우

    3) 법 위반상태를 시정하거나 해소하기 위한 노력이 인정되는 경우

라. 부과권자는 다음의 어느 하나에 해당하는 경우에는 제2호의 개별기준에 따른 과태료 금액의 2분의 1 범위에서 그 금액을 늘릴 수 있다. 다만, 늘리는 경우에도 과태료의 총액은 법 제44조 제1항부터 제3항까지의 규정에 따른 과태료 금액의 상한을 넘을 수 없다.

    1) 위반의 내용·정도가 중대하여 이해관계인 등에게 미치는 피해가 크다고 인정되는 경우

    2) 법 위반상태의 기간이 6개월 이상인 경우

2. 개별기준

위반행위		과태료 금액		
		1차 위반	2차 위반	3차 위반 이상
가. 임시번호표를 부착하지 않고 운행한 경우		20만원	30만원	50만원
나. 법 따른 신고를 하지 않거나 거짓으로 신고한 경우				
1) 거짓으로 신고한 경우		20만원	30만원	50만원
2) 신고를 하지 않은 경우		2만원 (신고기간 만료일부터 30일을 초과하는 경우 3일 초과 시마다 1만원을 가산한다)	3만원 (신고기간 만료일부터 30일을 초과하는 경우 3일 초과 시마다 2만원을 가산한다)	5만원 (신고기간 만료일부터 30일을 초과하는 경우 3일 초과 시마다 3만원을 가산한다)

다. 법에 따른 등록의 말소를 신청하지 않은 경우		20만원	30만원	50만원
라. 법을 위반하여 수출의 이행 여부를 신고하지 않거나 폐기 또는 등록을 하지 않은 경우		100만원	100만원	100만원
마. 법을 위반하여 등록번호표를 부착·봉인하지 않거나 등록번호를 새기지 않은 경우		100만원	100만원	100만원
바. 법을 위반하여 등록번호표를 부착 및 봉인하지 않은 건설기계를 운행한 경우		100만원	100만원	100만원
사. 법을 위반하여 등록번호표를 가리거나 훼손하여 알아보기 곤란하게 한 경우 또는 그러한 건설기계를 운행한 경우		50만원	70만원	100만원
아. 법을 위반하여 변경신고를 하지 않거나 거짓으로 변경신고를 한 경우				
1) 거짓으로 신고한 경우		40만원	50만원	50만원
2) 변경신고를 하지 않은 경우		3만원 (신고기간 만료일부터 30일을 초과하는 경우 3일 초과 시마다 1만원을 가산한다)	5만원 (신고기간 만료일부터 30일을 초과하는 경우 3일 초과 시마다 2만원을 가산한다)	7만원 (신고기간 만료일부터 30일을 초과하는 경우 3일 초과 시마다 3만원을 가산한다)
자. 법을 위반하여 등록번호표를 반납하지 않은 경우		3만원 (반납기간 만료일부터 10일을 초과하는 경우 1일 초과 시마다 1만원을 가산한다)	5만원 (반납기간 만료일부터 10일을 초과하는 경우 1일 초과 시마다 2만원을 가산한다)	7만원 (반납기간 만료일부터 10일을 초과하는 경우 1일 초과 시마다 3만원을 가산한다)
차. 법에 따른 등록번호의 새김명령을 위반한 경우		100만원	100만원	100만원

카. 법을 위반하여 다음의 어느 하나에 해당하는 구조 또는 장치가 같은 조 제1항에 따른 건설기계안전기준에 적합하지 않은 건설기계를 도로에서 운행하거나 운행하게 한 경우			
1) 최고속도제한장치 및 같은 항 중 주행거리계·운행기록계	100만원	100만원	100만원
타. 법에 따른 정기검사를 받지 않은 경우	2만원 (신청기간 만료일부터 30일을 초과하는 경우 3일 초과 시마다 1만원을 가산한다)	3만원 (신청기간 만료일부터 30일을 초과하는 경우 3일 초과 시마다 2만원을 가산한다)	5만원 (신청기간 만료일부터 30일을 초과하는 경우 3일 초과 시마다 3만원을 가산한다)
파. 법을 위반하여 조사 또는 자료제출 요구를 거부·방해·기피한 경우	50만원	70만원	100만원
하. 법을 위반하여 건설기계를 정비한 경우	50만원	50만원	50만원
거. 법에 따른 신고를 하지 않은 경우	50만원	50만원	50만원
너. 법을 위반하여 건설기계임대차 등에 관한 계약서를 작성하지 않은 경우	200만원	250만원	300만원
더. 법을 위반하여 특별한 사정없이 건설기계임대차 등에 관한 계약과 관련된 자료를 제출하지 않은 경우	100만원	100만원	100만원
서. 법에 따른 등록말소사유 변경 신고를 하지 않거나 거짓으로 신고한 경우			
1) 거짓으로 신고한 경우	40만원	50만원	50만원

		3만원 (신고기간 만료일부터 30일을 초과하는 경우 3일 초과 시마다 1만원을 가산한다)	5만원 (신고기간 만료일부터 30일을 초과하는 경우 3일 초과 시마다 2만원을 가산한다)	7만원 (신고기간 만료일부터 30일을 초과하는 경우 3일 초과 시마다 3만원을 가산한다)
2) 변경신고를 하지 않은 경우				
어. 법에 따른 건설기계사업자의 의무를 위반한 경우				
1) 건설기계대여업자의 의무를 위반한 경우				
가) 법을 위반하여 해당 건설기계조종사 면허를 취득하지 않은 사람을 포함하여 대여한 경우		100만원	100만원	100만원
나) 법을 위반하여 자가용 또는 미등록건설기계를 대여한 경우		100만원	100만원	100만원
2) 건설기계정비업자의 의무를 위반한 경우				
가) 법을 위반하여 정비의뢰자의 요구 또는 동의 없이 임의로 건설기계를 정비한 경우		50만원	70만원	100만원
나) 법을 위반하여 신부품, 중고품 또는 재생품 등을 정비의뢰자가 선택할 수 있도록 하지 않은 경우		30만원	40만원	50만원
다) 법을 위반하여 정비견적서와 정비내역서 발급 및 정비에 따른 사후관리를 하지 않거나 거짓으로 한 경우		30만원	50만원	70만원
3) 법을 위반하여 건설기계매매업자가 매매계약을 체결하기 전에 해당 건설기계의 매수인에게 압류 및 저당권의 등록 여부와 구조·규격 및 성능 등에 관한 사항을 서면으로 고지하지 않거나 거짓으로 고지한 경우		100만원	100만원	100만원

	1차	2차	3차
4) 건설기계폐기업자의 의무를 위반한 경우			
가) 법을 위반하여 저당권이 설정되었거나 압류된 건설기계를 폐기한 경우	100만원	100만원	100만원
나) 법을 위반하여 등록사항이 건설기계등록원부의 기재내용과 다른 건설기계를 폐기한 경우	100만원	100만원	100만원
저. 법을 위반하여 정기적성검사 또는 수시적성검사를 받지 않은 경우	2만원 (검사기간 만료일부터 30일을 초과하는 경우 3일 초과 시마다 1만원을 가산한다)	3만원 (검사기간 만료일부터 30일을 초과하는 경우 3일 초과 시마다 2만원을 가산한다)	5만원 (검사기간 만료일부터 30일을 초과하는 경우 3일 초과 시마다 3만원을 가산한다)
처. 법에 따른 안전교육 등을 받지 않고 건설기계를 조종한 경우	50만원	70만원	100만원
커. 법을 위반하여 건설기계를 세워 둔 경우	5만원	10만원	30만원
터. 법에 따른 시설 또는 업무에 관한 보고를 하지 않거나 거짓으로 보고한 경우	300만원	300만원	300만원
퍼. 법에 따른 소속 공무원의 검사·질문을 거부·방해·기피한 경우	300만원	300만원	300만원
허. 정당한 사유 없이 법에 따른 직원의 출입을 거부하거나 방해한 경우	300만원	300만원	300만원

비고

과태료는 위반 건설기계 대수마다 부과하되, 같은 위반사항으로 같은 날에 부과되는 과태료를 합산한 금액이 50만원을 초과할 때에는 과태료 금액을 50만원으로 한다.

8 도로교통법

1) 신호 또는 지시에 따를 의무(도로교통법 제5조)

① 도로를 통행하는 보행자, 차마 또는 노면전차의 운전자는 교통안전시설이 표시하는 신호 또는 지시와 교통정리를 하는 경찰공무원(의무경찰을 포함한다.) 및 제주특별자치도의

자치경찰공무원(이하 "자치경찰공무원"이라 한다) 어느 하나에 해당하는 사람이 하는 신호 또는 지시를 따라야 한다.

② 도로를 통행하는 보행자, 차마 또는 노면전차의 운전자는 교통안전시설이 표시하는 신호 또는 지시와 교통정리를 하는 경찰공무원 또는 경찰보조자(이하 "경찰공무원등"이라 한다)의 신호 또는 지시가 서로 다른 경우에는 경찰공무원 등의 신호 또는 지시에 따라야 한다.

2) 차마의 운전자가 도로의 중앙선 좌측 부분을 통행할 수 있는 경우(도로교통법 제13조)

① 도로가 일방통행인 경우

② 도로의 파손, 도로공사나 그 밖의 장애 등으로 도로의 우측 부분을 통행할 수 없는 경우

③ 도로 우측 부분의 폭이 6미터가 되지 아니하는 도로에서 다른 차를 앞지르려는 경우

다만, 다음 아래 어느 하나에 해당하는 경우에는 그러하지 아니하다.

가. 도로의 좌측 부분을 확인할 수 없는 경우

나. 반대 방향의 교통을 방해할 우려가 있는 경우

다. 안전표지 등으로 앞지르기를 금지하거나 제한하고 있는 경우

④ 도로 우측 부분의 폭이 차마의 통행에 충분하지 아니한 경우

⑤ 가파른 비탈길의 구부러진 곳에서 교통의 위험을 방지하기 위하여 지방경찰청장이 필요하다고 인정하여 구간 및 통행방법을 지정하고 있는 경우에 그 지정에 따라 통행하는 경우

3) 앞지르기 금지 시기 및 장소(도로교통법 제22조)

① 앞차의 좌측에 다른 차가 앞차와 나란히 가고 있는 경우

② 앞차가 다른 차를 앞지르고 있거나 앞지르려고 하는 경우

③ 법에 따른 명령에 따라 정지하거나 서행하고 있는 차

④ 경찰공무원의 지시에 따라 정지하거나 서행하고 있는 차

⑤ 위험을 방지하기 위하여 정지하거나 서행하고 있는 차

⑥ 교차로, 터널 안, 다리 위, 도로의 구부러진 곳, 비탈길의 고갯마루 부근 또는 가파른 비탈길의 내리막 등 시·도경찰청장이 도로에서의 위험을 방지하고 교통의 안전과 원활한 소통을 확보하기 위하여 필요하다고 인정하는 곳으로서 안전표지로 지정한 곳

4) 모든 차가 서행 또는 일시 정지할 장소(도로교통법 제31조)

① 서행하여야 할 장소

ㄱ) 교통정리를 하고 있지 아니하는 교차로

ㄴ) 도로가 구부러진 부근

ㄷ) 비탈길의 고갯마루 부근

ㄹ) 가파른 비탈길의 내리막

ㅁ) 지방경찰청장이 도로에서의 위험을 방지하고 교통의 안전과 원활한 소통을 확보하기 위하여 필요하다고 인정하여 안전표지로 지정한 곳

② 모든 차가 일시정지를 하여야 할 장소

ㄱ) 교통정리를 하고 있지 아니하고 좌우를 확인할 수 없거나 교통이 빈번한 교차로

ㄴ) 지방경찰청장이 도로에서의 위험을 방지하고 교통의 안전과 원활한 소통을 확보하기 위하여 필요하다고 인정하여 안전표지로 지정한 곳

5) 정차 및 주차 금지 장소(도로교통법 제32조)

① 모든 차의 운전자는 차를 정차하거나 주차하여서는 아니 된다.(다만, 경찰공무원의 지시를 따르는 경우와 위험방지를 위하여 일시 정지하는 경우에는 그러하지 아니하다)

ㄱ) 교차로·횡단보도·건널목이나 보도와 차도가 구분된 도로의 보도

ㄴ) 교차로의 가장자리나 도로의 모퉁이로부터 5미터 이내

소방용수시설 또는 비상소화장치가 설치된 곳으로부터 5미터 이내

ㄷ) 안전지대가 설치된 도로에서는 그 안전지대의 사방으로부터 각각 10미터 이내인 곳

ㄹ) 버스여객자동차의 정류지임을 표시하는 기둥, 표지판, 선이 설치된 곳으로부터 10미터 이내

ㅁ) 건널목의 가장자리 또는 횡단보도로부터 10미터 이내인 곳

ㅂ) 지방경찰청장이 위험, 안전, 원활한 소통을 확보하기 위하여 필요하다고 인정하여 지정한 곳

ㅅ) 시장 등이 지정한 어린이 보호구역「유치원, 초등학교 또는 특수학교」

6) 주차금지 장소(도로교통법 제33조)

① 모든 차의 운전자는 해당하는 곳에 차를 주차하여서는 아니 된다.

ㄱ) 터널 안 및 다리 위

ㄴ) 「다중이용업소의 안전관리에 관한 특별법」에 따른 다중이용업소의 영업장이 속한 건축물로 소방본부장의 요청에 의하여 시·도경찰청장이 지정한 곳으로부터 5미터 이내인 곳

ㄷ) 도로공사를 하고 있는 경우에는 그 공사 구역의 양쪽 가장자리로부터 5미터 이내인 곳

7) 자동차 등의 속도(도로교통법 시행규칙 제19조)

① 일반도로에서는 매시 60킬로미터 이내. 다만, 편도 2차로 이상의 도로에서는 매시 80킬로미터 이내

② 자동차전용도로에서의 최고속도는 매시 90킬로미터, 최저속도는 매시 30킬로미터

③ 편도 1차로 고속도로에서의 최고속도는 매시 80킬로미터, 최저속도는 매시 50킬로미터

④ 편도 2차로 이상 고속도로에서의 최고속도는 매시 100킬로미터, 최저속도 매시 50킬로미터, 건설기계 최고속도는 매시 80킬로미터, 최저속도 매시 50킬로미터

⑤ 편도 2차로 이상의 고속도로로서 경찰청장이 고속도로의 원활한 소통을 위하여 필요하다고 인정하여 지정 고시한 노선 또는 구간의 최고속도는 매시 120킬로미터, 최저 50킬로미터, 건설기계 최고속도는 매시 90킬로미터

8) 비·안개, 눈 등에 따른 감속운행

① 최고속도의 100분의 20을 줄인 속도로 운행하여야 하는 경우

ㄱ) 비가 내려 노면이 젖어있는 경우

ㄴ) 눈이 20밀리미터 미만 쌓인 경우

② 최고속도의 100분의 50을 줄인 속도로 운행하여야 하는 경우

ㄱ) 폭우·폭설·안개 등으로 가시거리가 100미터 이내인 경우

ㄴ) 노면이 얼어붙은 경우

ㄷ) 눈이 20밀리미터 이상 쌓인 경우

9) 운전면허증의 갱신과 정기 적성검사(도로교통법 제87조)

① 최초의 운전면허증 갱신기간은 직전의 운전면허증 갱신일부터 기산하여 매 10년(운전면허시험 합격일에 65세 이상 75세 미만인 사람은 5년, 75세 이상인 사람은 3년, 한쪽 눈만 보지 못하는 사람으로서 제1종 운전면허 중 보통면허를 취득한 사람은 3년)이 되는 날이 속하는 해의 1월 1일부터 12월 31일까지

10) 운전면허의 취소 및 정지처분 기준(도로교통법 시행규칙 제91조, 별표 28)

① 벌점 누산점수 초과로 인한 면허 취소

기간	벌점 또는 누산점수
1년간	121점 이상
2년간	201점 이상
3년간	271점 이상

② 벌점·처분벌점 초과로 인한 면허 정지

　ㄱ) 운전면허 정지처분은 1회의 위반·사고로 인한 벌점 또는 처분벌점이 40점 이상이 된 때부터 결정하여 집행하되, 원칙적으로 1점을 1일로 계산하여 집행한다.

③ 벌점 공제

　ㄱ) 인적 피해 있는 교통사고를 야기하고 도주한 차량의 운전자를 검거하거나 신고하여 검거하게 한 운전자(교통사고의 피해자가 아닌 경우로 한정한다)에게는 검거 또는 신고할 때마다 40점의 특혜점수를 부여하여 기간에 관계없이 그 운전자가 정지 또는 취소처분을 받게 될 경우 누산 점수에서 이를 공제한다.

　ㄴ) 경찰청장이 정하여 고시하는 바에 따라 무위반·무사고 서약을 하고 1년간 이를 실천한 운전자에게는 실천할 때마다 10점의 특혜점수를 부여하여 기간에 관계없이 그 운전자가 정지처분을 받게 될 경우 누산점수에서 이를 공제한다.

11) 운전면허의 취소처분 기준(도로교통법 시행규칙 제91조, 별표 28)

① 교통사고를 일으키고 구호조치를 하지 아니한 때

② 혈중알코올 농도 0.05퍼센트 이상을 넘어서 운전을 하다가 사람을 다치게 하거나 죽게 한 때

③ 혈중알코올 농도 0.1퍼센트 이상에서 운전한 때

④ 2회 이상 술에 취한 상태에서 측정에 불응, 다시 술에 취한 상태(0.05퍼센트 이상)에서 운전한 때

⑤ 술에 취한 상태에서 경찰공무원의 측정 요구에 불응한 때

⑥ 다른 사람에게 운전면허증 대여(도난 분실 제외)

⑦ 정신질환자 또는 뇌전증 환자, 앞을 보지 못하는 사람, 듣지 못하는 사람(대형면허 특수면서 한정), 교통상의 위험과 장해를 일으킬 수 있는 마약, 대마, 알코올 중독자 등

⑧ 공동위험행 뒤(구속된 때), 난폭운전(구속된 때), 적성검사 불합격, 운전면허 행정처분기간 중 운전면허를 받은 경우

12) 운전 중 교통사고 결과에 따른 벌점 기준(도로교통법 시행규칙 제91조, 별표 28)

구분		벌점	내용
인적 피해 교통 사고	사망 1명마다	90	사고발생 시부터 72시간 이내에 사망한 때
	중상 1명마다	15	3주 이상의 치료를 요하는 의사의 진단이 있는 사고
	경상 1명마다	5	3주 미만 5일 이상의 치료를 요하는 의사의 진단이 있는 사고
	부상신고 1명마다	2	5일 미만의 치료를 요하는 의사의 진단이 있는 사고

■ 도로교통법 시행규칙 [별표 28] 〈개정 2021. 7. 13.〉

운전면허 취소·정지처분 기준(제91조 제1항 관련)

1. 일반기준

가. 용어의 정의

(1) "벌점"이라 함은, 행정처분의 기초자료로 활용하기 위하여 법규위반 또는 사고야기에 대하여 그 위반의 경중, 피해의 정도 등에 따라 배점되는 점수를 말한다.

(2) "누산점수"라 함은, 위반·사고 시의 벌점을 누적하여 합산한 점수에서 상계치(무위반·무사고기간 경과 시에 부여되는 점수 등)를 뺀 점수를 말한다. 다만, 제3호 가목의 7란에 의한 벌점은 누산점수에 이를 산입하지 아니하되, 범칙금 미납 벌점을 받은 날을 기준으로 과거 3년간 2회 이상 범칙금을 납부하지 아니하여 벌점을 받은 사실이 있는 경우에는 누산점수에 산입한다.

[누산점수=매 위반·사고 시 벌점의 누적 합산치−상계치]

(3) "처분벌점"이라 함은, 구체적인 법규위반·사고야기에 대하여 앞으로 정지처분기준을 적용하는 데 필요한 벌점으로서, 누산점수에서 이미 정지처분이 집행된 벌점의 합계치를 뺀 점수를 말한다.

처분벌점=누산점수−이미 처분이 집행된 벌점의 합계치

= 매 위반·사고 시 벌점의 누적 합산치−상계치−이미 처분이 집행된 벌점의 합계치

나. 벌점의 종합관리

(1) 누산점수의 관리

법규위반 또는 교통사고로 인한 벌점은 행정처분기준을 적용하고자 하는 당해 위반 또는 사고가 있었던 날을 기준으로 하여 과거 3년간의 모든 벌점을 누산하여 관리한다.

(2) 무위반·무사고기간 경과로 인한 벌점 소멸

처분벌점이 40점 미만인 경우에, 최종의 위반일 또는 사고일로부터 위반 및 사고 없이 1년이 경과한 때에는 그 처분벌점은 소멸한다.

(3) 벌점 공제

(가) 인적 피해 있는 교통사고를 야기하고 도주한 차량의 운전자를 검거하거나 신고하여 검거하게 한 운전자(교통사고의 피해자가 아닌 경우로 한정한다)에게는 검거 또는 신고할 때마다 40점의 특혜점수를 부여하여 기간에 관계없이 그 운전자가 정지 또는 취소처분을 받게 될 경우 누산점수에서 이를 공제한다. 이 경우 공제되는 점수는 40점 단위로 한다.

(나) 경찰청장이 정하여 고시하는 바에 따라 무위반·무사고 서약을 하고 1년간 이를 실천한 운전자에게는 실천할 때마다 10점의 특혜점수를 부여하여 기간에 관계없이 그 운전자가 정지처분을 받게 될 경우 누산점수에서 이를 공제하되, 공제되는 점수는 10점 단위로 한다. 다만, 교통사고로 사람을 사망에 이르게 하거나 법 제93조 제1항 제1호·제5호의2·제10호의2·제11호 및 제12호 중 어느 하나에 해당하는 사유로 정지처분을 받게 될 경우에는 공제할 수 없다.

(4) 개별기준 적용에 있어서의 벌점 합산(법규위반으로 교통사고를 야기한 경우)

법규위반으로 교통사고를 야기한 경우에는 3. 정지처분 개별기준 중 다음의 각 벌점을 모두 합산한다.

① 가. 이 법이나 이 법에 의한 명령을 위반한 때(교통사고의 원인이 된 법규위반이 둘 이상인 경우에는 그 중 가장 중한 것 하나만 적용한다.)

② 나. 교통사고를 일으킨 때 (1) 사고결과에 따른 벌점

③ 나. 교통사고를 일으킨 때 (2) 조치 등 불이행에 따른 벌점

(5) 정지처분 대상자의 임시운전 증명서

경찰서장은 면허 정지처분 대상자가 면허증을 반납한 경우에는 본인이 희망하는 기간을 참작하여 40일 이내의 유효기간을 정하여 별지 제79호 서식의 임시운전증명서를 발급하고, 동 증명서의 유효기간 만료일 다음 날부터 소정의 정지처분을 집행하며, 당해 면허 정지처분 대상자가 정지처분을 즉시 받고자 하는 경우에는 임시운전 증명서를 발급하지 않고 즉시 운전면허 정지처분을 집행할 수 있다.

다. 벌점 등 초과로 인한 운전면허의 취소 · 정지

(1) 벌점 · 누산점수 초과로 인한 면허 취소

1회의 위반·사고로 인한 벌점 또는 연간 누산점수가 다음 표의 벌점 또는 누산점수에 도달한 때에는 그 운전면허를 취소한다.

기간	벌점 또는 누산점수
1년간	121점 이상
2년간	201점 이상
3년간	271점 이상

(2) 벌점 · 처분벌점 초과로 인한 면허 정지

운전면허 정지처분은 1회의 위반 · 사고로 인한 벌점 또는 처분벌점이 40점 이상이 된 때부터 결정하여 집행하되, 원칙적으로 1점을 1일로 계산하여 집행한다.

라. 처분벌점 및 정지처분 집행일수의 감경

(1) 특별교통안전교육에 따른 처분벌점 및 정지처분집행일수의 감경

(가) 처분벌점이 40점 미만인 사람이 특별교통안전 권장교육 중 벌점감경교육을 마친 경우에는 경찰서장에게 교육필증을 제출한 날부터 처분벌점에서 20점을 감경한다.

(나) 운전면허 정지처분을 받게 되거나 받은 사람이 특별교통안전 의무교육이나 특별교통안전 권장교육 중 법규준수교육(권장)을 마친 경우에는 경찰서장에게 교육필증을 제출한 날부터 정지처분기간에서 20일을 감경한다. 다만, 해당 위반행위에 대하여 운전면허행정처분 이의심의위원회의 심의를 거치거나 행정심판 또는 행정소송을 통하여 행정처분이 감경된 경우에는 정지처분기간을 추가로 감경하지 아니하고, 정지처분이 감경된 때에 한정하여 누산점수를 20점 감경한다.

(다) 운전면허 정지처분을 받게 되거나 받은 사람이 특별교통안전 의무교육이나 특별교통안전 권장교육 중 법규준수교육(권장)을 마친 후에 특별교통안전 권장교육 중 현장참여교육을 마친 경우에는 경찰서장에게 교육필증을 제출한 날부터 정지처분기간에서 30일을 추가로 감경한다. 다만, 해당 위반행위에 대하여 운전면허행정처분 이의심의위원회의 심의를 거치거나 행정심판 또는 행정소송을 통하여 행정처분이 감경된 경우에는 그러하지 아니하다.

(2) 모범운전자에 대한 처분집행일수 감경

모범운전자(법 제146조에 따라 무사고운전자 또는 유공운전자의 표시장을 받은 사람으로서 교통안전 봉사활동에 종사하는 사람을 말한다.)에 대하여는 면허 정지처분의 집행기간을 2분의 1로 감경한다. 다만, 처분벌점에 교통사고 야기로 인한 벌점이 포함된 경우에는 감경하지 아니한다.

(3) 정지처분 집행일수의 계산에 있어서 단수의 불산입 등

정지처분 집행일수의 계산에 있어서 단수는 이를 산입하지 아니하며, 본래의 정지처분 기간과 가산일수의 합계는 1년을 초과할 수 없다.

마. 행정처분의 취소

교통사고(법규위반을 포함한다)가 법원의 판결로 무죄확정[혐의가 없거나 죄가 되지 않아 불송치 또는 불기소(불송치 또는 불기소를 받은 이후 해당 사건이 다시 수사 및 기소되어 법원의 판결에 따라 유죄가 확정된 경우는 제외한다)를 받은 경우를 포함한다. 이하 이 목에서 같다]된 경우에는 즉시 그 운전면허 행정처분을 취소하고 당해 사고 또는 위반으로 인한 벌점을 삭제한다. 다만, 법 제82조 제1항 제2호 또는 제5호에 따른 사유로 무죄가 확정된 경우에는 그러하지 아니하다.

바. 처분기준의 감경

(1) 감경사유

(가) 음주운전으로 운전면허 취소처분 또는 정지처분을 받은 경우

운전이 가족의 생계를 유지할 중요한 수단이 되거나, 모범운전자로서 처분 당시 3년 이상 교통봉사활동에 종사하고 있거나, 교통사고를 일으키고 도주한 운전자를 검거하여 경찰서장 이상의 표창을 받은 사람으로서 다음의 어느 하나에 해당되는 경우가 없어야 한다.
1) 혈중알코올농도가 0.1퍼센트를 초과하여 운전한 경우
2) 음주운전 중 인적피해 교통사고를 일으킨 경우
3) 경찰관의 음주측정 요구에 불응하거나 도주한 때 또는 단속경찰관을 폭행한 경우
4) 과거 5년 이내에 3회 이상의 인적피해 교통사고의 전력이 있는 경우
5) 과거 5년 이내에 음주운전의 전력이 있는 경우

(나) 벌점 · 누산점수 초과로 인하여 운전면허 취소처분을 받은 경우

운전이 가족의 생계를 유지할 중요한 수단이 되거나, 모범운전자로서 처분 당시 3년 이상 교통봉사활동에 종사하고 있거나, 교통사고를 일으키고 도주한 운전자를 검거하여 경찰서장 이상의 표창을 받은 사람으로서 다음의 어느 하나에 해당되는 경우가 없어야 한다.
1) 과거 5년 이내에 운전면허 취소처분을 받은 전력이 있는 경우
2) 과거 5년 이내에 3회 이상 인적피해 교통사고를 일으킨 경우
3) 과거 5년 이내에 3회 이상 운전면허 정지처분을 받은 전력이 있는 경우
4) 과거 5년 이내에 운전면허행정처분 이의심의위원회의 심의를 거치거나 행정심판 또는 행정소송을 통하여 행정처분이 감경된 경우

(다) 그 밖에 정기 적성검사에 대한 연기신청을 할 수 없었던 불가피한 사유가 있는 등으로 취소처분 개별기준 및 정지처분 개별기준을 적용하는 것이 현저히 불합리하다고 인정되는 경우

(2) 감경기준

위반행위에 대한 처분기준이 운전면허의 취소처분에 해당하는 경우에는 해당 위반행위에 대한 처분벌점을 110점으로 하고, 운전면허의 정지처분에 해당하는 경우에는 처분 집행일수의 2분의 1로 감경한다. 다만, 다목(1)에 따른 벌점·누산점수 초과로 인한 면허취소에 해당하는 경우에는 면허가 취소되기 전의 누산점수 및 처분벌점을 모두 합산하여 처분벌점을 110점으로 한다.

(3) 처리절차

(1)의 감경사유에 해당하는 사람은 행정처분을 받은 날(정기 적성검사를 받지 아니하여 운전면허가 취소된 경우에는 행정처분이 있음을 안 날)부터 60일 이내에 그 행정처분에 관하여 주소지를 관할하는 시·도경찰청장에게 이의신청을 하여야 하며, 이의신청을 받은 시·도경찰청장은 제96조에 따른 운전면허행정처분 이의심의위원회의 심의·의결을 거쳐 처분을 감경할 수 있다.

2. 취소처분 개별기준

일련 번호	위반사항		내용
1	교통사고를 일으키고 구호조치를 하지 아니한 때		○ 교통사고로 사람을 죽게 하거나 다치게 하고, 구호조치를 하지 아니한 때
2	술에 취한 상태에서 운전한 때		○ 술에 취한 상태의 기준(혈중알코올농도 0.03퍼센트 이상)을 넘어서 운전을 하다가 교통사고로 사람을 죽게 하거나 다치게 한 때 ○ 혈중알코올농도 0.08퍼센트 이상의 상태에서 운전한 때 ○ 술에 취한 상태의 기준을 넘어 운전하거나 술에 취한 상태의 측정에 불응한 사람이 다시 술에 취한 상태(혈중알코올농도 0.03퍼센트 이상)에서 운전한 때
3	술에 취한 상태의 측정에 불응한 때		○ 술에 취한 상태에서 운전하거나 술에 취한 상태에서 운전하였다고 인정할 만한 상당한 이유가 있음에도 불구하고 경찰공무원의 측정 요구에 불응한 때
4	다른 사람에게 운전면허증 대여(도난, 분실 제외)		○ 면허증 소지자가 다른 사람에게 면허증을 대여하여 운전하게 한 때 ○ 면허 취득자가 다른 사람의 면허증을 대여 받거나 그 밖에 부정한 방법으로 입수한 면허증으로 운전한 때

5	결격사유에 해당		○ 교통상의 위험과 장해를 일으킬 수 있는 정신질환자 또는 뇌전증환자로서 영 제42조 제1항에 해당하는 사람 ○ 앞을 보지 못하는 사람(한쪽 눈만 보지 못하는 사람의 경우에는 제1종 운전면허 중 대형면허·특수면허로 한정한다) ○ 듣지 못하는 사람(제1종 운전면허 중 대형면허·특수면허로 한정한다) ○ 양 팔의 팔꿈치 관절 이상을 잃은 사람, 또는 양팔을 전혀 쓸 수 없는 사람. 다만, 본인의 신체장애 정도에 적합하게 제작된 자동차를 이용하여 정상적으로 운전할 수 있는 경우는 제외한다. ○ 다리, 머리, 척추 그 밖의 신체장애로 인하여 앉아 있을 수 없는 사람 ○ 교통상의 위험과 장해를 일으킬 수 있는 마약, 대마, 향정신성 의약품 또는 알코올 중독자로서 영 제42조 제3항에 해당하는 사람
6	약물을 사용한 상태에서 자동차 등을 운전한 때		○ 약물(마약·대마·향정신성 의약품 및 「유해화학물질 관리법 시행령」 제25조에 따른 환각물질)의 투약·흡연·섭취·주사 등으로 정상적인 운전을 하지 못할 염려가 있는 상태에서 자동차 등을 운전한 때
6의2	공동 위험행위		○ 법 제46조 제1항을 위반하여 공동위험행위로 구속된 때
6의3	난폭운전		○ 법 제46조의3을 위반하여 난폭운전으로 구속된 때
6의4	속도위반		○ 법 제17조 제3항을 위반하여 최고속도보다 100km/h를 초과한 속도로 3회 이상 운전한 때
7	정기적성검사 불합격 또는 정기적성검사 기간 1년경과		○ 정기적성검사에 불합격하거나 적성검사기간 만료일 다음 날부터 적성검사를 받지 아니하고 1년을 초과한 때
8	수시적성검사 불합격 또는 수시적성검사 기간 경과		○ 수시적성검사에 불합격하거나 수시적성검사 기간을 초과한 때
10	운전면허 행정처분기간 중 운전행위		○ 운전면허 행정처분 기간 중에 운전한 때

11	허위 또는 부정한 수단으로 운전면허를 받은 경우	○ 허위·부정한 수단으로 운전면허를 받은 때 ○ 법 제82조에 따른 결격사유에 해당하여 운전면허를 받을 자격이 없는 사람이 운전면허를 받은 때 ○ 운전면허 효력의 정지기간 중에 면허증 또는 운전면허증에 갈음하는 증명서를 교부받은 사실이 드러난 때
12	등록 또는 임시운행 허가를 받지 아니한 자동차를 운전한 때	○ 「자동차관리법」에 따라 등록되지 아니하거나 임시운행 허가를 받지 아니한 자동차(이륜자동차를 제외한다)를 운전한 때
12의2	자동차 등을 이용하여 형법상 특수상해 등을 행한 때(보복운전)	○ 자동차 등을 이용하여 형법상 득수상해, 특수폭행, 특수협박, 특수손괴를 행하여 구속된 때
15	다른 사람을 위하여 운전면허시험에 응시한 때	○ 운전면허를 가진 사람이 다른 사람을 부정하게 합격시키기 위하여 운전면허시험에 응시한 때
16	운전자가 단속 경찰공무원 등에 대한 폭행	○ 단속하는 경찰공무원 등 및 시·군·구 공무원을 폭행하여 형사 입건된 때
17	연습면허 취소사유가 있었던 경우	○ 제1종 보통 및 제2종 보통면허를 받기 이전에 연습면허의 취소사유가 있었던 때(연습면허에 대한 취소절차 진행 중 제1종 보통 및 제2종 보통면허를 받은 경우를 포함한다)

3. 정지처분 개별기준

가. 이 법이나 이 법에 의한 명령을 위반한 때

위반사항		벌점
1. 속도위반(100km/h 초과)		
2. 술에 취한 상태의 기준을 넘어서 운전한 때(혈중알코올농도 0.03퍼센트 이상 0.08퍼센트 미만)		100
2의2. 자동차 등을 이용하여 형법상 특수상해 등(보복운전)을 하여 입건된 때		
3. 속도위반(80km/h 초과 100km/h 이하)		80
3의2. 속도위반(60km/h 초과 80km/h 이하)		60
4. 정차·주차위반에 대한 조치불응(단체에 소속되거나 다수인에 포함되어 경찰공무원의 3회 이상의 이동명령에 따르지 아니하고 교통을 방해한 경우에 한한다)		40

위반 항목		점수
4의2. 공동위험행위로 형사 입건된 때		
4의3. 난폭운전으로 형사 입건된 때		
5. 안전운전의무위반(단체에 소속되거나 다수인에 포함되어 경찰공무원의 3회 이상의 안전운전 지시에 따르지 아니하고 타인에게 위험과 장해를 주는 속도나 방법으로 운전한 경우에 한한다)		40
6. 승객의 차내 소란행위 방치운전		
7. 출석기간 또는 범칙금 납부기간 만료일부터 60일이 경과될 때까지 즉결심판을 받지 아니한 때		
8. 통행구분 위반(중앙선 침범에 한함)		
9. 속도위반(40km/h 초과 60km/h 이하)		
10. 철길건널목 통과방법 위반		
10의2. 어린이통학버스 특별보호 위반		
10의3. 어린이통학버스 운전자의 의무위반(좌석안전띠를 매도록 하지 아니한 운전자는 제외한다)		30
11. 고속도로·자동차전용도로 갓길통행		
12. 고속도로 버스전용차로·다인승전용차로 통행위반		
13. 운전면허증 등의 제시의무위반 또는 운전자 신원확인을 위한 경찰공무원의 질문에 불응		
14. 신호·지시위반		
15. 속도위반(20km/h 초과 40km/h 이하)		
15의2. 속도위반(어린이보호구역 안에서 오전 8시부터 오후 8시까지 사이에 제한속도를 20km/h 이내에서 초과한 경우에 한정한다)		
16. 앞지르기 금지시기·장소위반		
16의2. 적재 제한 위반 또는 적재물 추락 방지 위반		15
17. 운전 중 휴대용 전화 사용		
17의2. 운전 중 운전자가 볼 수 있는 위치에 영상 표시		
17의3. 운전 중 영상표시장치 조작		
18. 운행기록계 미설치 자동차 운전금지 등의 위반		
19. 삭제 〈2014.12.31.〉		
20. 통행구분 위반(보도침범, 보도 횡단방법 위반)		
21. 지정차로 통행위반(진로변경 금지장소에서의 진로변경 포함)		10
22. 일반도로 전용차로 통행위반		
23. 안전거리 미확보(진로변경 방법위반 포함)		

	벌점
24. 앞지르기 방법 위반	
25. 보행자 보호 불이행(정지선 위반 포함)	
26. 승객 또는 승하차자 추락방지 조치 위반	
27. 안전운전 의무 위반	10
28. 노상 시비·다툼 등으로 차마의 통행 방해 행위	
30. 돌·유리병·쇳조각이나 그 밖에 도로에 있는 사람이나 차마를 손상시킬 우려가 있는 물건을 던지거나 발사하는 행위	
31. 도로를 통행하고 있는 차마에서 밖으로 물건을 던지는 행위	

(주)

1. 삭제 〈2011.12.9〉

2. 범칙금 납부기간 만료일부터 60일이 경과될 때까지 즉결심판을 받지 아니하여 정지처분 대상자가 되었거나, 정지처분을 받고 정지처분 기간 중에 있는 사람이 위반 당시 통고받은 범칙금액에 그 100분의 50을 더한 금액을 납부하고 증빙서류를 제출한 때에는 정지처분을 하지 아니하거나 그 잔여기간의 집행을 면제한다. 다만, 다른 위반행위로 인한 벌점이 합산되어 정지처분을 받은 경우 그 다른 위반행위로 인한 정지처분 기간에 대하여는 집행을 면제하지 아니한다.

3. 제7호, 제8호, 제10호, 제12호, 제14호, 제16호, 제20호부터 제27호까지 및 제29호부터 제31호까지의 위반행위에 대한 벌점은 자동차 등을 운전한 경우에 한하여 부과한다.

4. 어린이보호구역 및 노인·장애인보호구역 안에서 오전 8시부터 오후 8시까지 사이에 제3호의2, 제9호, 제14호, 제15호 또는 제25호의 어느 하나에 해당하는 위반행위를 한 운전자에 대해서는 위 표에 따른 벌점의 2배에 해당하는 벌점을 부과한다.

나. 자동차 등의 운전 중 교통사고를 일으킨 때

(1) 사고결과에 따른 벌점기준

구분		벌점	내용
인적 피해 교통 사고	사망 1명마다	90	사고발생 시부터 72시간 이내에 사망한 때
	중상 1명마다	15	3주 이상의 치료를 요하는 의사의 진단이 있는 사고
	경상 1명마다	5	3주 미만 5일 이상의 치료를 요하는 의사의 진단이 있는 사고
	부상신고 1명마다	2	5일 미만의 치료를 요하는 의사의 진단이 있는 사고

(비고)

1. 교통사고 발생 원인이 불가항력이거나 피해자의 명백한 과실인 때에는 행정처분을 하지 아니한다.

2. 자동차 등 대 사람 교통사고의 경우 쌍방과실인 때에는 그 벌점을 2분의 1로 감경한다.

3. 자동차 등 대 자동차 등 교통사고의 경우에는 그 사고원인 중 중한 위반행위를 한 운전자만 적용한다.

4. 교통사고로 인한 벌점산정에 있어서 처분 받을 운전자 본인의 피해에 대하여는 벌점을 산정하지 아니한다.

(2) 조치 등 불이행에 따른 벌점기준

불이행 사항		벌점	내용
교통사고 야기 시 조치 불이행		15	1. 물적 피해가 발생한 교통사고를 일으킨 후 도주한 때
		30	2. 교통사고를 일으킨 즉시(그때, 그 자리에서 곧)사상자를 구호하는 등의 조치를 하지 아니하였으나 그 후 자진신고를 한 때 가. 고속도로, 특별시·광역시 및 시의 관할 구역과 군(광역시의 군을 제외한다)의 관할구역 중 경찰관서가 위치하는 리 또는 동 지역에서 3시간(그 밖의 지역에서는 12시간) 이내에 자진신고를 한 때
		60	나. 가목에 따른 시간 후 48시간 이내에 자진신고를 한 때사고발생 시부터 72시간 이내에 사망한 때

4. 자동차 등 이용 범죄 및 자동차 등 강도·절도 시의 운전면허 행정처분 기준

가. 취소처분 기준

일련 번호	위반사항		내용
1	자동차 등을 다음 범죄의 도구나 장소로 이용한 경우 ○「국가보안법」중 제4조부터 제9조까지의 죄 및 같은 법 제12조 중 증거를 날조·인멸·은닉한 죄 ○「형법」중 다음 어느 하나의 범죄 • 살인, 사체유기, 방화 • 강도, 강간, 강제추행 • 약취·유인·감금 • 상습절도(절취한 물건을 운반한 경우에 한정한다) • 교통방해(단체 또는 다중의 위력으로써 위반한 경우에 한정한다)		○ 자동차 등을 법정형 상한이 유기징역 10년을 초과하는 범죄의 도구나 장소로 이용한 경우 ○ 자동차 등을 범죄의 도구나 장소로 이용하여 운전면허 취소·정지 처분을 받은 사실이 있는 사람이 다시 자동차 등을 범죄의 도구나 장소로 이용한 경우. 다만, 일반교통방해죄의 경우는 제외한다.
2	다른 사람의 자동차 등을 훔치거나 빼앗은 경우		○ 다른 사람의 자동차 등을 빼앗아 이를 운전한 경우 ○ 다른 사람의 자동차 등을 훔치거나 빼앗아 이를 운전하여 운전면허 취소·정지 처분을 받은 사실이 있는 사람이 다시 자동차 등을 훔치고 이를 운전한 경우

나. 정지처분 기준

일련 번호	위반사항		내용	벌점
1	자동차 등을 다음 범죄의 도구나 장소로 이용한 경우 ○「국가보안법」 중 제5조, 제6조, 제8조, 제9조 및 같은 법 제12조 중 증거를 날조·인멸·은닉한 죄 ○「형법」중 다음 어느 하나의 범죄 • 살인, 사체유기, 방화 • 강간·강제추행 • 약취·유인·감금 • 상습절도(절취한 물건을 운반한 경우에 한정한다) • 교통방해(단체 또는 다중의 위력으로써 위반한 경우에 한정한다)		○ 자동차 등을 법정형 상한이 유기징역 10년 이하인 범죄의 도구나 장소로 이용한 경우	100
2	다른 사람의 자동차 등을 훔친 경우		○ 다른 사람의 자동차 등을 훔치고 이를 운전한 경우	100

(비고)

가. 행정처분의 대상이 되는 범죄행위가 2개 이상의 죄에 해당하는 경우, 실체적 경합관계에 있으면 각각의 범죄행위의 법정형 상한을 기준으로 행정처분을 하고, 상상적 경합관계에 있으면 가장 중한 죄에서 정한 법정형 상한을 기준으로 행정처분을 한다.

나. 범죄행위가 예비·음모에 그치거나 과실로 인한 경우에는 행정처분을 하지 아니한다.

다. 범죄행위가 미수에 그친 경우 위반행위에 대한 처분기준이 운전면허의 취소처분에 해당하면 해당 위반행위에 대한 처분벌점을 110점으로 하고, 운전면허의 정지처분에 해당하면 처분 집행일수의 2분의 1로 감경한다.

5. 다른 법률에 따라 관계 행정기관의 장이 행정처분 요청 시의 운전면허 행정처분 기준

일련 번호		내용	정지기간
1		○「양육비 이행확보 및 지원에 관한 법률」 제21조의3에 따라 여성가족부장관이 운전면허 정지처분을 요청하는 경우	100일

(비고)

1.「양육비 이행확보 및 지원에 관한 법률」제21조의3 제3항에 따라 해당 양육비 채무자가 양육비 전부를 이행한 때에는 위 표에 따른 운전면허의 정지처분을 철회한다.

2. 위 표에 따른 운전면허의 정지처분에 대해서는 특별교통안전교육에 따른 정지처분집행일수의 감경은 적용하지 않는다.

중장비 운전기능사

Chapter
7

안전관리

Section 1 공구 사용 시 안전 사항

Section 2 안전 표지

Section 1 공구 사용 시 안전 사항

1 수공구를 사용할 때의 안전 수칙

(1) 해머 작업의 안전 수칙

① 장갑을 끼고 해머 작업을 하지 말 것

② 해머 작업 중에는 수시로 해머 상태(자루의 헐거움)를 점검할 것

③ 해머로 공동 작업을 할 때에는 호흡을 맞출 것

④ 열처리된 재료는 해머 작업을 하지 말 것

⑤ 해머로 타격을 할 때에는 처음과 마지막에 힘을 많이 가하지 말 것

⑥ 타격 가공하려는 곳에 시선을 고정시킬 것

⑦ 해머의 타격 면에는 기름을 바르지 말 것

⑧ 해머로 녹슨 것을 때릴 때에는 반드시 보안경을 쓸 것

⑨ 대형 해머로 작업을 할 때에는 자기 역량에 알맞은 것을 사용할 것

⑩ 타격면이 찌그러진 것은 사용하지 말 것

⑪ 손잡이가 튼튼한 것을 사용할 것

⑫ 작업 전에 주위를 살필 것

⑬ 기름 묻은 손으로 작업하지 말 것

⑭ 해머를 사용하여 상향작업을 할 때에는 반드시 보호안경을 착용할 것

(2) 정 작업의 안전 수칙

① 쪼아내기 작업을 할 때에는 보안경을 착용할 것

② 정의 공구 날은 중심부에 맞게 사용할 것

③ 정 머리가 찌그러진 것은 수정하여 사용할 것

④ 마주보고 작업하지 말 것

⑤ 시작과 끝에 조심할 것

⑥ 열처리한 재료는 정 작업을 하지 말 것

⑦ 버섯 머리는 그라인더(연삭숫돌)로 갈아서 사용할 것

⑧ 정 머리에 기름이 묻어 있으면 닦아서 사용할 것

⑨ 펀치를 사용하여 작업할 때 작업자의 시선은 타격 가공하려고 하는 지점에 두어야 한다.

(3) 줄 작업의 안전 수칙

① 줄 작업을 할 때 분(가루)은 반드시 솔로 몸 밖으로 쓸어내어 처리한다.

② 일감을 바이스에 고정할 때에는 단단히 고정할 것

③ 균열 여부를 확인할 것

④ 줄 작업을 할 때 높이는 작업자의 팔꿈치 높이로 하거나 조금 낮춘다.

⑤ 작업 자세는 허리를 낮추고 전신을 이용한다.

⑥ 줄을 잡을 때에는 한 손으로 줄을 확실히 잡고, 다른 한 손으로 끝을 가볍게 쥐고 앞으로 민다.

(4) 앤빌을 운반할 때의 안전 수칙

앤빌은 금속을 타격하거나 기타 가공 변형시키는 데 사용하는 받침쇠이며, 무거우므로 운반을 할 때에는 다음 사항에 주의한다.

① 타인의 협조로 조심성 있게 운반한다.

② 운반 차량을 이용하는 것이 좋다.

③ 작업장에 내려놓을 때에는 주의하여 조용히 놓는다.

(5) 렌치를 사용할 때의 안전 수칙

① 복스 렌치가 오픈 엔드 렌치보다 더 많이 사용되는 이유는 볼트 · 너트 주위를 완전히 싸게 되어 있어 사용 중에 미끄러지지 않기 때문이다.

② 스패너 등을 해머 대신에 써서는 안 된다.

③ 스패너에 파이프 등 연장 대를 끼워서 사용해서는 안 된다.

④ 스패너는 올바르게 끼우고 앞으로 잡아당겨 사용한다.

⑤ 너트에 맞는 것을 사용한다.

⑥ 파이프 렌치는 정지 장치를 확인하고 사용한다.

(6) 조정 렌치 사용상의 안전 수칙

① 렌치를 잡아당기며 작업한다.

② 조정 죠를 잡아당기는 힘이 가해져서는 안 된다.

③ 렌치는 볼트 · 너트를 풀거나 조일 때에는 볼트 머리나 너트에 꼭 끼워져야 한다.

2 계기를 사용할 때의 안전 수칙

(1) 다이얼 게이지로 공작물을 측정할 때 주의 사항

① 게이지를 작업장 바닥에 떨어뜨리지 않도록 유의하여야 한다.

② 게이지가 마그네틱 스탠드(베이스)에 잘 고정되어 있는지를 조사하여야 한다.

③ 게이지를 사용하기 전에 지시 안정도를 검사 확인하여야 한다.

④ 반드시 정해진 지지대에 설치하고 사용한다.

⑤ 분해 소재나 조정을 해서는 안 된다.

⑥ 스핀들에는 주유를 해서는 안 된다.

⑦ 스핀들에 충격을 가해서는 안 된다.

(2) 마이크로미터를 보관할 때 주의 사항

① 습기가 없는 곳에 보관한다.

② 앤빌과 스핀들을 밀착시키지 않는다.

③ 청소한 다음 기름을 바른다.

④ 허용 오차는 ±0.02mm 이하여야 한다.

(3) 정밀 측정계기 사용 방법

① 정밀 측정계기는 측정실 이외의 딴 곳에서 측정하여서는 안 된다.

② 어떤 정밀 측정 계기 및 부품은 인체의 열도 정밀도에 영향을 미치므로 열이 미치지 않는 기구를 사용하여야 한다.

③ 오차의 여부를 수시로 점검하고 조정하여 주어야 하고 측정실에서 측정하여야 한다.

④ 사용 후 반드시 정해진 보관 장소에 보관하도록 한다.

(4) 기계 작업의 안전 수칙

(가) 동력 기계의 안전 수칙

① 기어가 회전하고 있는 곳을 뚜껑으로 잘 덮어 위험을 방지한다.

② 천천히 움직이는 벨트라도 손으로 잡지 말 것

③ 회전하고 있는 벨트나 기어에 필요 없는 점검을 금한다.

④ 동력 전달을 빨리 시키기 위해서 벨트를 회전하는 풀리에 걸어서는 안 된다.

⑤ 동력 압축기나 절단기를 운전할 때 위험을 방지하기 위해서는 안전장치를 한다.

(나) 드릴 작업의 안전 수칙

① 장갑을 끼고 작업해서는 안 된다.

② 머리가 긴 사람은 안전모를 쓴다.

③ 작업 중 쇠 가루를 입으로 불어서는 안 된다.

④ 공작물을 단단히 고정시켜 따라 돌지 않게 한다.

⑤ 드릴 작업을 할 때 칩(쇠밥) 제거는 회전을 중지시킨 후 솔로 제거한다.

③ 기계 작업을 할 때의 주의 사항

① 치수 측정은 기계 회전 중에 하지 않는다.
② 구멍 깎기 작업을 할 때에는 기계 운전 중에도 구멍 속을 청소해서는 안 된다.
③ 기계 회전 중에는 다듬면 검사를 하지 않는다.
④ 베드 및 테이블의 면을 공구대 대용으로 쓰지 않는다.

④ 가스 용접 작업할 때의 안전 수칙

① 봄베 주둥이 쇠나 몸통에 녹이 슬지 않도록 오일이나 그리스를 바르면 폭발한다.
② 토치는 반드시 작업대 위에 놓고 기름이나 그리스가 묻지 않도록 한다.
③ 가스를 완전히 멈추지 않거나 점화된 상태로 방치해 두지 말 것
④ 봄베는 던지거나 넘어뜨리지 말 것
⑤ 산소 용기의 보관 온도는 40℃ 이하로 하여야 한다.
⑥ 반드시 소화기를 준비할 것
⑦ 아세틸렌 밸브를 먼저 열고 점화한 후 산소 밸브를 연다.
⑧ 점화는 성냥불로 직접 하지 않는다.
⑨ 산소 용접을 할 때 역류·역화가 일어나면 빨리 산소 밸브부터 잠가야 한다.
⑩ 운반을 할 때에는 운반용으로 된 전용 운반 차량을 사용한다.

⑤ 산소-아세틸렌 사용할 때의 안전 수칙

① 산소는 산소병에 35℃에서 150기압으로 압축 충전한다.
② 아세틸렌의 사용 압력은 1기압이며, 1.5기압 이상이면 폭발할 위험성이 있다.
③ 산소 봄베에서 산소의 누출 여부를 확인하는 방법으로 가장 안전한 것은 비눗물을 사용한다.
④ 산소통의 메인 밸브가 얼었을 때 40℃ 이하의 물로 녹여야 한다.
⑤ 아세틸렌 도관은 적색, 산소 도관은 흑색으로 구별한다.

⑥ 일반 기계를 사용할 때 주의 사항

① 원동기의 기동 및 정지는 서로 신호에 의거한다.
② 고장 중인 기기에는 반드시 표식을 한다.
③ 정전이 된 경우에는 반드시 표식을 한다.

7 기중기를 사용할 때 주의 사항

① 정규 무게보다 초과하여 사용해서는 안 된다.
② 적재 물이 떨어지지 않도록 한다.
③ 로프 등의 안전 여부를 항상 점검한다.
④ 선회 작업을 할 때에는 사람이 다치지 않도록 한다.

8 지게차 주행할 때의 안전 수칙

① 후진을 할 때에는 반드시 뒤를 살필 것
② 전·후진으로 변속할 때에는 지게차를 반드시 정지시킨 후 행한다.
③ 주·정차를 할 때에는 포크를 지면에 내려놓고 주차 브레이크를 장착한다.
④ 경사지를 내려올 때에는 반드시 후진으로 주행한다.
⑤ 틸트는 적재물이 백레스트에 완전히 닿도록 한 후 운행한다.
⑥ 급선회·급가속 및 급제동은 피하고, 내리막길에서는 저속으로 운행한다.

안전 표지

안전 표지의 종류는 그림과 같이 금지 표지, 경고 표지, 지시 표지, 안내 표지가 있다.

① 금지 표지(빨강 : 적색)

금지 표지는 출입 금지와 같이 행위 자체를 하지 못하도록 하는 표지이다.

가. 금지 표지 종류

출입 금지　　　　　보행 금지　　　　　차량 통행 금지　　　　사용 금지

탑승 금지　　　　　금연　　　　　　화기 금지　　　　物체 이동 금지

② 경고 표지(노랑 : 황색)

경고 표지는 위험한 물질이나 위험한 상태 등 위험을 경고하는 표지이다.

가. 경고 표지

인화성 물질 경고　　　산화성물질 경고　　　폭발물 경고　　　독극물 경고

부식성 물질 경고

방사성 물질 경고

고압 전기 경고

매달린 물체 경고

낙하물 경고

고온 경고

저온 경고

몸균형 상실 경고

레이저 광선 경고

발암성 유해물질 경고

위험 장소 경고

③ 지시 표지(파랑 : 청색)

지시 표지는 방독 마스크 착용과 같이 안전한 행위를 하도록 지시하는 표지이다.

가. 지시 표지

보안경 착용

방독 마스크 착용

방진 마스크 착용

보안면 착용

안전모 착용

귀마개 착용

안전화 착용

안전장갑 착용

안전복 착용

④ 안내 표지(초록 : 녹색)

안내 표지는 비상구 안내와 같이 비상시 안전하게 대피하도록 알려 주는 표지이다.

가. 안내 표지

녹십자 표지

응급구호 표지

들것

세안장치

비상구

좌측 비상구

우측 비상구

MEMO

중장비 운전기능사

Chapter

8

기출문제 및 CBT
시험대비 적중예상문제

❶ 건설기계기관
❷ 전기 및 작업장치
❸ 유압일반
❹ 건설기계관리 법규 및 도로교통법
❺ 안전관리

★★
01 기관에서 실화(miss fire)가 일어났을 때의 현상으로 맞는 것은?

① 연료소비가 적다.
② 엔진의 출력이 증가한다.
③ 엔진이 과냉한다.
④ 엔진회전이 불량하다.

해설

실화는 기관에 악영향을 미치기 때문에 기관의 나쁜 현상을 찾으면 된다.
실화 : 압축이 불완전하거나 혼합기가 희박하거나 또는 전기 점화장치의 결함으로 점화가 안 되거나 불완전하여 폭발하지 않는 현상을 말한다.

★★★
02 다음 운전 중 기관이 과열되면 가장 먼저 점검해야 하는 것은?

① 헤드 개스킷   ② 팬벨트
③ 물재킷   ④ 냉각수량

해설

육안으로 볼 수 있는 것이 냉각수량이다.

★★★
03 다음 중 기관에서 흡입효율을 높이는 장치는?

① 과급기   ② 발전기
③ 토크 컨버터   ④ 터빈

해설

흡입 효율을 높이는 장치는 과급기이다.

★★★
04 기관의 연소실 모양과 관련이 적은 것은?

① 기관출력
② 열효율
③ 엔진속도
④ 운전 정숙도

해설

엔진의 속도는 관련이 적다.

★★★
05 다음 중 기관의 피스톤 링에 대한 설명으로 틀린 것은?

① 압축 링과 오일링이 있다.
② 열전도 작용을 한다.
③ 기밀유지의 역할을 한다.
④ 연료 분사를 좋게 한다.

해설

1. **피스톤 링** : 피스톤에는 2개 또는 3개의 피스톤 링이 결합되며, 3개의 링이 있는 경우 위쪽 2개의 링이 압축 링이다. 이 압축링은 실린더와의 밀착을 통해 연소실 내의 가스 누설을 방지시키는 기능을 하지만, 연료 분사하고는 거리가 멀다.

2. **피스톤 링의 구비 조건**
   ① 내열 및 내마멸성이 우수해야 한다.
   ② 고온에서 장력 저하가 작아야 한다.
   ③ 작동 중에 적절한 장력을 유지시킬 수 있어야 한다.
   ④ 실린더 라이너의 마멸을 최소화시킬 수 있어야 한다.
   ⑤ 열전도성이 우수해야 한다.

06 기관 연소실이 갖추어야 할 구비 조건이다. 가장 거리가 먼 것은?

① 연소실 내의 표면적은 최대가 되도록 한다.
② 압축 끝에서 혼합기의 와류를 형성하는 구조이어야 한다.
③ 화염전파 거리가 짧아야 한다.
④ 돌출부가 없어야 한다.

해설

연소실의 구비 조건 : 연소실은 밸브기구 등의 구조가 간단하고 출력과 열효율을 높일 수 있으며 배출가스의 발생이 적고 노킹을 일으키지 않으며, 다음과 같은 구조여야 한다.
① 엔진출력과 효율을 높일 수 있는 구조일 것
② 배기가스에 유해한 성분의 발생이 적을 것
③ 연소실 표면적은 가능한 최소가 되도록 할 것
④ 노킹을 일으키지 않는 구조일 것
⑤ 충진 효율과 배기효율을 높이는 구조일 것
⑥ 화염 전파거리와 연소시간을 최대한 짧게 할 것
⑦ 와류 등의 유동을 일으키는 구조일 것

07 기관의 냉각장치에 해당하지 않는 부품은?

① 수온조절기　　② 릴리프밸브
③ 방열기　　　　④ 팬 및 벨트

해설

릴리프밸브는 유압장치에 해당한다.

08 기관에서 팬 벨트 및 발전기 벨트의 장력이 너무 강할 경우에 발생할 수 있는 현상은?

① 기관이 과열된다.
② 충전부족 현상이 생긴다.
③ 발전기 베어링이 손상될 수 있다.
④ 기관의 밸브장치가 손상될 수 있다.

해설

팬벨트 장력이 강하면 발전기 베어링이 손상된다.

09 다음 중 기관 시동이 잘 안 될 경우 점검할 사항으로 틀린 것은?

① 기관의 공회전 수　② 배터리 충전상태
③ 연료량　　　　　④ 시동 모터

해설

기관의 공회전 수는 시동 후의 현상으로 시동 불량과는 무관하다.

10 다음 중 기관 오일 량이 초기 점검 시보다 증가하였다면 가장 적합한 원인은?

① 실린더의 마모　　② 오일의 연소
③ 오일 점도의 변화　④ 냉각수의 유입

해설

기관의 오일량 증가는 냉각수 및 연료 유입이 원인이다.

11 다음 중 기관의 속도에 따라 자동적으로 분사 시기를 조정하여 운전을 안정되게 하는 것은?

① 타이머　　　　② 노즐
③ 과급기　　　　④ 디콤프

해설

디젤 분사 시기 조정은 타이머로 한다.

12 다음 중 기관에서 공기청정기의 설치 목적으로 맞는 것은?

① 연료의 여과와 가압작용
② 공기의 가압작용
③ 공기의 여과와 소음작용
④ 연료의 여과와 소음 방지

해설

공기 청정기의 설치목적은 여과와 소음 줄이기

13 다음 중 기관에서 압축가스가 누설되어 압축압력이 저하될 수 있는 원인에 해당되는 것은?

① 실린더 헤드 개스킷 불량
② 워터 펌프의 불량
③ 냉각팬의 벨트 유격 과대
④ 매니폴드 개스킷의 불량

해설

압축압력 낮은 원인 : 실린더 안의 압축 공기가 틈새로 빠져나가는 원인을 찾으면 된다.

① 실린더 헤드 개스킷 불량
② 피스톤 마모
③ 실린더 벽(라이너) 마모
④ 피스톤 압축링 마모
⑤ 밸브의 밀착 불량 및 압축 타이밍 시기 안 맞음

14 기관에서 흡기 장치의 요구 조건으로 틀린 것은?

① 흡기효율을 높이기 위해서는 저항이 작아야 한다.
② 균일한 분배성을 가져야 한다.
③ 전 회전 영역에서 걸쳐서 흡입효율이 좋아야 한다.
④ 흡입부에 와류가 발생할 수 있는 돌출부를 설치해야 한다.

해설

돌출부가 없어야 한다.

15 다음 중 기관의 오일 압력계 수치가 낮은 경우와 관계없는 것은?

① 오일 릴리프 밸브가 막혔다.
② 크랭크축 오일 틈새가 크다.
③ 크랭크케이스에 오일이 적다.
④ 오일 펌프가 불량하다.

해설

오일 릴리프 밸브가 막히면 압력은 상승한다.

16 기관의 온도를 측정하기 위해 냉각수의 수온을 측정하는 곳으로 가장 적절한 곳은?

① 실린더 헤드 물재킷 부
② 엔진 크랭크케이스 내부
③ 수온조절기 내부
④ 라디에이터 하부

해설

기관의 냉각수 온도는 물재킷 부에서 측정한다.

17 디젤기관이 시동되지 않을 때의 원인과 가장 거리가 먼 것은?

① 기관의 압축압력이 높다.
② 연료계통에 공기가 차 있다.
③ 연료가 부족하다.
④ 연료공급 펌프가 불량하다.

해설

기관의 압축압력이 높으면 시동이 용이하다.

18 다음 중 수랭식 기관이 과열되는 원인이 아닌 것은?

① 방열기의 코어가 20% 이상 막혔을 때
② 규정보다 적게 냉각수를 넣었을 때
③ 수온 조절기가 열린 채로 고정되었을 때
④ 규정보다 높은 온도에서 수온 조절기가 열릴 때

해설

1. 과열의 원인
   ① 냉각수 부족
   ② 라디에이터 압력 캡의 스프링 장력 부족

③ 쿨링(냉각기)팬 모터 또는 수온스위치, 팬 모터 릴레이의 불량

④ 물 펌프의 결함 또는 팬벨트의 장력 부족이나 끊어짐

⑤ 라디에이터 코어 막힘(20% 이상이면 교환) 또는 물때에 의한 냉각수 통로 막힘

⑥ 수온조절기가 닫힌 채로 고장

⑦ 기관의 윤활 불량 및 오일냉각기의 막힘

2. 과냉의 원인

① 수온조절기가 열린채로 고장

② 대기온도가 너무 낮음

---

19 다음 중 기관이 과열되는 원인이 아닌 것은?

① 분사 시기의 부적당

② 냉각수 부족

③ 팬벨트의 장력 과다

④ 물재킷 내의 물때 형성

> **해설**
>
> 기계식 기관은 팬벨트로 냉각팬을 회전시키기 때문에 팬벨트의 장력이 과다해도 냉각팬이 잘 회전한다.

---

20 기관에서 터보차저에 대한 설명으로 틀린 것은?

① 흡기관과 배기관 사이에 설치된다.

② 과급기라고도 한다.

③ 배기가스 배출을 위한 일종의 블로워(blower)이다.

④ 기관 출력을 증가시킨다.

> **해설**
>
> 터보차저는 배기가스를 이용한 흡입공기를 강제 압축하여 기관에 공급하는 역할

---

21 기관에서 피스톤 링의 절개구를 서로 120° 방향으로 끼우는 이유는?

① 벗겨지지 않게 하기 위해

② 피스톤의 강도를 보강하기 위해

③ 냉각을 돕기 위해

④ 압축가스의 누설을 방지하기 위해

> **해설**
>
> 같은 방향으로 하면 압축가스가 누설된다.

---

22 다음 중 엔진오일에 대한 설명으로 맞는 것은?

① 엔진을 시동한 상태에서 점검한다.

② 겨울보다 여름에 점도가 높은 오일을 사용한다.

③ 엔진오일에는 거품이 많이 들어있는 것이 좋다.

④ 엔진오일 순환상태는 오일레벨 게이지로 확인한다.

> **해설**
>
> 온도에 따라 점도가 반비례하기 때문에 여름에 점도가 높은 오일을 사용한다.

---

23 다음 중 노킹이 발생하였을 때 기관에 미치는 영향은?

① 압축비가 커진다.

② 제동마력이 커진다.

③ 기관이 과열될 수 있다.

④ 기관의 출력이 향상된다.

> **해설**
>
> • 자연착화에 의하여 연소실 전체의 가스가 순간적으로 연소하는 현상을 노킹이라고 한다.
> • 심한 경우에는 고온과 고압에 의하여 밸브 손상이나 피스톤 고착의 원인이 될 수 있다.
> • 디젤 엔진의 노킹은 디젤 노킹이라고 하며, 발생의 형태가 가솔린 기관과 다르다.

---

24 기관에 사용되는 윤활유의 성질 중 가장 중요한 것은?

① 점도 ② 건도
③ 온도 ④ 습도

> **해설**
>
> 윤활유는 점도가 가장 중요하다.

25 기관의 오일 압력계 수치가 낮은 경우와 관계없는 것은?

① 오일 릴리프 밸브가 막혔다.
② 크랭크축 오일 틈새가 크다.
③ 크랭크케이스에 오일이 적다.
④ 오일 펌프가 불량하다.

> **해설**
>
> 일정압 회로가 막히거나 오일 펌프가 불량하면 오일 압력은 증가한다.

26 노킹이 일어났을 때 기관에 미치는 영향은?

① 기관의 출력이 향상된다.
② 제동마력이 커진다.
③ 압축비가 커진다.
④ 기관이 과열될 수 있다.

> **해설**
>
> 노킹이 발생하면 기관이 과열될 수 있다.

27 다음 중 기관이 작동되는 상태에서 점검 가능한 사항이 아닌 것은?

① 냉각수의 온도 ② 충전상태
③ 기관 오일의 압력 ④ 엔진 오일량

> **해설**
>
> 엔진 오일량은 기관 정지 후 평지에서 점검한다.

28 다음 작업 중 기관의 시동이 꺼지는 원인에 해당되는 것은?

① 연료공급 펌프의 고장
② 발전기 고장
③ 물 펌프의 고장
④ 기동 모터의 고장

> **해설**
>
> 연료공급 펌프가 고장 나면 시동이 꺼진다.

29 기관 방열기에 연결된 보조 탱크의 역할을 설명한 것으로 가장 적합하지 않은 것은?

① 냉각수의 체적 팽창을 흡수한다.
② 장기간 냉각수 보충이 필요 없다.
③ 오버플로(over flow)되어도 증기만 방출된다.
④ 냉각수 온도를 적절하게 조절한다.

> **해설**
>
> 보조 탱크는 냉각수양을 보충하는 데 필요하다.

30 다음 중 기관에서 압축가스가 누설되어 압축 압력이 저하 될 수 있는 원인에 해당되는 것은?

① 실린더 헤드 개스킷 불량
② 매니폴드 개스킷의 불량
③ 워터 펌프의 불량
④ 냉각팬의 벨트 유격 과대

> **해설**
>
> 실린더 헤드 개스킷이 불량하면 압축 압력 저하 및 냉각수와 오일이 혼입된다.

정답 24. ① 25. ① 26. ④ 27. ④ 28. ① 29. ④ 30. ①

31 다음 중 기관의 연소실 형상과 관련이 적은 것은?

① 기관 출력 ② 열효율
③ 엔진 속도 ④ 운전 정숙도

해설

엔진 속도는 연소실 형상보다 행정의 길이가 영향을 미친다.

32 2행정 기관의 연료손실을 적게 하기 위한 피스톤 헤드의 돌출부를 무엇이라고 하는가?

① 댐퍼
② 피스톤 슬랩
③ 디플렉터
④ 피스톤 스커트

해설

피스톤 슬랩 : 2행정 피스톤 헤드의 돌출부

33 다음 중 기관의 냉각장치에 해당하지 않는 부품은?

① 수온조절기 ② 릴리프 밸브
③ 방열기 ④ 팬 및 벨트

해설

릴리프 밸브는 유압회로의 안전밸브이다.

34 연료계통의 고장으로 기관이 부조를 하다가 시동이 꺼졌다. 그 원인이 될 수 없는 것은?

① 탱크 내에 오물이 연료장치에 유입
② 연료필터 막힘
③ 프라이밍 펌프 불량
④ 연료파이프 연결 불량

해설

• **부조** : 기관이 떠는 현상
• 프라이밍 펌프는 수동용 펌프로서 엔진이 정지되었을 때 연료 공급 및 회로 내의 공기빼기 등에 사용한다. 디젤 엔진은 연료 라인에 공기가 들어 있으면 시동이 되지 않으므로 프라이밍 펌프를 작동시키면서 연료공급 펌프→연료 여과기→분사 펌프의 순서로 에어 블리드 스크루를 이용하여 공기를 빼낸다. 그다음 기동 전동기를 작동시키면서 각 실린더의 분사 노즐 입구 커넥터로부터 공기를 빼낸다.

35 다음 중 기관의 냉각팬이 회전할 때 공기가 불어가는 방향은?

① 방열기 방향 ② 엔진 방향
③ 상부 방향 ④ 하부 방향

해설

방열기 방향으로 공기를 불어 방열기를 냉각시킨다.

36 기관에서 연료압력이 너무 낮다. 그 원인이 아닌 것은?

① 연료 펌프의 공급압력이 누설되었다.
② 연료필터가 막혔다.
③ 리턴호스에서 연료가 누설된다.
④ 연료압력 레귤레이터에 있는 밸브의 밀착이 불량하여 리턴포트 쪽으로 연료가 누설되었다.

해설

보통 연료압력이 규정치를 초과하면 압력조정기 (레귤레이터 regulator)가 연료압력을 일정하게 유지하기 위하여 리턴 밸브를 열어 연료를 리턴호스를 통해 연료 탱크로 보낸다. 리턴 밸브는 닫혔고 리턴 밸브에서 나오는 연료를 탱크로 보내는 리턴호스에서 연료가 누설되더라도 연료압력은 낮아지지 않는다. 그리고 연료필터가 막혀도 연료압력은 압력조정기(레귤레이터 regulator)가 있어서 압력은 상승하지 않는다.

37 다음 중 기관의 맥동적인 회전을 관성력을 이용하여 원활한 회전으로 바꾸어 주는 역할을 하는 것은?

① 크랭크축
② 피스톤
③ 플라이휠
④ 커넥팅로드

해설

플라이휠은 관성의 법칙에 원리를 이용하여 간헐적인 회전을 원활한 회전으로 바꾸어 주는 역할을 한다.

38 기관에 온도를 일정하게 유지하기 위해 설치된 물 통로에 해당되는 것은?

① 오일 팬
② 밸브
③ 워터 자켓
④ 실린더 헤드

해설

실린더 블록의 물 통로로 워터 자켓이라 한다.

39 기관을 시동하여 공전 시에 점검할 사항이 아닌 것은?

① 기관의 팬벨트 장력을 점검
② 오일의 누출 여부를 점검
③ 냉각수의 누출 여부를 점검
④ 배기가스의 색깔을 점검

해설

기관의 팬벨트 장력은 기관 정지 시 점검한다.

40 다음 중 기관에 장착된 상태의 팬벨트 장력 점검 방법으로 적당한 것은?

① 벨트길이 측정게이지로 측정 점검
② 벨트의 중심을 엄지손가락으로 눌러서 점검
③ 엔진을 가동하여 점검
④ 발전기의 고정 볼트를 느슨하게 하여 점검

해설

벨트의 중심을 엄지로 수직으로 눌러 들어가는 거리로 판단한다.

41 기관에서 엔진오일이 연소실로 올라오는 이유는?

① 피스톤 링 마모
② 피스톤 핀 마모
③ 커넥팅로드 마모
④ 그랭그축 마모

해설

피스톤링의 오일링이 마모되면 압력의 이동에 의해 연소실로 역류한다.

42 다음 중 기관 오일이 전달되지 않는 곳은?

① 피스톤 링
② 피스톤
③ 플라이휠
④ 피스톤 로드

해설

플라이휠은 엔진오일이 전달되지 않는다.

43 기관의 오일레벨 게이지에 대한 설명으로 틀린 것은?

① 윤활유 레벨을 점검할 때 사용한다.
② 반드시 기관 작동 중에 점검해야 한다.
③ 윤활유 육안 검사 시에도 활용된다.
④ 기관의 오일 팬에 있는 오일을 점검하는 것이다.

해설

오일량 점검은 기관을 정지하고 수평인 지면에서 점검한다.

★
44 다음 중 건설기계 기관에서 부동액으로 사용될 수 없는 것은?

① 알코올
② 글리세린
③ 에틸렌글리콜
④ 메탄

해설

- **부동액 구성 물질 :** 알코올, 에틸렌글리콜, 글리세린, 아세톤, 알데히드, 에테르 등
- 부동액의 주기능은 냉각장치의 겨울철 동파와 동결 방지이고 요즘은 이에 더하여 냉각장치의 부식방지나 고무호스 재질의 노화와 산화 방지 및 여름철에는 끓는점을 높여 오버히트를 늦게 오게 하는 역할도 한다.

★★★
45 기관을 점검하는 요소 중 디젤기관과 관계없는 것은?

① 연소　　　② 예열
③ 연료　　　④ 점화

해설

점화는 가솔린 기관의 불꽃점화에 쓰는 용어이다. 디젤기관에는 착화라는 용어를 쓴다.

★★★
46 다음 중 기관의 속도에 따라 자동적으로 분사 시기를 조정하여 운전을 안정되게 하는 것은?

① 타이머　　　② 조속기
③ 과급기　　　④ 디콤프

해설

분사 시기 조정은 타이머가 한다.

★
47 동절기 냉각수가 빙결되어 기관이 동파되는 원인은?

① 열을 빼앗아가기 때문
② 엔진의 쇠붙이가 얼기 때문
③ 냉각수가 빙결되면 발전이 어렵기 때문
④ 냉각수의 체적이 늘어나기 때문

해설

동파의 원인은 체적(물에서 얼음으로 변함) 증가이다.

★★★
48 다음 중 디젤기관을 가동시킨 후 충분한 시간이 지났는데도 냉각수 온도가 정상적으로 상승하지 않을 경우 그 고장의 원인이 될 수 있는 것은?

① 냉각팬 벨트의 헐거움
② 수온조절기가 열린 채 고장
③ 물 펌프의 고장
④ 라디에이터 코어의 막힘

해설

수온조절기가 열린 채 고장 나면 기관에 있는 냉각수가 라디에이터로 바로 순환되어 기관을 시동 후 충분한 시간이 지나도 냉각수 온도는 정상적으로 상승하지 않는다.

★★★
49 다음 중 디젤기관에서 압축 행정 시 밸브의 상태는?

① 흡기, 배기 밸브가 닫혀있다.
② 흡기 밸브가 열려있다.
③ 배기 밸브가 열려있다.
④ 흡기, 배기 밸브가 열려있다.

해설

압축 및 폭발 행정 시 흡·배기 밸브가 닫혀있다.

50 겨울철에 디젤기관 시동이 잘 안 되는 원인에 해당되는 것은?

① 점화코일 고장
② 엔진오일의 점도가 낮다.
③ 사계절 부동액 사용
④ 예열장치의 고장

해설

예열장치는 겨울철 디젤기관 시동 보조장치이다.

51 다음 중 디젤기관의 진동원인이 아닌 것은?

① 4기통 엔진에서 한 개의 분사노즐이 막혔을 때
② 인젝터에 불균형이 있을 때
③ 분사압력이 실린더 별로 차이가 있을 때
④ 하이텐션 코드가 불량할 때

해설

디젤기관 진동은 주로 분사압에 따른 폭팔음으로 야기되어진다.

52 다음 중 디젤기관 노즐의 연료분사 3대 요건이 아닌 것은?

① 착화   ② 분포
③ 무화   ④ 관통력

해설

노즐의 연료분사 3대 요건 : 분포, 무화, 관통력
• **분포** : 분사된 연료의 입자가 연소실 내의 구석까지 균일하게 분포되어 알맞게 공기와 혼합되어야 한다. 이 밖에도 연료가 분사된 후 열분해를 일으키지 않고 그대로 기화되어 균일한 혼합기가 만들어져야 한다.
• **관통력** : 연소실 내로 분사되는 연료의 미립자가 가능한 먼 곳까지 관통하여 도달할 수 있는 힘이 있어야 한다. 이와 같이 연료 분무 입자가 압축된 공기 중에 관통하여 도달하는 능력을 관통력이라고 한다. 연료 입자가 지나치게 작으면 압축공기 속을 관통할 수 없어서 노즐 주위에 연료 입자들이 모이게 되고, 이러한 현상을 불완전 연소나 디젤 노크를 일으키는 원인이 된다.
• **무화** : 연료의 증발과 연소는 연료 입자가 작아질수록 신속하게 이루어지므로, 연료 입자를 미세한 입자로 만들어 주는 것이 필요하다. 이와 같이 분사 노즐에서 분사되는 연료 입자를 미세하게 깨뜨려서 미립화하는 것을 무화라고 한다.

53 다음 중 디젤기관에서 흡기 온도를 낮추어 배출가스를 저감시키는 장치는?

① 인터쿨러(inter cooler)
② 쿨링팬(cooling fan)
③ 유니트 인젝터(unit injector)
④ 라디에이터(radiator)

해설

흡기 온도를 낮추는 것은 인터쿨러이다.

54 다음 중 디젤 연소 시 자연발화가 일어나기 쉬운 조건이 아닌 것은?

① 발열량이 크고 열 축적이 클 때
② 표면적이 작은 때
③ 착화점이 낮을 때
④ 주위온도가 높을 때

해설

• 연소는 산소의 양에 비례하기 때문에 표면적이 클수록 자연발화가 일어나기 쉽다. 이런 이유 때문에 디젤엔진에서 연료를 무화(연료의 입자를 작게 표면적은 크게) 상태로 연소실에 분사시켜 산소와의 접촉면적을 늘려 연소가 쉽게 일어나 완전연소를 이루려는 것이다.

• **자연발화** : 공기 중의 물질이 상온(15~25℃, 표준온도 20℃)에서 저절로 발열을 일으키며 발화하여 연소하는 현상을 말하며, 물질이 스스로 발화하기 위해서는 자체적으로 발생하는 열의 발생과 열의 축적이 이루어져야 자연발화가 일어날 수 있다.

★★★
55 디젤기관 연료여과기의 구성품이 아닌 것은?

① 오버플로 밸브(overflow valve)
② 드레인 플러그(drain plug)
③ 여과망(strainer)
④ 프라이밍 펌프(priming pump)

해설

프라이밍 펌프는 공기를 빼주는 역할을 한다.

★★★
56 다음 중 디젤기관에서 흡입밸브와 배기 밸브가 모두 닫혀있을 때의 행정은?

① 소기행정   ② 배기행정
③ 흡입행정   ④ 동력행정

해설

동력(폭발)행정 : 흡, 배기 밸브 모두 닫힘

★★
57 다음 중 가솔린엔진에 비해 디젤엔진의 장점으로 볼 수 없는 것은?

① 열효율이 높다.
② 압축압력, 폭발압력이 크기 때문에 마력당 중량이 크다.
③ 유해 배기가스 배출량이 적다.
④ 흡기행정 시 펌핑 손실을 줄일 수 있다.

해설

단점: 압축압력, 폭발압력이 크기 때문에 마력당 중량이 크다.

★★
58 디젤기관 연료라인에 공기빼기를 하여야 하는 경우가 아닌 것은?

① 예열이 안 되어 예열플러그를 교환한 경우
② 연료 호스나 파이프 등을 교환한 경우
③ 연료 탱크 내의 연료가 결핍되어 보충한 경우
④ 연료 필터의 교환, 분사 펌프를 탈, 부착한 경우

해설

예열플러그는 엔진 시동하고 관련이 있다.

★★
59 다음 중 디젤엔진의 시동불량 원인과 관계없는 것은?

① 점화 플러그가 젖어 있을 때
② 압축 압력이 저하되었을 때
③ 밸브의 개폐시기가 부정확할 때
④ 흡배기 밸브의 밀착이 좋지 못할 때

해설

• 점화 플러그는 디젤엔진에 없는 부품이고 가솔린 엔진의 불꽃 점화원이다.
• 건설기계는 거의 디젤엔진을 채택하고 있기 때문에 가솔린 엔진에 관련된 사항은 출제되지 않는다.

★★★
60 디젤기관에서 터보차저를 부착하는 목적으로 맞는 것은?

① 배기 소음을 줄이기 위해서
② 기관의 유효압력을 낮추기 위해서
③ 기관의 출력을 증대시키기 위해서
④ 기관의 냉각을 위해서

해설

터보차저 : 기관의 출력을 증대시키기 위해서

61 다음 중 2행정 디젤기관의 소기방식에 속하지 않는 것은?

① 루프 소기식 ② 횡단 소기식
③ 단류 소기식 ④ 복류 소기식

해설

2행정 디젤기관의 소기방식 : 루프 소기식, 횡단 소기식, 단류 소기식이 있다.

62 디젤기관을 정지시키는 방법으로 가장 적합한 것은?

① 연료공급을 차단한다.
② 축전지를 분리시킨다.
③ 기어를 넣어 기관을 정지한다.
④ 초크밸브를 닫는다.

해설

기관을 정지시키려면 연소의 3요소(산소, 연료, 점화원 (높은 온도 : 착화온도)) 중에 하나를 제거하면 된다. 디젤기관에서 가장 신속하고 정확하게 제거할 수 있는 것이 연료공급 차단이다. 그리고 현재에 커먼레일 기관은 축전지(배터리)를 분리해도 전자 제어(전기적 신호)에 의하여 인젝터의 연소실 내에 연료 분사를 차단하므로 기관이 정지된다. 축전지를 분리해도 기관이 정지하는 것은 결국 연료공급 차단이기 때문에 문제의 정답은 연료공급 차단이다(커먼레일은 연료차단 시 바로 기관이 정지하지만, 기계식인 경우 연료라인에 연료가 다소비 한 후 정지한다).

63 다음 중 4행정 사이클 디젤기관의 흡입행정에 관한 설명 중 맞지 않는 것은?

① 흡입 밸브를 통하여 혼합기를 흡입한다.
② 실린더 내에 부압 (負壓)이 발생한다.
③ 흡입 밸브는 상사점 전에 열린다.
④ 흡입계통에는 벤트리, 쵸크 밸브가 없다.

해설

디젤 기관의 흡입행정은 공기만 흡입된다.

64 다음 중 가솔린기관에 비해 디젤기관의 장점이 아닌 것은?

① 가속성이 좋고 운전이 정숙하다.
② 열효율이 높다.
③ 화재의 위험이 적다.
④ 연료 소비율이 낮다.

해설

가속성과 운전 정숙은 가솔린 기관의 장점

65 기계식 분사 펌프가 장착된 디젤기관에서 가동 중에 발전기가 고장이 났을 때 발생할 수 있는 현상으로 틀린 것은?

① 충전경고등이 들어온다.
② 배터리가 방전되어 시동이 꺼지게 된다.
③ 헤드램프를 켜면 불빛이 어두워진다.
④ 전류계의 지침이 (-)쪽을 가리킨다.

해설

기계식은 연료 계통에 이상이 없으면 시동은 꺼지지 않는다.

66 디젤기관의 연료분사 펌프에서 연료 분사량 조정은?

① 플런저 스프링의 장력 조정
② 프라이밍 펌프를 조정
③ 리미트 슬리브를 조정
④ 컨트롤 슬리브와 피니언의 관계 위치를 변화하여 조정

해설

• 분사량은 제어(컨트롤) 슬리브의 관계 위치를 바꾸어 조정한다.(커먼레일이 아닌 기계식)
• 플런저 스프링은 플런저를 리턴시키는 역할을 하는 것

정답 **61.** ④ **62.** ① **63.** ① **64.** ① **65.** ② **66.** ④

★★
67 다음 중 디젤기관의 노킹 발생 원인과 가장 거리가 먼 것은?

① 착화기간 중 분사량이 많다.
② 노즐의 분무상태가 불량하다.
③ 고세탄가 연료를 사용하였다.
④ 기관이 과냉되어 있다.

해설

디젤은 고세탄가로 연료를 사용하면 노킹을 줄인다.

★★★
68 디젤기관 연료장치 내에 있는 공기를 배출하기 위하여 사용하는 펌프는?

① 인젝션 펌프　② 공기 펌프
③ 연료 펌프　④ 프라이밍 펌프

해설

공기를 배출하기 위하여 사용하는 펌프는 프라이밍 펌프이다.

★★★
69 다음 중 디젤기관에서만 사용되는 장치는?

① 분사 펌프　② 발전기
③ 오일 펌프　④ 연료 펌프

해설

고압을 만들어주는 연료분사 펌프는 디젤에만 쓰인다.

★★
70 다음 중 디젤기관에서 시동이 잘 안 되는 원인으로 가장 적합한 것은?

① 냉각수의 온도가 높은 것을 사용할 때
② 보조 탱크의 냉각수량이 부족할 때
③ 낮은 점도의 기관오일을 사용할 때
④ 연료계통에 공기가 들어있을 때

해설

디젤 기관 연료 계통에 공기가 들어가면 시동이 잘 안 된다.

★
71 다음 중 디젤기관 연료여과기에 설치된 오버플로 밸브의 기능이 아닌 것은?

① 연료 공급 펌프 소음발생 억제
② 여과기 각 부분 보호
③ 연료분사 노즐의 가압작용
④ 운전 중 공기 배출작용

해설

오버플로 밸브는 엘리먼트(필터내의 거름종이)의 막힘 등으로 여과기 내의 압력이 규정값 이상으로 상승하면 밸브가 열려 연료를 탱크로 되돌아가게 하며 다음과 같은 작용을 한다.
① 여과기 각 부분을 보호한다.
② 공급 펌프의 소음 발생을 억제한다.
③ 운전 중 공기빼기 작용을 한다.

★★
72 다음 중 디젤엔진에 사용되는 연료의 구비 조건으로 옳은 것은?

① 점도가 적당하고 약간의 수분이 섞여 있을 것
② 착화점이 높을 것
③ 발열량이 클 것
④ 황의 함유량이 적당히 클 것

해설

디젤(경유)의 구비 조건
① 자기착화 방식이므로 착화성이 좋을 것
② 연료의 무화, 분사 펌프의 마모방지를 위해 적당한 점도를 유지
③ 양호한 연소를 얻기 위해 적당한 증류성상을 가질 것
④ 엔진의 부품 부식 마모 방지 및 배출가스 중의 유산화합물 저감을 위해 유황성분의 함량이 적을 것
⑤ 저온 시동성 확보를 위해 충분한 저온 유동성을 가질 것
⑥ 발열량이 클 것
⑦ 분사 펌프 내의 녹, 마도 등의 방지를 위해 수분이나 이물질 등의 불순물이 적을 것

73 다음 중 디젤기관과 관계없는 것은?

① 착화   ② 점화

③ 예열플러그   ④ 세탄가

> **해설**
>
> 점화, 불꽃, 옥탄가는 가솔린 기관과 관계있다.

74 디젤기관에서 실린더가 마모되었을 때 발생할 수 있는 현상이 아닌 것은?

① 연료 소비량 승가

② 압축압력의 증가

③ 윤활유 소비량 증가

④ 블로바이 가스의 배출 증가

> **해설**
>
> 실린더 마모로 간극이 커서 압축가스가 새어 압축압력이 저하된다.

75 다음 중 디젤기관에서 노킹의 원인이 아닌 것은?

① 연료의 세탄가가 높다.

② 연료의 분사압력이 낮다.

③ 연소실의 온도가 낮다.

④ 착화지연 시간이 길다.

> **해설**
>
> 세탄가가 높으면 노킹이 일어나지 않는다.

76 디젤엔진에서 오일을 가압하여 윤활부에 공급하는 역할을 하는 것은?

① 냉각수 펌프   ② 오일 펌프

③ 공기 압축 펌프   ④ 진공 펌프

> **해설**
>
> • **오일 펌프** : 오일팬 안의 오일을 흡입한 후 압력을 가하여 윤활부로 보내는 일을 한다. 오일 펌프의 종류는 기어식, 로터리식, 베인식, 플런저식이 있으며, 일반적으로 기어식과 로터리식이 주로 사용된다.
> • **냉각수 펌프** : 냉각수를 순환시키는 것
> • **공기 압축 펌프** : 공기를 압축하는 것
> • **진공 펌프** : 대기압보다 낮은 압력으로 만드는 것

77 디젤기관에서 일반적으로 흡입공기 압축 시 압축온도는 약 몇 도인가?

① 300~350℃   ② 500~550℃

③ 1,100~1,150℃   ④ 1,500~1,600℃

> **해설**
>
> • 디젤기관의 흡입공기 압축 시 일반적인 상태의 압축비는 15~22 정도, 압력은 3,000~5,000kPa 이며, 온도는 약 500~800℃에 도달한다.
> • **흡기** : 100℃ 정도, **압축** : 500~800℃ 정도, **동력** : 약 2,000℃, **배기** : 550~750℃ 정도

78 디젤기관의 엔진오일 압력이 규정 이상으로 높아질 수 있는 원인은?

① 기관의 회전속도가 낮다.

② 엔진오일에 연료가 희석되었다.

③ 엔진오일의 점도가 지나치게 낮다.

④ 엔진오일의 점도가 지나치게 높다.

> **해설**
>
> 점도가 높으면 유압회로 압력이 높아진다.

79 디젤기관에서 노킹을 일으키는 원인으로 맞는 것은?

① 흡입공기의 온도가 높을 때

② 착화지연 기간이 짧을 때

③ 연료에 공기가 혼입되었을 때

④ 연소실에 누적된 연료가 많아 일시에 연소할 때

해설

노킹은 착화점화기간의 지연으로 발생한다.

★★★
80 다음 중 4행정 디젤엔진에서 흡입행정 시 실린더 내에 흡입되는 것은?

① 공기   ② 스파크
③ 혼합기   ④ 연료

해설

디젤엔진은 흡입행정 시 실린더 내에 공기만 흡입하고 인젝터나, 분사밸브에 의하여 연료를 실린더 내에 분사하고 착화시켜 연소가 이루어진다.

★★★
81 디젤기관에서 터보차저의 기능으로 맞는 것은?

① 실린더 내에 공기를 압축 공급하는 장치이다.
② 냉각수 유량을 조절하는 장치이다.
③ 기관 회전수를 조절하는 장치이다.
④ 윤활유 온도를 조절하는 장치이다.

해설

터보차저 : 배기가스를 이용하여 실린더 내에 공기를 압축하여 공급하는 장치

★★★
82 디젤기관이 시동되지 않을 때의 원인과 가장 거리가 먼 것은?

① 연료가 부족하다.
② 연료계통에 공기가 차 있다.
③ 기관의 압축압력이 높다.
④ 연료 공급 펌프가 불량하다.

해설

압축압력과 시동하고는 거리가 멀다.

★
83 2행정 사이클 디젤기관의 흡입과 배기행정에 관한 설명으로 틀린 것은?

① 연소가스 자체가 압력에 의해 배출되는 것을 블로바이라고 한다.
② 동력행정의 끝부분에서 배기 밸브가 열리고 연소 가스가 자체의 압력으로 배출이 시작한다.
③ 피스톤이 하강하여 소기포트가 열리면 예압된 공기가 실린더 내로 유입된다.
④ 압력이 낮아진 나머지 연소가스가 압출되어 실린더 내는 와류를 동반한 새로운 공기로 가득 차게 된다.

해설

블로바이 : 기관의 틈새에서 새는 가스를 총칭(예: 피스톤과 실린더 틈에서 새는 가스)

★★
84 4행정 사이클 디젤기관의 동력행정에 관한 설명 중 틀린 것은?

① 피스톤이 상사점에 도달하기 전 소요의 각도 범위 내에서 분사를 시작한다.
② 디젤기관의 진각에는 연료의 착화 늦음이 고려된다.
③ 연료분사 시작점은 회전속도에 따라 진각된다.
④ 연료는 분사됨과 동시에 연소를 시작한다.

해설

연료를 분사 후 착화지연기간을 거쳐 연소가 시작되고 화염이 전파된다(착화지연기간은 짧을수록 좋고 길어지면 노크가 발생한다).

★
85 6기통 디젤 기관의 병렬로 연결된 예열 플러그 중 3번 기통의 예열플러그가 단선 되었을 때 나타나는 현상에 대한 설명으로 옳은 것은?

① 3번 실린더 예열플러그만 작동이 안 된다.
② 축전지 용량의 배가 방전된다.
③ 2번과 4번의 예열플러그도 작동이 안 된다.
④ 예열플러그 전체가 작동이 안 된다.

해설

병렬 연결되어 있어 단선된 3번만 작동이 안 된다.

★★
86 디젤엔진이 잘 시동 되지 않거나 시동이 되더라도 출력이 약한 원인으로 맞는 것은?

① 연료 탱크 상부에 공기가 들어 있을 때
② 냉각수 온도가 100℃ 정도 되었을 때
③ 연료분사 펌프의 기능이 불량할 때
④ 플라이휠이 마모되었을 때

해설

연료분사 펌프의 기능이 불량할 때 출력이 약하다.

★★
87 디젤기관에서 사용되는 공기청정기에 관한 설명으로 틀린 것은?

① 공기청정기는 실린더 마멸과 관계없다.
② 공기청정기가 막히면 연소가 나빠진다.
③ 공기청정기가 막히면 배기색은 흑색이 된다.
④ 공기청정기가 막히면 출력이 감소된다.

해설

공기청정기의 역할은 실린더에 흡입되는 공기의 불순물을 걸러주는 역할을 하기 때문에 제 역할을 못 하면 실린더로 불순물이 흡입되어 실린더 마멸에 원인이 되기도 한다.

★★★
88 디젤엔진에서 피스톤 링의 3대 작용과 거리가 먼 것은?

① 열전도 작용
② 응력분산 작용
③ 기밀작용
④ 오일 제어 작용

해설

피스톤 링 3대 작용 : 열전도, 기밀, 오일 제어 작용 이다.

★★★
89 다음 중 디젤기관에서 흡입밸브와 배기 밸브가 모두 닫혀 있을 때는?

① 소기행정
② 배기행정
③ 흡입행정
④ 동력행정

해설

동력행정, 즉 출력을 얻는 행정으로 최대한 밀폐된 공간이 필요하다.

★★
90 디젤기관의 감압장치 설명으로 가장 올바른 것은?

① 크랭킹을 원활히 해준다.
② 냉각팬을 원활히 회전시킨다.
③ 흡·배기를 원활히 한다.
④ 엔진 압축압력을 높인다.

해설

압력을 줄이면 크랭킹이 수월하다.

★★★
91 디젤기관의 점화(착화) 방법으로 옳은 것은?

① 마그넷점화
② 전기점화
③ 전기착화
④ 자기착화

해설

디젤기관은 자기착화로 점화된다.

정답 85. ① 86. ③ 87. ① 88. ② 89. ④ 90. ① 91. ④

92 디젤기관의 특성으로 가장 거리가 먼 것은?

① 전기 점화장치가 없어 고장율이 적다.
② 연료의 인화점이 높아서 화재의 위험성이 적다.
③ 예열플러그가 필요 없다.
④ 연료소비율이 적고 열효율이 높다.

해설

디젤기관은 저온 시동성 향상을 위해 예열플러그가 설치된다.

93 커먼레일 방식 디젤기관에서 크랭킹은 되는데 기관이 시동되지 않는다. 점검부위로 틀린 것은?

① 연료 탱크 유량
② 분사 펌프 딜리버리밸브
③ 레일압력
④ 인젝터

해설

분사 펌프의 딜리버리밸브는 남은 연료를 탱크로 보내는 역할을 한다.

94 건설 기계가 요구하는 기능을 충분히 발휘할 수 있도록 기관의 출력을 구동바퀴에 효과적으로 연결시켜주는 것은?

① 동력인출 장치
② 동력차단 스프링
③ 동력전달 장치
④ 동력한계 장치

해설

동력전달 장치 이외에 동력인출 장치, 동력차단 스프링, 동력한계 장치는 없다. 문제를 구성하기 위하여 만든 용어이다.

95 디젤기관의 엔진오일 압력이 규정 이상으로 높아질 수 있는 원인은?

① 기관의 회전속도가 낮다.
② 엔진오일의 점도가 지나치게 낮다.
③ 엔진오일의 점도가 지나치게 높다.
④ 엔진오일에 연료가 희석되었다.

해설

오일의 점도가 높으면 오일회로의 압력이 높아진다.

96 디젤기관을 가동시킨 후 충분한 시간이 지났는데도 냉각수 온도가 정상적으로 상승하지 않을 경우 그 고장의 원인이 될 수 있는 것은?

① 수온조절기의 고장
② 물 펌프의 고장
③ 라디에이터 코어의 파손
④ 냉각팬 벨트의 넓이

해설

수온조절기가 고장 나면 온도조절이 안 된다.

97 엔진오일 압력이 낮아지는 원인으로 가장 거리가 먼 것은?

① 압력조절밸브 고장으로 열리지 않을 때
② 오일 팬 속에 오일량이 부족할 때
③ 오일 펌프 마모 및 파손이 되었을 때
④ 오일이 과열되고 점도가 낮을 때

해설

압력조절밸브 고장으로 열리지 않을 때는 유압이 상승한다.

98 윤활장치에 사용되고 있는 오일 펌프 중 내접형과 외접형이 있는 것은?

① 로터리 펌프　　② 플런저 펌프
③ 베인 펌프　　　④ 기어 펌프

> **해설**
>
> **기어 펌프** : 내접형과 외접형이 있다.

99 엔진 윤활유의 기능이 아닌 것은?

① 연소작용　　　② 방청작용
③ 윤활작용　　　④ 냉각작용

> **해설**
>
> 엔진 오일(윤활유)의 작용
> • **감마작용** : 유막을 형성하여 베어링 및 금속부의 마모 최소화
> • **밀봉작용** : 유막을 형성하여 압축 및 연소가스 누설되지 않도록 기밀유지
> • **냉각작용** : 열에 의하여 고착되는 것을 방지
> • **세척작용** : 불순물을 흡수하여 윤활부를 깨끗하게 한다.
> • **방청작용** : 부식 방지
> • **응력분산 작용** : 국부적인 압력을 분산하는 작용

100 다음 중 엔진의 윤활유 압력이 높아지는 이유는?

① 기관 각부의 마모가 심하다.
② 윤활유 펌프의 성능이 좋지 않다.
③ 윤활유량이 부족하다.
④ 윤활유의 점도가 너무 높다.

> **해설**
>
> 1. 압력이 높아지는 원인
>   ① 윤활유의 점도가 높을 때
>   ② 윤활 회로의 일부가 막혔을 때
>   ③ 압력 조절밸브의 스프링 장력이 클 때

> 2. 압력이 낮아지는 원인(오일압력 경고등 점등)
>   ① 베어링의 오일 간극이 클 때
>   ② 오일 펌프가 마멸되었거나 회로 내에서 윤활유가 누출될 때
>   ③ 오일팬 내의 윤활유 양이 부족 할 때
>   ④ 유압조절 밸브 스프링의 장력이 너무 약하거나 절손 되었을 때
>   ⑤ 윤활유의 점도가 너무 낮을 때

101 다음 중 오일 펌프의 종류가 아닌 것은?

① 기어 펌프　　　② 베인 펌프
③ 플런저 펌프　　④ 진공 펌프

> **해설**
>
> 진공 펌프는 오일 펌프의 종류가 아니다.

102 다음 중 오일의 압력이 높은 것과 관계없는 것은?

① 릴리프 스프링(조정 스프링)이 강할 때
② 추운 겨울철 가동할 때
③ 오일 점도가 높을 때
④ 오일 점도가 낮을 때

> **해설**
>
> 오일 점도가 낮으면 오일 압력도 낮아진다.

103 다음 중 터보차저 엔진에 사용하는 오일로 맞는 것은?

① 유압 오일　　　② 특수 오일
③ 기어 오일　　　④ 기관 오일

> **해설**
>
> 터보차저를 냉각시키기 위하여 오일쿨러가 설치되기 때문에 기관 오일이 사용된다.

104 엔진이 가동되었는데도 시동스위치를 계속 ON 위치로 할 때 미치는 영향으로 가장 옳은 것은?

① 캠이 마멸된다.
② 클러치 디스크가 마멸된다.
③ 크랭크축 저널이 마멸된다.
④ 시동전동기의 수명이 단축된다.

해설

시동전동기와 플라이휠 기어비가 커서 엔진 가동 시 시동스위치 on 하면 시동전동기가 고장난다.

105 다음 중 커먼 레일 연료분사장치의 저압 계통이 아닌 것은?

① 연료 필터
② 연료 스트레이너
③ 커먼 레일
④ 1차 연료 공급 펌프

해설

• **연료 필터(filter)** : 필터, 여과기(필터)는 액체나 기체 속에 들어 있는 불순물을 걸러내는 것을 말하며 기관에서는 연료를 걸러주면 연료 필터고, 오일을 걸러주면 오일 필터라 하고 보통 필터는 불순물이 쌓이면 새것으로 교환한다.
• **연료 스트레이너(strainer : 여과기)**: 액체의 불순물을 걸러 주는 것으로 불순물 입자가 큰 것을 걸러주고 보통 스트레이너는 액체의 흡입관 입구에 그물망으로 설치하여 흡입되는 액체의 불순물을 걸러 주는 것으로 보통 세척 후 재사용하며, 설치는 액체가 모여 있는 곳(연료 탱크 속, 오일 팬 등)에 설치한다.
• **커먼 레일(common rail 연료압력 센서, 레일 압력조절 밸브가 설치되어 있다.)** : 고압 연료 저장장치인 파이프에 연료를 저장하고 파이프 양 끝에 연료압력 센서와 레일 압력 조정 밸브가 부착되어 있어 일정 압력 이상에서 각 인젝터에 전기신호를 받아서 연료를 직접 실린더 안에 분사해 연소하는 디젤 엔진에서 보통 고압 연료 저장장치인 파이프를 커먼 레일이라고 말한다.

106 다음 중 커-먼 레일 디젤 연료장치의 인젝터 구성부품이 아닌 것은?

① 니들 밸브
② 어큐뮬레이터
③ 솔레노이드 밸브
④ 노즐

해설

• **커먼레일 디젤 연료장치의 인젝터 구성부품** : 니들 밸브, 리턴스프링, 노즐, 솔레노이드 밸브, 컨트롤 체임버, 컨넥터
• **어큐뮬레이터(accumulator)** : 유압에너지 축적, 2차 회로의 구동, 압력 보상, 맥동 제거, 충격 완화 등을 위한 부품으로써 펌프와 밸브 사이에 설치하거나 특별히 필요한 곳에 설치한다.

107 다음 중 커-먼 레일 디젤기관의 공기 유량 센서는 어떤 방식을 많이 사용하는가?

① 베인방식
② 열막 방식
③ 맵센서 방식
④ 칼만 와류 방식

해설

디젤이든 가솔린 엔진이든 현재는 대부분 열막 방식(핫필름)만 사용되고 있다.

108 커먼레일 디젤기관의 센서에 대한 설명으로 틀린 것은?

① 수온센서는 기관의 온도에 따른 연료량을 증감하는 보정신호로 사용된다.
② 연료 온도센서는 연료온도에 따른 연료량 보정신호로 사용된다.
③ 수온센서는 기관의 온도에 따른 냉각 팬 제어신호
④ 크랭크 포지션 센서는 밸브개폐 시기를 감지한다.

해설

연료 온도센서는 없다.

★★★
109 다음 중 커먼레일 디젤기관의 연료장치 구성품이 아닌 것은?

① 고압 펌프   ② 커먼레일
③ 인젝터   ④ 공급 펌프

해설

공급 펌프는 연료 탱크 내에 설치되어 있다.

★★★
110 다음 중 커먼 레일 연료분사 장치의 저압부에 속하지 않는 것은?

① 커먼레일   ② 연료스트레이너
③ 1차 연료 공급 펌프 ④ 연료 펌프

해설

커먼레일은 고압부이다.

★★★
111 커먼레일 디젤기관의 압력 제한 밸브에 대한 설명 중 틀린 것은?

① 기계식 밸브가 많이 사용된다.
② 운전조건에 따라 커먼레일의 압력을 제어한다.
③ 연료압력이 높으면 연료의 일부분이 연료 탱크로 되돌아간다.
④ 커먼레일과 같은 라인에 설치되어 있다.

해설

전자 제어식 밸브가 사용된다.

★★
112 커먼레일 디젤기관의 연료 압력 센서(RPS)에 대한 설명 중 맞지 않는 것은?

① 반도체 피에조 소자 방식이다.
② RPS의 신호를 받아 연료 분사 시기를 조정하는 신호로 사용한다.
③ 이 센서가 고장이면 꺼진다.
④ RPS의 신호를 받아 연료 분사량을 조정하는 신호로 사용한다.

해설

분사량과 엔진회전 속도를 제어한다.

★★
113 다음 중 엔진오일을 점검하는 방법으로 틀린 것은?

① 검은색은 교환 시기가 경과한 것이다
② 끈적끈적하지 않아야 한다.
③ 오일의 색과 점도를 확인한다.
④ 유면표시기를 사용한다.

해설

엔진오일 점검하는 방법
① 색깔로 점검(검은색 : 불순물 오염, 우유색(흰색) : 냉각수 섞임, 진한갈색 : 연료 섞임)
② 점도로 점검, 적당한 점도를 유지해야 한다 (끈적끈적한 정도 껌 : 점도 높다. 물 점도 낮다).
③ 오일량 점검(유면 표시기 L과 H 사이에 있어야 한다.)
※ 고체나 액체는 일반적으로 온도가 높으면 점도는 낮다. 반면에 기체는 온도가 높으면 점도는 높고, 온도가 낮으면 점도는 낮다.

★★
114 다음 중 엔진과 직결되어 같은 회전수로 회전하는 토크 컨버터의 구성품은?

① 터빈   ② 펌프
③ 스테이터   ④ 변속기 출력축

해설

엔진과 직결된 토크 컨버터 부품은 펌프이다.

★
115 엔진 윤활에 필요한 엔진 오일이 저장되어 있는 곳으로 옳은 것은?

① 스트레이너   ② 펌프
③ 오일 팬   ④ 오일 필터

해설

오일 팬은 오일을 저장하는 곳이다

116 다음 중 커먼레일 연료분사장치의 고압 연료 펌프에 부착된 것은?

① 압력 제한 밸브 ② 커먼레일 압력센서
③ 유량 제한기 ④ 압력 제어 밸브

해설

고압 연료 펌프에 부착된 것은 압력 제어 밸브이다.

117 다음 중 엔진오일 압력이 떨어지는 원인으로 가장 거리가 먼 것은?

① 오일 펌프 마모 및 파손되었을 때
② 오일이 과열되고 점도가 낮을 때
③ 압력조절밸브 고장으로 열리지 않을 때
④ 오일 팬 속에 오일량이 부족할 때

해설

압력조절밸브가 고장으로 열리지 않으면 엔진오일 압력이 상승한다.

118 다음 중 엔진에서 오일의 온도가 상승 되는 원인이 아닌 것은?

① 오일의 점도가 부적당할 때
② 오일 냉각기의 불량
③ 과부하 상태에서 연속작업
④ 유량의 과다

해설

엔진오일 온도 상승 원인
① 오일의 점도가 낮다.
② 오일 냉각기(쿨러) 불량
③ 엔진의 과부하
④ 엔진 오일량 부족
오일의 점도와 온도의 관계
※ 온도가 낮아 점도가 너무 크면 시동 토크가 커서 시동에 문제가 있고, 온도가 너무 높으면 점도가 낮아 유막형성에 지장이 발생하므로 항상 온도에 대하여 적절한 점도가 유지되어야 한다.

119 다음 중 오일 펌프 여과기(oil pump filter)와 관련된 설명으로 관련이 없는 것은?

① 오일을 펌프로 유도한다.
② 부동식이 많이 사용된다.
③ 오일의 압력을 조절한다.
④ 오일을 여과한다.

해설

오일 압력기는 따로 설치되어 있다.

120 다음 중 엔진오일의 소비량이 많아지는 직접적인 원인은?

① 피스톤 링과 실린더의 간극 과대
② 오일 펌프 기어가 과대 마모
③ 배기 밸브 간극이 너무 작다.
④ 윤활유의 압력이 너무 낮다.

해설

피스톤 링과 실린더의 간극이 크면 이 간극으로 엔진오일이 새어 소비된다.

121 윤활장치에 사용되고 있는 오일 펌프로 적합하지 않은 것은?

① 베인 펌프
② 나사 펌프
③ 기어 펌프
④ 로터리 펌프

해설

오일 펌프로 나사 펌프는 사용하지 않는다.

122 다음 중 엔진 오일압력 경고등이 켜지는 경우가 아닌 것은?

① 오일 필터가 막혔을 때
② 오일 회로가 막혔을 때
③ 엔진을 급가속시켰을 때
④ 오일이 부족할 때

해설

유압이 낮아지는 원인(오일압력 경고등 점등)
① 베어링의 오일 간극이 클 때
② 오일 펌프가 마멸되었거나 회로 내에서 윤활유가 누출될 때
③ 오일팬 내의 윤활유 양이 부족 할 때
④ 유압조절 밸브 스프링의 장력이 너무 약하거나 절손 되었을 때
⑤ 윤활유의 점도가 너무 낮을 때

123 작업 중 엔진 온도가 급상승하였을 때 가장 먼저 점검하여야 할 것은?

① 윤활유 점도지수 점검
② 고부하 작업
③ 장기간 작업
④ 냉각수 양 점검

해설

냉각수가 흐르지 않으면 엔진은 과열된다.

124 오일 팬에 있는 오일을 흡입하여 기관의 각 운동부분에 압송하는 오일 펌프로 가장 많이 사용되는 것은?

① 로터리 펌프, 기어 펌프, 베인 펌프
② 기어 펌프, 원심 펌프, 베인 펌프
③ 피스톤 펌프, 나사 펌프, 원심 펌프
④ 나사 펌프, 원심 펌프, 기어 펌프

해설

로터리 펌프, 기어 펌프, 베인 펌프, 플런저식이 가장 많이 사용

125 엔진오일 교환 후 압력이 높아졌다면 그 원인으로 가장 적절한 것은?

① 오일 점도가 높은 것으로 교환하였다.
② 오일의 점도가 낮은 것으로 교환하였다.
③ 엔진오일 교환 시 냉각수가 혼입되었다.
④ 오일회로 내 누설이 발생하였다.

해설

오일 점도가 높으면 유압회로의 압력이 높아진다.

126 엔진오일의 작용에 해당하지 않는 것은?

① 응력분산작용
② 오일제거 작용
③ 방청작용
④ 냉각작용

해설

오일제거 작용은 피스톤 링의 작용이다.

127 엔진오일이 우유색을 띄고 있을 때의 주된 원인은?

① 연소가스가 섞여 있다.
② 냉각수가 섞여 있다.
③ 가솔린이 유입되었다.
④ 경유가 유입되었다.

해설

엔진오일은 냉각수가 섞이면 우유색을 띤다.

정답 122. ③　123. ④　124. ①　125. ①　126. ②　127. ②

★★★
128 다음 중 오일의 여과 방식이 아닌 것은?

① 샨트식   ② 분류식
③ 자력식   ④ 전류식

> **해설**
>
> **오일의 여과 방식**
> ① **전류식** : 오일 펌프에서 송출된 오일 모두를 여과하여 윤활부에 공급하는 방식
> ② **분류식** : 오일 펌프에서 송출된 오일의 일부는 여과하여 오일팬으로 보내고 나머지 여과되지 않은 오일을 윤활부에 공급하는 방식
> ③ **샨트식(복합식, 혼합식)** : 오일 펌프에서 송출된 오일의 일부는 여과하여 윤활부로 보내고 여과되지 않은 오일도 윤활부에 보내는 방식

★★★
129 엔진의 밸브 장치 중 밸브 가이드 내부를 상하 왕복운동을 하며 밸브헤드가 받는 열을 가이드를 통해 방출하고, 밸브의 개폐를 돕는 부품의 명칭은?

① 밸브 스템   ② 밸브 스템 엔드
③ 밸브 페이스   ④ 밸브 시트

> **해설**
>
> • **밸브 스템(stem)** : 밸브 가이드에 끼워져 밸브 운동을 유지하며, 밸브 헤드의 열을 가이드를 통하여 실린더 헤드에 전달하는 밸브
> • **밸브 스템 엔드** : 리프터나 로커암과 충격적인 접촉을 하고, 밸브 간극이 설정되기도 하는 밸브 스템의 끝부분
> • **밸브 페이스** : 밸브 시트에 밀착되어 기밀작용을 하고 밸브헤드에 작용하는 열을 시트에 전달하며 작동 시의 충격으로 내마멸성이 커야 하므로 표면경화 처리한다. 밸브면의 각도는 60°, 45°, 30°가 있으나 일반적으로 45°를 가장 많이 사용한다.
> • **밸브 시트(valve seat)** : 밸브 면과 밀착되어 연소실의 기밀유지 작용을 하며, 실린더 헤드나 실린더 블록에 설치된다.

★★★
130 다음 중 왕복형 엔진에서 상사점과 하사점 까지의 거리는?

① 행정   ② 과급
③ 소기   ④ 사이클

> **해설**
>
> **행정(stroke)** : 상사점과 하사점 사이의 거리

★★
131 엔진에서 진동 소음이 발생되는 원인이 아닌 것은?

① 분사기의 불량
② 분사압력의 불량
③ 분사량의 불량
④ 프로펠러 샤프트의 불량

> **해설**
>
> 진동 소음은 분사관련 부품들과 연관이 깊다.

★★
132 다음 중 현장에서 오일의 열화를 확인하는 인자가 아닌 것은?

① 오일의 냄새   ② 오일의 색
③ 오일의 유동   ④ 오일의 점도

> **해설**
>
> **열화** : 뜨거운 불, 화학적 물리적 성질이 나빠지는 현상

★★
133 토크변환기에 사용되는 오일의 구비 조건으로 맞는 것은?

① 점도가 낮을 것   ② 착화점이 낮을 것
③ 비점이 낮을 것   ④ 비중이 작을 것

> **해설**
>
> 토크변환기의 오일은 점도가 낮아야 한다.

★★★ 134 토크컨버터의 3대 구성요소가 아닌 것은?

① 오버런닝 클러치 ② 터빈
③ 펌프   ④ 스테이터

해설

토크컨버터 3대 구성 : 터빈, 펌프, 스테이터

★★ 135 다음은 터보식 과급기의 작동상태이다 관계없는 것은?

① 디퓨저에서는 공기의 압력 에너지가 속도 에너지로 바뀌게 된다.
② 배기가스가 임펠러를 회전시키면 공기가 흡입되어 디퓨저에 들어가게 된다.
③ 압축공기가 각 실린더의 밸브가 열릴 때마다 들어가 충전효율이 증대된다.
④ 디퓨저에서는 공기의 속도 에너지가 압력 에너지로 바뀌게 된다.

해설

터보식 과급기 작동
배기가스가 임펠러(날개)를 회전시키면 공기가 흡입되어 디퓨저에 들어가고 디퓨저에서는 공기의 속도에너지가 압력에너지로 바뀌게 되며, 압축 공기가 각 실린더의 밸브가 열릴 때마다 들어가 충전효율이 증대한다.
※ 디퓨저(defuser)는 과급기 케이스 내부에 설치되며, 공기의 속도에너지를 압력에너지로 바꾸는 장치이다.

★★ 136 엔진 압축압력이 낮을 경우의 원인으로 맞는 것은?

① 배터리의 출력이 높다.
② 연료계통의 프라이밍 펌프가 손상되었다.
③ 압축 링이 절손 또는 과마모 되었다.
④ 연료의 세탄가가 높다.

해설

실린더의 압축 가스가 새는 원인을 찾으면 압축링의 절손 및 마모가 기관의 압축압력 저하 원인이다.

★★ 137 엔진 시동 전에 점검해야 할 사항으로 가장 거리가 먼 것은?

① 냉각수량   ② 엔진오일 압력
③ 엔진 오일량   ④ 연료량

해설

엔진오일 압력은 시동이 되어야 생성된다.

★★ 138 엔진과열의 원인으로 가장 거리가 먼 것은?

① 정온기가 닫혀서 고장
② 연료의 품질 불량
③ 냉각계통의 고장
④ 라디에이터 코어 불량

해설

연료의 품질은 과열과 거리가 멀고 시동성 및 기관의 운전성과 관련이 있다.

★★★ 139 다음 중 피스톤 작동 중 측압을 받지 않는 부분의 스커트 부분을 절단한 피스톤은?

① 솔리드 피스톤   ② 스프릿 피스톤
③ 슬리퍼 피스톤   ④ 오프셋 피스톤

해설

피스톤의 종류
① **솔리드 피스톤**(solid piston) : 스커트 부에 홈(slot)이 없고, 통형(solid)으로 된 형식이며 기계적 강도가 높아 가혹한 운전 조건의 디젤 기관에서 주로 사용한다.
② **스프릿 피스톤**(split piston) : 측압이 적은 부분의 스컷트 윗부분에 세로로 홈을 두어 스컷트 부로 열이 전달되는 것을 제한하는 피스톤이다.

③ 슬리퍼 피스톤(slipper piston) : 측압을 받지 않는 부분의 스컷트 부를 절단한 것이다. 이 피스톤은 무게와 슬랩을 감소시킬 수 있으나 스커트를 절단한 부분에 오일이 모이기 쉽다.

④ 오프셋 피스톤(off-set piston) : 슬랩(slap)을 방지하기 위하여 피스톤 핀의 위치를 중심으로부터 1.5mm 정도 편심(off-set)시켜 상사점에서 경사 변환 시기를 늦어지게 한 형식이다.

★★★
140 다음 중 디젤기관의 연소실 중 연료 소비율이 낮으며 연소 압력이 가장 높은 연소실 형식은?

① 와류실식
② 직접분사실식
③ 예연소실식
④ 공기실식

해설

- **디젤 연소실의 형식과 특성** : 디젤 연소실은 크게 단실식과 부실식으로 분류하며 단실식은 직접분사실식이 해당하고 부실식은 와류실과 예연소실, 공기실식으로 분류할 수 있다. 일반적으로 소형엔진에는 와류실식이 많이 쓰이고 중대형에는 직접분사실식이 주로 사용된다.
- **직접분사실식** : 직접분사실식은 피스톤 헤드에 가공된 특수 모양의 연소실에 연료를 직접 분사하는 구조로 되어 있다. 공기와 연료의 혼합은 연료분사에서 나오는 연료의 운동에너지에 의해 이루어진다. 따라서 직접분사실식의 연료분사노즐은 분출구가 여러 개를 두는 다공 노즐이나 다공 인젝터를 사용하고, 연소실에 연료가 방사상으로 분사된다. 이 방식은 상사점 전에 착화하여 압력상승은 직선적으로 증가한다. 따라서 냉각손실이 적어 연료 소비율이 낮고 구성부품의 열적 부하가 적어 내구성이 우수하며 연료 분사특성의 영향이 큰 단점이 있다.

★★★
141 직접 분사실식 연소실에 대한 설명 중 잘못된 것은?

① 흡입 공기에 방향성을 부여하여 흡기 다기관에서 와류를 일으키게 한다.
② 질소산화물(NOx)의 발생률이 크다.
③ 다공형 분사 노즐을 사용한다.
④ 피스톤 헤드를 오목하게 하여 연소실을 형성시킨다.

해설

와류실식 : 흡입 공기에 방향성을 부여하여 흡기 다기관에서 와류를 일으키게 한다.

★
142 연소 조건에 대한 설명으로 틀린 것은?

① 열전도율이 적은 것일수록 타기 쉽다.
② 산화되기 쉬운 것일수록 타기 쉽다.
③ 발열량이 적은 것일수록 타기 쉽다.
④ 산소와의 접촉면이 클수록 타기 쉽다.

해설

열전도율이 커야 타기 쉽다.

★★★
143 다음 중 글로우 플러그가 설치되는 연소실이 아닌 것은?(단 전자 제어 커-먼 레일은 제외)

① 예연소실식 ② 공기실식
③ 와류실식 ④ 직접분사실식

해설

예열플러그(glow piug type)방식
예열플러그는 연소실 내의 압축 공기를 직접 예열하는 형식이며, 예열플러그, 예열플러그 파일럿, 예열플러그 저항, 히트 릴레이 등으로 구성되어 있으며 직접분사실식을 제외한 모든 연소실에 사용하지만 디젤 전자 제어 커먼레일은 직접분사실식 형식에도 불구하고 예열 플러그를 사용한다.

144 다음 중 6기통 기관이 4기통 기관보다 좋은 점이 아닌 것은?

① 가속이 원활하고 신속하다.
② 기관 진동이 적다.
③ 구조가 간단하며 제작비가 싸다.
④ 저속회전이 용이하고 출력이 높다.

해설

기통이 늘어나면 구조가 복잡하고 제작비가 비싸며, 일렬로 수직 배열한 엔진에서 크랭크축의 위상각 6기통은 120°, 4기통은 180°로 6기통이 4기통보다 가속이 원활하고 신속하며 또한 기관 진동이 적고 출력은 높다.

145 수동변속기가 장착된 건설기계장비에서 주행 중 기어가 빠지는 원인이 아닌 것은?

① 기어의 물림이 덜 물렸을 때
② 기어의 마모가 심할 때
③ 클러치의 마모가 심할 때
④ 변속기의 록 장치가 불량할 때

해설

클러치의 마모가 심하면 주행이 안 된다.

146 자동변속기의 메인압력이 떨어지는 이유가 아닌 것은?

① 오일 펌프 내 공기 생성
② 오일필터 막힘
③ 오일 부족
④ 클러치판 마모

해설

자동변속기에는 클러치판이 없다

147 자동변속기에서 토크 컨버터의 설명으로 틀린 것은?

① 마찰클러치에 비해 연료소비율이 더 높다.
② 토크 컨버터의 회전력 변화율은 3~5:1 이다.
③ 펌프, 터빈, 스테이터로 구성되어 있다.
④ 오일의 충돌에 의한 효율 저하 방지를 위한 가이드 링이 있다.

해설

회전력 변화율은 2~3:1 이다.

148 수동 변속기가 설치된 건설기계 장비에서 출발 시 진동을 일으키는 원인으로 가장 적합한 것은?

① 페달의 리턴 스프링이 강하다.
② 릴리스 레버가 마멸되었다.
③ 릴리스 레버의 높이가 같지 않다.
④ 클러치 스프링이 강하다.

해설

릴리스 레버의 높이가 서로 다르면 장비가 출발할 때 진동을 일으키는 원인이 된다.

149 수동변속기에서 변속할 때 기어가 끌리는 소음이 발생하는 원인으로 맞는 것은?

① 클러치가 유격이 너무 클 때
② 클러치판의 마모
③ 변속기 출력축의 속도계 구동기어 마모
④ 브레이크 라이닝의 마모

해설

클러치 유격이 너무 커서 나타나는 현상은 클러치의 끊음이 매끄럽지 못하고 기어가 잘 들어가지 않으며 소음이 발생하고 유격이 너무 작으면 출발 시 울컥거림과 시동이 잘 꺼지고 미끄럼 현상이 일어난다. 클러치 유격은 15~30mm이다.

정답 144. ③ 145. ③ 146. ④ 147. ② 148. ③ 149. ①

150 다음 중 수동변속기의 록킹볼이 불량하면 어떻게 되는가?

① 변속할 때 소리가 난다.
② 변속레버의 유격이 커진다.
③ 기어가 빠지기 쉽다.
④ 기어가 이중으로 물린다.

해설

록킹볼이 불량하면 기어가 빠지기 쉽다.

151 자동변속기가 장착된 건설기계에서 엔진은 회전하나 장비가 운전하지 않은 때 점검사항으로 옳지 않은 것은?

① 트랜스미션의 에어브리더 점검
② 트랜스미션의 오일량 점검
③ 변속레버(인히비트 스위치) 점검
④ 컨트롤 밸브의 오일 압력 점검

해설

에어브리더란 유압라인에 있는 불필요한 공기를 빼주는 역할을 하는 장치이다. 그러므로 엔진은 회전하나 장비가 운전하지 않는 경우 점검사항이 아니다.

152 다음 중 자동변속기의 과열 원인이 아닌 것은?

① 메인 압력이 높다.
② 과부하 운전을 계속하였다.
③ 오일이 규정량보다 많다.
④ 변속기 오일 쿨러가 막혔다.

해설

오일 양이 규정량보다 많으면 거품이 생기지만 과열은 안 된다.

153 다음 변속기의 필요조건이 아닌 것은?

① 회전력의 증대
② 무부하
③ 회전수의 증대
④ 역전이 가능

해설

회전수는 필요하지 않다.

154 다음 중 라디에이터(radiator)를 다운 플로형식 (down flow type)과 크로스플로형식(cross flow type)으로 구분하는 기준은?

① 공기가 흐르는 방향에 따라
② 라디에이터 크기에 따라
③ 라디에이터의 설치 위치에 따라
④ 냉각수가 흐르는 방향에 따라

해설

냉각수 흐르는 방향에 따라 구분한다.

155 다음 중 라디에이터(Radiator)에 대한 설명으로 틀린 것은?

① 단위 면적당 방열량, 핀을 통과하는 공기 흐름저항, 튜브를 통과하는 냉각수의 흐름저항은 모두 커야 한다.
② 알루미늄 라디에이터는 황동에 비하여 강성이나 내압성이 좋고 특히 가벼운 것이 장점이다.
③ 라디에이터 재료는 지금까지 대부분 황동을 사용했으나 최근에는 알루미늄을 사용하고 있다.
④ 냉각수가 흐르는 방향에 따라 다운 플로우 형식(down flow type)과 크로스 플로우 형식(cross flow type)이 있다.

해설

라디에이터의 구비 조건
① 단위 면적당 방열량이 커야 한다.
② 소형 경량으로 튼튼한 구조이어야 한다.
③ 공기의 흐름저항이 적어야 한다.
④ 냉각수의 흐름이 원활해야 한다.

156 다음 중 라디에이터 캡의 스프링이 파손되는 경우 발생하는 현상은?

① 냉각수 비등점이 낮아진다.
② 냉각수 비등점이 높아진다.
③ 냉각수 순환이 빨라진다.
④ 냉각수 순환이 불량해진다.

해설

캡 스프링이 파손되면 라디에이터 안의 압력이 낮아져서 냉각수의 비등점 즉 끓는점이 낮아진다.

157 다음 중 라디에이터 코어 막힘률이 규정보다 높을 때 나타나는 현상은?

① 출력 향상
② 배압 발생
③ 기관 과냉
④ 기관 과열

해설

• 기관의 냉각수 통로가 막혀 냉각수 순환이 잘 안되어 기관이 과열된다.
• **라디에이터 코어 막힘 점검** : 사용 중인 라디에이터의 주수량과 신품 라디에이터의 주수량을 비교하여 신품보다 주수량이 적을 경우에는 세척하고, 세척한 후의 주수량이 20% 이상 적을 경우에는 라디에이터를 교환하여야 한다. 그리고 라디에이터 냉각핀은 압축 공기를 이용하여 엔진 쪽에서 불어내어 청소한다.
• **라디에이터 코어막힘률**

$$코어막힘률(\%) = \frac{(신품주수량 - 구품주수량)}{신품주수량} \times 100$$

158 다음 중 라디에이터 캡의 압력스프링 장력이 약화되었을 때 나타나는 현상은?

① 기관 과냉
② 기관 과열
③ 출력 저하
④ 배압 발생

해설

라디에이터는 엔진 냉각에 필요한 장치이고, 캡의 압력 스프링 장력이 약화되면 라디에이터 내의 냉각수 끓는점이 낮아져 기관이 과열된다. (예: 고도가 높은 산에서 밥을 할 때 돌로 냄비 뚜껑을 눌러 냄비 안의 압력을 높여 끓는점 온도를 높여 밥을 하는 경우와 같다.

159 압력식 라디에이터 캡의 사용 목적으로 옳은 것은?

① 냉각효과를 높인다.
② 냉각수의 누수를 방지한다.
③ 냉각수의 비점을 높인다.
④ 엔진의 빙결을 방지한다.

해설

압력식 라디에이터 캡은 냉각수의 끓는점(비점)을 높인다.

160 냉각장치에서 라디에이터의 구비 조건으로 틀린 것은?

① 가볍고 작으면 강도가 클 것
② 공기의 흐름 저항이 클 것
③ 단위 면적당 방열량이 클 것
④ 냉각수의 흐름 저항이 적을 것

해설

공기의 흐름 저항이 적을 것

161 건설기계 연료 탱크에서 연료잔량 센서를 설명한 것으로 맞는 것은?

① 서미스터가 연료에 잠겨있으면 저항이 상승되어 전류가 커진다.

② 서미스터가 노출되면 저항이 감소하여 인디케이터의 램프는 소등된다.

③ 온도가 상승하면 저항값이 감소하는 부 특성 서미스터를 이용한다.

④ 서미스터가 연료에 잠겨있으면 인디케이터의 램프는 점등된다.

해설

온도가 상승하면 저항값이 감소하는 부 특성 서미스터다.

162 다음 중 연료 탱크의 연료를 분사 펌프 저압부까지 공급하는 것은?

① 연료공급 펌프　② 연료분사 펌프
③ 인젝션 펌프　④ 로터리 펌프

해설

연료 탱크에서 연료 분사 펌프 저압부까지는 연료 탱크 내부의 연료공급 펌프로 공급한다.

163 연료계통의 고장으로 기관이 부조를 하다가 시동이 꺼졌다. 그 원인이 될 수 없는 것은?

① 연료파이프 연결 불량
② 탱크 내에 오물이 연료장치에 유입
③ 프라이밍 펌프 불량
④ 연료필터 막힘

해설

프라이밍 펌프는 연료라인의 공기빼기 펌프이므로 시동하고 관련이 없다.

164 연료 취급에 관한 설명으로 가장 거리가 먼 것은?

① 연료 주입은 운전 중에 하는 것이 효과적이다.

② 연료 주입 시 물이나 먼지 등의 불순물이 혼합되지 않도록 주의한다.

③ 정기적으로 드레인콕을 열어 연료 탱크 내의 수분을 제거한다.

④ 연료를 취급할 때에는 화기에 주의한다.

해설

연료주입은 시동을 꺼놓고 하는 것이 안전하다.

165 겨울철에는 연료 탱크에 연료를 가득 채우는 것이 좋은 이유는?

① 연료가 적으면 베이퍼록이 발생하기 때문에

② 연료가 적으면 엔진 노킹이 발생할 수 있기 때문에

③ 연료가 적으면 출렁거림이 많아지기 때문에

④ 연료가 적으면 수증기가 응축될 수 있기 때문에

해설

연료 탱크에 연료를 가득 채워 빈 공간에 물방울이 생기는 것을 방지한다.

166 연료 탱크의 배출 콕을 열었다가 잠그는 작업을 반복하는 것은 무엇을 배출하기 위한 작업인가?

① 수분과 오물　② 엔진오일
③ 유압오일　④ 공기

해설

수분과 오물을 배출하는 작업이다.

167 플라이 휠과 압력판 사이에 설치되어 클러치 축을 통하여 변속기로 동력을 전달하는 것은?

① 릴리스 베어링 ② 클러치 스프링
③ 클러치 판 ④ 클러치 커버

해설

플라이 휠과 압력판 사이에 설치된 것은 클러치 판이다.

168 다음 중 기계식 변속기가 설치된 건설기계에서 클러치판의 비틀림 코일스프링의 역할은?

① 클러치판이 더욱 세게 부착되게 한다.
② 클러치 작동 시 충격을 흡수한다.
③ 클러치의 회전력을 증가시킨다.
④ 클러치 압력판의 마멸을 방지한다.

해설

수동변속기의 클러치작동 시 비틀림 코일은 충격을 흡수한다.

169 건설기계장비 운전 시 계기판에서 냉각수량 경고등이 점등되었다. 그 원인으로 가장 거리가 먼 것은?

① 라디에이터 캡이 열린 채 운행하였을 때
② 냉각 계통의 물 호스가 파손되었을 때
③ 냉각수 통로에 스케일(물때)이 없을 때
④ 냉각수량이 부족할 때

해설

냉각수의 온도가 과열되었거나 냉각수가 부족할 때 점등된다.

170 라이너식 실린더에 비교한 일체식 실린더의 특징 중 맞지 않는 것은?

① 강성 및 강도가 크다.
② 냉각수 누출 우려가 적다.
③ 부품 수가 적고 중량이 가볍다.
④ 라이너 형식보다 내마모성이 높다.

해설

• 일체식 실린더는 블록과 같은 재질로 실린더를 일체로 제작한 형식이기 때문에 승용차에서 주로 사용하고 라이너식은 실린더 블록과 별도로 제작한 후 실린더 블록에 끼우는 형식으로 대형 디젤기관에서 사용한다.
• 라이너는 블록과 다른 재질로 피스톤의 마찰과 열을 고려하여 제작하기 때문에 내마모성이 높다.

171 다음 중 클러치의 구비 조건으로 틀린 것은?

① 단속작용이 확실하며 조작이 쉬워야 한다.
② 회전부분의 관성력이 커야 한다.
③ 방열이 잘되고 과열되지 않아야 한다.
④ 회전부분의 평형이 좋아야 한다.

해설

클러치의 구비 조건
① 회전 관성이 적어야 한다.
② 동력을 전달할 때에는 미끄럼을 일으키면서 서서히 전달되고, 전달된 후에는 미끄러지지 않아야 한다.
③ 회전 부분의 평형이 좋아야 한다.
④ 냉각이 잘 되어 과열하지 않아야 한다.
⑤ 구조가 간단하고, 다루기 쉬우며 고장이 적어야 한다.
⑥ 단속작용이 확실하며, 조작이 쉬울 것

정답 167. ③ 168. ② 169. ③ 170. ④ 171. ②

172 다음 중 냉각장치에서 냉각수가 줄어드는 원인과 정비방법으로 틀린 것은?

① 서머 스타트 하우징 불량 : 개스킷 및 하우징 교체
② 라디에이터 캡 불량 : 부품 교환
③ 히터 혹은 라디에이터 호스 불량 : 수리 및 부품 교환
④ 워터 펌프 불량 : 조정

해설

워터 펌프는 조정 불가 고장이 나면 수리 및 교환한다.

173 공기만을 실린더 내로 흡입하여 고압축비로 압축한 다음 압축열에 연료를 분사하는 작동원리의 디젤기관은?

① 압축착화 기관
② 전기점화 기관
③ 외연기관
④ 제트기관

해설

공기를 압축하면 온도가 상승되어 점화하는 방식이다.

174 기관의 실린더 수가 많은 경우 장점이 아닌 것은?

① 회전력의 변동이 적다.
② 흡입공기의 분배가 간단하고 쉽다.
③ 회전의 응답성이 양호하다.
④ 소음이 감소된다.

해설

흡입공기의 분배가 어렵고 복잡하다.

175 다음 중 배기가스의 색과 기관의 상태를 표시한 것으로 틀린 것은?

① 백색 또는 회색 – 윤활유의 연소
② 검은색 – 농후한 혼합비
③ 무색 – 정상
④ 황색 – 공기 청정기의 막힘

해설

• **백색, 회색** : 윤활유의 연소
• **검은색** : 농후한 혼합비, 공기 청정기 막힘(불완전 연소 공기량이 적고 연료가 농후)
• **무색** : 정상

176 기관의 배기가스 색이 회백색이라면 고장 예측으로 가장 적절한 것은?

① 피스톤 링 마모
② 소음기의 마모
③ 노즐의 막힘
④ 흡기필터의 막힘

해설

엔진오일과 연료를 혼합하여 연소하면 배기가스 색이 회백색이 된다.

177 다음 중 차축의 스플라인 부는 차동장치 무슨 기어와 결합되어 있는가?

① 구동 피니언 기어
② 차동 사이드 기어
③ 차동 피니언 기어
④ 링기어

해설

추진축의 스플라인 부는 차동장치 구동 피니언 기어와 결합하여 링기어를 회전시킨다.

178 진공식 제동 배력장치의 설명 중에서 옳은 것은?

① 릴레이 밸브의 다이어프램이 파손되면 브레이크가 듣지 않는다.
② 하이드로릭 피스톤의 체크 볼이 밀착 불량이면 브레이크가 듣지 않는다.
③ 진공 밸브가 새면 브레이크가 전혀 듣지 않는다.
④ 릴레이 밸브 피스톤 컵이 파손되어도 브레이크는 듣는다.

해설

배력장치는 제동 보조 장치이다. 적은 힘으로 큰 제동력을 얻기 위한 장치이므로 배력장치가 고장났다하여 브레이크가 듣지 않는 것은 아니다. 다만, 브레이크가 듣긴 듣는데 배력장치가 고장나면 사람이 브레이크를 밟는 데 힘이 많이 든다.

179 다음 중 현재 가장 많이 사용되고 있는 수온 조절기의 형식은?

① 펠릿형
② 바이메탈형
③ 벨로즈형
④ 블래더형

해설

현재 가장 많이 사용하는 수온 조절기 형식은 펠릿형이다.

180 기관의 수온조절기에 있는 바이패스(bypass) 회로의 기능은?

① 냉각수를 여과시킨다.
② 냉각수 온도를 제어한다.
③ 냉각수의 압력을 제어한다.
④ 냉각팬의 속도를 제어한다.

해설

• **냉각수 온도 조절기** : 실린더 헤드의 냉각수 통로 출구에 설치되어 엔진 내부의 냉각수 온도 변화에 따라 자동적으로 통로를 개폐하여 냉각수 온도를 75~85℃가 되도록 조절한다.
• 냉각수의 온도가 정상 이하이면 밸브를 닫아 냉각수가 라디에이터 쪽으로 흐르지 않도록 하고 냉각수는 바이패스 통로를 통하여 순환하도록 한다. 냉각수 온도가 76~83℃가 되면 서서히 열리기 시작하여 라디에이터 쪽으로 흐르게 하며 95℃가 되면 완전히 열린다. 종류로는 벨로즈형과 펠릿형이 있으나 현재는 펠릿형이 사용된다.

181 다음 중 수온조절기의 종류가 아닌 것은?

① 펠릿 형식
② 바이메탈 형식
③ 벨로즈 형식
④ 마몬 형식

해설

마몬 형식은 수온조절기의 종류가 아니다.

182 다음 중 연소 시 발생하는 질소산화물(NOx) 의 발생 원인과 가장 밀접한 관계가 있는 것은?

① 가속 불량
② 높은 연소 온도
③ 흡입 공기 부족
④ 소염 경계층

해설

질소 산화물(NOx:oxide nitrogen)은 연료가 연소될 때 높은 연소온도에 의하여 공기 중의 질소와 산소가 반응하여 질소산화물이 생성되며 NO_2가 주성분이다. 질소산화물은 호흡기 계통에 영향을 미치며 탄화수소와 함께 햇볕과 광화학 반응을 일으켜 광화학 스모그를 발생시킨다. 공기의 조성은 78%의 질소와 21%의 산소로 구성되어 있으며, 질소산화물은 높은 온도로 연소 시에 산소와 반응하여 일산화질소(NO)가 산소(O_2)와 반응하여 이산화질소(NO_2)가 된다. 이와 같이 NO와 NO_2를 통칭하여 질소산화물(NOx)이라 한다.

183 다음 중 건식 공기 청정기의 장점이 아닌 것은?

① 구조가 간단하고 여과망을 세척하여 사용할 수 있다.
② 작은 입자의 먼지나 오물을 여과할 수 있다.
③ 설치 또는 분해조립이 간단하다.
④ 기관 회전속도의 변동에도 안정된 공기 청정 효율을 얻을 수 있다.

해설

건식 공기 청정기는 압축공기로 먼지 등을 털어내며 액체로 세척하지는 않는다.

184 건식 공기여과기 세척방법으로 가장 적합한 것은?

① 압축 공기로 밖에서 안으로 불어낸다.
② 압축 공기로 안에서 밖으로 불어낸다.
③ 압축 오일로 안에서 밖으로 불어낸다.
④ 압축 오일로 밖에서 안으로 불어낸다.

해설

압축 공기로 안에서 밖으로 불어내야 먼지가 털린다.

185 건식 공기청정기의 효율저하를 방지하기 위한 방법으로 가장 적합한 것은?

① 기름으로 닦는다.
② 마른걸레로 닦아야 한다.
③ 압축공기로 먼지 등을 털어낸다.
④ 물로 깨끗이 세척한다.

해설

건식에어크리너는 습기나 표면에 물기가 있어서는 바람직하지 않다.

186 다음 중 공기 청정기의 종류 중 특히 먼지가 많은 지역에 적합한 공기 청정기의 방식은?

① 건식 　　　　② 습식
③ 유조식 　　　④ 복합식

해설

먼지가 많은 지역은 유조식을 사용한다.

187 다음 굴삭기 운전 작업 중 온도 게이지가 "H" 위치에 근접되어 있다. 운전자가 취해야 할 조치로 가장 알맞은 것은?

① 윤활유를 즉시 보충하고 계속 작업한다.
② 작업을 중단하고 냉각수 계통을 점검한다.
③ 잠시 작업을 중단하고 휴식을 취한 후 다시 작업한다.
④ 작업을 계속해도 무방하다.

해설

냉각수 온도가 정상인 경우 H와 L 중간 정도에 위치에 있는데 H위치에 근접되어 있으므로 냉각수 온도가 매우 높으므로 작업을 중단하고 냉각수 계통을 점검해야 한다.

188 다음 중 밸브 스프링의 점검 사항으로 해당하지 않는 것은?

① 자유높이
② 직각도
③ 코일 수
④ 스프링 장력

해설

코일 수는 점검하지 않는다.

189 밸브 간극이 작을 때 일어나는 현상으로 가장 적당한 것은?

① 밸브가 적게 열리고 닫히기는 꽉 닫힌다.
② 기관이 과열된다.
③ 밸브시트의 마모가 심하다.
④ 실화가 일어날 수 있다.

해설

흡기 밸브의 간극이 작으면 역화나 실화가 발생되기 쉽다.

190 건설기계에서 사용하는 경유의 중요한 성질이 아닌 것은?

① 착화성　　② 세탄가
③ 옥탄가　　④ 비중

해설

옥탄가는 가솔린 연료의 중요한 성질이다.

191 크랭크축의 비틀림 진동에 대한 설명 중 틀린 것은?

① 회전부분이 질량이 클수록 커진다.
② 크랭크축이 길수록 크다.
③ 각 실린더의 회전력 변동이 클수록 크다.
④ 강성이 클수록 크다.

해설

강성은 비틀림 진동에 견디는 크기이므로 강성이 클수록 비틀림 진동은 작다.

192 다음 중 크랭크축의 위상각이 180°이고 5개의 메인 베어링에 의해 크랭크케이스에 지지되는 엔진은?

① 4실린더 엔진　　② 3실린더 엔진
③ 2실린더 엔진　　④ 5실린더 엔진

해설

크랭크축의 위상각 = $\dfrac{720}{실린더수}$ (단, 직렬형 4행정일 때)

실린더수 = $\dfrac{720}{크랭크축의 위상각}$, $\dfrac{720}{180} = 4$

메인 베어링은 항상 실린더 수보다 1개 많다.

193 4행정 기관에서 크랭크축 기어와 캠축 기어와의 지름비 및 회전비는 각각 얼마 인가?

① 2 : 1 및 1 : 2　　② 2 : 1 및 2 : 1
③ 1 : 2 및 2 : 1　　④ 1 : 2 및 1 : 2

해설

1:2 및 2:1이다

194 다음 중 크랭크케이스를 환기하는 목적은?

① 출력 손실을 막기 위하여
② 오일 증발을 막으려고
③ 오일의 슬러지 형성을 막으려고
④ 크랭크케이스의 청소를 쉽게 하기 위해서

해설

오일의 슬러지 형성을 막기 위해 크랭크케이스를 환기한다.

195 건설기계기관에 사용되는 여과장치가 아닌 것은?

① 오일 스트레이너
② 공기청정기
③ 오일 필터
④ 인젝션 타이머

해설

인젝션 타이머는 연료 분사 시기 조정장치이다.

정답 189. ④　190. ③　191. ④　192. ①　193. ③　194. ③　195. ④

★
196 건설기계관리법령상 건설기계의 경미한 정비행위의 범위에서 제외되는 행위는?

① 창유리 또는 배터리, 전구 교환
② 엔진 흡, 배기 밸브의 간극 조정
③ 에어클리너 엘리먼트 및 필터류의 교환
④ 트랙의 장력 조정

해설

엔진 흡, 배기 밸브의 간극 조정은 경미한 정비 행위가 아니다.

★
197 다음 설명에서 올바르지 않은 것은?

① 장비의 그리스 주입은 정기적으로 하는 것이 좋다.
② 엔진오일 교환 시 여과기도 같이 교환한다.
③ 최근의 부동액은 4계절 모두 사용하여도 무방하다.
④ 장비운전 작업 시 기관회전수를 낮추어 운전한다.

해설

운전 중 회전속도를 낮추어 운전하면 일의 효율이 낮아진다.

★
198 4행정 기관에서 많이 쓰이는 오일 펌프의 종류는?

① 로터리식, 나사식, 베인식
② 로터리식, 기어식, 베인식
③ 기어식, 플런저식, 나사식
④ 플런저식, 기어식, 베인식

해설

로터리식, 기어식, 베인식이 제일 대중화 되어 있다.

★
199 토크 컨버터의 최대 회전력 값을 무엇이라 하는가?

① 회전력
② 스톨 포인트
③ 종감속비
④ 변속기어비

해설

토크컨버터의 최대 회전력 값을 '스톨 포인트'라 한다.

★
200 다음 중 토크 컨버터에서 회전력의 비를 무엇이라 하는가?

① 회전력
② 토크 변환비
③ 종감속비
④ 변속기어비

해설

토크 컨버터에서 회전력의 비를 '토크 변환비'라 한다.

★★
201 다음 중 토크 컨버터에 속하지 않는 부속품은?

① 가이드 링
② 스테이터
③ 펌프
④ 터빈

해설

펌프, 터빈, 스테이터 등은 토크 컨버터 부속품이다.

★★★
202 건설기계 운전 전에 점검할 사항이 아닌 것은?

① 냉각수
② 연료
③ 윤활유
④ 크랭크샤프트

해설

운전 전 크랭크샤프트는 정지되어 있어 이상 유무를 알 수 없다.

203 다음 중 건설기계기관의 압축압력 측정 시 측정방법으로 맞지 않는 것은?

① 기관의 분사노즐(또는 점화플러그)은 모두 제거한다.
② 배터리의 충전상태를 점검한다.
③ 기관을 정상온도로 작동시킨다.
④ 습식시험을 먼저하고 건식시험을 나중에 한다.

해설

건식시험을 먼저하고 습식(엔진오일 삽입)시험을 나중에 한다.

204 다음 중 건설기계 검사기준 중 제동장치의 제동력으로 맞지 않는 것은?

① 모든 축의 제동력의 합이 당해 축중 (빈차)의 50% 이상일 것
② 동일차축 좌.우바퀴 제동력의 편차는 당해 축중의 8% 이내일 것
③ 뒤차축 좌.우바퀴 제동력의 편차는 당해 축중의 15% 이내일 것
④ 주차제동력의 합은 건설기계 빈차 중량의 20% 이상일 것

해설

• 모든 축의 제동력의 합이 당해 축중(빈차)의 50% 이상일 것
• 동일차축의 좌 · 우바퀴 제동력의 편차는 당해 축중의 8% 이내일 것
• 주차제동력의 합은 건설기계 빈차중량의 20% 이상일 것
• 제동드럼, 라이닝 및 라이닝 팽창장치는 심한 마모 · 균열 · 변형이 없어야 하며, 기름의 누출이 없을 것

205 다음 중 TPS(스로틀 포지션 센서)에 대한 설명으로 틀린 것은?

① 가변 저항식이다.
② 운전자가 가속페달을 얼마나 밟았는지 감지한다.
③ 급가속을 감지하면 컴퓨터가 연료 분사 시간을 늘려 실행시킨다.
④ 분사 시기를 결정해 주는 가장 중요한 센서이다.

해설

분사시기는 타이머로 결정한다.

206 다음 중 에어컨의 구성 부품 중 고압의 기체 냉매를 냉각시켜 액화시키는 작용을 하는 것은?

① 압축기   ② 응축기
③ 팽창밸브   ④ 증발기

해설

냉매 기체를 액체로 액화시키는 역할을 하는 것은 응축기이다.

207 다음 중 분사 펌프의 플런저와 배럴 사이의 윤활은 무엇으로 하는가?

① 유압유   ② 경유
③ 그리스   ④ 기관오일

해설

디젤기관 연료는 경유이므로 분사 펌프 플런저와 배럴 사이의 윤활은 경유이다.

208 다음 중 냉각팬의 벨트 유격이 너무 클 때 일어나는 현상으로 옳은 것은?

① 발전기의 과충전이 발생된다.
② 강한 텐션으로 벨트가 절단된다.
③ 기관 과열의 원인이 된다.
④ 점화 시기가 빨라진다.

해설

벨트의 유격이 크면 충전이 안 되고, 기관 과열의 원인이 된다.

209 다음 중 방열기의 캡을 열어 보았더니 냉각수에 기름이 떠 있을 때 그 원인으로 가장 적합한 것은?

① 물 펌프 마모
② 수온 조절기 파손
③ 방열기 코어 파손
④ 헤드 개스킷 파손

해설

헤드 개스킷이 파손되면 엔진 블록의 냉각수 통로로 엔진 오일이 혼입되어 방열기에 기름이 떠 있다.

210 다음 중 기관 정비 작업 시 엔진블록의 찌든 기름때를 깨끗이 세척하고자 할 때 가장 좋은 용해액은?

① 냉각수   ② 절삭유
③ 솔벤트   ④ 엔진오일

해설

오일 및 경유 제거는 솔벤트로 한다.

211 다음 중 과급기에 대해 설명한 것 중 틀린 것은?

① 배기 터빈 과급기는 주로 원심식이다.
② 흡입공기에 압력을 가해 기관에 공기를 공급한다.
③ 과급기를 설치하면 엔진 중량과 출력이 감소된다.
④ 4행정 사이클 디젤기관은 배기가스에 의해 회전하는 원심식 과급기가 주로 사용된다.

해설

과급기는 강제 공기 압축 장치로 엔진의 중량과 출력을 증가시킨다.

212 보기에 표시된 것은 어느 구성품을 형태에 따라 구분한 것인가?

> 직접분사식, 예연소실, 와류실식, 공기실식

① 연료분사장치   ② 연소실
③ 기관구성   ④ 동력전달장치

해설

연소실의 분류이다.

213 다음 중 1KW는 몇 PS인가?

① 0.75   ② 1.36
③ 75   ④ 736

해설

1kw=1.3596ps=1.3405hp

★★
214 다음 중 예열플러그를 빼서 보았더니 심하게 오염되어 있다. 그 원인은?

① 불완전 연소 또는 노킹
② 엔진 과열
③ 플러그의 용량 과다
④ 냉각수 부족

해설
예열플러그는 연소실 안에 설치되어 있어 주로 불완전 연소에 의하여 오염된다.

★
215 다음 중 지게차 주행 시 주의하여야 할 사항들 중 틀린 것은?

① 짐을 싣고 주행할 때는 절대로 속도를 내서는 안 된다.
② 노면의 상태에 충분한 주의를 하여야 한다.
③ 포크의 끝을 밖으로 경사지게 한다.
④ 적하 장치에 사람을 태워서는 안 된다.

해설
포크의 끝을 안으로 경사지게 한다.

★
216 다음 중 펌프가 오일을 토출하지 않을 때 원인으로 틀린 것은?

① 오일 탱크의 유면이 낮다.
② 흡입관으로 공기가 유입된다.
③ 토출 측 배관 체결볼트가 이완되었다.
④ 오일이 부족하다.

해설
토출 측 배관 체결볼트가 이완돼도 오일은 토출된다.

★
217 다음 중 연소장치에서 혼합비가 희박할 때 기관에 미치는 영향은?

① 저속 및 공회전
② 시동이 쉬워진다.
③ 출력(동력)감소
④ 연소속도가 빨라진다.

해설
혼합비가 희박할 때 출력은 감소한다.

★
218 다음 중 감압장치에 대한 설명으로 옳은 것은?

① 화염전파 속도를 빨리해 주는 것
② 연료손실을 감소시키는 것
③ 출력을 증가시키는 것
④ 시동을 도와주는 장치

해설
겨울철 시동을 용이하게 하는 장치, 디젤엔진의 작동을 정지시킬 수도 있다.

★
219 다음 중 분사노즐 테스터기로 측정하는 것으로 맞는 것은?

① 분사개시 압력과 분사속도
② 분사개시 압력과 후적 점검
③ 분포상태와 분사량
④ 분포상태와 플런저의 성능

해설
노즐 테스터기로 분사개시 압력 및 후적 점검

220 다음 중 속도에너지를 압력에너지로 바꾸는 장치는?

① 임펠러　　　　② 디퓨저
③ 디플렉터　　　④ 터빈

해설

디퓨저는 속도 에너지를 압력 에너지로 바꾼다.

221 다음 중 스타트 릴레이 설치 목적과 관계없는 것은?

① 축전지 충전을 용이하게 한다.
② 엔진 시동을 용이하게 한다.
③ 키 스위치를 보호한다.
④ 기동 전동기로 많은 전류를 보내어 충분한 크랭킹 속도를 유지한다.

해설

기동 전동기로 많은 전류를 보내어 충분한 크랭킹 속도를 유지하여 시동을 용이하게 하고 전동기를 보호하는 역할을 한다.

222 금속 간의 마찰을 방지하기 위한 방안으로 마찰계수를 저하시키기 위하여 사용되는 첨가제는?

① 방청제　　　　② 유성 향상제
③ 점도지수 향상제　④ 유동점 강하제

해설

• 산화 방지제 : 공기 중 산소에 의해 산화되는 것을 막는 역할을 한다.
• 유성 향상제 : 금속표면에 물리 화학적으로 흡착되어 마찰계수를 줄이는 작용을 한다.
• 점도지수 향상제 : 윤활유의 점도지수를 높여 온도에 따른 점도의 변화를 줄여주는 첨가제

• 유동점 강하제 : wax 성분의 응고를 막아 저온 유동성을 향상시키는 작용을 한다.
• 방청제 : 금속표면에 피막을 형성하여 공기나 수분의 접촉을 막아 금속표면에 녹이 발생되는 것을 방지하는 역할을 한다.

223 다음 중 벨트 전동장치에 위험적 요소로 의미가 다른 것은?

① 트랩(trap)
② 충격(impact)
③ 접촉(contact)
④ 말림(entanglement)

해설

회전체이기 때문에 충격은 위험적 요소가 아니다.

224 보기에서 머플러(소음기)와 관련된 설명이 모두 올바르게 조합된 것은?

| a. 카본이 많이 끼면 엔진이 과열되는 원인이 될 수 있다. |
| b. 머플러가 손상되어 구멍이 나면 배기음이 커진다. |
| c. 카본이 많이 쌓이면 엔진출력이 떨어진다. |
| d. 배기가스의 압력을 높여서 열효율을 증가시킨다. |

① a, b, d　　　② b, c, d
③ a, c, d　　　④ a, b, c

해설

배기가스의 압력이 높으면 열효율을 감소시킨다.

225 다음 중 터보차저를 구동하는 것으로 가장 적합한 것은?

① 엔진의 열
② 엔진의 배기가스
③ 엔진의 흡입가스
④ 엔진의 여유동력

해설

터보차저는 엔진의 배기가스로 구동한다.

226 다음 중 건설기계에 사용하고 있는 필터의 종류가 아닌 것은?

① 배출 필터
② 흡입 필터
③ 고압 필터
④ 저압 필터

해설

배출 필터는 없다.

227 다음 중 흡기 장치의 요구 조건으로 틀린 것은?

① 전 회전 영역에 걸쳐서 흡입효율이 좋아야 한다.
② 균일한 분배성을 가져야 한다.
③ 흡입부에 와류가 발생할 수 있는 돌출부를 설치해야 한다.
④ 연소속도를 빠르게 해야 한다.

해설

흡입부는 와류가 발생하지 않도록 설계해야 한다.

228 4행정 사이클 기관의 행정 순서로 맞는 것은?

① 압축 → 동력 → 흡입 → 배기
② 흡입 → 동력 → 압축 → 배기
③ 압축 → 흡입 → 동력 → 배기
④ 흡입 → 압축 → 동력 → 배기

해설

4행정 기관의 행정 순서 : 흡입 → 압축 → 동력 → 배기

229 오일 스트레이너(oil strainer)에 대한 설명으로 바르지 못한 것은?

① 오일 필터에 있는 오일을 여과하여 각 윤활부로 보낸다.
② 보통 철망으로 만들어져 있으며 비교적 큰 입자의 불순물을 여과한다.
③ 고정식과 부동식이 있으며 일반적으로 고정식이 많이 사용되고 있다.
④ 불순물로 인하여 여과망이 막힌 때에는 오일이 통할 수 있도록 바이패스 밸브(bypass valve)가 설치된 것도 있다.

해설

오일 스트레이너는 오일팬의 오일을 처음 흡입하는 부분의 불순물을 제거하는 그물망이다.

230 작업 중 운전자가 확인해야 할 것으로 틀린 것은?

① 온도 계기
② 전류 계기
③ 오일 압력 계기
④ 실린더 압력

해설

실린더 압력은 정비 시 확인한다.

정답 225. ② 226. ① 227. ③ 228. ④ 229. ① 230. ④

★★★
231 냉각장치에서 수온조절기의 열림 상태가 낮을 경우 나타나는 현상을 설명한 것으로 맞는 것은?

① 엔진의 회전속도가 빨라진다.
② 엔진이 과열되기 쉽다.
③ 워밍업 시간이 길어지기 쉽다.
④ 물 펌프에 부하가 걸리기 쉽다.

해설

수온조절기 열림 상태로 고장이기 때문에 기관의 정상 온도까지 워밍업 시간이 길어진다.

★★
232 다음 중 예열플러그가 15~20초에서 완전히 가열되었을 경우의 설명으로 옳은 것은?

① 정상상태이다.
② 접지되었다.
③ 단락되었다.
④ 다른 플러그가 모두 단선되었다.

해설

정상상태이다.

★
233 다음 중 팬벨트와 연결되지 않은 것은?

① 발전기 풀리
② 기관 오일 펌프 풀리
③ 워터 펌프 풀리
④ 크랭크축 풀리

해설

기계식 기관의 기관 오일 펌프는 크랭크축에 의하여 회전시킨다.

2.전기 및 작업장치

01 다음 중 축전지 격리판의 구비 조건이 아닌 것은?

① 부식되지 않을 것
② 비전도성일 것
③ 다공성일 것
④ 전해액 확산이 안 될 것

해설

격리판의 구비 조건
① 비전도성일 것
② 다공성이어서 전해액이 확산이 잘될 것
③ 기계적 강도가 있고, 전해액에 부식되지 않을 것
④ 극판에 좋지 못한 물질을 내 뿜지 않을 것

02 축전지에서 음극판이 1장 더 많은 이유는?

① 양극판과 음극판의 단락을 방지하기 위해
② 가격이 저렴하기 때문에
③ 양극판보다 화학작용이 활성적이지 못하기 때문에
④ 양극판보다 황산에 조금 더 강하기 때문에

해설

음극판은 다공성이 부족하여 황산으로 침투 확산이 양극판보다 작아 화학작용이 양극판보다 활발하지 못하므로 양극판과 화학적 평형을 고려하여 양극판보다 1장 더 많다.

03 20℃에서 완전충전 시 축전지의 전해액 비중은?

① 2,260   ② 0.128
③ 1,280   ④ 0.0007

해설

20℃(상온)에서 비중은 1,280이 완전충전이다.

04 그림과 같이 12V용 축전지 2개를 사용하여 24V용 건설기계를 시동하고자 한다. 연결 방법으로 옳은 것은?

① A – B   ② B – D
③ B – C   ④ A – C

해설

• 전압을 높이기 때문(12v → 24v)에 직렬연결이다.
• 직렬은 다른 극끼리 연결한다(+는 –와 연결한다).

05 다음 중 충전장치에서 축전지 전압이 낮을 때의 원인으로 틀린 것은?

① 축전지 케이블 접속이 불량할 때
② 충전회로에 부하가 적을 때
③ 다이오드가 단락되었을 때
④ 조정 전압이 낮을 때

해설

축전지 전압이 낮을 때 원인
① 충전회로에 높은 저항이 있을 때
② 조정 전압이 낮을 때
③ 다이오드의 단락 및 단선이 되었을 때
④ 스테이터 코일이 단락되었을 때

정답 1. ④   2. ③   3. ③   4. ③   5. ②

06 납산 배터리 액체를 취급하는데 가장 좋은 것은?

① 가죽으로 만든 옷
② 무명으로 만든 옷
③ 화학섬유로 만든 옷
④ 고무로 만든 옷

해설

납산 배터리의 액체는 황산이며, 황산과 반응하지 않는 것은 고무이다.

07 다음 중 축전지의 설명 중 틀린 것은?

① 12V 축전지는 6개의 셀이 병렬로 접속되어 있다.
② 격리판은 양극판과 음극판의 단락을 방지한다.
③ 시동 시 전원을 담당한다.
④ 벤트 플러그는 셀의 통풍 마개이다.

해설

1. 축전지의 역할 기관이 정지해 있을 때 전장품에 전기를 공급하는 전원으로, 기관 시동 시 시동 전동기 및 예열 장치의 전원으로 사용된다. 또한, 자동차의 주행조건에 상응하여 발전기 출력과 부하의 균형을 조정하는 역할을 한다.
2. 납산 축전지의 구조납산 축전지는 케이스내부에 독립된 전지인 6개의 셀로 되어 있고, 이들을 직렬로 접속한 것이다. 12[V]용 축전지이며 각 셀에는 여러 장의 양극과 음극의 극판, 격리판 및 유리 섬유 매트와 전해액이 들어있다.
3. 벤트플러그와 셀의 통풍 마개커버는 합성수지로 제작하며, 커버와 케이스는 접착제로 접착되어 있으므로 기밀을 유지하고 있다. 또 커버의 가운데에는 전해액이나 증류수를 주입하거나, 비중계용 스포이드나 온도계를 넣기 위한 구멍과 이것을 막아 두기 위한 벤트 플러그가 있으며 이 플러그의 중앙이나 옆에는 작은 구멍이 있어 축전지 내부에는 발생한 산소와 수소가스를

방출한다. 최근에 사용되는 MF 축전기에는 벤트 플러그를 두지 않는다.

08 축전지의 용량이 영향을 미치는 것이 아닌 것은?

① 방전율과 극판의 크기
② 셀 기둥단자의 +, − 표시
③ 전해액의 비중
④ 극판의 크기, 극판의 수

해설

기둥단자의 표시는 그저 표시일 뿐이다.

09 다음 중 축전지(battery) 내부에 들어가는 것이 아닌 것은?

① 단자 기둥
② 음극판
③ 양극판
④ 격리판

해설

단자 기둥은 (+. −)로 축전지 외부에 있다.

10 다음 중 건설기계에 사용되는 12볼트(V), 80암페어(A) 축전지 2개를 병렬로 연결하면 전압과 전류는 어떻게 변하는가?

① 24볼트(V), 160암페어(A)가 된다.
② 12볼트(V), 80암페어(A)가 된다.
③ 24볼트(V), 80암페어(A)가 된다.
④ 12볼트(V), 160암페어(A)가 된다.

해설

• **직렬연결** : 전압은 커지고 전류는 일정, 병렬연결 전압은 일정 전류는 증가
• 12v, 80A+80A=160A

11 축전지 터미널의 식별방법으로 적합하지 않는 것은? ★★★

① 부호(+, −)로 식별
② 요철로 분별
③ 굵기로 분별
④ 문자(P, N)로 분별

해설

커넥터와 단자기둥(connector and terminal post) 커넥터는 각각의 단전지를 직렬로 접속하기 위한 것으로 납 합금으로 되어 있다. 단자 기둥 또한 납 합금으로 되어 있고 외부와 확실하게 접촉하도록 테이퍼로 되어있으며, P(positive), N(negative)으로 표시되어 있으며, 표식이 없는 것은 굵은 단자 기둥이 (+)이고 가는 단자 기둥은 (−)이다. 적갈색과 검은색으로 구분되는 것도 있다.

12 다음 중 축전지 케이스와 커버를 청소할 때 용액은? ★

① 비수와 물
② 소금과 물
③ 소다와 물
④ 오일 가솔린

해설

축전지는 케이스 커버에 묻어 있는 황산을 제거 하기 위하여 소다와 물을 사용한다.

13 "유도 기전력의 방향은 코일 내의 자속의 변화를 방해하려는 방향으로 발생한다."는 법칙은? ★

① 플레밍의 왼손 법칙
② 플레밍의 오른손 법칙
③ 렌츠의 법칙
④ 자기유도 법칙

해설

렌츠의 법칙 : 코일(또는 솔레노이드)을 관통하는 자기장의 변화로 인해 유도 전류가 흐를 때, 이 유도 전류의 방향은 자기장의 변화를 방해하는 방향으로 흐른다는 것이 렌츠 법칙이다.

14 다음 중 축전지 전해액의 비중 측정에 대한 설명으로 틀린 것은? ★

① 전해액의 비중을 측정하면 축전지 충전 여부를 판단할 수 있다.
② 유리 튜브 내에 전해액을 흡입하여 뜨개의 눈금을 읽는 흡입식 비중계가 있다.
③ 측정 면에 전해액을 바른 후 렌즈 내로 보이는 맑고 어두운 경계선을 읽는 광학식 비중계가 있다.
④ 전해액은 황산에 물을 조금씩 혼합하도록 하며 유리 막대 등으로 천천히 저어서 냉각한다.

해설

물에 황산을 조금씩 혼합하도록 한다.

15 다음 중 충전된 축전지를 방치 시 자기방전 (self- discharge)의 원인과 가장 거리가 먼 것은? ★★

① 음극판의 작용물질이 황산과 화학작용으로 방전
② 전해액 내에 포함된 불순물에 의해 방전
③ 전해액의 온도가 올라가서 방전
④ 양극판의 작용물질 입자가 축전지 내부에 단락으로 인한 방전

해설

자기 방전은 온도보다도 화학적 작용에 의하여 방전된다.

★★
16 축전지의 방전은 어느 한도 내에서 단자 전압이 급격히 저하하며, 그 이후는 방전능력이 없어지게 된다. 이때의 전압을 (   )이라고 한다. (   )에 알맞은 용어는?

① 누전 전압
② 방전종지 전압
③ 방전 전압
④ 충전 전압

해설

방전종지 전압 : 축전지의 완충 시 전압은 12.6V 이지만(셀당 2.1V) 축전지에 부하를 연결하여 전류가 흐르기 시작하면 축전지의 단자 전압은 어느 일정 시간에서는 전압이 지속되다가 어느 시점에서부터는 단자 전압이 서서히 감소하여 방전 종지 전압(10.5V)까지 저하하게 된다. 이렇게 축전지의 방전종지 전압까지 지속적으로 방전하면 0V까지 저하하지만 실제로 축전지는 10.5V 이하에서 사용할 수 없기 때문에 10.5V(셀당 1.75V)를 방전종지 전압으로 정하고 있다.

★★
17 자동차에 사용되는 납산 축전지에 대한 내용 중 맞지 않는 것은?

① (+)단자 기둥은 (−)단자 기둥보다 가늘고 회색이다.
② 격리판은 비전도성이며 다공성이어야 한다.
③ 축전지 케이스 하단에 엘리먼트레스트 공간을 두어 단락을 방지한다.
④ 음(−)극판이 양(+)극판보다 1장 더 많다.

해설

표식이 없는 것은 굵은 단자 기둥이 (+)이고 가는 단자 기둥은 (−)이다. 적갈색과 회색으로 구분되는 것도 있다.

★★
18 다음 중 축전지의 용량을 나타내는 단위는 무엇인가?

① Amp
② Ah
③ V
④ Ω

해설

축전지의 용량은 A(전류) h(시간)이다.

★
19 다음 납산 축전지에서 셀 커넥터와 터미널의 설명으로 틀린 것은?

① 셀 커넥터는 납합금으로 되어 있다.
② 양극판이 음극판의 수보다 1장 더 적다.
③ 색깔로 구분되어 있는 것은 (−)가 적색으로 되어 있다.
④ 배터리 내 각각의 셀을 직렬로 연결하기 위한 것이다.

해설

색깔로 구분되어 있는 것은 (−)가 검은색으로 되어 있다.

★★
20 방전된 납산 충전지에 충전기를 접속하여 완전 충전하였을 때 화학작용으로 옳은 것은?

① 양극판(황산납)+전해액(물)+음극판(황산납)
② 양극판(과산화납)+전해액(물)+음극판(황산납)
③ 양극판(황산납)+전해액(묽은 황산)+음극판(해면상납)
④ 양극판(과산화납)+전해액(묽은 황산)+음극판(해면상납)

해설

전해액은 묽은 황산이다.

21 다음 축전지의 충전방법에서 충전 말기에 전류가 거의 흐르지 않기 때문에 충전 능률이 우수하며 가스 발생이 거의 없으나 충전 초기에 많은 전류가 흘러 축전지 수명에 영향을 주는 단점이 있는 충전 방법은?

① 정전류 충전   ② 정전압 충전
③ 단별전류 충전   ④ 급속 충전

해설

정전압 충전

• 충전기의 출력 전압을 일정하게 유지시키며 충전하는 방식으로 충전이 진행됨에 따라서 밧데리에 들어가는 전류가 점차 감소한다.

• 배터리의 과충전을 방지하며 충전 시간이나 충전 전류에 대한 특별한 관리가 없이도 충전할 수 있다.

• MF배터리 충전에 적합한 충전 방법이다. 전압은 15.5(V)~16.0(V) 정도로 설정하고 20~24시간 정도 충전한다.

• 과방전된 배터리 경우는 이 전압 범위에서 충전이 일어나지 않을 수도 있으므로 이때는 전압을 약1.0(V)씩 상승시켜 충전하고 전류가 들어가는 것을 확인한 후 약 30분 간격으로 전압을 재조정하여 약 16.0(V)로 맞춘 후 계속해서 약 24시간 정도 충전한다.

22 다음 중 축전지가 충전되지 않는 원인으로 가장 옳은 것은?

① 레귤레이터가 고장일 때
② 발전기의 용량이 클 때
③ 팬벨트의 장력이 셀 때
④ 전해액의 온도가 낮을 때

해설

레귤레이터(조정기)가 고장 나면 축전지가 충전이 안 된다.

23 다음 중 전해액 충전 시 20℃일 때 비중으로 틀린 것은?

① 25% 1.150~1.170
② 50% 1.190~1.210
③ 75% 1.220~1.260
④ 완전충전 1.260~1.280

해설

배터리 수명 연장

하루 동안 장비 가동 후 배터리 농도가 1.24(28° Be) 아래로 내려가지 않는다면, 충전을 할 필요가 없다. 배터리를 사용하면서 가장 많은 문제점으로 나타나는 것은 지나친 충전이므로, 만약 배터리가 지속적으로 지나친 충전을 하게 된다면, 배터리 수명은 점점 줄어들 것이다. 권장 적정 온도는 45℃이며, 50℃가 넘을 경우 충전을 중단하고 온도가 내려간 후 다시 충전한다. 만약, 5~10%의 배터리 양이 남아있다고 대시보드에 표시되면 브러시는 멈추지만, 흡입 청소는 가능하다. 배터리의 완전방전은 수명을 50% 이상 단축시키며 장비의 효율적인 사용에 가장 큰 장애요인이 된다.

24 다음 중 축전지 설페이션(유화)의 원인이 아닌 것은?

① 전해액 양의 부족
② 과충전인 경우
③ 전해액 속의 과도한 황산 함유
④ 방전 상태로 장시간 방치

해설

• 일시적 황산납이 영구적 황산납으로 되는 현상을 설페이션(유화 : 불활성 황화)이라 한다. 설페이션이 발생하면 더 이상의 화학작용이 발생하지 않아 충전을 시켜도 충전이 안 되므로 축전지를 교환해야 한다.

• 설페이션 발생 원인
① 과방전   ② 방전 상태의 장시간 방치
③ 전해액 양의 부족
④ 과도한 전해액 속의 황산

25 다음 중 축전지의 용량만을 크게 하는 방법으로 맞는 것은?

① 직렬연결법　　② 병렬연결법
③ 직·병렬연결법　④ 논리회로연결법

해설

병렬연결하면 용량이 증가한다.

26 다음 중 축전지 충전 방법 중에서 틀린 방법은?

① 정전류 충전법　② 정전압 충전법
③ 단별전류 충전법　④ 정저항 충전법

해설

저항으로 충전하는 방법은 없다.

27 다음 중 건설기계에서 사용하는 납산 축전지 취급상 적절하지 않은 것은?

① 자연 소모된 전해액은 증류수로 보충한다.
② 과방전은 축전지의 충전을 위해 필요하다.
③ 사용하지 않는 축전지도 주에 1회 정도 보충한다.
④ 필요시 급속 충전시켜 사용할 수 있다.

해설

과방전되면 축전지를 충전하여 사용할 수 없으므로 축전지를 교환해야 한다.

28 충전된 축전지라도 방치해두면 사용하지 않아도 조금씩 자연 방전하여 용량이 감소하는 현상은?

① 강제 방전　　② 급속방전
③ 자기방전　　④ 화학방전

해설

자연 방전하는 것을 자기방전이라 한다.

29 같은 축전지 2개를 직렬로 접속하면 어떻게 되는가?

① 전압과 용량의 변화가 없다.
② 전압과 용량 모두 2배가 된다.
③ 전압은 같고 용량은 2배가 된다.
④ 전압은 2배가 되고 용량은 같다.

해설

• **직렬** : 전압은 2배이고 전류는 같다.
• **병렬** : 전압은 같고 전류는 2배이다.

30 납산 축전지의 격리판에서 홈이 있는 면이 양극판 쪽으로 끼워져 있는 이유에 대한 설명으로 틀린 것은?

① 양극판에 작용물질이 떨어지는 것을 방지하기 위해서
② 양극판에 전해액을 풍부히 통하도록 하기 위해서
③ 과산화납에 의한 산화 부식을 방지하기 위해서
④ 전해액의 확산이 잘되도록 하기 위해서

해설

산화 부식 방지는 극판에서 이루어진다.

31 납산 축전지를 방전하면 양극판과 음극판의 재질은 어떻게 변하는가?

① 황산납이 된다.
② 해면상납이 된다.
③ 일산화납이 된다.
④ 과산화납이 된다.

해설

전기분해에 의해 황산납이 된다.

32 축전지의 가장 중요한 역할이라고 할 수 있는 것은?

① 주행 중 냉·난방장치에 전류를 공급
② 기동 장치의 전기적 부하에 대한 전력공급
③ 축전지 점화식에서 주행 중 점화장치에 전류를 공급
④ 주행 중 등화장치에 전류를 공급

해설

축전지의 중요한 가장 중요한 역할은 시동장치에 전력을 공급하는 것이다.

33 배터리 전해액을 만들 때 용기로 무엇을 사용하는가?

① 철재　　　　② 알루미늄
③ 구리합금　　④ 질그릇

해설

화학분해 작용이 일어나면 안 되기 때문에 금속재 그릇은 적절하지 않다.

34 12V 배터리의 셀 연결 방법으로 맞는 것은?

① 3개를 병렬로 연결한다.
② 3개를 직렬로 연결한다.
③ 6개를 직렬로 연결한다.
④ 6개를 병렬로 연결한다.

해설

한 셀당 2V씩 직렬로 연결한다.

35 다음 중 배터리의 완전 충전된 상태의 화학식으로 맞는 것은?

① $PbSO_4$(황산납)+$2H_2O$(물)+$PbSO_4$ (황산납)
② $PbSO_4$(황산납)+$2H_2SO_4$(묽은황산)+Pb (순납)

③ PbO_2(과산화납)+$2H_2SO_4$(묽은황산)+Pb (순납)
④ PbO_2(과산화납)+$2H_2SO_4$(묽은황산)+$PbSO_4$(황산납)

해설

방전
$$PbO_2+2H_2SO_4+Pb \rightleftarrows PbSO_4+2H_2O+PbSO_4$$
충전

36 사용 중 자기방전된 배터리의 충전법이 아닌 것은?

① 단별 전류 충전법　② 급속 충전법
③ 정전류 충전법　　④ 활성 충전법

해설

배터리 충전법 : 정전류, 정전압, 단별 전류, 급속 충전법이 있다.

37 배터리의 자기방전 원인에 대한 설명으로 틀린 것은?

① 배터리 케이스의 표면에서는 전기 누설이 없다.
② 이탈된 작용물질이 극판의 아래 부분에 퇴적되어 있다.
③ 배터리의 구조상 부득이하다.
④ 전해액 중에 불순물이 혼입되어 있다.

해설

배터리 케이스의 표면에서 전기 누설이 있다.

38 다음 중 실드 빔 형식의 전조등을 사용하는 건설기계 장비에서 전조등 밝기가 흐려 야간 운전에 어려움이 있을 때 올바른 조치 방법으로 맞는 것은?

① 렌즈를 교환한다.

정답 ⫶ 32. ②　33. ④　34. ③　35. ③　36. ④　37. ①　38. ④

② 반사경을 교환한다.

③ 전구를 교환한다.

④ 전조등을 교환한다.

해설

- 실드 빔식은 반사경에 필라멘트를 붙이고 여기에 렌즈를 녹여 붙인 후 내부에 불활성가스를 넣어 그 자체가 1개의 전구가 되도록 한 것이다. 즉, 반사경, 렌즈 및 필라멘트가 일체로 된 형식이다.
- 실드 빔식의 특징
  ① 대기의 조건에 따라 반사경이 흐려지지 않는다.
  ② 사용에 따르는 광도의 변화가 적다.
  ③ 필라멘트가 끊어지면 렌즈나 반사경에 이상이 없어도 전조등 전체를 교환하여야 한다.

★★★
39 전조등 및 전조등의 회로에 대한 설명으로 틀린 것은?

① 전조등 회로의 재선은 복선식이다.

② 야간 조명용인 전조등은 원등과 근등이 있다.

③ 전조등 퓨즈는 전조등 회로와 직렬로 접속한다.

④ 전조등 회로는 직렬로 연결되어 있다.

해설

전조등 회로는 병렬로 연결되어 있다.

★
40 다음 글상자에서 전조등을 설명한 것이다. 괄호 안에 알맞은 것은?

전조등 전구 안에는 2개의 필라멘트가 있는데, 1개는 먼 곳을 비추는 (A)의 역할을 하고 다른 하나는 시내를 주행할 때나 교행할 때 대향 차량이나 사람이 현혹되지 않도록 (B)를 약하게 하고 동시에 빔을 낮추는 (C)이 있다.

① A:조도 B:하향빔 C:상향빔

② A:상향빔 B:조도 C: 하향빔

③ A:하향빔 B:상향빔 C:광도

④ A:상향빔 B:광도 C:하향빔

해설

- 보통 일반램프에는 2개의 필라멘트가 있으며 1개는 먼 곳을 비추는 (A: 하이빔)의 역할을 하고, 다른 하나는 시내 주행할 때나 교행(반대편에서 차가 주행)할 때 대향자동차나 사람이 현혹되지 않도록 (B: 광도)를 약하게 하고 동시에 빔을 낮추는 (C: 로우빔)이 있다.
- **광도** : 같은 전구를 사용해도 반사경을 씌우면 어느 방향의 밝기는 더 밝게 된다. 이것은 그 방향으로 향하는 광속의 수가 많기 때문이다. 이와 같이 어떤 방향의 빛의 세기를 광도라고 한다.
- **조도** : 같은 전등 아래에서도 장소에 따라 그 밝기는 모두 다르다. 즉 '전등에 가까이 가면 밝고, 멀면 어두워진다.'는 표현은 빛이 닿는 면의 밝기를 두고 하는 말이다. 비추어지는 장소의 밝기를 조도라고 하는데, 단위로는 럭스(Lx)이며 1럭스란 면적 1㎡의 면 위에 1Lm에의 광속이 평균으로 비치고 있을 때의 조도를 말한다.

★
41 다음 중 전조등 회로의 구성으로 틀린 것은?

① 퓨즈   ② 점화 스위치

③ 라이트 스위치   ④ 디머 스위치

해설

점화 스위치는 시동 회로의 구성품이다.

★★★
42 건설기계에 사용되는 전조등은 각각 ( )로 접속되어 있다. ( )에 알맞은 말은?

① 병렬 후 직렬   ② 직렬 후 병렬

③ 직렬   ④ 병렬

해설

전조등은 각각 병렬로 접속되어 있다.

★★★
43 실드 빔 전조등에 대한 설명으로 틀린 것은?

① 렌즈를 교환할 수 있다.
② 광도의 변화가 적다.
③ 내부에 불활성 가스가 들어 있다.
④ 반사경이 흐려지는 일이 없다.

해설

렌즈, 반사경, 필라멘트가 일체로 되어 있어 렌즈만
교환할 수 없다.

★★★
44 내부에 불활성 가스가 들어있으며, 계속
사용에 따른 광도의 변화가 적고 대기 조건에
따라 반사경이 흐려지지 않는 전조등의
형식은?

① 실드 빔식   ② 하이 빔식
③ 로우 빔식   ④ 세미 실드 빔식

해설

1. 실드 빔식의 특징
   ① 대기의 조건에 따라 반사경이 흐려지지
      않는다.
   ② 사용에 따르는 광도의 변화가 적다.
   ③ 필라멘트가 끊어지면 렌즈나 반사경에 이상이
      없어도 전조등 전체를 교환하여야 한다.
2. 세미 실드 빔식 : 이 형식은 렌즈와 반사경은
   녹여 붙였으나 전구는 별개로 설치한 것이다.
   필라멘트가 끊어지면 전구만 교환하면 된다.
   그러나 전구 설치 부분으로 공기가 유입되어
   렌즈가 흐려지기 쉽다.

★
45 방향지시등 스위치 작동 시 한쪽은 정상이고,
다른 한쪽은 점멸작용이 정상과 다르게
(빠르게, 느리게, 작동불량) 작용할 때, 고장
원인으로 가장 거리가 먼 것은?

① 배터리 전압이 낮다.
② 계자 코일이 너무 단락되었다.
③ 플래셔 유닛이 고장 났을 때

④ 한쪽 전구소켓이 녹이 발생하여 전압강하
   가 있을 때

해설

배터리 전압이 낮으면 전체에 영향을 미친다.

★★★
46 건설기계에 사용되는 12볼트 80암페어
축전지 2개를 직렬연결하면 전압과 전류는
어떻게 변하는가?

① 12볼트, 80암페어가 된다.
② 24볼트, 160암페어가 된다.
③ 12볼트, 160암페어가 된다.
④ 24볼트, 80암페어가 된다.

해설

• **직렬연결** : 전압은 12+12=24V, 전류는 80A
• **직렬연결** : 전압은 더하고, 전류는 같다.
• **병렬연결** : 전압은 같고, 전류는 더한다.

★★
47 다음 중 건설기계용 교류발전기의 다이오드
가 하는 역할은?

① 전류를 조정하고 교류를 정류한다.
② 전압을 조정하고 교류를 정류한다.
③ 교류를 정류하고 역류를 방지한다.
④ 여자정류를 조정하고 역류를 방지한다.

해설

다이오드의 역할 : 교류를 정류하고 역류를 방지한다.

★★
48 무한궤도식 건설기계에서 리코일 스프링의
주된 역할로 맞는 것은?

① 클러치의 미끄러짐 방지
② 주행 중 트랙 전면에서 오는 충격완화
③ 트랙의 벗어짐 방지
④ 삽에 걸리는 하중 방지

해설
리코일 스프링은 안 스프링과 바깥 스피링의 2중으로 된 구조이며, 주행 중 프런트 아이들러가 받는 충격을 완화시켜 트랙 장치의 파손을 방지하는 일을 한다. 즉, 리코일 스프링의 장력보다 큰 충격이 발생하면 압축되면서 프런트 아이들러가 약간 후퇴하여 완충하도록 되어 있다.

49 다음 중 건설기계에 주로 사용되는 기동 전동기로 맞는 것은?

① 교류 전동기   ② 직류분권 전동기

③ 직류직권 전동기   ④ 직류복권 전동기

해설
- 직류 전동기에는 전기자 코일과 계자 코일의 연결 방법에 따라 직권식 전동기, 분권식 전동기, 복권식 전동기로 분류한다. 현재 건설 기계에서는 축전기를 전원으로 하는 직류 직권식 전동기를 사용한다.
- 직권식 전동기 : 이 전동기는 전기자 코일과 계자 코일이 직렬로 접속된 것이다. 특징은 기동 회전력이 크고, 부하가 증가하면 회전속도가 낮아지고 흐르는 전류가 커지는 장점이 있으나 회전 속도 변화가 크다.
- 분권식 전동기 : 이 전동기는 전기자와 계자 코일이 병렬로 접속된 것이다. 특징은 회전속도가 일정한 장점이 있으나 회전력이 작은 단점이 있다.
- 복권식 전동기 : 이 전동기는 전기자 코일과 계자코일이 직병렬로 접속된 것이다. 특징은 회전력이 크며, 회전속도가 일정한 장점이 있으나 구조가 복잡한 단점이 있다. 복권식 전동기는 윈드 실드 와이퍼 전동기를 사용한다.

50 타이어식 건설기계 장비에서 토인에 대한 설명으로 틀린 것은?

① 토인은 좌·우 앞바퀴의 간격이 앞보다 뒤가 좁은 것이다.

② 토인은 직진성을 좋게 하고 조향을 가볍도록 한다.

③ 토인은 반드시 직진상태에서 측정해야 한다.

④ 토인 조정이 잘못되면 타이어가 편마모 된다.

해설
앞보다 뒤가 좁은 경우 토우 아웃이다.

51 타이어식 건설기계는 길고 급한 경사 길을 운전할 때 반 브레이크를 사용하면 어떤 현상이 생기는가?

① 파이프는 스팀록, 라이닝은 베이퍼록

② 라이닝은 페이드, 파이프는 스팀록

③ 파이브는 증기폐쇄, 라이닝은 스팀록

④ 라이닝은 페이드, 파이프는 베이퍼록

해설
라이닝-페이드, 파이프-베이퍼록
- **베이퍼 로크(록)(vapor lock)** : 액체를 사용하는 계통에서 열에 의하여 액체가 증기(베이퍼 : vapor)로 변하여 어떤 부분이 폐쇄(lock)되므로 그 계통의 기능을 상실하는 것으로, 이에 대한 현상으로는 연료 계통에서 연료 파이프 가운데 증기가 모여 연료 펌프가 연료를 공급할 수 없게 되어 엔진이 정지하는 것과 유압식 브레이크의 휠 실린더나 브레이크 파이프 속에서 브레이크액이 기화하여 페달을 밟아도 스펀지를 밟는 것 같이 푹신푹신하여 브레이크가 듣지 않는 것이 있다.
- **페이드(fade) 현상** : 비탈길을 내려갈 때 브레이크를 반복하여 사용하면 마찰열이 라이닝에 축적되어 브레이크의 제동력이 저하되는 경우가 있다. 이 현상을 페이드라고 하는데, 그 이유는 브레이크의 온도가 상승하여 라이닝의 마찰계수가 저하되므로 일정하게 페달을 밟는 힘에 따라 제동력이 감소하기 때문이다. 이것을 방지하는 데는 브레이크 라이닝의 온도가 어느 일정 이상 높아지지 않도록 라이닝을 크게 하거나, 온도에 대하여 마찰계수의 변화가 작은 라이닝을 사용해야 한다. 페이드는 비탈을 내려갈 때 또는 고속으로부터 브레이크를 작동시킬 때 일어나는데, 브레이크의 온도를 냉각시키면 원래대로 되돌아간다.

★★
52 다음 보기 중 무한궤도형 건설기계에서 트랙 긴장 조정방법으로 모두 맞는 것은?

> [보기]
> ㄱ. 그리스식   ㄴ. 너트식
> ㄷ. 전자식   ㄹ. 유압식

① ㄱ, ㄷ   ② ㄱ, ㄴ
③ ㄱ, ㄴ, ㄷ   ④ ㄴ, ㄷ, ㄹ

해설

무한궤도형 트랙의 장력 조정은 그리스식과 너트식이 있다.

★★
53 무한궤도식 건설기계에서 트랙장력 조정은?

① 스프로켓의 조정 볼트로 한다.
② 긴장 조정 실린더로 한다.
③ 상부롤러의 베어링으로 한다.
④ 하부롤러의 시임을 조정한다.

해설

무한궤도식 건설기계 트랙 장력 조정은 긴장 조정 실린더로 한다.

★
54 건설기계의 운전 전 점검 사항을 나타낸 것으로 적합하지 않은 것은?

① 라디에이터의 냉각수량 확인 및 부족 시 보충
② 엔진 오일량 확인 및 부족 시 보충
③ V벨트 상태확인 및 장력 부족 시 조정
④ 배출가스의 상태확인 및 조정

해설

배출가스는 운전 전 점검할 수 없다.

★★
55 건설기계장비의 충전장치는 어떤 발전기를 가장 많이 사용하고 있는가?

① 단상 교류 발전기   ② 3상 교류 발전기
③ 직류 발전기   ④ 와전류 발전기

해설

건설기계의 발전기는 3상 교류 발전기이며, 단상에 비해 3상이 여러 가지로 경제적이다(발전기의 스테이터 코일을 보면 120°씩 철심에 감겨있는 것을 볼 수 있다).

구분	직류발전기	교류발전기
크기	크기가 크고 무겁다.	크기가 작고 가볍다.
발전기 수명	짧다	길다
성능	엔진 공회전 시 발전이 어렵다.	엔진 공회전 시에도 발전이 가능하다.
소음	크다	작다
추가 필요 부품	전압, 전류 조정기 및 역류 방지기 필요	전압 조정기만 필요
여자 방식	타여자 방식	자여자 방식

★
56 다음 중 타이어식 건설기계의 액슬 허브에 오일을 교환하고자 한다. 오링을 배출시킬 때와 주입할 때의 플러그 위치로 옳은 것은?

① 배출시킬 때 1시 방향, 주입할 때 9시 방향
② 배출시킬 때 6시 방향, 주입할 때 9시 방향
③ 배출시킬 때 12시 방향, 주입할 때 2시 방향
④ 배출시킬 때 2시 방향, 주입할 때 12시 방향

해설

배출시킬 때는 아래로 6시 방향, 주입할 때는 수평으로 9시 방향이다.

57 무한궤도식 건설기계에서 트랙이 벗겨지는 원인은?

① 파이널 드라이브의 마모
② 트랙이 너무 이완되었을 때
③ 트랙의 서행 회전
④ 보조 스프링이 파손되었을 때

해설

트랙이 벗겨지는 원인
① 트랙의 유격이 클 때
② 프런트 아이들러와 스프로킷의 중심이 일치되지 않을 때
③ 고속주행 중 급회전
④ 상·하부 롤러 및 스프로킷 마멸이 클 때

58 건설기계장비 작업 시 계기판에서 냉각수의 경고등이 점등되었을 때 운전자로서 가장 적절한 조치는?

① 오일량을 점검한다.
② 작업이 모두 끝나면 곧바로 냉각수를 보충한다.
③ 작업을 중지하고 점검 및 정비를 받는다.
④ 라디에이터를 교환한다.

해설

계기판 냉각수 경고등 점등 시 작업을 중지하고 점검 및 정비를 받는다.

59 다음 중 건설기계 중에서 수상 작업용 건설기계에 속하는 것은?

① 준설선 ② 스크레이퍼
③ 골재살포기 ④ 쇄석기

해설

항만, 하천의 물밑 토사를 굴착할 때 작업하는 작업선이 준설선이다.

60 건설기계장비의 기동장치 취급 시 주의 사항으로 틀린 것은?

① 전선 굵기는 규정 이하의 것을 사용하면 안 된다.
② 기동전동기의 회전속도가 규정 이하이면 오랜 시간 연속 회전시켜도 시동이 되지 않으므로 회전속도에 유의해야 한다.
③ 기관이 시동 된 상태에서 기동스위치를 켜서는 안 된다.
④ 기동전동기의 연속 사용 기간은 3분 정도로 한다.

해설

기동전동기 연속 사용 시간은 10초 정도로 하고, 최대 연속 운전 시간은 30초 이내로 하여야 한다.

61 타이어타입 건설기계를 조종하여 작업을 할 때 주의하여야 할 사항으로 틀린 것은?

① 노견의 붕괴방지 여부
② 지반의 침하방지 여부
③ 작업 범위 내에 물품과 사람 배치
④ 낙석의 우려가 있으면 운전실에 헤드 가이드를 부착

해설

작업 범위 내에 사람이 있으면 매우 위험하다.

62 무한괘도식 건설기계에서 트랙 장력이 약간 팽팽할 때 작업조건이 오히려 효과적인 경우는?

① 물이 고여 있는 땅 ② 진흙땅
③ 바위가 깔린 땅 ④ 모래가 있는 땅

해설

트랙 장력이 팽팽할 때는 노면이 딱딱한 작업 조건이 효과적이다.

63 다음 중 건설기계장비에서 환향장치란 무엇인가?

① 분사압력 증대 장치이다.
② 시동 보조장치이다.
③ 분사 시기를 조정하는 장치이다.
④ 장비의 진행 방향으로 바꾸는 장치이다.

해설

환향장치 : 진행 방향을 바꾸는 장치

64 건설기계에서 사용되는 전기장치에서 과전류에 의한 화재예방을 위해 사용하는 부품으로 가장 적절한 것은?

① 콘덴서　　　② 저항기
③ 퓨즈　　　　④ 전파방지기

해설

건설기계뿐만 아니라 가정에서도 과전류를 방지하는 전기 회로의 간단한 보호장치는 퓨즈이다.

65 무한궤도식 건설기계에서 트랙 장력이 너무 팽팽하게 조정되었을 때 보기와 마모가 촉진되는 부분을 모두 나열한 것은?

> a. 트랙 핀의 마모
> b. 부싱의 마모
> c. 스프로킷 마모
> d. 블레이드 마모

① a, b, d　　　　② a, b, c, d
③ a, b, c　　　　④ a, c

해설

블레이드는 삽날이다.

66 건설기계장비 운전 시 작업자가 안전을 위해 지켜야 할 사항으로 맞지 않는 것은?

① 건물 내부에서 장비를 가동 시는 적절한 환기조치를 한다.
② 작업 중에는 운전자 한 사람만 승차하도록 한다.
③ 시동 된 장비에서 잠시 내릴 때에는 변속기 선택 레버를 중립으로 하지 않는다.
④ 엔진을 가동시킨 상태로 장비에서 내려서는 안 된다.

해설

엔진을 정지하거나 중립위치에 놓아 장비에 부하가 걸리는 것을 방지한다.

67 다음 중 건설기계 타이어 패턴 중 슈퍼 트랙션 패턴의 특징으로 틀린 것은?

① 기어 형태로 연약한 흙을 잡으면서 주행한다.
② 패턴 사이에 흙이 끼는 것을 방지한다.
③ 패턴의 폭은 넓고 홈을 낮게 한 것이다.
④ 진행 방향에 대한 방향성을 가진다.

해설

타이어 패턴의 종류
① **슈퍼 트랙션 패턴**(super traction pattern) : 이 패턴은 러그 패턴의 중앙부에 연속된 부분을 없애고 진행 방향에 대해 방향성을 가지게 한 것이며 기어와 같은 모양으로 되어 연약한 흙을 확실히 잡으면서 주행할 수 있다.
② **오프 더 로드 패턴**(off the road pattern) : 이 패턴은 진흙길에서도 강력한 견인력을 발휘할 수 있도록 러그 패턴의 홈을 깊게 하고 폭을 넓게 한 것이다.
③ **리브 패턴**(riib pattern) : 이 패턴은 타이어 원둘레 방향으로 몇 개의 홈을 둔 것이며, 사이드 슬립에 대한 저항이 크고, 조향 성능이 양호하며 포장도로에서 고속 주행에 알맞다.

④ **러그 패턴(lug pattern)** : 이 패턴은 타이어 회전 방향의 직각으로 홈을 둔 것이며, 전 후진 방향에 대하여 강력한 견인력을 발휘하며 제동 성능과 구동 성능이 우수하다.

⑤ **리브 러그 패턴** : 이 패턴은 타이어 가장자리부에 러그 패턴을, 트레드 중앙부에는 지그재그(zig-zag)형의 리그 패턴을 사용하여 양호한 도로나 험악한 노면에서 모두 사용할 수 있다.

⑥ **블록 패턴(block pattern)** : 이 패턴은 눈 위나 모랫길 같은 연약한 노면을 다지면서 주행할 수 있어 사이드 슬립을 방지할 수 있다.

★
68 자동변속기가 장착된 건설기계의 주차 시 관련사항으로 틀린 것은?

① 평탄한 장소에 주차시킨다.
② 시동 스위치의 키를 "ON"에 놓는다.
③ 변속레버를 "P" 위치로 한다.
④ 주차 브레이크를 작동하여 장비가 움직이지 않게 한다.

해설

시동 스위치의 키를 "off"에 놓는다.

★
69 다음 중 건설기계에 사용되는 저압타이어의 호칭 치수 표시는?

① 타이어의 외경 – 타이어의 폭 – 플라이 수
② 타이어의 폭 – 타이어의 내경 – 플라이 수
③ 타이어의 폭 – 림의 지름
④ 타이어의 내경 – 타이어의 폭 – 플라이 수

해설

① **저압 타이어의 호칭 치수** : 타이어 폭(inch)–타이어 내경(inch)–플라이 수
② **고압 타이어의 호칭 치수** :
타이어 외경(inch)×타이어 폭(inch)–플라이 수
예 6.00–12–4PR / B70–13–4PR

• 6.00 : 타이어 폭(inch)
• 12 : 타이어 내경(inch)
• 4 : 플라이 수
• B : 부하 능력
• 70 : 편평비(%)
• 13 : 타이어 내경(inch)

③ **레디얼 타이어 호칭 치수**
예 185–70 H R 13 / 195–60 R 14 85 H
• 185 : 타이어 폭(mm)
• 70 : 편평비(%)
• H : 속도 기호
• R : 레디얼 타이어
• 13 : 타이어 내경(inch)
• 195 : 타이어 폭(mm)
• 60 : 편평비(%)
• R : 레디얼 타이어
• 14 : 타이어 내경(inch)
• 85 : 하중지수
• H : 속도 기호

★
70 타이어식 건설기계 타이어의 정비점검 중 틀린 것은?

① 림 부속품의 균열이 있는 것은 재가공, 용접, 땜질, 열처리하여 사용한다.
② 휠 너트를 풀기 전에 차체에 고임목을 고인다.
③ 타이어와 림의 정비 및 교환 작업은 위험하므로 반드시 숙련공이 한다.
④ 적절한 공구와 절차를 이용하여 수행한다.

해설

림 부속품의 균열이 있는 것은 재가공, 용접, 땜질, 열처리하여 사용해서는 안 된다(회전체이기 때문에 중량비에 의한 균형이 중요하기 때문이다).

★
71 다음 중 타이어식 건설기계에서 전·후 주행이 되지 않을 때 점검하여야 할 곳으로 틀린 것은?

① 주차 브레이크 잠김 여부를 점검한다.
② 유니버셜 조인트를 점검한다.
③ 타이로드 엔드를 점검한다.
④ 변속 장치를 점검한다.

해설

타이로드 엔드 : 타이어식 굴삭기 조향장치의 양 끝 앞바퀴의 너클을 이어주는 부품으로 보통 앞바퀴 토인을 조정하는 역할을 한다.

★
72 건설기계 장비에서 다음과 같은 상황의 경우 고장 원인으로 가장 적합한 것은?

- 기관을 크랭킹 했으나 기동전동기는 작동되지 않는다.
- 헤드라이트 스위치를 켜고 다시 시동 전동기 스위치를 켰더니 라이트 빛이 꺼져버렸다.

① 축전지 방전
② 솔레노이드 스위치 고장
③ 회로의 단선
④ 시동 모터 배선의 단선

해설

시동 전 헤드라이트는 축전지에 의해 전기가 소모 되므로 on-off 시 완전 방전된다.

★
73 건설기계에 의한 고압선 주변작업에 대한 설명으로 가장 적합한 것은?

① 작업 장비를 최대로 펼친 끝으로부터 전선에 접촉되지 않도록 이격하여 작업 한다.

② 전압의 종류를 확인한 후 안전 이격거리를 확보하여 그 이내로 접근되지 않도록 작업한다.
③ 전압의 종류를 확인한 후 전선과 전주에 접촉되지 않도록 작업한다.
④ 작업장비의 최대로 펼쳐진 끝으로부터 전주에 접촉되지 않도록 이격하여 작업 한다.

해설

장비를 최대로 펼친 끝으로부터 전선에 접촉되지 않도록 떨어져 작업한다.

★
74 다음 중 옴의 법칙에 대한 설명으로 옳은 것은?

① 도체에 흐르는 전류는 도체의 전압에 반비례한다.
② 도체의 저항은 도체에 가해진 전압에 반비례한다.
③ 도체에 저항은 도체 길이에 비례한다.
④ 도체에 흐르는 전류는 도체의 저항에 정비례한다.

해설

전압, 전류, 저항 사이에 전류는 가한 전압에 정비례하고 그 저항에는 반비례한다.

★
75 다음 중 유니버셜 조인트의 종류 중 변속 조인트의 분류에 속하지 않는 것은?

① 훅형   ② 벤딕스형
③ 트러니언형   ④ 플렉시블형

해설

• 벤딕스형은 등속 조인트에 속한다.
• **등속 조인트 종류** : 트랙타형, 이중 십자형, 벤딕스형, 제파형, 버필드형
• **유니버셜 조인트의 변속조인트 종류** : 훅형, 트러니언형, 플렉시블형, 등속형

76 유니버설 조인트 중 등속조인트의 종류가 아닌 것은?

① 훅형　　　　② 제파형
③ 트랙타형　　④ 버필드형

> **해설**
> 훅형은 변속조인트 종류이다.

77 다음 중 일반적으로 자동변속기가 부착된 지게차에서 주행 시 속도 조절은 어떻게 하는가?

① 클러치 페달에서 발을 떼고 가속 후 변경한다.
② 변속 레버로 변경한다.
③ 가속페달을 밟는 정도로 한다.
④ 경보 부저가 울릴 때 변경한다.

> **해설**
> 자동변속기 부착된 지게차는 클러치가 없기 때문에 가속페달을 밟는 정도로 속도를 조절한다.

78 지게차 주행 시 포크의 높이로 가장 적절한 것은?

① 지면으로부터 60~70cm 정도 높인다.
② 최대한 높이를 올리는 것이 좋다.
③ 지면으로부터 90cm 정도 높인다.
④ 지면으로부터 20~30cm 정도 높인다.

> **해설**
> 지면으로부터 20~30cm 정도로 높여 주행한다.

79 지게차의 주차방법으로 틀린 것은?

① 포크 선단이 지면에 닿도록 마스트를 전방으로 경사 시킨다.
② 잠시 자리를 비울 때는 키를 그대로 둔다.
③ 주차 브레이크를 완전히 당겨 놓는다.
④ 포크는 지면에 완전히 내린다.

> **해설**
> 잠시라도 자리를 비울 경우라도 키는 반드시 챙긴다.

80 지게차의 리프트 실린더 작동회로에 사용되는 플로우 레귤레이터(슬로우 리턴) 밸브의 주된 사용 이유는?

① 포크를 천천히 하강하도록 작용한다.
② 짐을 하강할 때 신속하게 내려오도록 작용한다.
③ 리프트 실린더에서 포크 상승 중 중간 정지 시 내부누유를 방지한다.
④ 포크를 상승 시 압력을 높이는 작용을 한다.

> **해설**
> 4포크를 하강시키고자 리프트 레버를 밀면 리프트 실린더 아래쪽의 오일은 탱크로 복귀하며, 포크와 화물 중량에 의해 하강한다. 이때 하강 속도를 이 밸브에 의해 조절한다.

81 지게차 유압 탱크의 유량 점검방법으로 가장 적합한 것은?

① 포크를 지면에 내려놓고 점검한다.
② 포크를 최대로 높인 상태에서 점검한다.
③ 포크를 중간 높이로 하고 점검한다.
④ 최대 적재량을 적재하고 포크를 지면에서 떨어진 상태에서 점검한다.

> **해설**
> 포크를 지면에 내려놓고 점검한다(작동유가 탱크로 복귀한다).

82 다음 중 지게차의 체인장력 조정법이 아닌 것은?

① 좌우체인이 동시에 평행한가를 확인한다.
② 포크를 지상에서 10~15cm 올린 후 확인한다.
③ 조정 후 록크 너트를 록시키지 않는다.
④ 손으로 체인을 눌러보아 양쪽이 다르면 조정 너트로 조정한다.

해설

조정 후 반드시 록크 너트를 록시켜야 체인장력 조정 록크 너트가 풀리시 않는다.

83 지게차의 좌우 포크높이가 다를 경우에 조정하는 부위는?

① 리프트 밸브 조정
② 체인 조정
③ 틸트 레버 조정
④ 틸트 실린더 조정 체인조정

해설

지게차의 좌우 포크 높이는 체인으로 조정한다.

84 다음 중 지게차에 화물을 적재하고 주행할 때 포크와 지면과의 간격으로 가장 적합한 것은?

① 지면에 밀착   ② 20~30cm
③ 50~55cm   ④ 80~85cm

해설

지게차를 주행할 때 지면과 20~30cm 간격을 유지한다.

85 다음 중 지게차에 대한 설명으로 틀린 것은?

① 오일 압력 경고등은 시동 후 워밍업 되기 전에 점등되어야 한다.

② 히터시그널은 연소실 글로우 플러그의 가열 상태를 표시한다.
③ 연료 탱크에 연료가 비어 있으면 연료 게이지는 "E"를 가리킨다.
④ 암페어 메타의 지침은 발전되면 (−) 쪽을 가리킨다.

해설

오일 압력 경고등은 시동 후 워밍업 되기 전에 소등되어야 한다.

86 다음 중 지게차의 적재방법으로 틀린 것은?

① 화물을 올릴 때는 포크를 수평으로 한다.
② 화물을 올릴 때는 가속페달을 밟는 동시에 레버를 조작한다.
③ 포크로 물건을 찌르거나 물건을 끌어서 올리지 않는다.
④ 화물이 무거우면 사람이나 중량물로 밸런스 웨이트를 삼는다.

해설

밸런스 웨이트를 사람이나 중량물로 하면 매우 위험하다.

87 지게차의 하역방법 설명으로 틀린 것은?

① 화물을 내릴 때 가속 페달은 사용하지 않는다.
② 화물을 내릴 때 마스트는 앞으로 약 4° 정도 기울인다.
③ 리프트 레버 사용 시 눈은 마스트를 주시한다.
④ 화물을 내릴 때 틸트 레버는 사용하지 않는다.

해설

화물 하차 시 마스트를 앞으로 기울이고 포크를 뺀다. 마스트는 틸트 레버로 조정한다.

정답 82. ③ 83. ② 84. ② 85. ① 86. ④ 87. ④

88 다음 중 지게차의 리프트 체인에 주유하는 가장 적합한 오일은?

① 자동변속기 오일　② 작동유
③ 엔진 오일　　　　④ 그리스

해설

외부 체인이므로 고체 윤활유인 그리스를 주유한다.

89 다음 중 지게차의 일상점검 사항이 아닌 것은?

① 타이어 손상 및 공기압 점검
② 토크 컨버터의 오일 점검
③ 작동유의 양 점검
④ 틸트 실린더 오일 누유 점검

해설

토크 컨버터의 오일 점검은 분해 정비해야 가능하다.

90 다음 중 지게차의 전기회로를 보호하기 위한 장치는?

① 캠버　　　　　② 퓨저블 링크
③ 안전 밸브　　　④ 턴시그널 램프

해설

선택 문항에서 전기회로와 관련 있고 전기회로를 보호하기 위한 장치는 퓨저블 링크이다.

91 다음 중 지게차의 일반적인 조향 방식은?

① 뒷바퀴 조향방식이다.
② 앞바퀴 조향방식이다.
③ 허리꺾기 조향방식이다.
④ 작업조건에 따라 바꿀 수 있다.

해설

지게차는 뒷바퀴 조향방식이다.

92 지게차의 전경각과 후경각을 조정하는 레버는?

① 전 · 후진 레버　② 리프트 레버
③ 틸트 레버　　　④ 변속 레버

해설

전 · 후경각 조정은 틸트 레버로 한다.

93 다음 중 지게차의 일일점검 사항이 아닌 것은?

① 엔진 오일 점검　② 배터리 전해액 점검
③ 연료량 점검　　　④ 냉각수 점검

해설

배터리 전해액 점검은 일일 점검 사항이 아닌 고장 수리 점검사항이다.

94 지게차에서 주행 중 핸들이 떨리는 원인으로 틀린 것은?

① 포크가 휘었을 때
② 타이어 밸런스가 맞지 않을 때
③ 휠이 휘었을 때
④ 타이어 정렬이 맞지 않을 때

해설

포크가 휘었을 경우는 파렛트 및 화물 상 · 하차 불량

95 지게차에서 리프트 실린더의 상승력이 부족한 원인과 거리가 먼 것은?

① 오일 필터의 막힘
② 유압 펌프의 불량
③ 리프트 실린더에서 유압유 누출
④ 딜트 로크 밸브의 밀착 불량

해설

딜트 로크 밸브가 고장 나면 경사각이 변화하지 리프트 실린더의 상승력과는 관계가 없다.

정답 ː 88. ④　89. ②　90. ②　91. ①　92. ③　93. ②　94. ①　95. ④

96 지게차의 유압식 조향장치에서 조향실린더의 직선운동을 축의 중심의 회전운동으로 바꾸어줌과 동시에 타이로드에 직선운동을 시켜 주는 것은?

① 핑거 보드　　　② 드래그 링크
③ 벨 크랭크　　　④ 스테빌라이저

해설

왕복 운동의 방향을 바꾸기 위해 개발된 구조이다 액추에이터의 상하 왕복운동을 타이로드 좌우 운동으로 변화시킴으로써 횡 방향 운동의 성능을 높이기 위해 사용되고 있디.

97 다음 중 조향장치의 특성에 관한 설명 중 틀린 것은?

① 타이어 및 조향 장치의 내구성이 커야 한다.
② 조향조작이 경쾌하고 자유로워야 한다.
③ 노면으로부터의 충격이나 원심력 등의 영향을 받지 않아야 한다.
④ 회전 반경이 되도록 커야 한다.

해설

회전반경이 작아야 한다. 자동차로 생각하면 앞-뒤 밀착 주차된 상태에서 최소회전 반경이 0이면 앞-뒤 밀착 주차된 자동차를 건드리지 않고 주차공간에서 빠져나갈 수 있다. 그렇기 때문에 회전반경이 되도록 작아야 한다.

98 조향핸들의 조작을 가볍게 하는 방법으로 틀린 것은?

① 저속으로 주행한다.
② 바퀴의 정렬을 정확히 한다.
③ 동력조향을 사용한다.
④ 타이어의 공기 압력을 높인다.

해설

저속이면 타이어와 노면의 마찰이 커서 조향핸들의 조작이 무겁다.

99 다음 중 타이어식 건설기계에서 조향 바퀴의 토인을 조정하는 곳은?

① 핸들　　　② 타이로드
③ 웜 기어　　　④ 드래그 링크

해설

토인 및 토아웃은 타이로드 길이로 조정한다.

100 조향 핸들의 유격이 커지는 원인과 관계없는 것은?

① 조향기어, 링커지 조정불량
② 앞바퀴 베어링 과대 마모
③ 피트먼 암의 헐거움
④ 타이어 공기압 과대

해설

타이어 마모나 공기압 과대하고 핸들 유격하고는 거리가 멀다.

101 다음 중 굴삭기의 한쪽 주행레버만 조작하여 회전하는 것을 무슨 회전이라고 하는가?

① 원웨이 회전　　　② 스핀 회전
③ 급회전　　　④ 피벗 회전

해설

무한궤도형 굴삭기 조향(환향) 방법
• **피벗 회전** : 주행 레버 1개만 조작하면 반대쪽 트랙 중심으로 회전하는 것
• **스핀(급) 회전** : 주행 레버 2개를 동시에 반대 방향으로 조작하면 굴삭기 중심으로 회전하는 것

102 굴삭기운전석의 계기판에 확인할 수 있는 것으로 가장 적합한 것은?

① 오일의 연소상태를 알 수 있다.
② 오일의 누설 상태를 알 수 있다.
③ 오일의 온도를 짐작할 수 있다.
④ 오일량의 많고 적음을 알 수 있다.

해설

운전석 계기판에서는 엔진회전수, 연료량, 냉각수 온도, 작동유 온도 등을 표시한다.

103 무한궤도식 굴삭기에서 스프로켓이 한쪽으로만 마모되는 원인으로 가장 타당한 것은?

① 트랙장력 이완되어서
② 롤러 및 아이들러가 직선 배열이 아니어서
③ 편향을 심하게 하여서
④ 트랙링크가 마모되어서

해설

무한궤도식 굴삭기에서 스프로켓 편마모 원인 : 롤러 및 아이들러가 직선 배열이 아니기 때문이다.

104 다음 중 굴삭기 운전 시 작업안전 사항으로 적합하지 않은 것은?

① 스윙하면서 버킷으로 암석을 부딪쳐 파쇄하는 작업을 하지 않는다.
② 안전한 작업 반경을 초과해서 하중을 이동시킨다.
③ 굴삭하면서 주행하지 않는다.
④ 작업을 중지할 때는 파낸 모서리로부터 장비를 이동시킨다.

해설

작업 반경을 초과해서 하중을 이동하면 전복에 위험이 있다.

105 굴삭기 동력전달 계통에서 최종적으로 구동력을 증가하는 것은?

① 종감속 기어
② 스프로킷
③ 변속기
④ 트랙 모터

해설

최종적 구동력을 증가하는 것은 종감속 기어이다.

106 다음 중 무한궤도식 굴삭기의 유격을 조정할 때 유의사항으로 잘못된 방법은?

① 장비를 평지에 주차시킨다.
② 2~3회 나누어 조정한다.
③ 브레이크가 있는 장비는 브레이크를 사용한다.
④ 트랙을 들고 늘어지는 것을 점검한다.

해설

브레이크가 있는 장비는 브레이크를 사용해서는 안된다.

107 도로상의 한전 맨홀에 근접하여 굴착작업 시 가장 올바른 것은?

① 맨홀 뚜껑을 경계로 하여 뚜껑이 손상되지 않도록 하고 나머지는 임의로 작업한다.
② 교통에 지장이 되므로 주인 및 관련기관이 모르게 야간에 신속히 작업하고 되메운다.
③ 한전직원의 입회하에 안전하게 작업한다.
④ 접지선이 노출되면 제거한 후 계속 작업한다.

해설

관리주체인 한전직원의 허락 하에 안전하게 작업해야 한다.

108 다음 중 굴삭기에서 사용되는 축전지의 용량 단위는?

① Ah
② kW
③ PS
④ kV

해설

축전지 용량(Ah)=방전전류(A)×방전시간(h)

★★★
109 다음 운전방법 중 굴삭기 주행 레버를 한쪽으로 당겨 회전하는 방식을 무엇이라 하는가?

① 피벗 턴　　② 스피 턴
③ 급회전　　④ 원웨이 회전

해설

피벗 턴 : 무한궤도식 굴삭기에서 한쪽 레버로만 회전하는 방식

★★★
110 다음 중 무한 궤도식 굴삭기의 조향작용은 무엇으로 행하는가?

① 유압 모터　　② 유압 펌프
③ 조향 클러치　　④ 브레이크 페달

해설

유압 모터의 좌우 트랙의 회전으로 조향작용을 한다.

★
111 굴삭기 기동 전동기의 주요부품으로 틀린 것은?

① 전기자(아마추어)
② 계자코일 및 계자철심
③ 방열판(히트싱크)
④ 브러시 및 브러시 홀더

해설

방열판은 열을 식혀 주는 냉각장치이다.

★
112 다음 중 굴삭기에서 매 2,000시간마다 점검, 정비해야 할 항목으로 맞지 않는 것은?

① 액슬 케이스 오일교환
② 선회구동 케이스 오일교환
③ 트랜스퍼 케이스 오일교환
④ 작동유 탱크 오일교환

해설

선회구동 케이스 오일 교환은 정비 및 수리 시

★★
113 굴삭기 하부 구동체 기구의 구성요소와 관련된 사항이 아닌 것은?

① 트랙 프레임　　② 주행용 유압 모터
③ 트랙 및 롤러　　④ 붐 실린더

해설

붐 실린더는 상부 구성요소이다.

★
114 장비의 위치보다 높은 곳을 굴착 하는데 알맞은 것으로 토사 및 암석을 트럭에 적재하기 쉽게 디퍼 덮개를 개폐하도록 하는 장치로 맞는 것은?

① 드래그 라인　　② 파워 셔블
③ 드래그 셔블　　④ 클램셸

해설

- **파워 셔블** : 지반면보다 높은 곳의 흙 파기에 적당하며, 굴착력이 좋다.
- **드래그 셔블** : 지반면보다 낮은 곳의 흙 파기에 적당하며, 굴착력이 좋다.
- **드래그 라인** : 지반면보다 낮은 곳의 연질지반에 사용되며 넓은 면적을 팔 수 있으나 파는 힘이 약하다.
- **크램셸** : 좁은 곳의 수직굴착에 알맞으며 사질 지반의 토사 채취에 사용
- **불도져** : 흙의 표면을 밀면서 깎아 단거리 운반을 하거나 정지를 한다.
- **앵글 도져** : 배토판을 좌우 30도까지 회전할 수 있으며 산허리를 깎아 도로를 내는데 유효하다.
- **틸트 도져** : 배토판이 수평면에 대해 10도 회전할 수 있으며 동토나 굳은 흙의 굴착에 사용
- **케이올 스크레퍼** : 흙의 적재, 운반, 정지 기능을 가지고 있다.
- **그레이더** : 땅고르기 기계로 정지 공사의 마감 이나 도로 노면정리에 사용

★ 115 무한궤도식 굴삭기의 하부 주행체를 구성하는 요소가 아닌 것은?

① 리어 액슬   ② 트랙
③ 주행 모터   ④ 스프로킷

해설

리어 액슬은 타이어식 굴삭기 뒷바퀴 차축에서 바퀴에 동력을 전달하는 축이다.

★ 116 크롤러 굴삭기가 경사면에서 주행 모터에 공급되는 유량과 관계없이 자중에 의해 빠르게 내려가는 것을 방지해 주는 밸브는?

① 카운터 밸런스 밸브
② 브레이크 밸브
③ 포트 릴리프 밸브
④ 피스톤 모터의 밸브

해설

크롤러(무한궤도) 굴삭기 : 별도의 브레이크가 없어서 경사면에서 모터의 작동을 정지시키거나 주행할 수 있게 하는 밸브(내부에 릴리프 밸브가 설치)

★★★ 117 굴삭기의 버킷용량 표시로 옳은 것은?

① in^2 ② yd^2
③ m^3 ④ m^2

해설

체적의 단위 사용(m^3)

★ 118 로더 버킷에 토사를 채울 때 버킷은 지면과 어떻게 놓고 시작하는 것이 좋은가?

① 하향으로 한다.
② 45도 경사지게 한다.
③ 상향으로 한다.
④ 평행하게 한다.

해설

평행하게 하여 버킷에 토사를 가득 채우고 버킷을 뒤로 오므려 큰 힘을 받을 수 있도록 한다.

★ 119 굴삭기 스윙(선회) 동작이 원활하게 안 되는 원인으로 틀린 것은?

① 릴리프 밸브 설정 압력 부족
② 컨트롤 밸브 스풀 불량
③ 터닝 조인트(Turning Joint) 불량
④ 스윙(선회) 모터 내부 손상

해설

• 릴리프 밸브는 유압회로 이상 원인으로 압력이 상승할 때 회로를 보호해주는 역할을 한다.
• 스윙 동작이 원활하게 안 되는 원인
  ① 유압 펌프 고장   ② 제어밸브의 고장
  ③ 스윙 감속기어의 고장
  ④ 스윙 피니언 및 링기어의 마멸
  ⑤ 스윙 모터의 고장
  ⑥ 유압유 탱크에 오일 부족
  ⑦ 로터리 밸브의 고장
  ⑧ 스윙 레버의 유격 과대

★★ 120 유압식 굴삭기의 주행 동력으로 이용되는 것은?

① 변속기 동력   ② 전기 모터
③ 차동 장치   ④ 유압 모터

해설

유압을 받아 회전하는 주행 모터로 주행하도록 한다.

★★★ 121 다음 중 무한궤도식 굴삭기의 부품이 아닌 것은?

① 유압 펌프   ② 오일쿨러
③ 자재이음   ④ 주행 모터

해설

자재이음은 타이어식 굴삭기의 부품이다.

정답 115. ①   116. ①   117. ③   118. ④   119. ①   120. ④   121. ③

★
122 다음 중 굴삭기로 작업할 때 주의사항으로 틀린 것은?

① 땅을 깊이 팔 때는 붐의 호스나 버킷 실린더의 호스가 지면에 닿지 않도록 한다.
② 암석, 토사 등을 평탄하게 고를 때는 선회관성을 이용하면 능률적이다.
③ 암 레버의 조작 시 잠깐 멈췄다 움직이는 것은 펌프의 토출량이 부족하기 때문이다.
④ 작업 시는 실린더의 행정 끝에서 약간 여유를 남기도록 운전한다.

해설

암석토사관련 등을 평탄하게 할 때는 선회관성을 이용하면 좋지 않다.

★
123 다음 중 굴삭기 트랙의 링크 수가 38조 이면 트랙 부싱은 몇 개인가?

① 37   ② 38
③ 39   ④ 40

해설

링크와 부싱의 개수는 같다.

★
124 다음 크레인 주행 중 유의사항으로 틀린 것은?

① 크레인을 주행할 때는 반드시 선회 로크를 고정시킨다.
② 트럭크레인, 휠크레인 등을 주차할 경우 반드시 주차 브레이크를 걸어둔다.
③ 언덕길을 오를 때는 붐을 가능한 한 세운다.
④ 고압선 아래를 통과할 때는 충분한 간격을 두고 신호자의 지시에 따른다.

해설

붐을 세우면 무게중심이 위로 올라가 전복되기가 쉽다.

★★
125 차량을 앞에서 보았을 때 알 수 있는 앞바퀴 정렬 요소는?

① 캐스터, 토인   ② 토인, 킹핀 경사각
③ 캠버, 킹핀 경사각   ④ 캠버, 토인

해설

캐스터는 차량의 옆에서 보면 알 수 있고, 토인은 차량의 앞바퀴를 위에서 내려다보면 알 수 있다. 킹핀 경사각과 캠버는 차량의 앞바퀴를 앞에서 보면 알 수 있다.

★
126 기관을 시동하기 위해 시동키를 작동했지만 기동 모터가 회전하지 않아 점검하려고 한다. 점검내용으로 틀린 것은?

① 배터리 방전상태 확인
② ST 회로 연결 상태 확인
③ 인젝션 펌프 솔레노이드 점검
④ 배터리 터미널 접촉 상태 확인

해설

기관을 시동하기 위해 시동키를 작동했지만, 기동 모터가 회전하지 않을 때(기관에서 아무 소리도 안 나던지, "딱딱" 두세 번 소리가 나던지) 기동 모터는 전류에 의해 회전하므로 회전에 필요한 전류가 공급되어야 하는데 그렇지 않아 회전이 안 되므로 전류 공급이 안 되는 원인을 점검해야 한다. 인젝터 펌프 솔레노이드 점검은 크랭킹(시동 모터로만 회전)은 되는데 시동이 안 될 때 점검사항이다.

★
127 기관을 회전시키고 있을 때 축전지의 전해액이 넘쳐흐른다. 그 원인에 해당되는 것은?

① 전해액량이 규정보다 5mm 낮게 들어있다.
② 기관의 회전이 너무 빠르다.
③ 팬벨트의 장력이 너무 팽팽하다.
④ 축전지가 과충전되고 있다.

해설

과충전으로 수소 가스가 발생하여 위험하다.

정답 122. ② 123. ② 124. ③ 125. ③ 126. ③ 127. ④

128 다음 중 엔진이 기동 되었는데도 시동 스위치를 계속 ON 위치로 할 때 미치는 영향으로 가장 알맞은 것은?

① 엔진의 수명이 단축된다.
② 크랭크축 저널이 마멸된다.
③ 클러치 디스크가 마멸된다.
④ 기동전동기의 수명이 단축된다.

해설

시동이 걸려 있는 줄 모르고 시동키를 돌렸을 때 회전하고 있는 엔진의 플라이휠 링기어에 시동전동기 피니언 기어가 엇물리고 고속회전(링기어와 피니언 기어의 잇수비가 20 이상)에 의해 기동전동기가 고장 나고 수명이 단축된다.

129 기동 전동기의 회전수가 정상보다 느린 원인이 아닌 것은?

① 배터리 전압이 너무 낮다.
② 계자 코일이 단락되었다.
③ 기온이 너무 높다.
④ 배터리 단자의 접속이 불량하다.

해설

온도와 회전수는 거리가 멀다.

130 다음 중 기동 전동기 솔레노이드 작동 시험이 아닌 것은?

① 풀인 시험
② 솔레노이드 복원력 시험
③ 전기자 전류 시험
④ 홀드인 시험

해설

시동전동기 전기자 전류 시험은 없다.

131 기동전동기가 회전하지 않는 원인과 관계 없는 것은?

① 기동전동기의 피니언 기어가 손상되었다.
② 기동전동기가 소손되었다.
③ 배선과 스위치가 손상되었다.
④ 배터리의 용량이 작다.

해설

• 피니언 기어가 손상되어도 회전은 한다.
• 기동 전동기가 작동하지 않을 경우 : 고장 원인이 외적인 요인으로 되는 경우가 많다. 즉, 축전지의 용량, 배선 관계, 기동 전동기 단자의 조임 상태 등을 들 수 있고, 외적인 요인 외에도 기동 전동기 차체의 고장이 있는 경우가 있다.

132 기동전동기를 기관에서 떼어 낸 상태에서 행하는 시험을 (①)시험, 기관에 설치된 상태에서 행하는 시험을 (②) 시험이라 한다. ①과 ②에 알맞은 말은?

① ①-무부하, ②-부하
② ①-부하, ②-무부하
③ ①-크랭킹, ②-부하
④ ①-무부하, ②-크랭킹

해설

기동전동기를 기관에서 떼어 낸 상태에서 행하는 시험을 무부하 시험, 기관에 설치된 상태에서 행하는 시험을 부하 시험이라 한다.

133 다음 중 기동 전동기의 기능으로 틀린 것은?

① 기관을 구동시킬 때 사용한다.
② 축전지와 각부 전장품에 전기를 공급한다.
③ 기관의 시동이 완료되면 피니언을 링기어 로부터 분리시킨다.
④ 플라이휠의 링기어에 기동 전동기의 피니언을 맞물려 크랭크축을 회전시킨다.

해설

축전지와 각부 전장품에 전기를 공급하는 것은 교류발전기이다.

해설

충전계기의 점검은 장비 기동 시에 한다.

136 다음 중 기동전동기의 토크가 일어나는 부분은?

① 발전기　　　　② 스위치
③ 계자코일　　　④ 조속기

해설

토크 발생은 계자코일에서 일어난다.

★
134 기동 전동기 동력전달 기구인 벤딕스식의 설명으로 적합한 것은?

① 전자력을 이용하여 피니언 기어의 이동과 스위치를 개폐시킨다.
② 피니언의 관성과 전동기의 고속회전을 이용하여 전동기의 회선력을 엔진에 전달한다.
③ 오버런닝 클러치가 필요하다.
④ 전기자 중심과 계자 중심을 옵셋시켜 자력선이 가까운 거리를 통과하려는 성질을 이용한다.

해설

동력 전달기구
• 벤디스식 : 피니언의 관성과 전동기가 무부하에서 고속 회전하는 성질을 이용한 것(회전 너트원리)
• 피니언 섭동 수동식 : 손이나 발로 푸시 버튼 눌러 작동시키는 것
• 피니언 섭동 전자석 : 피니언 섭동과 기동 전동기의 스위치 개폐를 전자석 스위치로 사용한 것
• 전기자 섭동식 : 피니언이 전기자자축 끝에 고정되어 피니언과 전기자가 일체로 작동되는 것
• 오버런닝 클러치 : 엔진이 기동 된 다음 고속 회전에 의하여 볼이 풀려 인너 아우터 레이스가 떨어져 피니언이 공전하는 것으로 전 형식에 오버런닝 클러치가 들어가 있다.

★
137 기동 전동기가 회전하지 않는 원인으로 틀린 것은?

① 축전지가 과 방전되었다.
② 브러시 스프링이 강하다.
③ 시동키 스위치가 불량하다.
④ 전기자 코일이 단락되었다.

해설

브러시 스프링이 강하면 브러시 마멸이 촉진되고 시동이 잘 된다.

★★
138 기동전동기 사용 시 주의사항으로 틀린 것은?

① 기동전동기의 규정 속도 이하가 되지 않도록 한다.
② 장시간 연속 사용을 금지한다.
③ 기동전동기 연속 사용 시 허용 시간은 1분 정도이다.
④ 엔진 기동 후 기동 전동기 스위치 조작을 금지한다.

해설

기동전동기 연속 사용 시 허용 시간은 10~15초 정도이다.

★★★
135 다음 중 장비 기동 시에 충전계기의 확인 점검은 언제 하는가?

① 기관을 가동 중에
② 주간 및 월간 점검 시에
③ 현장관리자 입회 시에
④ 램프에 경고등이 착등되었을 때

정답 　134. ②　　135. ①　　136. ③　　137. ②　　138. ③

139 다음 중에서 기동을 보조하는 장치가 아닌 것은?

① 과급 장치
② 공기 예열 장치
③ 실린더의 감압 장치
④ 연소 촉진제 공급 장치

해설

- **실린더의 감압 장치** : 유압에서 실린더의 압력을 낮추어 적은 힘을 발생하는 장치
- **과급 장치** : 연소실에 더 많은 공기를 공급하기 위해 공기를 압축하는 장치이므로 기동에 필요하다.
- **공기 예열 장치** : 공기의 온도를 높이는 장치 이므로 기동에 필요하다.
- **연소 촉진제 공급** : 연료가 완전 연소되도록 첨가하는 첨가제로 기동에 필요하다.

140 기동전동기에서 토크를 발생하는 부분은?

① 계자코일
② 계철
③ 전기자코일
④ 솔레노이드 스위치

해설

전기자코일에서 토크를 발생한다.

141 다음 중 추진축의 각도 변화를 가능하게 하는 이음은?

① 플랜지 이음
② 슬립 이음
③ 자재 이음
④ 등속 이음

해설

- **자재 이음**(universal joint) : 두 축이 일직선 상에 있지 않고 어떤 각도를 가졌을 때 두 개의 축 사이에 동력을 전달할 목적으로 사용하여 각도 변화에 대응하는 것.
- **플랜지 이음**(flange coupling) : 연결하려는 축에 플랜지를 만들어 키 또는 여러 개의 볼트로 고정하는 이음을 말한다.

- **슬립 이음**(slip joint) : 슬립은 '미끄러지다, 미끄러져 내려가다', 조인트는 '이음매' 뜻. 슬립 이음은 변속기 출력축의 스플라인에 설치되어 축 방향으로 이동되면서 추진축의 길이 변화에 대응한다. 변속기는 엔진과 함께 프레임에 고정되어 있고 뒤 차축은 스프링에 의해 프레임에 설치되어 있으므로 노면으로부터 진동이나 하중 상태에 따라 추진축 길이가 변동된다.
- **등속 이음** : 구동축과 피동축이 항상 일정하게 회전되도록 하는 이음

142 추진축의 길이 변화를 가능하도록 하는 동력 전달 기구로 옳은 것은?

① 자재이음
② 슬립이음
③ 크로스멤버
④ 스태빌라이저

해설

- **슬립이음** : 변속기 주축 뒤끝에 스플라인을 통하여 설치되며 뒷차축의 상하 운동에 따라 변속기와 종감속 기어와의 길이 변화를 수반하게 되므로 추진축의 길이 변화를 가능하도록 하기 위하여 슬립이음을 두고 있다.
- **자재이음** : 자재이음은 변속기와 종감속 이어 사이의 구동각 변화를 주는 장치로 3개의 종류가 있다.
- **크로스멤버** : 사이드멤버, 언더 보디 등에 사용되는 골격으로 보디의 강도나 강성을 높이기 위한 것이다. 앞뒤 또는 좌우방향의 비틀림이나 휘어짐을 방지하기 위하여 쓰이고 있으며 자동차 진행방향에 대하여 직각으로 설치되어 있는 것을 크로스멤버, 전후방향으로 설치되어 있는 것을 사이드 멤버라고 부른다.
- **스태빌라이저** : 차체의 기울어짐을 줄이기 위하여 부착되는 '비틀림 봉 스프링(토션 바)'으로서 앞뒤 바퀴 모두에 사용된다. 토션 바의 양끝을 좌우의 현가장치(일반적으로 로워 암)에 부착하고 좌우 바퀴의 움직임에 차이가 있을 때만 작용한다.

143 다음 중 무한 궤도식 캐리어 롤러에 대한 내용으로 맞는 것은?

① 트랙을 지지한다.
② 캐리어 롤러는 좌우 10개로 구성되어 있다.
③ 트랙의 장력을 조정한다.
④ 굴삭기 전체의 중량을 지지한다.

해설

- **상부 롤러(carrier roller)** : 프런트 아이들러와 스프로킷 사이의 위쪽에 2개가 설치되어 트랙이 밑으로 처지지 않도록 지지한다.
- **하부 롤러(track roller)** : 트랙 프레임에 좌우 10개로 구성되어 건설기계 전체의 중량을 지지한다.
- **트랙 장력의 조정** : 프런트 아이들러에 설치된 그리스 실린더에 그리스를 주입하면 트랙의 유격이 적어지고 그리스를 배출시키면 유격이 커진다.

144 다음 중 기중기의 주행 중 점검사항으로 가장 거리가 먼 것은?

① 주행 시 붐의 최고 높이
② 훅의 걸림 상태
③ 붐과 캐리어의 간격
④ 종 감속기어 오일량

해설

- 종 감속기어 오일량은 주행 중 점검이 불가하다.
- 주행 시 붐은 최대로 낮추고, 훅의 걸림이 없어야 하고 붐과 캐리어의 간격도 가까워야 주행 시 안전하다.
- **캐리어(carrier)** : 자동차 따위에 부착하여 짐이나 물건 따위를 운반하기 쉽도록 고정시키는 장비

145 다음 중 기중기로 작업할 수 있는 것은?

① 트럭과 호퍼에 토사 적재 작업
② 훅 작업
③ 스노 플로우 작업
④ 백호 작업

해설

기중기 작업 : 훅(갈고리 작업 장치), 클램셸(조개 작업 장치), 셔블(삽 작업 장치), 드래그 라인(긁어 파기 작업), 트랜치 호(도랑 파기 작업 장치), 파일드라이버(파일 박기 장치)

146 붐에 설치된 와이어로프 중 작업할 때 하중이 직접적으로 작용하지 않는 곳은?

① 호이스트 케이블
② 붐 호이스트 케이블
③ 붐 백스톱 케이블
④ 익스펜더 케이블

해설

케이블을 잡아주는 역할을 한다.

147 다음 중 기중기의 와이어로프 끝을 고정시키는 방식은?

① 조임장치   ② 스프로켓
③ 소켓장치   ④ 체인장치

해설

소켓장치로 끝 고정

148 다음 중 기중작업 시 무거운 하중을 들기 전에 반드시 점검해야 할 사항으로 가장 거리가 먼 것은?

① 브레이크   ② 붐의 강도
③ 클러치   ④ 와이어로프

해설

붐의 강도는 철골의 강도이므로 기중작업 시 들기 전에 점검사항으로는 거리가 멀다.

★
149 다음 중 기중기에 사용되는 와이어로프의 마모가 빠른 이유로써 가장 거리가 먼 것은?

① 로프 자체에 급유 부족
② 서브의 베어링 급유 불충분으로 마모가 심할 때
③ 드럼에 흐트러져 감길 때
④ 로프를 감는 드럼을 회전시키는 클러치가 슬립이 많을 때

해설

로프를 감는 드럼의 슬립이 많으면 와이어로프가 빨리 마모된다.

★★
150 다음 중 기중 작업에서 물체의 무게가 무거울수록 붐 길이와 각도는 어떻게 하는 것이 좋은가?

① 붐 길이는 길게, 각도는 크게
② 붐 길이는 짧게, 각도는 그대로
③ 붐 길이는 짧게, 각도는 작게
④ 붐 길이는 짧게, 각도는 크게

해설

무거울수록 붐은 짧게, 각도는 크게 한다.

★★
151 기중기에서 훅(hook)을 너무 많이 상승시키면 경보음이 작동되는데, 이 경보장치는?

① 과부하 경보장치
② 전도 방지 경보장치
③ 붐 과권 방지 경보장치
④ 권상 과권 방지 경보장치

해설

기중기에서 안전을 위하여 과도한 훅 상승을 알려주는 경보장치를 권상 과권 방지 경보장치이다.

★
152 기중기가 물건을 든 상태에서 부득이 주행해야 할 경우에 적절하지 않은 것은

① 될 수 있는 한 저속으로 주행한다.
② 물건을 가능한 한 낮추어 흔들리지 않도록 한다.
③ 연약지에 빠져들어 갈 경우 가속하여 고속으로 빨리 빠져나온다.
④ 연약지 및 고르지 못한 장소를 피한다.

해설

연약지는 피한다.

★★
153 기중기의 기둥박기 작업의 안전수칙이 아닌 것은?

① 항타 할 때 반드시 우드 캡을 씌운다.
② 작업 시 붐을 상승시키지 않는다.
③ 호이스트 케이블의 고정 상태를 점검한다.
④ 붐의 각을 적게 한다.

해설

파일드라이버(항타 작업) 안전수칙
① 항타 할 때 반드시 우드 캡을 씌운다.
② 작업 시 붐을 상승시키지 않는다.
③ 호이스트 케이블의 고정 상태를 점검한다.
④ 붐의 각을 크게 한다(지면에 90° 가까이).

★
154 다음 중 오일량은 정상인데 유압오일이 과열되고 있다면 먼저 어느 부분을 점검해야 하는가?

① 필터   ② 유압 호스
③ 컨트롤 밸브   ④ 오일 쿨러

해설

먼저 오일 냉각기를 점검해야 한다.

정답   149. ④   150. ④   151. ④   152. ③   153. ④   154. ④

155 ★ 작동유의 열화된 상태 또는 수명을 판정하는 방법으로 적합하지 않은 것은?

① 오일을 가열한 후 냉각되는 시간으로 확인
② 점도 상태로 확인
③ 냄새로 확인
④ 침전물의 유무로 확인

해설

오일을 가열한 후 냉각되는 시간으로 확인하는 방법은 없다.

156 ★ 다음 중 유압 작동식 피니셔의 동력전달 계통은?

① 기관→유압 모터→유압조정밸브→유압 펌프→스프로켓→트랙
② 기관→유압 펌프→유압조정밸브→유압 모터→스프로켓→트랙
③ 기관→유압조정밸브→유압 모터→유압 펌프→스프로켓→트랙
④ 기관→유압 펌프→유압 모터→유압조정 밸브→스프로켓→트랙

해설

기관, 유압 펌프, 유압조정밸브, 유압 모터, 스프로켓, 트랙 순서이다.

157 ★★★ 트랙장치의 트랙 유격이 너무 커졌을 때 발생하는 현상으로 가장 적합한 것은?

① 주행속도가 빨라진다.
② 슈판 마모가 급격해진다.
③ 주행속도가 아주 느려진다.
④ 트랙이 벗겨지기 쉽다.

해설

트랙 유격이 너무 크면 트랙이 벗겨지기 쉽다.

158 ★★★ 다음 중 트랙을 구성하는 부품이 아닌 것은?

① 핀　　　　　② 로드
③ 링크　　　　④ 부싱

해설

트랙 구성하는 부품: 핀, 링크, 부싱, 슈

159 ★★★ 트랙 장치의 구성품 중 트랙 슈와 슈를 연결하는 부품은?

① 부싱과 캐리어 롤러
② 트랙 링크와 핀
③ 아이들러와 스프로켓
④ 하부 롤러와 상부 롤러

해설

트랙 슈와 슈의 연결은 링크와 핀으로 한다.

160 ★★★ 다음 중 하부롤러, 링크 등 트랙 부품이 조기 마모되는 원인으로 가장 맞는 것은?

① 일반 객토에서 작업을 하였을 때
② 트랙장력이 너무 헐거울 때
③ 겨울철에 작업을 하였을 때
④ 트랙장력이 너무 팽팽할 때

해설

무한궤도식 트랙 장력이 너무 크면 하부롤로, 링크 등이 마모된다.

161 ★★★ 다음 중 무한궤도식 장비에서 트랙장력이 느슨해졌을 때 조정하면서 사용하는 것은?

① 기어오일　　② 그리스
③ 엔진오일　　④ 브레이크 오일

해설

그리스를 사용한다.

정답 155. ① 156. ② 157. ④ 158. ② 159. ② 160. ④ 161. ②

★
162 트랙에 있는 롤러에 대한 설명으로 틀린 것은?

① 상부 롤러는 보통 1~2개가 설치되어 있다.
② 하부 롤러는 트랙프레임의 한쪽 아래에 3~7개가 설치되어 있다.
③ 상부 롤러는 스프로켓과 아이들러 사이에 트랙이 처지는 것을 방지한다.
④ 하부 롤러는 트랙의 마모를 방지해 준다.

해설
하부 롤러는 마모 방지 용도가 아니다.

★★★
163 트랙 장치의 구성품 중 슈가 부착되는 부품은?

① 핀   ② 링크
③ 스프로킷   ④ 롤러

해설
슈는 링크에 4개의 볼트로 고정된다.

★★
164 다음 중 트랙 슈의 종류가 아닌 것은?

① 2중 돌기슈   ② 3중 돌기슈
③ 4중 돌기슈   ④ 고무슈

해설
트랙 슈의 종류 : 2중 돌기슈, 3중 돌기슈, 고무슈

★★
165 다음 중 무한궤도식 주행장치에서 스프로킷의 이상 마모를 방지하기 위해서 조정하여야 하는 것은?

① 슈의 간격   ② 트랙의 장력
③ 롤러의 간격   ④ 아이들러의 위치

해설
무한궤도식 주행장치의 스프로킷은 트랙의 장력에 의하여 마모된다.

★★
166 도로를 주행할 때 포장 노면의 파손을 방지하기 위해 주로 사용하는 트랙 슈는?

① 평활 슈   ② 단일돌기 슈
③ 습지용 슈   ④ 스노 슈

해설
•**단일돌기 슈** : 돌기가 1개인 것으로 견인력이 크며, 중하중용 슈이다.
•**습지용 슈** : 슈의 단면적이 삼각형이며 접지 면적이 넓어 접지 압력이 작다.
•**평활 슈** : 포장 노면의 파손을 방지하는 슈

★★
167 다음 중 장비에 부하가 걸릴 때 토크 컨버터의 터빈 속도는 어떻게 되는가?

① 빨라진다.   ② 느려진다.
③ 일정하다.   ④ 관계없다.

해설
장비에 부하와 컨버터의 터빈 속도는 반비례하므로 장비에 부하가 걸리면 터빈 속도는 느려진다.

★
168 토크 컨버터가 설치된 지게차의 출발 방법은?

① 저·고속 레버를 저속위치로 하고 클러치 페달을 밟는다.
② 클러치 페달을 조작할 필요 없이 가속 페달을 서서히 밟는다.
③ 클러치 페달에서 서서히 발을 떼면서 가속페달을 밟는다.
④ 저·고속 레버를 저속위치로 하고 브레이크 페달을 밟는다.

해설
토크 컨버터는 오토에만 있으므로 클러치가 없다.

169 토크 컨버터에서 회전력이 최댓값이 될 때를 무엇이라 하는가?

① 회전력
② 토크 변환비
③ 유체 충돌 손실비
④ 스톨 포인트

해설

스톨 포인트 : 유체 클러치 토크 컨버터를 설치한 자동차에서 터빈 런너가 회전하지 않을 때 펌프 임펠러에서 전달되는 회전력으로서 펌프 임펠러의 회전수와 터빈 런너의 회전비가 0인점으로 회전력이 최대인 점을 말한다. 드래그 토크(drag torque)라고도 한다.

170 2줄 걸이로 화물을 인양 시 인양각도가 커지면 로프에 걸리는 장력은?

① 작업 장소에 따라 다르다.
② 감소한다.
③ 변화가 없다.
④ 증가한다.

해설

화물이 무거우면 붐 길이는 짧게, 인양각도는 크게 한다.

171 가스배관용 폴리에틸렌관의 특징으로 틀린 것은?

① 도시가스 고압관으로 사용된다.
② 지하매설용으로 사용된다.
③ 부식이 잘되지 않는다.
④ 일광, 열에 약하다.

해설

• 도시가스 저압 배관용으로 주로 사용된다.
• 폴리에틸렌관의 특징
  ① 부식이 전혀 없으며 염분 및 수분에 영향을 받지 않으므로 지하매설용으로 사용할 때 내구성이 우수하여 반영구적이다.
  ② 산, 알칼리 및 약품에 대한 부식에 의하여 침해받지 않는다.

③ 열에 약하다.(40℃ 이상이 되는 장소에 설치하지 않는다.)
④ 도시가스 저, 중압관으로 주로 사용된다. (4kg/㎠ 이하에 사용)

172 전기용접 작업의 안전수칙으로 틀린 것은?

① 작업을 중단할 때는 커넥터를 풀어 줄 것
② 1차 및 2차 코드는 벗겨진 것을 사용하지 말 것
③ 피용접물은 코드로 완전히 섭지시킬 것
④ 가스관이나 수도관 등의 배관을 접지로 사용할 것

해설

가스관이나 수도관의 배관을 접지로 사용하면 매우 위험하다.

173 다음 전기 회로에 대한 설명 중 틀린 것은?

① 접촉 불량은 스위치의 접점이 녹거나 단자에 녹이 발생하여 저항값이 증가하는 것을 말한다.
② 노출된 전선이 다른 전선과 접촉하는 것을 단락이라 한다.
③ 절연불량은 절연물의 균열, 물, 오물 등에 의해 절연이 파괴되는 현상을 말하며, 이때 전류가 차단된다.
④ 회로가 절단되거나 커넥터의 결합이 해제되어 회로가 끊어진 상태를 단선이라 한다.

해설

• 절연 : 전류를 통하지 못하게 하는 것(절연이 파괴되면 전류가 흐른다.)
• 단락 : 저항이 다른 전선과 접촉하는 것
• 단선 : 절단, 끊어진 상태
• 접촉 불량은 저항을 증가하여 열을 발생해 화재의 원인이 되기도 한다.

정답 169. ④   170. ④   171. ①   172. ④   173. ③

★
174 다음 중 회로에서 접촉저항을 제일 적게 받는 곳은?

① 배선의 모든 부분
② 배선의 중간 부분
③ 배선의 스위치 부분
④ 배선의 연결 부분

해설

저항은 배선의 중간이 가장 적다.

★
175 다음(보기)에서 전선의 표시기호와 명칭이 모두 맞는 것은?

┌─────────────────────────────────┐
│ ㄱ. OW : 옥외용 비닐 절연 전선   │
│ ㄴ. DV : 인입용 비닐 절연 전선   │
│ ㄷ. IV : 600V 비닐 절연 전선   │
│ ㄹ. ACSR : 내열용 비닐 절연 전선   │
└─────────────────────────────────┘

① ㄱ, ㄴ, ㄷ   ② ㄱ
③ ㄴ, ㄹ   ④ ㄱ, ㄹ

해설

• ACSR : 강심알루미늄연선, HIV : 내열용 비닐 절연 전선

순서	약자	명칭 설명
A	ACSR	강심알루미늄연선
B	BCV	바인드용 동비닐선
	BV	부틸고무절연비닐 외장 케이블
C	CV	가교폴리에틸렌 절연 비닐 외장 케이블
	CS	동복강선(연선을 포함)
D	DV	인입용 비닐 절연 전선
	DVF	인입용 비닐 평형 절연 전선
E	EE	폴리에틸렌 절연 폴리에틸렌 외장 케이블
	EV	폴리에틸렌 절연 비닐 외장 케이블

	FF	옥내대편 코드
F	FL	형광방전등용 비닐 전선
G	GV	접지용 비닐 전선
	H	경동선
H	HA	반경동선
	HIV	내열용 비닐 절연 전선
I	IV	600(V)비닐 절연 전선
N	NV	비닐절연 네온 전선
	OW	옥외용 비닐 절연 전선
O	OC	가교폴리에틸렌 절연 전선
	OE	폴리에틸렌 절연 전선
P	PDV	고압인하용 가교 폴리에틸렌 전선
R	RB	고무 절연 전선
S	SF	옥내 단심 코드
T	TF	옥내 2개 연코드
	VV	비닐 절연 비닐 외장 케이블
V	VVR	600(V)비닐절연 비닐 외장 회형케이블
W	WTF	옥내 2개연 방습 코드

★
176 전기 단위 환산으로 맞는 것은?

① 1KV=1,000V   ② 1A=100mV
③ 1A=10mV   ④ 1KV=100V

해설

1KV=1,000V

★
177 154KV 지중 송전케이블이 설치된 장소에서 작업 중이다. 절연체 두께에 관한 설명으로 맞는 것은?

① 전압이 높을수록 두껍다.
② 절연체 재질과는 무관하다.
③ 전압이 낮을수록 두껍다.
④ 전압과는 무관하다.

해설

전압이 높을수록 두껍다.

★★
178 다음 중 교류발전기에 사용되는 반도체인 다이오드를 냉각하기 위한 것은?

① 히트 싱크
② 유체클러치
③ 냉각튜브
④ 엔드 프레임에 설치된 오일장치

해설

다이오드에 전류가 흐르면 온도가 상승하므로 히트싱크(Heat sink 냉각판)가 설치되고, 설치 방식은 다이오드를 절연하여 히트싱크에 압입하던지 다이오드를 히트싱크의 배선기판에 부착하여 일체화한 방식 등이 있다.

★★
179 다음 중 직류발전기의 특징으로 가장 옳은 것은?

① 다이오드를 사용하기 때문에 정류 특성이 좋다.
② 정류자를 사용한다.
③ 저속에서도 충전이 가능하다.
④ 속도변화에 따른 적용 범위가 넓고 소형, 경량이다.

해설

직류발전기는 일정 수준의 속도가 되어야 충전이 가능하다.

★★
180 교류 발전기의 다이오드 역할로 맞는 것은?

① 전압 조정
② 자장 형성
③ 전류 생성
④ 정류 작용

해설

다이오드는 정류 작용을 한다.

★★
181 다음 AC발전기와 DC발전기의 조정기에서 공통으로 가지고 있는 것은?

① 전압 조정기
② 전력 조정기
③ 컷아웃 릴레이
④ 전류 조정기

해설

엔진의 회전수에 상관없이 일정한 전압을 유지해주는 전압 조정기가 교류와 직류에 공통으로 있다.(전류 조정기, 컷아웃 릴레이는 직류에만 있다.)

★★
182 교류 발전기에서 회전하는 구성품이 아닌 것은?

① 로터 코일
② 슬립링
③ 브러시
④ 로터 코어

해설

브러시와 스테이터는 회전하지 않는다.
• **브러시** : AC 발전기에 사용되는 브러시는, 스프링 장력으로 슬립링에 접촉되어 하나의 전류를 로터 코일에 공급하고, 다른 하나는 전류를 유출한다. 또한, 브러시는 로터가 작동하는 동안 슬립링과 미끄럼 접촉을 하고 있으므로, 접촉 저항이 적고 내마멸성이 좋은 금속계 흑연을 사용한다.
• **슬립링** : 로터축 위에 절연되어 설치된 2개의 베어링 같은 형상 브러시로 전류를 흐르게 하기 위하여 로터축에 부착되어 있다.
• **로터** : 로터 철심(코어) 여자 전류가 흐르는 로터 코일, 로터축, 슬립 링 등으로 구성되어 있으며 크랭크축 풀리와 벨트로 연결되어 회전하여 발전초기에 축전지의 전류를 공급받아 전류를 발생한다.(여자전류 : 타려자식)
• **로터 코어** : 로터 철심

★★★
183 교류 발전기에서 마모성이 있는 구성 부품은?

① 로터 코일
② 슬립링
③ 정류 다이오드
④ 스테이터

해설

교류 발전기에서 브러시와 접촉하고 있는 것은 슬립링이다. 그러므로 교류 발전기에서 마모성 있는 구성 부품은 브러시와 슬립링이다

★★
184 교류발전기의 특징으로 틀린 것은?

① 정류자를 사용한다.

② 속도변화에 따른 적용범위가 넓고 소형. 경량이다.

③ 다이오드를 사용하기 때문에 정류 특성이 좋다.

④ 저속 시에도 충전이 가능하다.

해설

회전 부분에 정류자가 없어 허용회전속도 범위가 넓다.

★
185 다음 중 교류 발전기의 주요 구성 요소가 아닌 것은?

① 자계를 발생시키는 로터

② 3상전압을 유도시키는 스테이터

③ 전류를 공급하는 계자코일

④ 다이오드가 설치되어있는 엔드프레임

해설

전류를 공급하는 계자코일은 직류 발전기이다.

★★★
186 다음 중 직류 발전기의 계자코일, 계자철심과 같이 자속을 만드는 역할을 교류 발전기는 어느 부품이 하는가?

① 정류기   ② 로터

③ 전기자   ④ 스테이터

해설

로터(회전자) : 자속 형성

★★★
187 교류 발전기에서 회전체에 해당하는 것은?

① 스테이터   ② 로터

③ 엔드프레임   ④ 브러시

해설

로터는 회전자이다.

★
188 도체 내의 전류의 흐름을 방해하는 성질은?

① 전류   ② 전하

③ 전압   ④ 저항

해설

• **전류** : 전하가 도선에 따라 흐르는 현상 단위는 암페어(A)이다.

• **전하** : 전기적 성질을 띠는 입자

• **저항** : 전류의 흐름을 방해하는 성질

• **전압** : 두 점 사이의 전위차 단위는 볼트(v)이다.

★
189 다음 중 전류의 자기작용을 응용한 것은?

① 전구   ② 축전지

③ 예열플러그   ④ 발전기

해설

전류의 자기 작용을 이용한 것은 충전하는 발전기이다.

★
190 전기 기기로 사용되는 물질의 설명으로 틀린 것은?

① 전하가 이동하기 어려운 것은 부도체 또는 절연체이다.

② 전하가 이동하기 쉬운 것은 도체이다.

③ 부도체는 금, 은, 구리 등의 금속 성질을 지니고 있다.

④ 반도체는 상태나 온도에 따라 도체와 부도체의 중간 성질을 나타낸다.

정답 184. ① 　 185. ③ 　 186. ② 　 187. ② 　 188. ④ 　 189. ④ 　 190. ③

- **부도체** : 전하가 이동하기 어려워 전기가 안 통하는 것(나무, 세라믹, 유리 등)
- 상온에서 금속은 전하의 이동이 쉬운 도체이다 (금, 은, 구리 등).

★ 191 급속충전을 할 때 주의사항으로 옳지 않은 것은?

① 충전시간은 가급적 짧아야 한다.
② 통풍이 잘되는 곳에서 충진한다.
③ 축전지가 차량에 설치된 상태로 충전한다.
④ 충전 중인 축전지에 충격을 가하지 않는다.

해설

충전 시 축전지를 차량에서 분리하여 충전한다.

★★ 192 불도저의 방향을 전환시키고자 할 때 가장 먼저 조작해야 하는 것은?

① 마스터 클러치 레버
② 브레이크 유격
③ 변속 레버
④ 조향 클러치 레버

해설

- 방향을 전환하려면 조향 클러치 레버를 조작하면 된다.
- 진행 중 변속하려면 먼저 브레이크 작동 후 변속레버를 조작한다.

★★ 193 다음 중 도저의 변속레버가 중립에 위치하였 는 데도 불구하고 전진 또는 후진으로 움직 이고 있을 때 고장으로 판단되는 곳은?

① 컨트롤 밸브   ② 유압 펌프
③ 토크 컨버터   ④ 트랜스퍼 케이스

해설

컨트롤 밸브가 고장 나면 변속레버 중립에도 전진 및 후진이 된다.

★★ 194 다음 중 불도저가 진흙에 트랙 일부가 묻힐 정도로 빠진 경우 진흙에서 벗어나는 방법으로 가장 거리가 먼 것은?

① 유압잭으로 고이고 이탈 주행한다.
② 블레이드를 높이 들고 긴 침목을 트랙의 앞 쪽에 와이어로프로 묶고 전진 주행한다.
③ 중량 및 견인력이 더 큰 다른 장비와 와이어로프를 연결하여 견인력을 이용하여 벗어난다.
④ 다른 불도저의 윈치를 사용하여 벗어난다.

해설

진흙이므로 바닥에 유압잭을 고일 수 없다.

★★ 195 다음 도저 중 나무뿌리나 잡목을 제거하는 도저는?

① 리퍼 도저   ② 레이크 도저
③ 트리밍 도저   ④ 불도저

해설

배토판 대신 갈퀴를 부착한 것으로 돌이나 잡목을 골라내는 도저이다.

★★ 196 정기적으로 교환해야 할 소모품과 가장 거리가 먼 것은?

① 연료 필터
② 버킷 투스
③ 작동유 필터
④ 습식 흡입 스트레이너

정답 191. ③   192. ④   193. ①   194. ①   195. ②   196. ②

해설

버킷 투스는 닳으면 사용 불가하므로 교환하고, 습식 흡입 스트레이너는 교환이 아닌 청소 후 사용한다.

197 모터그레이더의 탠덤 드라이브 장치에 대한 설명 중 틀린 것은?

① 작업의 직진성을 좋게 한다.
② 동력전달이 체인식으로 전달되는 형식도 있다.
③ 회전반경을 작게 하는 역할을 한다.
④ 최종 감속 작용을 한다.

해설

- 회전반경을 작게 하는 역할은 리닝(앞바퀴경사 장치)장치이다.
- **탠덤 드라이브 장치(tandem drive system)**
  ① 탠덤 드라이브 장치는 4개의 뒷바퀴를 구동시켜서 최대 견인력을 주며, 최종 감속 작용을 한다.
  ② 그레이더가 주행할 때 직진 성능을 주며, 완충작용을 도와준다.

198 모터그레이더의 직진 운행 시 지면으로부터의 충격을 완화시켜 운행을 원활하게 하는 장치는?

① 차동장치   ② 리닝장치
③ 시어핀   ④ 탬덤장치

해설

모터그레이더의 직진 운행 시 지면으로부터의 충격을 완화시켜 운행을 원활하게 하는 장치는 탬덤장치이다.

199 모터 그레이더에서 앞바퀴를 좌·우로 경사 시킨 경우 바퀴의 중심선이 수평면과 이루는 각도는?

① 리닝 각도   ② 블레이드 절삭 각도
③ 탠덤 드라이브 각도 ④ 블레이드 추진 각도

해설

리닝 각도 : 앞바퀴를 좌·우로 경사 시킨 경우 바퀴의 중심선이 수평면과 이루는 각도

200 운전 중 운전석 계기판에 그림과 같은 등이 갑자기 점등되었다. 무슨 표시인가?

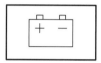

① 전원차단 경고등   ② 엔진오일 경고등
③ 충전 경고등   ④ 전기계통 작동 표시등

해설

충전 경고등 : 충전계통에 충전이 전류가 일정 미만 일 때 점등된다(축전지나 발전기 점검).

201 다음 중 로더 장비에서 적재 방법이 아닌 것은?

① 백호 셔블형   ② 허리 꺾기형
③ 프런트 엔드형   ④ 사이드 덤프형

해설

허리 꺾기형은 로더의 조향 방법이다.

202 로더의 동력전달 과정을 올바르게 설명한 것은?

① 엔진→토크 컨버터→유압변속기→ 종감속 장치→구동륜
② 엔진→토크 컨버터→종감속장치→ 유압 변속기→구동륜
③ 엔진→유압변속기→토크 컨버터→ 종감속 장치→구동륜
④ 엔진→토크 컨버터→종감속기어→ 유압 변속기→구동륜

로더의 동력전달 과정은 일반적인 자동차의 동력전달 과정과 같다.
엔진→토크 컨버터→유압변속기→종감속장치→구동륜

★
203 다음 중 타이어식 로더에 차동기 고정 장치가 있을 때의 장점은?

① 충격이 완화된다.
② 조향이 원활해진다.
③ 연약한 지반에서 작업이 유리하다.
④ 변속이 용이해 진다.

해설

연약지반의 경우 타이어의 미끄럼으로 좌우바퀴의 회전수 조절하는 차동장치의 고정장치는 작업 시 필요하다.

★
204 다음 중 로더 작업 중 이동할 때 버킷의 높이는 지면에서 약 몇 m 정도로 유지해야 하는가?

① 0.1   ② 0.6
③ 1   ④ 1.5

해설

로더 작업 중 이동할 때 버킷의 높이는 지면에서 약 60cm 유지한다.

★
205 다음 중 로더로 토사를 깎기 시작할 때 버킷을 약 몇 도 정도 기울여 깎는 것이 좋은가?

① 5°   ② 15°
③ 45°   ④ 65°

해설

로더 굴삭 상차 작업
① 버킷 밑면을 지면과 수평되게 (전방 5°경사)하고 흙더미에 접근한다.

---

② 기관 가속, 전진하며 붐은 상승시킨다.
③ 굴삭완료 : 적재물을 버킷에 적재, 버킷을 복귀 후 지상 0.6~0.9m 높이로 들고 이동한다.
④ 덤프 트럭에 상차 : 상차 방법에는 I형, T형, V형이 있다.
   - 흙더미 주변 90°로 덤프 트럭을 세우고 로더가 45°로 접근한다.
   - 버킷이 덤프트럭의 측면 3~3.7m 떨어졌을 때 방향을 전환한다.
   - 상차 시는 덤프트럭 적재함과 직각을 이루는 것이 가장 좋다.

★★
206 제동장치의 페이드 현상 방지책으로 틀린 것은?

① 드럼의 열팽창률이 적은 현상으로 한다.
② 드럼은 열팽창률이 적은 재질을 사용한다.
③ 온도 상승에 따른 마찰계수 변화가 큰 라이닝을 사용한다.
④ 드럼의 냉각 성능을 크게 한다.

해설

온도 상승에 따른 마찰계수 변화가 작은 라이닝을 사용한다.

★★
207 브레이크장치의 베이퍼록 발생 원인이 아닌 것은?

① 드럼과 라이닝의 끌림에 의한 가열
② 긴 내리막길에서 과도한 브레이크 사용
③ 오일의 변질에 의한 비등점의 저하
④ 엔진브레이크를 장시간 사용

해설

엔진브레이크를 장시간 사용해도 베이퍼록하고는 아무 관계가 없다.

208 다음 중 긴 내리막을 내려갈 때 베이퍼록을 방지하기 위한 가장 좋은 운전방법은?

① 변속 레버를 중립으로 놓고 브레이크 페달을 밟고 내려간다.
② 클러치를 끊고 브레이크 페달을 밟고 속도를 조절하며 내려간다.
③ 시동을 끄고 브레이크 페달을 밟고 내려간다.
④ 엔진 브레이크를 사용한다.

해설

과도한 브레이크 사용은 베이퍼록 현상을 발생시킨다.

209 다음 중 브레이크 파이프 내에 베이퍼록이 생기는 원인과 관계없는 것은?

① 드럼의 과열
② 지나친 브레이크 조작
③ 전압의 저하
④ 라이닝과 드럼의 간극 과대

해설

라이닝과 드럼의 간극이 작으면 베이퍼록이 발생하며, 간극과대는 마찰열이 증가하지 않아 베이퍼록과 거리가 멀다.

210 수동변속기에서 클러치의 구성품에 해당 되지 않는 것은?

① 클러치 디스크
② 릴리스 레버
③ 어저스팅 암
④ 릴리스 베어링

해설

어저스팅 암은 클러치 구성요소가 아니다.

211 클러치용량은 기관 최대 출력의 몇 배로 설계하는 것이 가장 적당한가?

① 3~4배
② 1.5~2.5배
③ 5~6배
④ 0.5~1.5배

해설

클러치가 전달할 수 있는 회전력의 크기는 기관 최대 출력의 1.5~2.5배이며, 출력이 커지면 클러치판도 증가시켜주어야 미끄럼이 생기지 않는다.

212 클러치가 미끄러질 때의 영향으로 틀린 것은?

① 연료 소비량 증가
② 견인력 증가
③ 속도 감소
④ 기관의 과열

해설

클러치가 미끄러질 때의 영향
① 연료 소비량이 증가한다.
② 엔진이 과열한다.
③ 등판 능력이 감소한다.
④ 구동력이 감소하여 출발이 어렵다.
⑤ 증속이 잘 되지 않는다.
⑥ 라이닝 타는 냄새가 난다.

213 브레이크가 잘 작동되지 않을 때의 원인으로 가장 거리가 먼 것은?

① 휠 실린더 오일이 누출되었을 때
② 브레이크 페달 자유간극이 적을 때
③ 라이닝에 오일이 묻었을 때
④ 브레이크 드럼과 라이닝 간극이 클 때

해설

브레이크 페달 자유간극(유격)이 적으면 브레이크가 바로바로 작동하여 라이닝이 열발생 원인이 되기도 한다.

정답 208. ④ 209. ④ 210. ③ 211. ② 212. ② 213. ②

214 절토 작업 시 안전준수사항으로 잘못된 것은?

① 부석이나 붕괴되기 쉬운 지반의 적절한 보강을 한다.
② 상부에서 붕괴낙하 위험이 있는 장소에서 작업을 금지한다.
③ 상·하부 동시작업으로 작업 능률을 높인다.
④ 면이 높을 경우는 계단식으로 굴착한다.

해설
상·하부 동시작업은 금지하여야 하나 부득이한 경우 다음 각 조치(견고한 낙하물 방호시설 설치, 부석 제거, 작업장소에 불필요한 기계 등의 방치 금지, 신호수 및 담당자 배치)를 실시한 후 작업하여야 한다.

215 앞바퀴 정렬 요소 중 캠버의 필요성에 대한 설명으로 틀린 것은?

① 토와 관련성이 있다.
② 조향휠의 조작을 가볍게 한다.
③ 앞차축의 휨을 적게 한다.
④ 조향 시 바퀴의 복원력이 발생한다.

해설
캐스터가 조향 시 바퀴의 복원력을 발생한다.

216 타이어구조에서 고무로 피복된 코드를 여러 겹으로 겹친 층에 해당되며 타이어의 골격을 이루는 부분은?

① 카커스 부   ② 트레드 부
③ 솔더 부   ④ 비드 부

해설
피복된 코드를 여러 겹으로 겹친 층으로 타이어 골격을 이루는 부분을 카커스 부라 한다.

217 다음 중 타이어에서 트레드 패턴과 관련 없는 것은?

① 제동력   ② 구동력 및 견인력
③ 편평률   ④ 타이어의 배수효과

해설
편평률은 타이어 패턴과 관련 없다.

218 다음 중 사용압력에 따른 타이어의 분류에 속하지 않는 것은?

① 고압타이어   ② 초고압타이어
③ 저압타이어   ④ 초저압타이어

해설
타이어의 사용 공기압력에 따른 분류에는 고압 타이어, 저압 타이어, 초저압 타이어 등이 있다.

219 다음 중 타이어식 장비에서 핸들 유격이 클 경우가 아닌 것은?

① 타이로드의 볼조인트 마모
② 스티어링 기어박스 장착부위 풀림
③ 스테빌라이저 마모
④ 아이들 암 부시의 마모

해설
스테빌라이저가 마모되면 이상 토우가 발생하여 앞 타이어가 편마모 된다.

220 블래드식 축압기(어큐뮬레이터)의 고무 주머니에 들어가는 물질은?

① 매탄   ② 그리스
③ 질소   ④ 에틸렌 글린콜

해설
질소가 들어간다.

221 다음 중 에탁스 경보기(ETACS)의 범주에 속하지 않는 것은?

① 뒷 유리 열선 타이머
② 간헐 와이퍼
③ 안전띠 경고 타이머
④ 메모리 시트

해설

어느 특정한 부위를 컨트롤 하는 것이 아니라 차량에서 필요한 시간과 알람에 관련된 것을 모두 통제하는 시스템

222 다음 중 반도체에 대한 설명으로 틀린 것은?

① 양도체와 절연체의 중간 범위이다.
② 절연체의 성질을 띠고 있다.
③ 고유저항이 10-3~104(Ω m) 정도의 값을 가진 것을 말한다.
④ 실리콘, 게르마늄, 셀렌 등이 있다.

해설

양도체와 절연체의 중간 성질을 띠고 있다.

223 다음 중 광속의 단위는?

① 칸델라　　　② 럭스
③ 루멘　　　　④ 와트

해설

• 1lm이라는 것은 초 하나를 켜두고 1미터 떨어져서 느낄 수 있는 빛의 양 즉 광속은 광원에서 방출되는 빛의 총량으로 단위는 lm(루멘)
• CD(칸델라) : 광도의 단위로 광원에서 어느 방향으로 나오는 빛의 세기를 나타내는 양
• lux(럭스) : 조도의 단위로 빛 밝기의 정도

224 다음 중 여과기를 설치 위치에 따라 분류할 때 관로용 여과기에 포함되지 않는 것은?

① 라인 여과기　　② 리턴 여과기
③ 압력 여과기　　④ 흡입 여과기

해설

흡입 여과기는 관로형이 아니라 불순물 제거용이다.

3. 유압일반

01 플런저 모터의 특징으로 틀린 것은?

① 구조가 간단하고 수리가 쉽다.
② 효율이 낮다.
③ 고압 작동에 적합하다.
④ 내부 누설이 많다.

해설

플런저(피스톤) 모터 : 구조가 복잡하고 부품 수가 많기 때문에 비싸다.

02 다음 중 유압 펌프의 토출량을 나타내는 단위로 맞는 것은?

① psi   ② LPM
③ kPa   ④ W

해설

토출량의 단위 : LPM, GPM

03 다음 중 기어 펌프와 비교하여 피스톤 펌프의 특징이 아닌 것은?

① 효율이 높다.
② 최고 토출압력이 높다.
③ 구조가 복잡하다.
④ 소음이 적고, 고속회전이 가능하다.

해설

유압 펌프 비교

구분	기어 펌프	베인 펌프	피스톤 펌프
구조	구조가 간단	균형이 잘 잡힌 구조	가변용량에 적합하고, 구조가 복잡하다

수명	보통	보통	길다
흡입능력	우수	보통	약간 나쁨
최고압력 (MPa)	1~30	3.5~40	14~45
최고회전수 (rpm)	3000	3000	2500
최고효율(%)	85	85	90

04 다음 중 유압 펌프에서 토출압력이 가장 높은 것은?

① 기어 펌프   ② 레디얼 플런저 펌프
③ 베인 펌프   ④ 엑시얼 플런저 펌프

해설

구분	기어 펌프	베인 펌프	피스톤 펌프	
			레디얼 플런저 펌프	엑시얼 플런저 펌프
최고압력 (MPa)	1~30	3.5~40	14~45	50~70

05 베인 펌프의 주요 구성요소를 나열한 것으로 보기 중 모두 맞는 것은?

ㄱ. 베인(vane)
ㄴ. 경사판(swash plate)
ㄷ. 격판(baffle plate)
ㄹ. 캠링(cam ring)
ㅁ. 회전자(rotor)

① ㄱ, ㄷ, ㄹ   ② ㄱ, ㄹ, ㅁ
③ ㄱ, ㄴ, ㄷ, ㄹ   ④ ㄱ, ㄷ, ㄹ, ㅁ

정답 1. ① 2. ② 3. ④ 4. ④ 5. ②

해설

베인 펌프 주요 구성 요소 : 베인, 캠링, 회전자

★★
06 다음 중 날개로 펌핑 동작을 하며, 소음과
진동이 적은 유압 펌프는?

① 플런저 펌프　　② 기어 펌프

③ 베인 펌프　　　④ 나사 펌프

해설

• 베인 펌프(vane : 날개, 풍향기) : 날개로 펌핑
동작하는 펌프
• 기어 펌프 : 기어로 펌핑 동작
• 플런저 펌프 : 고압피스톤 펌프, 피스톤으로 펌핑
동작
• 나사 펌프 : 나사로 펌핑 동작

★★★
07 일반적인 유압 펌프에 대한 설명으로 가장
거리가 먼 것은?

① 오일을 흡입하여 컨트롤 밸브(Control
Valve)로 송유(토출)한다.
② 엔진 또는 모터의 동력으로 구동된다.
③ 동력원이 회전하는 동안에는 항상 회전
한다.
④ 벨트에 의해서만 구동된다.

해설

구동 방식은 다양하다.

★★
08 다음 유압 펌프 중 가장 높은 압력 조건에서
사용할 수 있는 펌프는?

① 기어 펌프　　　② 로터리 펌프

③ 플런저 펌프　　④ 베인 펌프

해설

기어 펌프 : 10~250, 로터리 펌프 : 10~250, 베인
펌프 : 1200~3000, 플런저 펌프 : 600~5000

★★
09 기어 펌프에 비해 플런저 펌프의 특징이 아닌
것은?

① 효율이 높다.
② 수명이 짧다.
③ 구조가 복잡하다.
④ 최고 토출압력이 높다.

해설

플런저 펌프는 기어 펌프에 비해 수명이 길다.

★★
10 맥동적 토출을 하지만 다른 펌프에 비해
일반적으로 최고압 토출이 가능하고 펌프
효율에서도 전압력 범위가 높아 최근에 많이
사용되고 있는 펌프는?

① 피스톤 펌프
② 베인 펌프
③ 나사 펌프
④ 기어 펌프

해설

최고압 토출이 가능하고 전압력 범위가 높은 펌프는
피스톤 펌프이다.

★★
11 펌프의 최고 토출압력, 평균효율이 가장 높아
고압 대출력에 사용하는 유압 모터로 가장
적절한 것은?

① 기어 모터
② 베인 모터
③ 트로코이드 모터
④ 피스톤 모터

해설

피스톤 모터는 고압 대출력 사용에 좋다.

정답 ▪ 6. ③　7. ④　8. ③　9. ②　10. ①　11. ④

12 다음 중 유압 펌프의 기능을 설명한 것으로 가장 적합한 것은?

① 유압회로 내의 압력을 측정하는 기구이다.
② 어큐뮬레이터와 동일한 기능을 한다.
③ 유압에너지를 동력으로 변환한다.
④ 원동기의 기계적 에너지를 유압에너지로 변환한다.

해설

원동기의 기계적 에너지를 유압에너지로 변환시켜 이용한다.

13 유압장치의 오일 탱크에서 펌프 흡입구의 설치에 대한 설명으로 틀린 것은?

① 펌프 흡입구는 반드시 탱크 가장 밑면에 설치한다.
② 펌프 흡입구는 스트레이너(오일 여과기)를 설치한다.
③ 펌프 흡입구와 탱크로의 귀환구(복귀구) 사이에는 격리판(baffle plate)을 설치한다.
④ 펌프 흡입구는 탱크로의 귀환구(복귀구)로부터 될 수 있는 한 멀리 떨어진 위치에 설치한다.

해설

탱크의 바닥에 흡입구를 설치하면 침전물을 흡입하게 되어 펌프 고장 원인이 된다.

14 기어 펌프(gear pump)에 대한 설명으로 모두 맞는 것은?

ㄱ. 정용량이다.
ㄴ. 가변용량이다.
ㄷ. 제작이 용이하다.
ㄹ. 다른 펌프에 비해 소음이 크다.

① ㄱ, ㄴ, ㄷ   ② ㄱ, ㄴ, ㄹ
③ ㄴ, ㄷ, ㄹ   ④ ㄱ, ㄷ, ㄹ

해설

기어 펌프는 정용량이며 제작이 용이하고 다른 펌프에 비해 소리가 크다.

15 유압장치에서 유압의 제어방법이 아닌 것은?

① 속도 제어   ② 유량 제어
③ 방향 제어   ④ 압력 제어

해설

유압장치 제어방식은 : 방향 제어, 유량 제어, 압력 제어가 있다. 속도 제어는 유량에 의하여 제어된다.

16 유압장치에서 원동기의 속도를 고속으로 한 상태에서 작업할 때 작업장치의 힘이 크게 부족한 경우는?

① 작업장치에 유량공급이 많을 때
② 방향 제어 밸브 조정이 불량할 때
③ 메인 유압이 낮을 때
④ 메인 유압이 높을 때

해설

• 유압이 낮을 때 힘이 부족하다.
• 유압장치를 제어하는 방식에는 압력 제어, 유량 제어, 방향 제어가 있고, 압력 제어는 힘의 크기를 압력으로 제어하는 것이고, 유량 제어는 속도를 제어하는 것이고, 방향 제어는 일의 방향을 제어하는 역할을 한다.

17 유압장치의 계통 내에 슬러지 등을 용해하여 깨끗하게 하는 작업은?

① 트램핑   ② 서징
③ 코킹   ④ 플러싱

해설

플러싱 : 엔진오일 교환 시 남아 있는 잔존 오일을 빼내는 작업

★
18 유압장치의 정상적인 작동을 위한 일상점검 방법으로 옳은 것은?

① 오일량 점검 및 필터 교환
② 유압 펌프의 점검 및 교환
③ 유압 컨트롤 밸브의 세척 및 교환
④ 오일 냉각기의 점검 및 세척

해설

일상점검 : 오일량 점검 및 필터 교환

★
19 다음 중 유압식 작업장치의 속도가 느릴 때의 원인으로 가장 맞는 것은?

① 오일 쿨러의 막힘이 있다.
② 유압 펌프의 토출압력이 높다.
③ 유압조정이 불량하다.
④ 유량조정이 불량하다.

해설

속도는 유량과 관계가 있다.

★
20 유압장치 내에 국부적인 높은 압력과 소음·진동이 발생하는 현상은?

① 필터링   ② 오버 랩
③ 캐비네이션   ④ 하이드로 록킹

해설

공동현상으로 유압이 진공에 가까워져 국부적인 소음이나 진동이 발생하는 현상

★
21 다음 중 유압식 모터그레이더의 블레이드 횡행 장치의 부품이 아닌 것은?

① 피스톤로드   ② 회전실린더
③ 상부레일   ④ 볼조인트

해설

회전실린더 : 회전하는 공작물을 유압에 의하여 고정하는 것을 말한다.(예 : 선반의 유압척으로 사용된다.)

★
22 방향전환 밸브 중 4포트 3위치 밸브에 대한 설명으로 틀린 것은?

① 직선형 스플 밸브이다.
② 스플의 전환위치가 3개이다.
③ 밸브와 주배관이 접속하는 접속구는 3개이다.
④ 중립위치를 제외한 양 끝 위치에서 4포트 2위치 밸브와 같은 기능을 한다.

해설

4포트(공급구2, 출구, 배기구)는 접속구가 4개이며 제어 위치가 3곳이다.

★★★
23 유압회로에 사용되는 제어 밸브의 역할과 종류의 연결사항으로 틀린 것은?

① 일의 방향 제어 : 방향 전환 밸브
② 일의 시간 제어 : 속도 제어 밸브
③ 일의 크기 제어 : 압력 제어 밸브
④ 일의 속도 제어 : 유량 조절 밸브

해설

유압회로 제어는 방향(방향 제어), 크기(압력 제어), 속도(유량 제어)

정답   18. ①   19. ④   20. ③   21. ②   22. ③   23. ②

24 두 개 이상의 분기회로에서 실린더나 모터의 작동순서를 결정하는 밸브는?

① 리듀싱 밸브
② 릴리프 밸브
③ 시퀀스 밸브
④ 파일럿 체크 밸브

> **해설**
>
> 시퀀스 밸브로 작동순서를 정한다.

25 다음 중 한쪽 방향의 오일 흐름은 좋지만, 반대방향으로는 흐르지 못하게 하는 밸브는?

① 체크 밸브   ② 감압 밸브
③ 제어 밸브   ④ 분류 밸브

> **해설**
>
> 체크 밸브(역류방지 밸브) : 정전이나 예측할 수 없는 원인으로 펌프가 정지하여 기름이 순식간에 역류하고 펌프를 역전시켜 펌프가 고장 나거나 사고를 방지할 목적으로 기름이 거꾸로 흐를 것을 방지하고 기름을 한쪽 방향으로만 흐르게 하는 밸브

26 다음 중 자체 중량에 의한 자유낙하 등을 방지하기 위하여 회로에 배압을 유지하는 밸브는?

① 감압 밸브
② 안전 밸브
③ 카운터 밸런스 밸브
④ 체크 밸브

> **해설**
>
> • **감압 밸브(리듀싱 밸브)** : 압력을 낮게 하여 적은 힘을 발생할 수 있도록 하는 밸브
> • **안전 밸브(릴리프 밸브)** : 압력이 무작정 커지면 실린더가 파괴되므로 최고압력을 제어하여 실린더를 보호하고 힘을 제어하는 밸브

• **카운터 밸런스 밸브** : 수직형 실린더에서 실린더에 걸리는 하중이 클 때, 하강 시 보통의 하강속도의 하중에 의한 자연낙하의 힘이 가중되어 펌프 토출량 이상의 속도가 되기 때문에 펌프 공급압력이 마이너스로 되어 실린더의 속도 제어가 이루어지지 않는다. 이러한 현상을 방지하려면 실린더에 배압을 걸어야 하는데 바로 이 역할을 하는 밸브를 카운터밸런스 밸브라고 한다.
• **체크 밸브(역류방지 밸브)** : 정전이나 예측할 수 없는 원인으로 펌프가 정지하여 기름이 순식간에 역류하여 펌프를 역전시켜 펌프가 고장 나거나 사고를 방지할 목적으로 기름이 거꾸로 흐르는 것을 방지하고 기름을 한쪽 방향으로만 흐르게 하는 밸브

27 유압장치에서 고압 소용량, 저압 대용량 펌프를 조합운전 할 때 작동 압력이 규정 압력 이상으로 상승 시 동력 절감을 하기 위해 사용하는 밸브는?

① 감압 밸브   ② 릴리프 밸브
③ 시퀀스 밸브   ④ 무부하 밸브

> **해설**
>
> 규정압 제어 밸브는 릴리프 밸브이다.

28 다음 중 유량 제어 밸브에 속하지 않는 것은?

① 스로틀 밸브(throttle valve)
② 스로틀 체크 밸브(throttle check valve)
③ 체크 밸브(check valve)
④ 스톱 밸브(stop valve)

> **해설**
>
> • **유량 제어 밸브** : 스로틀 밸브, 스로틀 체크 밸브, 초크 밸브, 오리피스 밸브, 스톱 밸브 등이다.
> • 체크 밸브는 방향 제어 밸브에 속한다.

29 유압 작동유의 압력을 제어하는 밸브가 아닌 것은?

① 릴리프 밸브　　② 시퀀스 밸브
③ 리듀싱 밸브　　④ 체크 밸브

해설

체크 밸브는 방향 제어 밸브이다.

30 다음 중 유압이 규정치보다 높아질 때 작동하여 계통을 보호하는 밸브는?

① 시퀀스 밸브　　② 카운터 밸런스 밸브
③ 릴리프 밸브　　④ 리듀싱 밸브

해설

릴리프 밸브는 안전 밸브이므로 압력이 규정치보다 높으면 작동하여 유압 계통을 보호한다.

31 다음에서 설명하는 유압 밸브는?

> 액추에이터의 속도를 서서히 감속시키는 경우나 서서히 증속시키는 경우에 사용되며, 일반적으로 캠으로 조작된다. 이 밸브는 행정에 대응하여 통과 유량을 조정하며 원활한 감속 또는 증속을 하도록 되어 있다.

① 디셀러레이션 밸브
② 프레필 밸브
③ 카운터 밸런스 밸브
④ 방향 제어 밸브

해설

• 디셀러레이션 밸브(감속 밸브: Deceleration valve) : 액추에이터를 감속시키기 위해서 캠 조작 등에 의해 유량을 서서히 감속 및 가속시킬 때 사용하는 밸브
• 카운터 밸런스 밸브 : 회로의 일부에 배압을 발생시켜 자중 낙하를 방지하는 밸브
• 방향 제어 밸브 : 액추에이터의 움직임 방향을 제어하는 밸브

• 프레필 밸브 : 대형의 파일럿 체크 밸브라고도 하고, 대형 프레스 등 대형 실린더에 펌프로부터 공급되는 유량에 관계없이 빨리 움직일 수 있도록 탱크로부터 직접 대유량의 유압유를 흡입하는 밸브

32 다음 중 압력 제어 밸브가 아닌 것은?

① 릴리프 밸브　　② 교축 밸브
③ 시퀀스 밸브　　④ 언로드 밸브

해설

교축 밸브는 유량 제어 밸브이다.

33 액추에이터의 작동순서를 제어하는 밸브는?

① 시퀀스 밸브(sequence valve)
② 메이크업 밸브(make up valve)
③ 언로더 밸브(unloader valve)
④ 리듀싱 밸브(reducing valve)

해설

시퀀스 밸브는 작동 순서를 제어하는 밸브이다.

34 유압회로 내의 압력이 설정압력에 도달하면 펌프에서 토출된 오일 일부 또는 전량을 직접 탱크로 돌려보내 회로의 압력을 설정값으로 유지하는 밸브는?

① 릴리프 밸브　　② 언로드 밸브
③ 시퀀스 밸브　　④ 체크 밸브

해설

• 언로드(무부하) 밸브 : 설정압력에 도달하면 탱크로 돌려보내 회로 내의 압력을 설정값으로 유지하는 밸브로, 주로 프레스 기계에 사용한다.
• 릴리프 밸브 : 과잉(초과) 압력을 제어하여 회로를 보호하는 밸브이고 언로드 밸브는 설정압력이 되어 무부하로 빨리 전환하는 밸브이다.
• 시퀀스 밸브 : 차례대로 순서대로 이런 말이 들어가면 시퀀스 밸브이다.

정답 29. ④　30. ③　31. ①　32. ②　33. ①　34. ②

35 회로 내 유체의 흐름 방향을 제어하는 데 사용되는 밸브는?

① 감압 밸브 ② 셔틀 밸브
③ 교축 밸브 ④ 유압 액추에이터

해설

· **감압(리듀싱) 밸브** : 압력 제어
· **셔틀 밸브** : 방향 제어
· **교축 밸브** : 유량 제어

36 유압회로에서 역류를 방지하고 회로 내의 잔류압력을 유지하는 밸브는?

① 체크 밸브 ② 셔틀 밸브
③ 매뉴얼 밸브 ④ 스로틀 밸브

해설

체크 밸브는 역류를 방지하는 밸브이다.

37 다음 그림과 같은 일반적으로 사용하는 유압기호에 해당하는 밸브는?

① 체크 밸브 ② 시퀀스 밸브
③ 릴리프 밸브 ④ 리듀싱 밸브

38 유압으로 작동되는 작업장치에서 작업 중 힘이 떨어질 때의 원인과 가장 관계가 있는 밸브는?

① 체크(Check) 밸브 ② 메이크업 밸브
③ 메인 릴리프 밸브 ④ 방향 전환 밸브

해설

릴리프 밸브는 압력 제어로 힘의 크기를 결정한다.

39 다음 중 오일을 한쪽 방향으로만 흐르게 하는 밸브는?

① 릴리프 밸브 ② 체크 밸브
③ 파일럿 밸브 ④ 로터리 밸브

해설

오일을 한쪽 방향으로만 흐르게 하는 밸브는 체크 밸브이다.

40 다음 중 방향 제어 밸브에서 내부 누유에 영향을 미치는 요소가 아닌 것은?

① 관로의 유량
② 밸브 간극의 크기
③ 밸브 양단의 압력차
④ 흡입 여과기

해설

관로의 유량은 속도를 제어한다.

41 유압 모터의 속도를 감속하는 데 사용하는 밸브는?

① 체크 밸브 ② 디셀러레이션 밸브
③ 변환 밸브 ④ 압력스위치

해설

디셀러레이션 밸브는 모터 속도 감속에 사용된다.

42 유압장치에서 방향 제어 밸브에 대한 설명으로 틀린 것은?

① 유체의 흐름 방향을 한쪽으로만 허용한다.
② 액추에이터의 속도를 제어한다.
③ 유체의 흐름 방향을 변환한다.
④ 유압실린더나 유압 모터의 작동 방향을 바꾸는 데 사용된다.

정답 35. ② 36. ① 37. ③ 38. ③ 39. ② 40. ① 41. ② 42. ②

해설

액추에이터 속도 제어는 방향이 아닌 유량으로 제어한다.

★
43 체크 밸브가 내장되는 밸브로써 유압회로의 한 방향의 흐름에 대해서는 설정된 배압을 생기게 하고 다른 방향의 흐름은 자유롭게 흐르도록 한 밸브는?

① 셔틀 밸브
② 언로드 밸브
③ 카운터 밸런스 밸브
④ 교축 밸브

해설

• 수직형 실린더에서 실린더에 걸리는 하중이 클 때, 하강 시 보통의 하강속도의 하중에 의한 자연낙하의 힘이 가중되어 펌프 토출량 이상의 속도가 되기 때문에 펌프 공급압력이 0이 되어 실린더의 속도 제어가 이루어지지 않는다. 이러한 현상을 방지하려면 실린더에 배압을 걸어야 하는데 바로 이 역할을 하는 밸브를 카운터 밸런스 밸브라고 한다.
• 실린더 쪽 배압은 릴리프 밸브에 의해 유지되고 그 뒤 실린더를 다시 올릴 때에는 체크 밸브를 통하여 기름이 공급된다.

★
44 다음 중 릴리프 밸브(relief valve)에서 볼(ball)이 밸브의 시트(seat)를 때려 소음을 발생시키는 현상은?

① 채터링(chattering) 현상
② 베이퍼 록(vaper lock) 현상
③ 페이드(fade) 현상
④ 노킹(knock) 현상

해설

채터링은 밸브 시트를 건드려 정상적인 압력 제어가 어렵게 되고, 회로 전체에 불규칙한 진동을 발생 케 한다. 직동형 릴리프 밸브는 같은 회로 내에 다른 릴리프 밸브나 역지 밸브가 있을 경우에는 압력공진이 일어나기 쉽다.

★
45 유압장치에서 방향 제어 밸브에 해당하는 것은?

① 셔틀 밸브   ② 릴리프 밸브
③ 시퀀스 밸브   ④ 언로드 밸브

해설

셔틀 밸브, 체크 밸브는 방향 제어 밸브이다.

★
46 다음 중 액추에이터의 운동 속도를 조정하기 위하여 사용되는 밸브는?

① 압력 제어 밸브   ② 온도 제어 밸브
③ 유량 제어 밸브   ④ 방향 제어 밸브

해설

속도는 유량으로 제어, 힘은 압력으로 제어, 방향은 방향으로 제어한다.

★
47 감압 밸브(리듀싱 밸브)에 대한 설명으로 틀린 것은?

① 유압장치에서 회로 일부의 압력을 릴리프 밸브의 설정압력 이하로 하고 싶을 때 사용한다.
② 상시 폐쇄상태로 되어 있다.
③ 출구(2차 쪽)의 압력이 감압 밸브의 설정압력보다 높아지면 밸브가 작동하여 유로를 닫는다.
④ 입구(1차 쪽)의 주회로에서 출구(2차 쪽)의 감압회로로 유압유가 흐른다.

- 설정압력까지 처음에는 입구(1차)에서 출구(2차)로 액체가 흘러야 하므로 상시 폐쇄상태로 되어 있지는 않다.
- **감압 밸브 원리** : 감압 밸브(리듀싱 밸브)는 출구(2차 쪽) 상부에 스프링을 설치하고 그 스프링 위에는 압력을 조절하는 조절 나사를 설치하여 조절 나사를 잠가 두면 스프링은 압축되면서 다이어프램 등을 눌러 밸브는 열리게 되고 밸브 입구(1차 쪽)에 고압의 액체가 들어오면 밸브는 열려있으므로 밸브 출구(2차)를 통과하게 된다. 밸브 출구(2차)로 액체가 계속 늘어오면 압력이 서서히 증가하게 되므로 압력은 다이어프램을 위로 들어 올리게 되고 그 압력이 위의 조절나사가 스프링을 압축하고 있던 힘보다 커지면 밸브는 닫히게 되어 더 이상 출구(2차)로 액체가 들어오지 못하게 된다. 이런 원리로 반복 동작하는 것이 감압 밸브이다.

***
48 다음 중 유압장치에서 내구성이 강하고 작동 및 움직임이 있는 곳에 사용하기 적합한 호스는 무엇인가?

① 플렉시블 호스   ② 구리파이프 호스
③ 강파이프 호스   ④ PVC 호스

해설

플렉시블 호스는 움직임이 있는 곳에 사용한다.

**
49 다음 중 오리피스에 대한 설명 중 틀린 것은?

① 오일의 흐름이 없으면 오리피스 사이에 압력차는 없다.
② 오일이 오리피스를 통하여 흐르기 위해서는 오리피스 사이에 압력차가 있어야 한다.
③ 오리피스 사이의 압력차는 유량에 비례한다.
④ 오리피스 출구 측을 차단하면 오리피스 사이의 압력차는 증가한다.

해설

오리피스 : 관로의 단면적을 급격히 축소(교축)시켜 압력차를 발생하여 유량을 제어하는 장치이며 압력차이와 유량은 비례하고 유량측정계로 많이 사용된다. 오리피스 출구를 차단하면 유량이 흐르지 못해 압력차는 없어진다.

***
50 다음 중 유압 작동부에서 오일이 누유되고 있을 때 가장 먼저 점검하여야 할 곳은?

① 피스톤   ② 펌프
③ 기어   ④ 실(seal)

해설

- 오일 누유는 피스톤, 기어는 관계가 멀고, 펌프의 어느(본체 가스켓, 실) 부분의 누유가 있는지 먼저 점검한다.
- **실(seal)** : 회전축 주위 및 압력(50N/㎠ 이하)이 비교적 낮은 부분의 기름 누출을 방지하기 위해 사용된다. 재질은 주로 합성고무이고 접촉압력을 높이기 위해 스프링을 넣은 것도 있다.

***
51 다음 중 유압오일에서 온도에 따른 점도 변화 정도를 표시하는 것은?

① 점도 지수   ② 관성력
③ 윤활성   ④ 점도 분포

해설

점도 : 끈끈함에 척도를 지수로 표시

***
52 다음 중 유압유가 과열되는 원인으로 가장 거리가 먼 것은?

① 릴리프 밸브(relief valve)가 닫힌 상태로 고장일 때
② 오일 냉각기의 냉각핀이 오손 되었을 때
③ 유압유가 부족할 때
④ 유압유량이 규정보다 많을 때

[해설]

유압 펌프의 심한 마모

1. 작동유 온도(너무 뜨겁다.) 과열되는 이유
   ① 유압 펌프의 심한 마모
   ② 릴리프 밸브가 열리는 원인이 되는 무거운 유압 부하
   ③ 너무 낮은 릴리프 밸브의 설정값
   ④ 과도한 시스템의 제약 조건
   ⑤ 작동유 탱크 내의 레벨이 너무 낮다.
   ⑥ 한 곳 이상의 부위에서 고압 누유
   ⑦ 심하게 오염된 작동유
   ⑧ 작동유에 공기가 있다.

★★
53 다음 중 유입회로 내의 유압유 점도가 너무 낮을 때 생기는 현상이 아닌 것은?

① 회로 압력이 떨어진다.
② 시동 저항이 커진다.
③ 펌프 효율이 떨어진다.
④ 오일 누설에 영향이 있다.

[해설]

1. 점도가 너무 낮을 때 생기는 현상
   ① 압력이 떨어진다.
   ② 펌프 효율이 낮아진다.
   ③ 오일 누출되기 쉽다.
   ④ 시동저항, 흡입저항이 낮아진다.

2. 점도가 너무 높을 때 생기는 현상
   ① 압력이 상승한다.
   ② 펌프 효율이 높아진다.
   ③ 오일 누출되기 어렵다.
   ④ 시동저항, 흡입저항이 높아진다.

★★
54 유압유의 온도가 상승할 경우 나타날 수 있는 현상이 아닌 것은?

① 오일 점도 저하   ② 펌프 효율 저하
③ 오일 누설 저하   ④ 작동유의 열화 촉진

[해설]

유압유의 온도가 상승하면 점도가 낮아져서 오일의 누설이 증가하여 펌프의 효율이 저하된다.

★★
55 다음 보기 중 유압오일 탱크의 기능으로 모두 맞는 것은?

> ㄱ. 계통 내의 필요한 유량 확보
> ㄴ. 격판에 의한 기포 분리 및 제거
> ㄷ. 계통 내의 필요한 압력 설정
> ㄹ. 스트레이너 설치로 회로 내 불순물 혼입 방지

① ㄱ, ㄴ, ㄷ   ② ㄱ, ㄷ, ㄹ
③ ㄱ, ㄴ, ㄹ   ④ ㄴ, ㄷ, ㄹ

[해설]

기름 탱크에 필요한 조건
① 필요한 기름의 양을 저장할 수 있을 것
② 주유구나 공기 출입구가 있을 것
③ 격판이 있을 것
④ 청소창이 있을 것
⑤ 유면계가 있을 것
⑥ 배유구가 있을 것

★★★
56 유체 클러치 오일의 구비 조건으로 틀린 것은?

① 비점이 높을 것   ② 비중이 작을 것
③ 점도가 낮을 것   ④ 착화점이 높을 것

[해설]

유체클러치 오일에 요구되는 조건
① 클러치 접속 시 충격이 적고 미끄럼이 없는 적절한 마찰계수를 가질 것(윤활성이 클 것)
② 기포 발생이 없고 방청성을 가질 것(비등점이 높을 것)
③ 저온시에서도 유동성이 좋을 것(비중이 클 것)
④ 점도지수의 유동성이 좋을 것(점도가 낮을 것)
⑤ 내열 및 내산화성이 좋고 슬러지 발생이 없을 것(내산성이 클 것)
⑥ 오일실이나 마찰재료의 화학변화, 경화, 수축, 팽창 등과 같은 나쁜 영향을 주지 않을 것(유성이 좋을 것)
⑦ 착화점이 높을 것
⑧ 응고점이 낮을 것

57 일반적인 유압시스템에서 유압유 제어 기능이 아닌 것은?

① 방향 제어 ② 유량 제어
③ 온도 제어 ④ 압력 제어

해설

유압시스템 제어 : 방향, 압력, 유량 제어

58 보기에서 유압계통에 사용되는 오일의 점도가 너무 낮을 경우 나타날 수 있는 현상으로 모두 맞는 것은?

> ㄱ. 펌프 효율 저하
> ㄴ. 실린더 및 컨트롤 밸브에서 누출 현상
> ㄷ. 계통(회로) 내의 압력 저하
> ㄹ. 시동 시 저항 증가

① ㄱ, ㄴ, ㄷ ② ㄱ, ㄷ, ㄹ
③ ㄱ, ㄴ, ㄹ ④ ㄴ, ㄷ, ㄹ

해설

• 시동 시 저항 증가는 점도가 높을 때 현상이다.
• **점도가 너무 낮을 때 생기는 현상**
① 압력이 떨어진다.
② 펌프 효율이 낮아진다.
③ 오일 누출되기 쉽다.
④ 시동저항, 흡입저항이 낮아진다.

59 다음 중 일반적인 유압시스템에서 오일 제어 기능이 아닌 것은?

① 압력 제어 ② 유량 제어
③ 유온 제어 ④ 방향 제어

해설

압력 제어, 유량 제어, 방향 제어가 일반적인 유압시스템 제어이다.

60 다음 그림의 유압기호는 무엇을 표시하는가?

① 오일 탱크 ② 유압실린더
③ 유압실린더 로드 ④ 어큐뮬레이터

61 다음 중 그림의 유압기호는 무엇을 표시하는가?

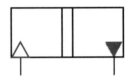

① 공기유압변환기 ② 증압기
③ 촉매컨버터 ④ 어큐뮬레이터

해설

삼각형 안에 채우면 유압(액체), 비우면 공기입니다. 그러므로 유압기호는 공기에서 유압으로 변환하는 기계입니다.

62 아래 그림의 KS 유압 · 공기압 도면기호는?

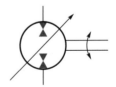

① 가변용량형 유압 펌프 · 모터
② 정용량형 유압피스톤
③ 가변용량형 실린더
④ 정용량형 실린더

정답 | 57. ③ 58. ① 59. ③ 60. ④ 61. ① 62. ①

63 다음 그림의 회로 기호의 의미로 맞는 것은?

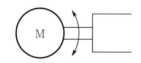

① 회전형 솔레노이드
② 복동형 액추에이터
③ 단동형 액추에이터
④ 회전형 전기 액추에이터

64 그림의 유압기호는 무엇을 표시하는가?

① 오일쿨러 ② 유압 탱크
③ 유압 펌프 ④ 유압 모터

65 방향전환 밸브의 조작 방식에서 단동 솔레노이드 기호는?

①  ②

③ ⬦━▭ ④ ⬦━▭

> **해설**
> ① 기호가 아님, ② 기계작동(플런저식), ③ 수동
> 작동(레버식), ④ 전기적 작동(솔레노이드 1개)

66 그림에서 체크 밸브를 나타낸 것은?

① ━◯━ ② ━◯

③ ⦿ ④ ⎿⎤

67 다음 기호 중 압력계를 나타내는 것은?

①   ②

③   ④

68 유압장치의 구성요소 중 유압발생 장치가 아닌 것은?

① 유압 펌프 ② 엔진 또는 전기 모터
③ 오일 탱크 ④ 유압 실린더

> **해설**
> 유압 실린더는 유압저장 장치이다.

69 유압장치의 기호회로도에 사용되는 유압 기호의 표시방법으로 적합하지 않은 것은?

① 기호에는 흐름의 방향을 표시한다.
② 각 기기의 기호는 정상상태 또는 중립상태 를 표시한다.
③ 기호는 어떠한 경우에도 회전하여서는 안 된다.
④ 기호에는 각 기기의 구조나 작용압력을 표시하지 않는다.

> **해설**
> 유압장치의 회로도에서 편의 및 도면의 해독성을
> 위하여 유압기호를 회전하여 표시하는 경우도 있다.

70 다음 그림에서 정용량형 유압 펌프의 기호는?

①   ②

③   ④

71 다음 중 유압 모터와 유압 실린더의 설명으로 맞는 것은?

① 모터는 회전운동, 실린더는 직선운동을 한다.
② 모터는 직선운동, 실린더는 회전운동을 한다.
③ 둘 다 왕복운동을 한다.
④ 둘 다 회전운동을 한다.

해설

유압 액추에이터는 오일이 가진 에너지를 좌우, 상하의 직선 운동이나 회전운동으로 변환시키는 도구의 총칭이다. 유압 액추에이터에는 직선운동을 맡는 실린더와 회전운동을 맡는 오일 모터, 요동 운동을 하는 요동 실린더로 나눈다.

72 다음 중 유압장치에서 기어 모터에 대한 설명 중 잘못된 것은?

① 내부 누설이 적어 효율이 높다.
② 구조가 간단하고 가격이 저렴하다.
③ 일반적으로 스퍼기어를 사용하나 헬리컬기어도 사용한다.
④ 유압유에 이물질이 혼합되어도 고장 발생이 적다.

해설

기어 모터는 다른 모터에 비해 내부 누설이 크고, 효율이 낮다.

	명칭	운동 방향	종류
액추에이터	실린더	직선운동	단동형
			복동형
	오일 모터	회전운동	기어 모터
			베인 모터
			피스톤 모터
	요동 운동	요동 실린더	베인형
			피스톤형
			나사식

73 유압 모터의 일반적인 특징으로 가장 적합한 것은?

① 운동량을 자동으로 직선 조작할 수 있다.
② 직선운동 시 속도조절이 용이하다.
③ 넓은 범위의 무단변속이 용이하다.
④ 각도에 제한없이 왕복 각운동을 한다.

해설

유압 모터는 무단변속이 간단하고 작동도 원활하다.

74 다음 중 유압 모터에서 소음과 진동이 발생할 때의 원인이 아닌 것은?

① 작동유 속에 공기의 흡입
② 체결 볼트의 이완
③ 펌프의 최고 회전속도 저하
④ 내부 부품의 파손

해설

유압 모터의 소음과 진동 원인
① 커플링 파손이나 축심맞춤 불량
② 베어링 마모, 파손, 스플링의 절손
③ 회전수가 규정이상으로 돌고 있다.
④ 안티 캐비테이션 체크 밸브의 불량
⑤ 공동현상(캐비테이션)의 영향(공기의 흡입)

75 다음 중 피스톤 모터의 특징으로 맞는 것은?

① 고압 작동에 적합하다.
② 구조가 간단하고 수리가 쉽다.
③ 내부 누설이 많다.
④ 효율이 낮다.

해설

피스톤 모터의 특징
① 고압, 고속, 대출력을 발생한다.
② 구조가 복잡하고 고가이다.
③ 효율이 유압 모터 중 가장 높다.

76 다음 중 유압 모터의 장점이 될 수 없는 것은?

① 소형, 경량으로 큰 출력을 낼 수 있다.
② 공기와 먼지 등이 침투하여도 성능에는 영향이 없다.
③ 변속, 역전의 제어도 용이하다.
④ 속도나 방향의 제어가 용이하다.

> **해설**
>
> 유압 모터에 공기와 먼지 등이 침투하면 고장에 원인이 된다.

77 유압 모터의 특징을 설명한 것으로 틀린 것은?

① 관성력이 크다.
② 무단변속이 가능하다.
③ 구조가 간단하다.
④ 자동 원격조작이 가능하다.

> **해설**
>
> **・장점**
> ① 소형 경량인 데 비하여 큰 토크와 동력을 낼 수 있다.
> ② 과부하 방지가 간단하고 안전장치나 브레이크가 용이하다.
> ③ 힘의 조정이 쉽고 정확하게 된다.
> ④ 무단 변속이 가능하고 구조가 간단하다.(1 : 100~1 : 500)
> ⑤ 진동이 적고 작동이 원활하다.
> ⑥ 원격 조작을 할 수 있다.
> ⑦ 전동 모터에 비하여 관성력이 작아서 쉽게 급속정지를 시켜도 과부하가 걸리지 않는다.
> **・단점**
> ① 유압 작동유 안에 먼지나 공기가 혼입이 되지 않게 분해 조립 시 주의를 해야 한다.
> ② 작동유의 점도변화에 의해 유압 모터 사용에 제약을 받는다.
> ③ 석유계 작동유는 일반적으로 인화점이 낮아 화재의 위험이 있다.

78 다음 중 유압 모터의 가장 큰 장점은?

① 직접적으로 회전력을 얻는다.
② 무단변속이 가능하다.
③ 압력조정이 용이하다.
④ 오일누출 방지가 용이하다.

> **해설**
>
> 장점 : 광범위한 무단 변속 가능, 소형이고 가볍다. 급속 정지 가능

79 다음 중 플런저가 구동축의 직각방향으로 설치되어 있는 유압 모터는?

① 캠형 플런저 모터
② 엑시얼형 플런저 모터
③ 블래더형 플런저 모터
④ 레이디얼형 플런저 모터

> **해설**
>
> 플런저 왕복 운동의 방향이 구동축과 거의 직각인 플런저 모터를 말한다. 실린더 블록의 바깥 둘레에 중심을 향하여 방사선상으로 플런저를 편심이 되도록 설치하여 슬라이드 링 속에서 회전시켜 상대적인 플런저의 운동에 의해 구동 토크를 발생시키는 모터를 말한다.

80 다음 중 유압 모터의 특징으로 맞는 것은?

① 가변 체인구동으로 유량 조정을 한다.
② 오일의 누출이 많다.
③ 밸브 오버랩으로 회전력을 얻는다.
④ 무단 변속이 용이하다.

> **해설**
>
> 광범위한 무단 변속을 얻을 수 있다.

정답 76. ② 77. ① 78. ② 79. ④ 80. ④

81 다음 중 지게차의 동력조향장치에 사용되는 유압실린더로 가장 적합한 것은?

① 단동 실린더 플런저형
② 복동 실린더 더블 로드형
③ 다단 실린더 텔레스코픽형
④ 복동 실린더 싱글 로드형

해설

• **단동 실린더 플런저형** : 기름 입출구가 하나이고 실린더를 부착하기 위한 판 모양의 것을 플런저라 하고 이 플런저를 로드나 헤드 쪽에 부착하는 빙식의 실린더
• **복동 실린더 더블 로드형** : 기름 입출구가 2개인 실린더로 대부분의 조향장치는 좌우로 움직이는 양로드형을 사용한다.
• **다단 실린더 텔레스코픽형** : 보통 좁은 공간에 작은 힘이 미치는 곳에 사용되며 1단, 2단 식으로 움직이는 실린더
• **복동 실린더 싱글 로드형** : 기름 입출구가 2개인 한쪽 방향으로만 움직이는 지게차 리프트 실린더나 굴삭기 실린더에 주로 사용하는 실린더

82 유압 실린더의 종류에 해당하지 않는 것은?

① 복동 실린더 더블로드형
② 복동 실린더 싱글로드형
③ 단동 실린더 램형
④ 단동 실린더 배플형

해설

단동 실린더 배플형은 없다.

83 유압 실린더 내부에 설치된 피스톤의 운동속도를 빠르게 하기 위한 가장 적절한 제어방법은?

① 고점도의 유압유를 사용한다.
② 회로의 유량을 증가시킨다.
③ 회로의 압력을 낮게 한다.

④ 실린더 출구 쪽에 카운터 밸런스 밸브를 설치한다.

해설

속도하면 유량을 기억해야 한다. 위 선택문에서 유량과 관계있는 선택문을 고르면 된다.

84 다음 중 복동 실린더 양 로드형을 나타내는 유압 기호는?

85 제한된 회전각도 이내에서 유체가 회전운동 운동력으로 변환시키는 요동 모터의 피스톤형에 속하지 않는 것은?

① 링크형   ② 기어형
③ 래크와 피니언형   ④ 체인형

해설

기어형은 해당되지 않는다.

86 일반적인 유압 실린더의 종류에 해당하지 않는 것은?

① 복동 실린더   ② 단동 실린더
③ 레디얼 실린더   ④ 다단 실린더

해설

• 레디얼 실린더는 없다.
• **복동 실린더** : 유압 출입구가 두 개
• **단동 실린더** : 유압출입구가 한 개
• **다단 실린더(텔레스코픽 실린더)** : 작은 공간에 설치 2단, 3단으로 움직이는 실린더

87 유압 실린더에서 피스톤 속도를 빠르게 하기 위한 가장 적절한 제어방법은?

① 카운터 밸런스 밸브를 설치한다.
② 고점도 유압유를 사용한다.
③ 압력을 낮게 한다.
④ 유량을 증가시킨다.

해설

유압 실린더에서 제어 방법은 힘을 크게 하려면 압력을 제어하고, 방향을 바꾸려면 유체의 흐름을 멈추거나 보내거나 하면서 유량의 방향을 제어하고, 속도를 제어하려면 유량을 많게 보내거나 적게 보내거나 해서 유체의 양으로 속도를 제어한다.

88 다음 중 유압실린더의 지지방식이 아닌 것은?

① 플랜지형　　② 푸드형
③ 트러니언형　　④ 유니언형

해설

유니언형 지지방식은 없다

89 그림과 같은 실린더의 명칭은?

① 단동 다단 실린더
② 복동 다단 실린더
③ 단동 실린더
④ 복동 실린더

해설

기호는 복동 실린더이다.

90 유압 실린더에서 실린더의 과도한 자연 낙하 현상이 발생할 수 있는 원인이 아닌 것은?

① 작동 압력이 높을 때
② 실린더 내의 피스톤 실링이 마모
③ 컨트롤 밸브 스풀이 마모
④ 릴리프 밸브의 조정 불량

해설

작동 압력과는 상관이 없다.

91 다음 중 유압실린더 피스톤에 많이 사용되는 링은?

① O 링형　　② V 링형
③ C 링형　　④ U 링형

해설

실린더는 대부분이 원형이기 때문에 O링형을 많이 사용한다.

92 다음 중 유압실린더의 작동 속도가 정상보다 느릴 경우 예상되는 원인으로 가장 적절한 것은?

① 계통 내의 흐름용량이 부족하다.
② 작동유의 점도가 약간 낮아짐을 알 수 있다.
③ 작동유의 점도지수가 높다.
④ 릴리프 밸브의 조정압력이 너무 높다.

해설

속도는 유량으로 조절한다.

93 한쪽 방향은 유압에 의하여 작동하고, 반대 방향은 자중 등에 의하여 작동하는 유압실린더는?

① 텔레스코픽식　　② 단동식
③ 양로드식　　④ 복동식

정답 : 87. ④　88. ④　89. ④　90. ①　91. ①　92. ①　93. ②

해설

단동식 : 한쪽 방향은 유압에 의하여 작동하고 반대
(복귀) 방향은 자중 등 스프링에 의하여 동작한다.

94 유압실린더를 교환 후 우선적으로 시행
하여야 할 사항은?

① 엔진을 저속 공회전시킨 후 공기빼기
작업을 실시한다.
② 엔진을 고속 공회전시킨 후 공기빼기
작업을 실시한다.
③ 유압장치를 최대한 부하 상태로 유지한다.
④ 압력을 측정한다.

해설

유압실린더 교환 후 먼저 공기 빼기 작업을 실시한다.

95 유압장치에서 피스톤 로드에 있는 먼지 또는
오염물질 등이 실린더 내로 혼입되는 것을
방지하는 것은?

① 필터　　　　　② 더스트 실
③ 밸브　　　　　④ 실린더 커버

해설

더스트 실은 피스톤 로드의 먼지 및 오염물질을
실린더 내로 혼입되는 것을 방지한다.

96 다음 중 유압계통에서 오일 누설 점검사항이
아닌 것은?

① 오일의 윤활성　② 실의 마모
③ 실의 파손　　　④ 볼트의 이완

해설

오일 실의 파손, 마모, 볼트의 이완 시 오일이
누설된다.

97 다음 중 유압 탱크의 구비 조건과 가장
거리가 먼 것은?

① 오일에 이물질이 혼입되지 않도록 밀폐
되어야 한다.
② 오일 냉각을 위한 쿨러를 설치한다.
③ 적당한 크기의 주유구 및 스트레이너를
설치한다.
④ 드레인(배출 밸브)및 유면계를 설치한다.

해설

• 오일 냉각을 시키기 위해 탱크의 표면적을 크게
하지만 냉각을 위한 쿨러(냉각기)는 설치하지
않는다.
• **유압 탱크의 구비 조건**
① 필요한 기름의 양을 저장할 수 있을 것
② 주유구나 공기 출입구가 있을 것
③ 격판이 있을 것
④ 청소창이 있을 것
⑤ 유면계가 있을 것
⑥ 배유구가 있을 것

98 다음 중 유압 탱크의 구성품이 아닌 것은?

① 유면계　　　　② 배플
③ 피스톤 로드　　④ 주입구 캡

해설

피스톤 로드는 유압 실린더 구성품이다.

99 유압 탱크의 주요 구성 요소가 아닌 것은?

① 유압계　　　　② 주유구
③ 분리판　　　　④ 유면계

해설

작동유 탱크의 구성요소
필터, 주유구, 유면계, 격판(배플), 드레인 플러그,
스트레이너, 흡입관로, 리터관로

정답 ╪ **94.** ①　**95.** ②　**96.** ①　**97.** ②　**98.** ③　**99.** ①

100 다음 보기 중 유압 오일 탱크의 기능으로 모두 맞는 것은?

> ㄱ. 유압회로에 필요한 유량 확보
> ㄴ. 격판에 의한 기포 분리 및 제거
> ㄷ. 유압회로에 필요한 압력 설정
> ㄹ. 스트레이너 설치로 회로 내 불순물 혼입 방지

① ㄴ, ㄷ, ㄹ   ② ㄱ, ㄴ, ㄷ
③ ㄱ, ㄷ, ㄹ   ④ ㄱ, ㄴ, ㄹ

해설

유압회로에 필요한 압력 설정은 유압 펌프 및 밸브가 한다.

101 다음 중 릴리프 밸브에서 포펫 밸브를 밀어 올려 기름이 흐르기 시작할 때의 압력은?

① 설정압력   ② 허용압력
③ 크래킹압력   ④ 전량압력

해설

릴리프 밸브에서 포펫 밸브를 밀어 올려 기름이 흐르기 시작할 때의 압력은 크래킹압력이다.

102 다음 중 유압유의 점도가 지나치게 높았을 때 나타나는 현상이 아닌 것은?

① 오일 누설이 증가한다.
② 유동저항이 커져 압력손실이 증가한다.
③ 동력손실이 증가하여 기계효율이 감소한다.
④ 내부마찰이 증가하고 압력이 상승한다.

해설

유압유 점도가 증가하면 누설은 감소한다.

103 다음 중 축압기의 용도로 적합하지 않은 것은?

① 유압 에너지의 저장
② 충격 흡수
③ 유량분배 및 제어
④ 압력보상

해설

어큐뮬레이터(축압기)의 용도
① 대 유량의 작동유를 순간적으로 공급해 준다.
② 유압 펌프의 맥동을 제거해 준다.
③ 충격 압력을 흡수한다.
④ 압력을 보상해 준다.

104 유체의 압력에 영향을 주는 요소로 가장 관계가 적은 것은?

① 유체의 흐름 방향   ② 유체의 점도
③ 관로의 직경   ④ 유체의 흐름량

해설

유체의 흐름 방향은 압력에 영향이 적다.

105 유압유에 점도가 서로 다른 2종류의 오일을 혼합하였을 경우에 대한 설명으로 맞는 것은?

① 오일 첨가제의 좋은 부분만 작동하므로 오히려 더욱 좋다.
② 점도가 달라지나 사용에는 전혀 지장이 없다.
③ 혼합은 권장사항이며 사용에는 전혀 지장이 없다.
④ 열화현상을 촉진시킨다.

해설

점도가 다른 두 종류의 오일을 혼합하면 열화현상이 촉진된다.

106 압력을 표현한 식으로 옳은 것은?

① 압력=면적×힘

② 압력=힘÷면적

③ 압력=면적÷힘

④ 압력=힘-면적

107 다음 중 압력의 단위가 아닌 것은?

① bar

② kgf/cm²

③ N-m

④ KPa

해설

N-m는 토크단위이다.

108 다음 중 유압장치에 사용되는 유압기기에 대한 설명으로 틀린 것은?

① 유압 모터 : 무한회전 운동

② 실린더 : 직선 운동

③ 축압기 : 외부의 오일 누출 방지

④ 유압 펌프 : 오일의 압송

해설

압력 유지를 원활히 하고 가압된 작동유를 저축한다.

109 압력의 단위가 아닌 것은?

① cal

② psi

③ mmHg

④ kgf/㎠

해설

cal는 열량의 단위이다.

110 다음 유압기기 점검 중 이상 발견 시 조치 사항이다. ( )안의 내용을 순서대로 나열한 것은?

> 작동유가 누출되는 상태라면 이음부를 더 조여주거나 부품을 ( )하는 등 응급조치를 하는 것이 당연하지만 그 원인을 조사하여 재발을 방지하고 고장이 더 확대되지 않도록 유압기기 전체를 ( )하는 일도 필요하다.

① 플리싱, 교환

② 교환, 재점검

③ 열화, 재점검

④ 재점검, 교환

해설

작동유가 누출되면 이음부를 조이거나 부품을 교환하고 유압 누출 근본 원인을 찾기 위해 재점검한다.

111 다음 중 유압장치의 일상 점검 개소가 아닌 것은?

① 오일의 양

② 오일의 색

③ 오일의 온도

④ 탱크 내부

해설

매일매일 탱크 내부를 점검할 필요는 없다. 그리고 오일이 채워져 있으면 탱크 밑바닥은 보이지도 않는다.

112 다음 중 유압기는 작은 힘으로 큰 힘을 얻는 장치이다. 무슨 원리를 이용한 것인가?

① 베르누이의 원리

② 아르키메데스의 원리

③ 보일의 원리

④ 파스칼의 원리

해설

"압력은 일정하다."라는 원리로 P(압력)=에서 단면적을 적게 하면 큰 힘을 얻을 수 있다.

113 다음에서 유압 작동유가 갖추어야 할 조건으로 맞는 것은?

> ㄱ. 압축성이 작을 것
> ㄴ. 밀도가 작을 것
> ㄷ. 열팽창 계수가 작을 것
> ㄹ. 체적 탄성계수가 작을 것
> ㅁ. 점도지수가 높을 것
> ㅂ. 발화점이 높을 것

① ㄱ, ㄴ, ㄷ, ㄹ   ② ㄴ, ㄷ, ㅁ, ㅂ
③ ㄴ, ㄹ, ㄷ, ㅂ   ④ ㄱ, ㄴ, ㄷ, ㅂ

해설

유압작동유가 갖추어야 할 조건은 압축성이 작고, 밀도가 작고, 열팽창이 적으며, 발화점이 높을 것

114 다음 중 난연성 작동유의 종류에 해당하지 않는 것은?

① 석유계 작동유
② 유중수형 작동유
③ 글리콜형 작동유
④ 인산 에스텔형 작동유

해설

난연성 작동유는 불이 잘 붙지 않아야 하므로 석유계 작동유(터빈유)는 난연성 작동유 종류에 포함되지 않는다.

115 축압기의 사용용도에 해당하지 않는 것은?

① 오일 누설 억제
② 충격압력의 흡수
③ 회로 내의 압력 보상
④ 유압 펌프의 맥동 감소

해설

오일 누설 억제는 오일 실이 주로 한다.

116 일반적으로 많이 사용되고 있는 유압 회로도는?

① 단면 회로도   ② 기호 회로도
③ 조합 회로도   ④ 스케치 회로도

해설

유압 회로는 특수한 경우를 제외하고 일반적으로 기호 회로도로 작성한다.

117 유압유에서 잔류탄소의 함유량은 무엇을 예측하는 척도인가?

① 열화   ② 산화
③ 발화   ④ 포화

해설

포화 : 어떤 물질이 채워진 상태

118 유압 오일실의 종류 중 O링이 갖추어야 할 조건은?

① 탄성이 양호하고 압축변형이 적을 것
② 작동 시 마모가 클 것
③ 체결력(죄는 힘)이 작을 것
④ 오일 누설이 클 것

해설

오링의 경우 외부 환경에 의해 압축변형이 작아야 한다.

119 작동유의 온도가 과열되었을 때 유압계통에 미치는 영향으로 틀린 것은?

① 유압 펌프의 효율이 높아진다.
② 온도변화에 의해 유압기기가 열변형되기 쉽다.
③ 오일의 열화를 촉진한다.
④ 오일의 점도저하에 의해 누유되기 쉽다.

해설

작동유 과열은 유압 펌프의 효율을 낮춘다.

★★
120 유체 에너지를 이용하여 외부에 기계적인 일을 하는 유압기기는?

① 근접 스위치　　② 유압 모터
③ 유압 펌프　　　④ 유압 탱크

해설

유압 모터 : 유체에너지→기계적 일, 유압 펌프 : 기계적 에너지→유체 에너지

★
121 다음 중 가스가 새어 나오는 것을 검사할 때 가장 적합한 것은?

① 비눗물을 발라본다.
② 순수한 물을 발라본다.
③ 기름을 발라본다.
④ 촛불을 대여 본다.

해설

비눗물의 방울을 통해 리크 여부를 판단한다.

★★
122 유압장치 중에서 회전운동을 하는 것은?

① 유압 모터　　② 유압 실린더
③ 축압기　　　④ 급속배기 밸브

해설

회전운동이기 때문에 유압 모터가 맞다.

★
123 다음 중 유압회로의 압력을 점검하는 위치로 가장 적당한 것은?

① 유압 오일 탱크에서 유압 펌프 사이
② 유압 펌프에서 컨트롤 밸브 사이
③ 실린더에서 유압 오일 탱크 사이
④ 유압 오일 탱크에서 직접 점검

해설

압력을 발생시킨 후와 작동기가 작동하기 전인 컨트롤 밸브 사이가 적당하다.

★★★
124 다음 중 액추에이터의 입구 쪽 관로에 설치한 유량 제어 밸브로 흐름을 제어하여 속도를 제어하는 회로는?

① 시스템 회로(system circuit)
② 블리드 오프 회로(bleed-off circuit)
③ 미터인 회로(miter-in circuit)
④ 미터 아웃 회로(meter-out circuit)

해설

입구 쪽 유량 제어 밸브는 미터인 회로이다.

★★★
125 다음 중 유압회로의 속도 제어회로와 관계없는 것은?

① 오픈 센터 회로　　② 미터 아웃 회로
③ 블리드 오프 회로　④ 미터 인 회로

해설

제어 유압회로는 미터 인, 미터 아웃, 블리드 오프 회로가 있다.

★★★
126 유압회로에서 유량 제어를 통하여 작업속도를 조절하는 방식에 속하지 않는 것은?

① 미터 인(meter in) 방식
② 미터 아웃(meter out) 방식
③ 블리드 오프(bleed off) 방식
④ 브리드 온(bleed on) 방식

해설

미터 인, 미터 아웃, 블리드 오프 3가지 유압 제어 회로이다.

정답 120. ②　121. ①　122. ①　123. ②　124. ③　125. ①　126. ④

127 다음에서 유압회로 내의 열 발생 원인이 아닌 것은?

① 작동유 점도가 너무 높을 때
② 모터 내에서 내부마찰이 발생할 때
③ 유압회로 내의 작동 압력이 너무 낮을 때
④ 유압회로 내에서 캐비네이션이 발생할 때

해설
과열의 원인
• 유압유가 부족할 때
• 펌프의 효율이 불량할 때
• 주 안전 밸브의 작동압력이 너무 높을 때

128 유압 실린더에서 피스톤 행정이 끝날 때 발생하는 충격을 흡수하기 위해 설치하는 장치는?

① 서보 밸브   ② 압력보상 장치
③ 쿠션기구   ④ 스로틀 밸브

해설
쿠션기구는 충격을 흡수한다.

129 유압기기의 작동속도를 높이기 위하여 무엇을 변화시켜야 하는가?

① 유압 펌프의 토출유량을 증가시킨다.
② 유압 모터의 압력을 높인다.
③ 유압 펌프의 토출압력을 높인다.
④ 유압 모터의 크기를 작게 한다.

해설
토출량을 증가시키면 작동속도가 빨라진다.

130 운전 중 작동유는 공기 중의 산소와 화합하여 열화된다. 이 열화를 촉진 시키는 직접적인 인자에 속하지 않는 것은?

① 열의 영향
② 금속의 영향
③ 수분의 영향
④ 유압이 낮을 때 영향

해설
유압이 낮은 것과 열화는 상관이 없다.

131 다음 중 호이스트형 유압호스 연결부에 가장 많이 사용하는 것은?

① 엘보 조인트   ② 니플 조인트
③ 소켓 조인트   ④ 유니온 조인트

해설
호이스트형에는 회전이 가능한 유니온 조인트를 가장 많이 사용한다.

132 다음 중 여과기를 설치위치에 따라 분류할 때 관로용 여과기에 포함되지 않는 것은?

① 라인 여과기   ② 리턴 여과기
③ 압력 여과기   ④ 흡입 여과기

해설
흡입 여과기는 없다.

133 다음 중 굴삭기의 유압장치 일일 정비점검 사항이 아닌 것은?

① 유량 점검
② 이음 부분의 누유 점검
③ 필터
④ 호스의 손상과 접촉면의 점검

해설
필터(여과기)는 오일 교환 시 교환한다.

134 건설기계장비에서 유압 구성품을 분해하기 전 내부 압력을 제거하려면 어떻게 하는 것이 좋은가?

① 압력 밸브를 밀어준다.
② 고정너트를 서서히 푼다.
③ 엔진 정지 후 조정 레버를 모든 방향으로 작동하여 압력을 제거한다.
④ 엔진 정지 후 개방하면 된다.

해설

엔진 정지 후 유압 탱크 부분에 내부압력 제거 밸브를 개방하여 내부 압력을 제거한다.

135 다음 중 유압이 진공에 가까워짐으로써 기포가 생기며 이로 인해 국부적인 고압이나 소음이 발생하는 현상은?

① 캐비네이션 현상
② 시효경화 현상
③ 맥동 현상
④ 오리피스 현상

해설

공동현상은 펌프, 수차, 유압 기기 등의 속에서 압력이 국부적으로 액체의 포화 증기압 이하로 저하하고, 액체가 기체가 되는 현상이다.

136 다음 중 파일 드라이브의 H빔 공사 시 가스관의 최소 수평거리는?

① 10cm
② 20cm
③ 30cm
④ 50cm

해설

파일 드라이브의 H빔 공사 시 가스관 최소 수평거리는 0.3m이다.

137 다음 중 토크 컨버터가 유체클러치와 구조상 다른 점은?

① 임펠러
② 터빈
③ 스테이터
④ 펌프

해설

스테이터는 토크 컨버터에만 있다. 가이드 링은 유체클러치에만 있다(펌프, 임펠러, 터빈, 러너는 공통).

138 폭발의 우려가 있는 가스 또는 분진이 발생하는 장소에 지켜야 할 사항에 속하지 않는 것은?

① 화기의 사용금지
② 인화성 물질 사용금지
③ 불연성 재료의 사용금지
④ 점화의 원인이 될 수 있는 기계 사용금지

해설

폭발 위험이 있는 장소에서는 불연성 재료를 사용한다.

139 액체의 일반적인 성질이 아닌 것은?

① 액체는 힘을 전달할 수 있다.
② 액체는 운동을 전달할 수 있다.
③ 액체는 압축할 수 있다.
④ 액체는 운동방향을 바꿀 수 있다.

해설

액체는 압축할 수 없다.

4. 건설기계관리 법규 및 도로교통법

★
01 도시가스가 공급되는 지역에서 굴착공사를 하기 전에 도로부분의 지하에 가스배관의 매설 여부는 누구에게 요청하여야 하는가?

① 굴착공사 관할 시장 · 군수 · 구청장
② 굴착공사 관할 시 · 도지사
③ 굴착공사 관할 경찰서장
④ 굴착공사 관할 정보지원센터

해설

도시가스배관 매설상황 확인(도시가스사업법 제30조의3)
도시가스사업이 허가된 지역에서 굴착공사를 하려는 자는 굴착공사를 하기 전에 해당 지역을 공급권역으로 하는 도시가스사업자가 해당 토지의 지하에 도시가스배관이 묻혀 있는지에 관하여 확인하여 줄 것을 산업통상자원부령으로 정하는 바에 따라 정보지원센터에 요청하여야 한다. 다만, 도시가스배관에 위험을 발생시킬 우려가 없다고 인정되는 굴착공사로서 공사의 경우에는 그러하지 아니하다.

★★
02 가스공급 사업자의 배관을 시가지 도로 노면 밑에 매설하는 경우에는 노면으로부터 배관의 외면까지 몇 m이상 매설 깊이를 유지해야 하는가?

① 0.6m 이상   ② 1.0m 이상
③ 1.2m 이상   ④ 1.5m 이상

해설

• 배관을 지하에 매설하는 경우에는 지표면으로부터 배관의 외면까지의 매설깊이는 산이나 들에서는 1m 이상, 그 밖의 지역에서는 1.2m 이상이다. 다만, 방호구조물 안에 설치하는 경우에는 그러하지 아니하다.

• 배관의 외면으로부터 도로의 경계까지 수평거리 1m 이상, 도로 밑의 다른 시설물과는 0.3m 이상
• 배관을 시가지의 도로 노면 밑에 매설하는 경우에는 노면으로부터 배관의 외면까지 1.5m 이상. 다만, 방호구조물 안에 설치하는 경우에는 노면으로부터 그 방호구조물의 외면까지 1.2m 이상
• 배관을 시가지 외의 도로 노면 밑에 매설하는 경우에는 노면으로부터 배관의 외면까지 1.2m 이상
• 배관을 포장되어 있는 차도에 매설하는 경우에는 그 포장부분의 노반(차단층이 있는 경우에는 그 차단층을 말한다. 이하 같다.)의 밑에 매설하고 배관의 외면과 노반의 최하부와의 거리는 0.5m 이상
• 배관을 인도 · 보도 등 노면 외의 도로 밑에 매설하는 경우에는 지표면으로부터 배관의 외면까지 1.2m 이상. 다만, 방호구조물 안에 설치하는 경우에는 그 방호구조물의 외면까지 0.6m(시가지의 노면 외의 도로 밑에 매설하는 경우에는 0.9m) 이상
• 배관을 철도부지에 매설하는 경우에는 배관의 외면으로부터 궤도 중심까지 4m 이상, 그 철도부지 경계까지는 1m 이상의 거리를 유지하고, 지표면으로부터 배관의 외면까지의 깊이를 1.2m 이상
• 하천 밑을 횡단하여 매설하는 경우 배관의 외면과 계획하상높이(계획하상높이가 가장 깊은 하상높이보다 높을 때에는 가장 깊은 하상높이)와의 거리는 원칙적으로 4m 이상, 소하천 · 수로를 횡단하여 배관을 매설하는 경우에는 배관의 외면과 계획하상높이와의 거리는 원칙적으로 2.5m 이상, 그 밖의 좁은 수로(용수로 · 개천 또는 이와 유사한 것은 제외한다.)를 횡단하여 배관을 매설하는 경우에는 배관의 외면과 계획하상높이와의 거리는 원칙적으로 1.2m 이상

03 도시가스관 천연가스가 배관을 통하여 공급되는 압력이 0.5Mpa이다. 이 압력은 도시가스 사업법상 어느 압력에 해당되는가?

① 고압　　　　② 중압
③ 중간압　　　④ 저압

해설

보통 게이지 압력으로 kg/㎠, mmH$_2$O, MPa로 표시한다. 또 도시가스사업법에서는 10kg/㎠(1MPa) 이상의 압력을 고압, 1kg/㎠ 이상 10kg/㎠ 미만 압력을 중압, 1kg/㎠(0.1MPa) 미만의 압력을 저압이라고 말한다.(중압A:3~10kg/㎠, 중압B:1~3kg/㎠)

04 도시가스가 공급되는 지역에서 지하차도 굴착공사를 하고자 하는 자는 가스안전 영향평가를 작성하여 누구에게 제출하여야 하는가?

① 지하철공사
② 시장, 군수 또는 구청장
③ 해당 도시가스 사업자
④ 한국가스공사

해설

가스안전 영향평가(도시가스사업법 제30조의4, 시행령 제18조, 시행규칙 제53조)
도시가스사업이 허가된 지역에서 굴착공사를 하려는 자는 한국가스안전공사의 의견서를 첨부하여 시장·군수 또는 구청장에게 제출하여야 한다.

05 다음 중 도시가스 보호판에 대한 설명으로 잘못된 것은?

① 두께가 4mm의 철판이다.
② 배관 직상부 30cm 위에 위치해 있다.
③ 굴착 시 배관을 보호해주는 판이다.
④ 가스 누출을 막아준다.

해설

도시가스 보호판은 굴착 시 가스 배관을 보호하기 위한 보호판이지 가스 누출을 막아주기 위한 보호장치는 아니다.

06 도시가스 배관의 안전초지 및 손상방지를 위해 다음과 같이 안전초지를 하여야하는데 굴착 공사자는 굴착공사 예정지역의 위치에 어떤 조치를 하여야 하는가?

> 도시가스사업자는 굴착공사자에게 연락하여 굴착공사 현장 위치와 매설배관 위치를 굴착공사자와 공동으로 표시할 것인지를 결정하고, 굴착공사 담당자의 인적사항 및 연락처, 굴착공사 개시 예정 일시가 포함된 결정사항을 정보지원센터에 통지할 것

① 황색 페인트로 표시
② 적색 페인트로 표시
③ 흰색 페인트로 표시
④ 청색 페인트로 표시

해설

적,황,청색은 배관 내부의 유체의 종류를 의미하므로 적합하지 않다.

07 다음 중 지하에 매설된 도시가스 배관의 최고 사용압력이 저압인 경우 배관의 표면색은?

① 적색　　　　② 갈색
③ 황색　　　　④ 회색

해설

배관 속 유체 및 압력에 따라 색을 달리한다. 물은 청색, 가스는 황색, 유류는 진한 황적색이며, 가스의 경우 저압은 황색, 중압은 적색으로 한다.

08 일반도시가스사업자의 지하배관 설치 시 도로 폭이 4m 이상 8m 미만인 도로에서는 규정상 어느 정도의 깊이에 배관이 설치되어 있는가?

① 0.6m 이상 ② 1.2m 이상
③ 1.0m 이상 ④ 1.5m 이상

해설

지하배관 설치 시 깊이
① 공동주택 등의 부지 내에서는 0.6m 이상
② 폭 8m 이상의 도로에서는 1.2m 이상. 다만, 도로에 매설된 최고사용압력이 저압인 배관에서 횡으로 분기하여 수요가에게 직접 연결되는 배관의 경우에는 1.0m 이상
③ 폭 4m 이상 8m미만인 도로에서는 1m 이상. 다만, 도로에 매설된 최고사용압력이 저압인 배관에서 횡으로 분기하여 수요가에게 직접 연결되는 배관의 경우에는 0.8m 이상
④ ①내지 ③에 해당하지 아니하는 곳에서는 0.8m 이상. 다만, 암반·지하매설물 등에 의하여 매설깊이의 유지가 곤란하다고 시·도지사가 인정하는 경우에는 0.6m 이상으로 할 수 있다.

09 도시가스사업법에서 저압이라 함은 압축가스일 경우 몇 MPa 미만의 압력을 말하는가?

① 0.1 ② 0.01
③ 1 ④ 3

해설

도시가스 사업법 시행규칙 제2조 정의
• "고압"이란 1메가파스칼 이상의 압력(게이지 압력을 말한다. 이하 같다)을 말한다. 다만, 액체상태의 액화가스는 고압으로 본다.
• "중압"이란 0.1메가파스칼 이상 1메가파스칼 미만의 압력을 말한다. 다만, 액화가스가 기화되고 다른 물질과 혼합되지 아니한 경우에는 0.01메가파스칼 이상 0.2메가파스칼 미만의 압력을 말한다.

• "저압"이란 0.1메가파스칼 미만의 압력을 말한다. 다만, 액화가스가 기화(氣化)되고 다른 물질과 혼합되지 아니한 경우에는 0.01메가파스칼 미만의 압력을 말한다.
• "액화가스"란 상용의 온도 또는 섭씨 35도의 온도에서 압력이 0.2메가파스칼 이상이 되는 것을 말한다.

10 지하구조물이 설치된 지역에 도시가스가 공급되는 곳에서 굴삭기를 이용하여 굴착 공사 중 지면에서 0.3m 깊이에서 물체가 발견되었다. 예측할 수 있는 것으로 옳은 것은?

① 도시가스 입상관
② 도시가스 배관을 보호하는 보호관
③ 가스 차단장치
④ 수취기

해설

도시가스 배관을 보호하는 보호관은 지면으로부터 30cm 깊이에 있다.

11 항타기는 부득이한 경우를 제외하고 가스 배관과의 수평거리를 최소한 몇 m 이상 이격 하여 설치하여야 하는가?

① 3m ② 1m
③ 2m ④ 5m

해설

파일박기 및 빼기작업
• 공사착공 전에 도시가스사업자와 현장 협의를 통하여 공사 장소, 공사 기간 및 안전조치에 관하여 서로 확인할 것
• 도시가스배관과 수평거리 2m 이내에서 파일박기를 하는 경우에는 도시가스사업자의 입회 아래 시험굴착으로 도시가스배관의 위치를 정확히 확인할 것

- 도시가스배관의 위치를 파악한 경우에는 도시가스 배관의 위치를 알리는 표지판을 설치할 것
- 도시가스배관과 수평거리 30㎝ 이내에서는 파일박기를 하지 말 것
- 항타기는 도시가스배관과 수평거리가 2m 이상 되는 곳에 설치할 것. 다만, 부득이하여 수평거리 2m 이내에 설치할 때에는 하중진동을 완화할 수 있는 조치를 할 것
- 파일을 뺀 자리는 충분히 메울 것

★★★
12 다음 중 도시가스배관을 지하 매설 시 특수한 사정으로 규정에 의한 심도를 유지할 수 없어 보호관을 사용하였을 때 보호관 외면이 지면과 최소 얼마 이상의 깊이를 유지하여야 하는가?

① 0.3m ② 0.4m
③ 0.5m ④ 0.6m

해설

시공기준은 도시가스사업법 시행규칙 별표6에서 정하고 있다. 보호관 또는 보호판의 외면과 지면 또는 노면 사이에는 0.3m 이상의 깊이를 유지하여야 한다.

★★★
13 굴착공사를 하기 위하여 가스배관과 가까이 H 파일을 설치하고자 할 때 가장 근접하여 설치할 수 있는 수평거리는?

① 20cm ② 10cm
③ 50cm ④ 30cm

해설

도시가스사업법 시행규칙(도시가스배관의 안전조치 및 손상방지기준)
- 도시가스배관과 수평거리 30㎝ 이내에서는 파일박기를 하지 말 것
- 도시가스배관 주위를 굴착하는 경우 도시가스 배관의 좌우 1m 이내 부분은 인력으로 굴착할 것

★
14 굴착공사로 인한 가스배관의 손상을 방지 하기 위하여 설치하는 가스배관의 위치 를 표시하는 표지판에 나타내어야 하는 것이 아닌 것은?

① 압력 ② 관경
③ 심도 ④ 공급회사

해설

심도는 법으로 정해져 있으므로 나타낼 필요가 없다.

★★★
15 굴삭기를 사용하여 저압 및 고압선을 직접매설식으로 매설할 때 매설 깊이는 최저 얼마 이상인가?

① 60cm 이상 ② 90cm 이상
③ 150cm 이상 ④ 120cm 이상

해설

60cm 이상 120cm 이내

★★★
16 고 · 저압 가공전선이 도로를 횡단할 때의 지표상 높이의 최저값은?

① 5m ② 7m
③ 6m ④ 4m

해설

가공전선의 높이
① 도로횡단 : 지표상 6m 이상
② 철도 또는 궤도 횡단 : 레일면상 6.5m
③ 횡단보교도 위
　– 저압 : 노면상 3.5m 이상(절연전선의 경우 3m)
　– 고압 : 노면상 3.5m 이상
④ 일반장소 : 지표상 5m 이상(절연전선, 케이블을 사용하여 교통에 지장이 없도록 하여 옥외 조명용에 공급하는 경우 4m까지 감할 수 있다.)

17 철탑에 설치된 전력선 밑에서 건설기계에 의한 작업을 위하여 전선을 지지하는 애자를 확인한 결과 한 줄에 20개씩 부착되어 있었다. 예측 가능한 전압은 몇 V인가?

① 154,000
② 22,900
③ 66,000
④ 345,000

해설

애자 수에 따른 예측 가능 전압

전압(KV)	66	154	345	765
애자 수	4~6	10~11	18~20	40~45

18 차도에서 전력케이블(직접 매설식)은 지표에서 최소 몇 m 이상의 깊이에 매설되어 있는가?

① 2.5 m
② 1.2 m
③ 0.9 m
④ 0.3 m

해설

매설 깊이
• 차도 및 중량물의 압력을 받을 우려가 있는 장소 : 1.2m 이상
• 기타의 장소(보도 등) : 0.6m 이상

19 건설기계 운전 시 가공 전선로의 전압이 50kV 이하인 경우 안전운전을 위한 이격거리는?

① 4m
② 2m
③ 3m
④ 1m

해설

제322조(충전전로 인근에서의 차량·기계장치 작업)
사업주는 충전전로 인근에서 차량, 기계장치 등(이하 이 조에서 "차량 등"이라 한다)의 작업이 있는 경우에는 차량 등을 충전전로의 충전부로부터 300센티미터 이상 이격시켜 유지시키되, 대지전압이 50킬로볼트를 넘는 경우 이격시켜 유지하여야 하는 거리(이하 이 조에서 "이격거리"라 한다)는 10킬로볼트 증가할 때마다 10센티미터씩 증가시켜야 한다. 다만, 차량 등의 높이를 낮춘 상태에서 이동하는 경우에는 이격거리를 120센티미터 이상(대지전압이 50킬로볼트를 넘는 경우에는 10킬로볼트 증가할 때마다 이격거리를 10센티미터씩 증가)으로 할 수 있다.

20 다음 중 전력케이블이 매설되어 있음을 표시하기 위한 표지 시트는 차도에서 지표면 아래 몇 cm 깊이에 설치되어 있는가?

① 10
② 30
③ 50
④ 100

해설

케이블 표지 시트 설치 기준 : 차도 포장층 아래 10~20cm, 보도 지표면 아래 20~30cm

21 건설기계 정기검사 신청기간 내에 정기검사를 받은 경우, 정기검사의 유효기간 시작일을 바르게 설명한 것은?

① 유효기간에 관계없이 검사를 받은 다음 날부터
② 유효기간 내에 검사를 받은 것은 종전 검사유효기간 만료일 다음 날부터
③ 유효기간 내에 검사를 받은 것은 유효기간 만료일부터
④ 유효기간에 관계없이 검사를 받은 날부터

해설

정기검사의 유효기간은 검사를 받은 날과 관계없이 만료일 다음 날부터 시작이다.

정답 17. ④ 18. ② 19. ③ 20. ① 21. ②

★★
22 건설기계의 정기검사 연기사유로 틀린 것은?

① 건설기계의 도난
② 7일 이내의 기계정비
③ 천재지변
④ 건설기계의 사고발생

해설

검사의 연기(건설기계관리법 시행규칙 제24조)
정기검사 연기 사유 : 천재지변, 건설기계의 도난,
사고발생, 압류, 1월 이상에 걸친 정비 사유로
정기검사를 연기할 수 있다.

★★
23 성능이 불량하거나 사고가 자주 발생하는
건설기계의 안전성 등을 점검하기 위해
실시하는 검사는?

① 예비검사
② 구조변경검사
③ 수시검사
④ 정기검사

해설

항상 수시로 검사한다.

★
24 편도 2차로 고속도로에서 건설기계는 몇
차로로 통행하여야 하는가?

① 갓길
② 1차로
③ 통행불가
④ 2차로

해설

건설기계는 가장 바깥차로로 통행한다.

★★★
25 다음 중 1년간 벌점에 대한 누산점수가 최소
몇 점 이상이면 운전면허가 취소되는가?

① 201
② 121
③ 190
④ 271

해설

운전면허 취소처분 기준(도로교통법 시행규칙
별표28)

기간	벌점 또는 누산점수
1년간	121점 이상
2년간	201점 이상
3년간	271점 이상

★
26 다음 중 전기공사 긴급 전화번호는?

① 131
② 116
③ 123
④ 321

해설

131 : 오늘의 날씨와 기상, 116 : 세계시각, 123 :
전기공사 긴급전화, 321 : 없는 번호

★
27 건설기계대여업의 등록 시 필요 없는
서류는?

① 모든 근로자의 신원증명서
② 사무실의 소유권 또는 사용권이 있음을
증명하는 서류
③ 주기장시설보유확인서
④ 건설기계 소유 사실을 증명하는 서류

해설

개인정보 보호가 중요하다.

★
28 건설기계관리법상 건설기계의 구조를 변경할
수 있는 범위에 해당되는 것은?

① 육상작업용 건설기계 적재함의 용량을
증가시키기 위한 구조 변경
② 건설기계의 기종변경
③ 육상작업용 건설기계의 규격을 증가시키기
위한 구조변경
④ 원동기의 형식변경

정답 22. ② 23. ③ 24. ④ 25. ② 26. ③ 27. ① 28. ④

해설

구조변경 범위 등(건설기계관리법 시행규칙 제42조) 규정에 의한 주요구조의 변경 및 개조의 범위를 규정하고 있지만, 건설기계의 기종변경, 육상작업용 건설기계규격의 증가 또는 적재함의 용량증가를 위한 구조변경은 할 수 없다.

★
29 1종 대형자동차 면허로 조종할 수 없는 건설기계는?

① 아스팔트 살포기   ② 타이어식 기중기
③ 노상안정기   ④ 콘크리트 펌프

해설

제1종 대형면허로 운전할 수 있는 건설기계
– 덤프트럭, 아스팔트 살포기, 노상안정기
– 콘크리트믹서 트럭, 콘크리트 펌프, 천공기(트럭 적재식)
– 콘크리트믹서 트레일러, 아스팔트콘크리트 재생기
– 도로보수 트럭, 3톤 미만의 지게차

★★
30 건설기계 조종 중 과실로 1명에게 중상을 입힌 때 건설기계를 조종한 자에 대한 면허의 취소 · 정지처분 기준은?

① 면허효력정지 60일 ② 면허효력정지 30일
③ 취소   ④ 면허효력정지 15일

해설

위반사항	처분기준
5. 건설기계의 조종 중 고의 또는 과실로 중대한 사고를 일으킨 때 가. 인명피해 　　1) 고의로 인명피해(사망 · 중상 · 경상 등을 말한다.)를 입힌 때	취소
2) 과실로 3명 이상을 사망하게 한 때	취소
3) 과실로 7명 이상에게 중상을 입힌 때	취소
4) 과실로 19명 이상에게 경상을 입힌 때	취소

5) 기타 인명피해를 입힌 때 　　　① 사망 1명마다	면허효력 정지 45일
② 중상 1명마다	면허효력 정지 15일
③ 경상 1명마다	면허효력 정지 5일
나. 재산피해 　　1) 피해금액 10만 원마다	면허효력 정지 1일 (90일을 넘지 못함)
다. 건설기계의 조종 중 고의 또는 과실로 「도시가스 사업법」 가스공급시설을 손괴하거나 가스공급 시설의 기능에 장애를 입혀 가스의 공급을 방해 한때	면허효력 정지 180일
면허정지처분을 받은 자가 그 정지기간 중에 건설기계를 조종한 때	취소
가. 술에 취한 상태(혈중 알콜 농도 0.05퍼센트 이상 0.1퍼센트 미만을 말한다. 이하 이 호에 서 같다.)에서 건설기계를 조종한 때	면허 효력 정지 60일
나. 술에 취한 상태에서 건설 기계를 조종하다가 사고로 사람을 죽게 하거나 다치게 한 때	취소
다. 술에 만취한 상태(혈중 알콜 농도 0.1퍼센트 이상)에서 건설 기계를 조종한 때	취소
라. 2회 이상 술에 취한 상태에서 건설기계를 조종하여 면허 효력 정지를 받은 사실이 있는 사람이 다시 술에 취한 상태에서 건설 기계를 조종한 때	취소
마. 약물(마약, 대마, 향정신성 의약품 및 「유해화학물질 관리법 시행령」 제26조에 따른 환각물질을 말한다.)을 투여한 상태에서 건설기계를 조종한 때	취소

★
31 다음 중 건설기계 기종별 기호표시로 틀린 것은?

① 06 : 덤프트럭

② 03 : 로더

③ 09 : 기중기

④ 08 : 모터그레이더

해설

건설기계 기종별 기호표시(건설기계관리법 시행규칙 별표 2 : 건설기계등록번호표의 규격)

01 : 불도저, 02 : 굴삭기, 03 : 로더,
04 : 지게차, 05 : 스크레이퍼, 06 : 덤프트럭,
07 : 기중기, 08 : 모터그레이더, 09 : 롤러,
10 : 노상안정기, 11 : 콘크리트뱃칭플랜트,
12 : 콘크리트 피니셔, 13 : 콘크리트 살포기,
14 : 콘크리트믹서 트럭, 15 : 콘크리트 펌프,
16 : 아스팔트믹싱플랜트, 17 : 아스팔트 피니셔,
18 : 아스팔트 살포기, 19 : 골재 살포기,
20 : 쇄석기, 21 : 공기압축기,
22 : 천공기, 23 : 항타 및 항발기, 24 : 사리채취기,
25 : 준설선, 26 : 특수 건설기계, 27 : 타워크레인

★
32 건설기계조종사 면허증 발급 신청 시 첨부하는 서류와 가장 거리가 먼 것은?

① 국가기술자격수첩

② 신체검사서

③ 주민등록표 등본

④ 소형건설기계조종교육 이수증

해설

구비서류
① 신청서
② 국가기술자격수첩 또는 소형건설기계조종교육 이수증
③ 증명사진 2매
④ 건설기계관리법 시행규칙 제76조 제4항에 따른 신체검사서 또는 1종 운전면허증
⑤ 3톤 미만 지게차 신청자는 반드시 1종 운전면허 소지자여야 함

★
33 건설기계관리법령상 건설기계의 주요 구조를 변경 또는 개조할 수 있는 범위에 포함되지 않는 것은?

① 조향장치의 형식변경

② 동력전달장치의 형식변경

③ 적재함의 용량증가를 위한 구조변경

④ 건설기계의 길이, 너비 및 높이 등의 변경

해설

구조변경 불가
• 건설기계의 기종변경
• 육상작업용 건설기계의 규격 증가
• 적재함의 용량증가
• 등록된 차대의 변경
• 변경전보다 성능 또는 보안상의 안전도가 저하될 우려가 있는 경우의 변경

★
34 다음 중 전시 사변 또는 기타 이에 준하는 국가비상사태에서 건설기계를 취득할 때는 며칠 이내에 등록을 신청하여야 하는가?

① 7일　　　　② 10일

③ 5일　　　　④ 15일

해설

등록의 신청 등 (건설기계 관리법 시행령 3조 4항)
건설기계등록신청은 건설기계를 취득한 날(판매를 목적으로 수입된 건설기계의 경우에는 판매한 날을 말한다)부터 2월 이내에 하여야 한다. 다만, 전시 · 사변 기타 이에 준하는 국가비상사태 하에 있어서는 5일 이내에 신청하여야 한다.

★
35 다음 중 작업 장치를 갖춘 건설기계의 작업 전 점검사항이다. 틀린 것은?

① 제동장치 및 조종장치 기능의 이상 유무

② 하역장치 및 유압장치 기능의 이상 유무

③ 유압장치의 과열 이상 유무

④ 전조등, 후미등, 방향지시등 및 경보장치의 이상 유무

정답 31. ③　32. ③　33. ③　34. ③　35. ③

해설

과열 이상 유무는 작업 전 점검 사항은 아니다.

★
36 다음 중 건설기계조종사 면허가 취소되거나 건설기계 조종사면허의 효력정지처분을 받은 후에도 건설기계를 계속하여 조종한 자에 대한 벌칙은?

① 100만 원 이하의 벌금

② 2년 이하의 징역 또는 천만 원 이하의 벌금

③ 1년 이하의 징역 또는 천만 원 이하의 벌금

④ 300만 원 이하의 벌금

해설

1년 이하의 징역 또는 천만 원 이하의 벌금
(건설기계관리법 제41조)
① 거짓이나 그 밖의 부정한 방법으로 등록을 한 자
② 등록번호를 지워 없애거나 그 식별을 곤란하게 한 자
③ 구조변경검사 또는 수시검사를 받지 아니한 자
④ 정비명령을 이행하지 아니한 자
⑤ 형식승인, 형식변경승인 또는 확인검사를 받지 아니하고 건설기계의 제작 등을 한 자
⑥ 사후관리에 관한 명령을 이행하지 아니한 자
⑦ 내구연한을 초과한 건설기계 또는 건설기계 장치 및 부품을 운행하거나 사용한 자
⑧ 내구연한을 초과한 건설기계 또는 건설기계 장치 및 부품의 운행 또는 사용을 알고도 말리지 아니하거나 운행 또는 사용을 지시한 고용주
⑨ 부품인증을 받지 아니한 건설기계 장치 및 부품을 사용한 자
⑩ 부품인증을 받지 아니한 건설기계 장치 및 부품을 건설기계에 사용하는 것을 알고도 말리지 아니하거나 사용을 지시한 고용주
⑪ 매매용 건설기계를 운행하거나 사용한 자
⑫ 폐기 인수 사실을 증명하는 서류의 발급을 거부하거나 거짓으로 발급한 자
⑬ 폐기 요청을 받은 건설기계를 폐기하지 아니하거나 등록번호표를 폐기하지 아니한 자
⑭ 건설기계조종사 면허를 받지 아니하고 건설기계를 조종한 자
⑮ 건설기계조종사 면허를 거짓이나 그 밖의 부정한 방법으로 받은 자

⑯ 소형 건설기계의 조종에 관한 교육과정의 이수에 관한 증빙서류를 거짓으로 발급한 자
⑰ 술에 취하거나 마약 등 약물을 투여한 상태에서 건설기계를 조종한 자와 그러한 자가 건설기계를 조종하는 것을 알고도 말리지 아니하거나 건설기계를 조종하도록 지시한 고용주
⑱ 건설기계조종사 면허가 취소되거나 건설기계 조종사 면허의 효력정지 처분을 받은 후에도 건설기계를 계속하여 조종한 자
⑲ 건설기계를 도로나 타인의 토지에 버려둔 자

★
37 건설기계관리법상 건설기계가 국토교통부장관이 실시하는 검사에 불합격하여 정비명령을 받았음에도 불구하고, 건설기계 소유자가 이 명령을 이행하지 않았을 때의 벌칙은?

① 500만 원 이하의 벌금

② 1000만 원 이하의 벌금

③ 1년 이하의 징역 또는 천만 원 이하의 벌금

④ 300만 원 이하의 벌금

해설

36번 해설 참고

★
38 다음 중 건설기계관리 법규 및 도로교통 법상에서 교통안전 표지의 구분이 맞는 것은?

① 주의표지, 통행표지, 규제표지, 지시표지, 차선표지로 되어 있다.

② 주의표지, 규제표지, 지시표지, 보조표지, 노면표지로 되어 있다.

③ 도로표지, 주의표지, 규제표지, 지시표지, 노면표지로 되어 있다.

④ 주의표지, 규제표지, 지시표지, 차선표지, 도로표지로 되어 있다.

해설

건설기계관리 법규 및 도로교통법상 교통안전 표지의 구분: 주의, 규제, 지시, 보조, 노면표시

39 자가용 건설기계 등록번호표의 색상은?

① 주황색 판에 흰색 문자
② 백색 판에 검은색 문자
③ 녹색 판에 흰색 문자
④ 적색 판에 흰색 문자

해설

- **자가용** : 녹색판에 흰색 문자
- **영업용** : 주황색 판에 흰색 문자
- **관용** : 흰색 판에 검정색 문자

40 건설기계 형식승인 또는 형식신고를 한 자가 그 형식에 관한 사항을 변경하고자 할 경우 건설기계관리법령에서 정하는 경미한 사항의 변경이 아닌 것은?

① 타이어의 규격 변경(성능이 같거나 향상되는 경우)
② 작업장치의 형식 변경(작업장치를 다른 형식으로 변경하는 경우)
③ 부품의 변경(건설기계의 성능 및 안전에 영향을 미치지 않는 경우)
④ 운전실 내·외의 형태 변경(건설기계의 길이, 너비 또는 높이의 변경이 없는 경우)

해설

- 법에 정한 사항은 경미한 사항이 아니기 때문에 반드시 아래사항에 해당하는 구조변경은 법이 정한 절차에 따라야 한다.
- 구조변경 범위 등(건설기계관리법 시행규칙 제42조) 규정에 의한 주요구조의 변경 및 개조의 범위는 아래와 같다. 다만, 건설기계의 기종변경, 육상작업용 건설기계규격의 증가 또는 적재함의 용량증가를 위한 구조변경은 할 수 없다.
  ① 원동기의 형식변경
  ② 동력전달장치의 형식변경
  ③ 제동장치의 형식변경
  ④ 주행장치의 형식변경
  ⑤ 유압장치의 형식변경

⑥ 조종장치의 형식변경
⑦ 조향장치의 형식변경
⑧ 작업장치의 형식변경. 다만, 가공작업을 수반하지 아니하고 작업장치를 선택부착하는 경우에는 작업장치의 형식변경으로 보지 아니한다.
⑨ 건설기계의 길이·너비·높이 등의 변경
⑩ 수상작업용 건설기계 선체의 형식변경

41 건설기계 제동장치 검사 시 모든 축의 제동력의 합이 당해 축중(빈차)의 최소 몇 % 이상이어야 하는가?

① 30%   ② 40%
③ 50%   ④ 60%

해설

건설기계관리법 시행규칙
- 모든 축의 제동력의 합이 당해 축중(빈차)의 50퍼센트 이상일 것
- 동일차축의 좌·우바퀴 제동력의 편차는 당해 축중의 8퍼센트 이내일 것
- 주차제동력의 합은 건설기계 빈차중량의 20퍼센트 이상일 것

42 다음 중 최고속도 15km/h 미만 타이어식 건설기계에 갖추지 않아도 되는 조명장치는?

① 전조등   ② 후부반사기
③ 번호등   ④ 제동등

해설

- 번호등은 최고주행속도가 시간당 15킬로미터 이상 50킬로미터 미만인 건설기계에 설치해야 한다.
- 타이어식 건설기계에는 다음 구분에 따라 조명장치를 설치하여야 한다.

① 최고주행속도가 시간당 15킬로미터 미만인 건설기계
　가. 전조등　나. 제동등　다. 후부반사기
　라. 후부반사판 또는 후부반사지
② 최고주행속도가 시간당 15킬로미터 이상 50킬로미터 미만인 건설기계
　가. ① 전체(전조등, 제동등, 후부반사기, 후부반사판 또는 후부반사지)
　나. 방향지시등　다. 번호등　라. 후미등
　마. 차폭등
③ 운전면허를 받아 조종하는 건설기계 또는 시간당 50킬로미터 이상 운전이 가능한 타이어식 건설기계
　가. ①, ② 전체　나. 후퇴등
　다. 비상점멸 표시등

★
43 다음 중 건설기계 관리법규상 소형건설 기계는?

① 5톤 미만의 지게차
② 5톤 미만의 로더
③ 5톤 미만의 덤프트럭
④ 5톤 미만의 굴삭기

> **해설**
>
> "소형건설기계"란 다음 건설기계를 말한다.
> ① 5톤 미만의 불도저　② 5톤 미만의 로더
> ③ 3톤 미만의 지게차　④ 3톤 미만의 굴삭기
> ⑤ 공기압축기　　　⑥ 쇄석기
> ⑦ 준설선
> ⑧ 콘크리트 펌프. 다만, 이동식에 한정한다.

★
44 건설기계 등록사항의 변경신고는 변경이 있는 날로부터 며칠 이내에 하여야 하는가?

① 15일 이내　　② 10일 이내
③ 20일 이내　　④ 30일 이내

> **해설**
>
> 등록사항의 변경신고(건설기계관리법 시행령 제5조) 그 변경이 있는 날부터 30일(상속의 경우에는 상속개시일부터 3개월) 이내이며 다만, 전시·사변 기타 이에 준하는 국가비상사태하에 있어서는 5일 이내에 하여야 한다.

★
45 다음 중 건설기계정비의 사업범위로 맞는 것은?

① 임시건설기계정비업, 영구건설기계정비업, 전문건설기계정비업
② 장기건설기계정비업, 부분건설기계정비업, 단기건설기계정비업
③ 종합건설기계정비업, 단기건설기계정비업, 부분건설기계정비업
④ 종합건설기계정비업, 부분건설기계정비업, 전문건설기계정비업

> **해설**
>
> 건설기계정비업의 사업범위 : 종합건설기계정비업, 부분건설기계정비업, 전문건설기계정비업

★
46 다음 중 건설기계를 등록 전에 일시적으로 운행할 수 있는 경우가 아닌 것은?

① 등록신청을 위하여 건설기계를 등록지로 운행하는 경우
② 신규등록검사 및 확인검사를 받기 위하여 건설기계를 검사장소로 운행하는 경우
③ 건설기계를 대여하고자 하는 경우
④ 수출을 하기 위하여 건설기계를 선적지로 운행하는 경우

> **해설**
>
> 건설기계관리법 시행규칙에 임시 운행할 수 있는 경우
> ① 등록신청을 하기 위하여 건설기계를 등록지로 운행하고자 할 때

정답 43. ②　44. ④　45. ④　46. ③

② 신규등록검사 및 확인검사를 받기 위하여 건설기계를 검사장소로 운행하고자 할 때
③ 수출을 하기 위하여 건설기계를 선적지로 운행하고자 할 때
④ 신개발 건설기계를 시험운행하고자 할 때
⑤ 판매 또는 전시를 위하여 건설기계를 일시적으로 운행하고자 할 때

★
47 시·도지사는 정기검사를 받지 아니한 건설기계의 소유자에게 유효기간이 끝난 날부터 (㉠) 이내에 건설기계관리법규로 정하는 바에 따라 (㉡) 이내의 기한을 정하여 정기검사를 받을 것을 최고하여야 한다. (㉠), (㉡) 안에 맞는 것은?

① ㉠ 2개월 ㉡ 7일
② ㉠ 1개월 ㉡ 5일
③ ㉠ 6개월 ㉡ 30일
④ ㉠ 3개월 ㉡ 10일

해설

건설기계관리법 제13조(검사)
시·도지사는 정기검사를 받지 아니한 건설기계의 소유자에게 정기검사의 유효기간이 끝난 날부터 3개월 이내에 국토교통부령으로 정하는 바에 따라 10일 이내의 기한을 정하여 정기검사를 받을 것을 최고하여야 한다.

★
48 건설기계등록 말소신청서의 첨부서류가 아닌 것은?

① 건설기계 운행증
② 건설기계 검사증
③ 건설기계 등록증
④ 말소사유를 확인할 수 있는 서류

해설

건설기계관리법 시행규칙 제9조(건설기계등록의 말소 등)
① 건설기계 등록증
② 건설기계 검사증
③ 멸실·도난·수출·폐기·반품 및 교육·연구목적 사용 등 등록말소사유를 확인할 수 있는 서류

★
49 건설기계조정사 면허를 받은 자가 면허의 효력이 정지된 때에는 며칠 이내에 관할 행정관청에 면허증을 반납해야 하는가?

① 100일 이내   ② 60일 이내
③ 30일 이내   ④ 10일 내

해설

건설기계조종사면허를 받은 자가
① 면허가 취소된 때
② 면허의 효력이 정지된 때
③ 면허증의 재교부를 받은 후 잃어버린 면허증을 발견한 때
위 각호의 해당하는 때에는 그 사유가 발생한 날부터 10일 이내에 주소지를 관할하는 시장·군수 또는 구청장에게 그 면허증을 반납하여야 한다.

★
50 건설기계를 운전하여 교차로에서 우회전을 하려고 할 때 가장 적합한 것은?

① 신호를 하면서 서행으로 주행해야 하며, 교통신호에 따라 횡단하는 보행자의 통행을 방해하여서는 아니 된다.
② 우회전 신호를 행하면서 빠르게 우회전 한다.
③ 우회전은 신호가 필요 없으며, 보행자를 피하기 위해 빠른 속도로 진행한다.
④ 우회전은 언제 어느 곳에서나 할 수 있다.

해설

가장 안전한 운행을 선택하면 된다.

★ 51 대형건설기계에 적용해야 할 내용으로 맞지 않는 것은?

① 당해 건설기계의 식별이 쉽도록 전후 범퍼에 특별 도색을 하여야 한다.

② 최고속도가 35km/h 이상인 경우에는 부착하지 않아도 된다.

③ 운전석 내부의 보기 쉬운 곳에 경고 표지판을 부착하여야 한다.

④ 총중량 30톤, 축중 10톤 미만인 건설기계는 특별 표지판 부착 대상이 아니다.

해설

대형건설기계
- 길이가 16.7m를 초과하는 건설기계
- 너비가 2.5m를 초과하는 건설기계
- 높이가 4.0m를 초과하는 건설기계
- 최소회전반경이 12m를 초과하는 건설기계
- 총중량이 40톤을 초과하는 건설기계
- 총중량 상태에서 축하중 10톤을 초과하는 건설기계

★ 52 다음 중 건설기계 조종사 자동차 제1종 대형면허가 있어야 하는 기종은?

① 로더　　　　② 지게차
③ 콘크리트 펌프　　④ 기중기

해설

제1종 대형면허가 있어야 하는 기종
덤프트럭, 아스팔트 살포기, 노상안정기, 콘크리트믹서트럭, 콘크리트 펌프, 천공기(트럭적재식)

★★ 53 건설기계관리법령상 건설기계 정비업의 범위에서 제외되는 행위로 틀린 것은?

① 트랙의 장력 조정

② 창유리 또는 배터리 교환

③ 에어클리너 엘리먼트 및 필터류의 교환

④ 엔진 흡·배기 밸브의 간극조정

해설

건설기계정비업의 사업범위(제14조 제2항 관련)

항목	종합 건설 기계 정비업	부분 건설 기계 정비업	전문건설기계정비업 원동기	전문건설기계정비업 유압	전문건설기계정비업 타워크레인
1. 원동기 부분 가. 실린더헤드의 탈착 정비	O		O		
나. 실린더·피스톤의 분해·정비	O		O		
다. 크랭크샤프트· 캠샤프트의 분해·정비	O		O		
라. 연료(연료공급 및 분사) 펌프의 분해·정비	O		O		
마. 위의 사항을 제외한 원동기부분의 정비	O	O	O		
2. 유압장치정비	O			O	
3. 변속기의 분해·정비	O				
4. 전후차축 및 제동장치 정비(타이어식으로 된 것)	O	O			
5. 차체부분 가. 프레임 조정	O				
나. 롤러·링크·트랙슈의 재생	O				
다. 위의 사항을 제외한 차체부분의 정비	O	O			
6. 이동정비 가. 응급조치	O	O	O	O	
나. 원동기의 탈·부착	O	O			O
다. 유압장치의 탈·부착	O	O		O	O
라. 나목 및 다목 외의 부분의 탈·부착	O	O			O

54 건설기계관리법상 형식 승인을 받지 아니하고 건설기계를 제작한 자에 대한 벌칙으로 맞는 것은?

① 2년 이하의 징역 또는 1,000만 원 이하의 벌금
② 500만 원 이하의 벌금
③ 1년 이하의 징역 또는 천만 원 이하의 벌금
④ 300만 원 이하의 벌금

해설

36번 해설 참고

55 다음 중 건설기계관리법상 건설기계에 해당하지 않는 것은?

① 콘크리트 살포기
② 천장크레인
③ 자체 중량 2톤 이상의 로더
④ 노상안정기

해설

천장 크레인은 건설기계가 아니다.

56 건설기계 등록신청 시 첨부하지 않아도 되는 서류는?

① 호적등본
② 건설기계 소유자임을 증명하는 서류
③ 건설기계 제작증
④ 건설기계 제원표

해설

건설기계 제작증, 수입 사실증명서, 매수 증서, 건설기계 제원표, 건설기계 소유자임을 증명하는 서류, 보험가입 증서

57 건설기계장비의 제동장치에 대한 정기검사를 면제받고자 하는 경우 첨부하여야 할 서류는?

① 건설기계 매매업 신고서
② 건설기계 제원표
③ 건설기계 폐기업 신고서
④ 건설기계 제동장치 정비확인서

해설

정기검사 면제는 부분 정비확인서로 가능하다.

58 다음 중 최고속도 15km/h 미만의 타이어식 건설기계가 필히 갖추어야 할 조명장치는?

① 방향지시등   ② 후부반사기
③ 후미등   ④ 번호등

해설

최고주행속도가 시간당 15킬로미터 미만인 건설기계
• 전조등   • 제동등
• 후부반사기   • 후부반사판 또는 후부반사지

59 건설기계관리법령상 건설기계조종사 면허의 취소기준에 해당하지 않는 것은?

① 술에 만취한 상태(혈중알코올농도 0.08 퍼센트 이상)에서 건설기계를 조종한 경우
② 건설기계조종사 면허증을 다른 사람에게 빌려 준 경우
③ 술에 취한 상태(혈중알코올농도 0.03퍼센트 이상 0.08퍼센트 미만을 말한다.)에서 건설기계를 조종한 경우
④ 술에 취한 상태에서 건설기계를 조종하다가 사고로 사람을 죽게 하거나 다치게 한 경우

해설

술에 취한 상태(혈중알코올농도 0.03퍼센트 이상 0.08퍼센트 미만을 말한다.)에서 건설기계를 조종한 경우는 면허효력정지 60일

60 다음 중 건설기계관리 법규 및 도로교통법상 주정차 금지 장소로 틀린 것은?

① 건널목 가장자리로부터 10M 이내
② 교차로 가장자리로부터 5M 이내
③ 횡단보도
④ 고갯마루 정상 부근

해설

고갯마루 정상 부근은 주정차금지 장소가 아니다.

61 다음 중 건설기계 형식 신고서 첨부 사항이 아닌 것은?

① 외관도
② 교통안전 발행 시험 성적서
③ 제원도
④ 건설기계 운전면허증

해설

건설기계 제원표, 건설기계의 외관도, 변경 전후의 제원대비표(변경신고의 경우에 한한다.)

62 다음 중 우리나라에서 건설기계에 대한 정기검사를 실시하는 검사업무 대행 기관은?

① 자동차 정비업 협회
② 대한 건설기계 안전 관리원
③ 건설기계 정비협회
④ 교통안전공단

해설

대한 건설기계 자격을 갖춘 안전 관리원에 의해 정기검사가 가능하다.

63 시·도지사가 저당권이 등록된 건설기계를 말소할 때 미리 그 뜻을 건설기계의 소유자 및 이해 관계인에게 통지한 후 몇 개월이 지나지 않으면 등록을 말소할 수 없는가?

① 3개월   ② 6개월
③ 12개월   ④ 1개월

해설

시·도지사는 등록을 말소하려는 경우에는 미리 그 뜻을 건설기계의 소유자 및 이해관계인에게 알려야 하며, 통지 후 1개월(저당권이 등록된 경우에는 3개월)이 지난 후가 아니면 이를 말소할 수 없다.

64 건설기계조종사의 적성검사 기준으로 가장 거리가 먼 것은?

① 언어분별력이 80% 이상일 것
② 두 눈을 동시에 뜨고 잰 시력이 0.7 이상이고, 두 눈의 시력이 각각 0.3 이상일 것
③ 교정시력의 경우는 시력이 2.0 이상일 것
④ 시각은 150° 이상일 것

해설

건설기계관리법 시행규칙 제76조(적성검사의 기준 등)
① 두 눈을 동시에 뜨고 잰 시력(교정시력을 포함한다. 이하 이호에서 같다.)이 0.7 이상이고 두 눈의 시력이 각각 0.3 이상일 것
② 55데시벨(보청기를 사용하는 사람은 40데시벨)의 소리를 들을 수 있고, 언어분별력이 80퍼센트 이상일 것
③ 시각은 150° 이상일 것

65 건설기계조종사면허에 관한 설명으로 옳은 것은?

① 기중기로 도로를 주행하고자 할 때는 자동차 제1종 대형면허를 받아야 한다.
② 기중기면허를 소지하면 굴삭기도 조종할 수 있다.
③ 건설기계 조종사면허는 국토교통부장관이 발급한다.
④ 콘크리트믹서 트럭을 조종하고자 하는 자는 자동차 제1종 대형 면허를 받아야 한다.

해설

제1종 대형면허로 운전할 수 있는 건설기계
• 덤프트럭, 아스팔트 살포기, 노상안정기
• 콘크리트믹서 트럭, 콘크리트 펌프, 천공기(트럭 적재식)
• 콘크리트믹서 트레일러, 아스팔트콘크리트 재생기
• 도로보수 트럭, 3톤 미만의 지게차

66 건설기계 등록번호 중 관용에 해당하는 것은?

① 6001~8999   ② 9001~9999
③ 1001~4999   ④ 5001~8999

해설

자가용 : 1001, 관용 : 9001

67 다음 중 타이어식 건설기계의 좌석 안전띠는 속도가 몇 km/h 이상일 때 설치하여야 하는가?

① 10km/h   ② 30km/h
③ 40km/h   ④ 50km/h

해설

시속 30km 이상의 속도를 낼 수 있는 타이어식 건설기계와 모든 지게차는 안전띠 설치가 의무화되었다.

68 건설기계 조종사 면허의 취소사유에 해당하지 않는 것은?

① 고의로 1명에게 경상을 입힌 때
② 등록된 건설기계를 조종한 때
③ 면허정지 처분을 받은 자가 그 정지 기간 중에 건설기계를 조종한 때
④ 과실로 7명 이상에게 중상을 입힌 때

해설

당연히 등록된 건설기계를 조정해야 한다.

69 소형건설기계 조종교육의 내용으로 틀린 것은?

① 조종 실습
② 유압 일반
③ 건설기계관리법규 및 도로통행 방법
④ 건설기계 기관, 전기 및 동력전달장치

해설

소형건설기계 조종교육
• 건설기계 기관, 전기 및 작업장치
• 유압일반
• 건설기계관리법규 및 도로통행 방법
• 조종 실습

70 건설기계사업을 하려는 자는 누구에게 등록하여야 하는가?

① 안전행정부장관
② 시장, 군수 또는 구청장
③ 대통령
④ 경찰청장

해설

2013년부터 시도지사에서 시장, 군수 또는 구청장에게 등록 가능

정답 65. ④   66. ②   67. ②   68. ②   69. ④   70. ②

71 건설기계검사의 종류가 아닌 것은?

① 구조변경검사　② 신규등록검사
③ 예비검사　　　④ 정기검사

해설

건설기계검사의 종류 : 구조변경검사, 신규
등록검사, 수시검사, 정기검사

72 건설기계의 조종에 관한 교육과정을 이수한 경우 조종사 면허를 받은 것으로 보는 소형건설기계가 아닌 것은?

① 5톤 미만의 로더
② 3톤 미만의 굴삭기
③ 5톤 미만의 기중기
④ 5톤 미만의 불도저

해설

"소형건설기계"란 다음 건설기계를 말한다.
① 5톤 미만의 불도저
② 5톤 미만의 로더
③ 3톤 미만의 지게차
④ 3톤 미만의 굴삭기
⑤ 공기압축기
⑥ 쇄석기
⑦ 준설선
⑧ 콘크리트 펌프. 다만, 이동식에 한정한다.

73 다음 중 편도 4차선 도로에서 4차선은 버스전용 차로다. 건설기계는 몇 차선으로 운행하여야 하는가?

① 1차선으로 운행　② 2차선으로 운행
③ 3차선으로 운행　④ 4차선으로 운행

해설

건설기계는 중앙선에서 가장 먼 차선으로 운행
한다(단 버스전용차로는 제외).

74 다음 중 도로교통법령상 차로의 구분 순위로 옳은 것은?

① 도로의 중앙선 쪽에 있는 차로부터 1차로로 한다.
② 일반통행도로는 우측으로부터 1차로로 한다.
③ 도로의 우측선 쪽에 있는 차로부터 1차로로 한다.
④ 도로 좌우 측으로부터 1차로로 한다.

해설

차로에 따른 통행 구분(도로교통법 시행규칙 제16조)

차로에 따른 통행차의 기준

도로	차로 구분	통행할 수 있는 차종
고속 도로 외의 도로	편도 4 차로	1차로	승용자동차, 중·소형 승합 자동차
		2차로	
		3차로	대형승합자동차, 적재 중량이 1.5톤 이하인 화물 자동차
		4차로	적재중량이 1.5톤을 초과하는 화물자동차, 특수자동차, 건설기계, 이륜자동차, 원동기 장치자전거, 자전거 및 우마차
	편도 3 차로	1차로	승용자동차, 중·소형 승합자동차
		2차로	대형승합자동차, 적재중량이 1.5톤 이하인 화물자동차
		3차로	적재중량이 1.5톤을 초과하는 화물자동차, 특수자동차, 건설기계, 이륜자동차, 원동기 장치자전거, 자전거 및 우마차
	편도 2 차로	1차로	승용자동차, 중·소형승합 자동차
		2차로	대형승합자동차, 화물자동차, 특수자동차, 건설기계, 이륜 자동차, 원동기장치자전거, 자전거 및 우마차

		1차로	2차로가 주행차로인 자동차의 앞지르기 차로
고속도로	편도 4 차로	2차로	승용자동차, 중·소형 승합자동차의 주행차로
		3차로	대형승합자동차 및 적재중량이 1.5톤 이하인 화물자동차의 주행차로
		4차로	적재중량이 1.5톤을 초과하는 화물자동차, 특수 자동차 및 건설기계의 주행차로
	편도 3 차로	1차로	2차로가 주행차로인 자동차의 앞지르기 차로
		2차로	승용자동차, 승합자동차의 주행차로
		3차로	화물자동차, 특수자동차 및 건설기계의 주행차로
	편도 2 차로	1차로	앞지르기 차로
		2차로	모든 자동차의 주행차로

① 모든 차의 운전자는 통행하고 있는 차로에서 느린 속도로 진행하여 다른 차의 정상적인 통행을 방해할 우려가 있는 때에는 그 통행하던 차로의 오른쪽 차로로 통행하여야 한다.
② 차로의 순위는 도로의 중앙선 쪽에 있는 차로부터 1차로로 한다. 다만, 일방통행도로에서는 도로의 왼쪽부터 1차로로 한다.

75 다음 중 진로변경을 해서는 안 되는 경우는?

① 안전표시(진로변경 제한선)가 설치되어 있을 때
② 시속 50킬로미터 이상으로 주행할 때
③ 3차로의 도로일 때
④ 교통이 복잡한 도로일 때

해설

도로교통법 제14조(차로의 설치 등)
차마의 운전자는 안전표지가 설치되어 특별히 진로 변경이 금지된 곳에서는 차마의 진로를 변경하여서는 아니 된다. 다만, 도로의 파손이나 도로공사 등으로 인하여 장애물이 있는 경우에는 그러하지 아니하다.

76 도로에서 위험을 방지하고 교통의 안전과 원활한 소통을 확보하기 위하여 필요하다고 인정하는 때에 구역 또는 구간을 지정하여 자동차의 속도를 제한할 수 있는 자는?(단, 고속도를 제외한 도로)

① 교통안전공단 이사장
② 안정행정부장관
③ 지방경찰청장
④ 시.도지사

해설

지방경찰청장은 도로에서 위험을 방지하고 교통의 안전과 원활한 소통을 확보하기 위하여 필요하다고 인정하는 때에 구역 또는 구간을 지정하여 자동차의 속도를 제한할 수 있다.

77 건설기계를 도난당한 때 등록말소사유 확인서류로 적당한 것은?

① 주민등록 등본
② 봉인 및 번호판
③ 수출신용장
④ 경찰서장이 발행한 도난신고 접수 확인원

해설

건설기계관리법 시행규칙 제9조(건설기계등록의 말소등)
건설기계등록증, 건설기계검사증, 멸실·도난·수출·폐기·반품 및 교육·연구목적 사용 등 등록말소사유를 확인할 수 있는 서류

★
78 다음 설명 중 건설기계의 범위에 속하지 않는 것은?

① 공기 토출량이 매 분당 2.83세제곱미터 이상의 이동식인 공기압축기
② 노상안정장치를 가진 자주식인 노상안정기
③ 전동식 솔리드타이어를 부착한 지게차
④ 정지장치를 가진 자주식인 모터 그레이더

해설

- 전동식 솔리드타이어를 부착한 지게차는 제외한다.
- 건설기계의 범위차도 및 중량물의 압력을 받을 우려가 있는 장소는 1.2m 이상, 보도 등 기타의 장소는 0.6m 이상

건설기계명	범위
1. 불도저	무한궤도 또는 타이어식인 것
2. 굴삭기	무한궤도 또는 타이어식으로 굴삭장치를 가진 자체중량 1톤 이상인 것
3. 로더	무한궤도 또는 타이어식으로 적재장치를 가진 자체중량 2톤 이상인 것
4. 지게차	타이어식으로 들어올림장치를 가진 것. 다만, 전동식으로 솔리드타이어를 부착한 것을 제외한다.
5. 스크레이퍼	흙·모래의 굴삭 및 운반장치를 가진 자주식인 것
6. 덤프트럭	적재용량 12톤 이상인 것. 다만, 적재용량 12톤 이상 20톤 미만의 것으로 화물운송에 사용하기 위하여 자동차관리법에 의한 자동차로 등록된 것을 제외한다.
7. 기중기	무한궤도 또는 타이어식으로 강재의 지주 및 선회장치를 가진 것. 다만, 궤도(레일)식인 것을 제외한다.
8. 모터 그레이더	정지장치를 가진 자주식인 것
9. 롤러	1. 조종석과 전압장치를 가진 자주식인 것 2. 피견인 진동식인 것
10. 노상안정기	노상안정장치를 가진 자주식인 것
11. 콘크리트 뱃칭플랜트	골재저장통·계량장치 및 혼합장치를 가진 것으로서 원동기를 가진 이동식인 것
12. 콘크리트 피니셔	정리 및 사상장치를 가진 것으로 원동기를 가진 것
13. 콘크리트 살포기	정리장치를 가진 것으로 원동기를 가진 것
14. 콘크리트 믹서 트럭	혼합장치를 가진 자주식인 것(재료의 투입·배출을 위한 보조장치가 부착된 것을 포함한다.)
15. 콘크리트 펌프	콘크리트배송능력이 매시간당 5세제곱미터 이상으로 원동기를 가진 이동식과 트럭적재식인 것
16. 아스팔트 믹싱플랜트	골재공급장치·건조가열장치·혼합장치·아스팔트 공급장치를 가진 것으로 원동기를 가진 이동식인 것
17. 아스팔트 피니셔	정리 및 사상장치를 가진 것으로 원동기를 가진 것
18. 아스팔트 살포기	아스팔트살포장치를 가진 자주식인 것
19. 골재 살포기	골재살포장치를 가진 자주식인 것
20. 쇄석기	20킬로와트 이상의 원동기를 가진 이동식인 것
21. 공기압축기	공기토출량이 매분당 2.83 세제곱미터(매제곱센티미터당 7킬로그램 기준) 이상의 이동식인 것
22. 천공기	천공장치를 가진 자주식인 것
23. 항타 및 항발기	원동기를 가진 것으로 헤머 또는 뽑는 장치의 중량이 0.5톤 이상인 것
24. 사리채취기	사리채취장치를 가진 것으로 원동기를 가진 것
25. 준설선	펌프식·바켓식·디퍼식 또는 그래브식으로 비자항식인 것. 다만, 해상화물운송에 사용하기 위하여 「선박법」에 따른 선박으로 등록된 것은 제외한다.
26. 특수건설 기계	건설기계와 유사한 구조 및 기능을 가진 기계류로서 국토교통부 장관이 따로 정하는 것

27. 타워크레인	수직타워의 상부에 위치한 지브를 선회시켜 중량물을 상하, 전후 또는 좌우로 이동시킬 수 있는 정격하중 3톤 이상의 것으로서 원동기 또는 전동기를 가진 것. 다만, 「산업집적활성화 및 공장설립에 관한 법률」 제16조에 따라 공장등록대장에 등록된 것은 제외한다.

79 해당 건설기계 운전의 국가기술자격소지자가 건설기계 조종사 면허를 받지 않고 건설기계를 조종할 경우는?

① 면허를 가진 것으로 본다.
② 사고 발생 시만이 무면허이다.
③ 도로주행만 하지 않으면 괜찮다.
④ 무면허이다.

해설

도로주행만 하지 않으면 괜찮다.

80 건설기계관리법령상 건설기계조종사 면허의 종류에 포함되지 않는 것은?

① 천공기   ② 콘크리트 피니셔
③ 준설선   ④ 공기압축기

해설

공기압축기는 건설기계조종사 면허의 종류에 포함되지 않는다.

81 다음 중 횡단보도로부터 몇 m 이내에 정차 및 주차를 해서는 안 되는가?

① 8m   ② 3m
③ 5m   ④ 10m

해설

정차 및 주차의 금지(도로교통법 제32조)
① 교차로·횡단보도·건널목이나 보도와 차도가 구분된 도로의 보도(「주차장법」에 따라 차도와 보도에 걸쳐서 설치된 노상주차장은 제외한다.)
② 교차로의 가장자리나 도로의 모퉁이로부터 5미터 이내인 곳
③ 안전지대가 설치된 도로에서는 그 안전지대의 사방으로부터 각각 10미터 이내인 곳
④ 버스여객자동차의 정류지(정류지)임을 표시하는 기둥이나 표지판 또는 선이 설치된 곳으로부터 10미터 이내인 곳. 다만, 버스여객자동차의 운전자가 그 버스여객자동차의 운행시간 중에 운행노선에 따르는 정류장에서 승객을 태우거나 내리기 위하여 차를 정차하거나 주차하는 경우에는 그러하지 아니하다.
⑤ 건널목의 가장자리 또는 횡단보도로부터 10미터 이내인 곳
⑥ 지방경찰청장이 도로에서의 위험을 방지하고 교통의 안전과 원활한 소통을 확보하기 위하여 필요하다고 인정하여 지정한 곳

82 최고 속도의 100분의 20을 줄인 속도로 운행하여야 할 경우는?

① 눈이 20밀리미터 이상 쌓인 때
② 비가 내려 노면이 젖어 있을 때
③ 노면이 얼어붙은 때
④ 폭우·폭설·안개 등으로 가시거리가 100미터 이내일 때

해설

1. **최고속도의 100분의 20을 줄인 속도로 운행하여야 하는 경우**
   ① 비가 내려 노면이 젖어있는 경우
   ② 눈이 20밀리미터 미만 쌓인 경우
2. **최고속도의 100분의 50을 줄인 속도로 운행하여야 하는 경우**
   ① 폭우·폭설·안개 등으로 가시거리가 100미터 이내인 경우
   ② 노면이 얼어붙은 경우
   ③ 눈이 20밀리미터 이상 쌓인 경우

정답 79. ③   80. ④   81. ④   82. ②

83 야간에 화물자동차를 도로에서 운행하는 경우 등의 등화로 옳은 것은?

① 안개등과 미등
② 전조등·차폭등·미등·번호등
③ 주차등
④ 방향지시등 또는 비상등

해설

- **자동차** : 자동차안전기준에서 정하는 전조등(前照燈), 차폭등(車幅燈), 미등(尾燈), 번호등과 실내조명등(실내조명등은 승합자동차와 「여객자동차 운수사업법」에 따른 여객자동차운송사업용 승용자동차만 해당한다.)
- **원동기장치자전거** : 전조등 및 미등
- **견인되는 차** : 미등·차폭등 및 번호등

84 도로교통법상 안전거리 확보 정의로 옳은 것은?

① 주행 중 앞차가 급정지를 하였을 때 앞차와 충돌을 피할 수 있는 거리
② 주행 중 급정지하여 진로를 양보할 수 있는 거리
③ 주행 중 앞차가 급제동할 수 있는 거리
④ 구측 가장자리로 피하여 진로를 양보할 수 있는 거리

해설

안전거리 : 주행 중 앞차가 급정지를 하였을 때 앞차와 충돌을 피할 수 있는 거리

85 교차로 통행방법 설명 중 틀린 것은?

① 교차로 안에서는 차선이 없으므로 진행방향을 임의로 바꿀 수 있다.
② 좌회전할 때에는 교차로 중심 안쪽으로 서행한다.
③ 교차로에서 직진하려는 차는 이미 교차로에 진입하여 좌회전하고 있는 차의 진로를 방해할 수 없다.

④ 교차로에서 우회전할 때에는 서행하여야 한다.

해설

교차로 안에서는 차선이 없어도 진행방향을 임의로 바꿀 수 없다.

86 도로교통법상 서행 또는 일시 정지할 장소로 지정된 곳은?

① 좌우를 확인할 수 있는 교차로
② 안전지대 우측
③ 가파른 비탈길의 내리막
④ 교량 위

해설

서행 또는 일시정지할 장소(도로교통법 제31조)
1. 모든 차의 운전자가 서행해야 하는 곳
   ① 교통정리를 하고 있지 아니하는 교차로
   ② 도로가 구부러진 부근
   ③ 비탈길의 고갯마루 부근
   ④ 가파른 비탈길의 내리막
   ⑤ 지방경찰청장이 도로에서의 위험을 방지하고 교통의 안전과 원활한 소통을 확보하기 위하여 필요하다고 인정하여 안전표지로 지정한 곳
2. 모든 차의 운전자가 일시정지해야 하는 곳
   ① 교통정리를 하고 있지 아니하고 좌우를 확인할 수 없거나 교통이 빈번한 교차로
   ② 지방경찰청장이 도로에서의 위험을 방지하고 교통의 안전과 원활한 소통을 확보하기 위하여 필요하다고 인정하여 안전표지로 지정한 곳

87 자동차 전용도로의 정의로 가장 적합한 것은?

① 자동차 고속 주행의 교통에만 이용되는 도로
② 보도와 차도의 구분이 있는 도로
③ 자동차만 다닐 수 있도록 설치된 도로
④ 보도와 차도의 구분이 없는 도로

해설

도로교통법 제2조(정의)
자동차전용도로 : 자동차만 다닐 수 있도록 설치된
도로를 말한다.

★★
88 도로 교통법상 도로에 해당하지 않는 것은?

① 유료 도로법에 의한 유료도로
② 해상 도로법에 의한 항로
③ 도로법에 의한 도로
④ 차마의 통행을 위한 도로

해설

도로교통법 제2조(도로의 정의)
• 「도로법」에 따른 도로
• 「유료도로법」에 따른 유료도로
• 「농어촌도로 정비법」에 따른 농어촌도로
• 그 밖에 현실적으로 불특정 다수의 사람 또는
차마(車馬)가 통행할 수 있도록 공개된 장소로서
안전하고 원활한 교통을 확보할 필요가 있는 장소

★★
89 다음 중 도로교통법에 위반되는 행위는?

① 철길 건널목 바로 전에 일시 정지하였다.
② 다리 위에서 앞지르기하였다.
③ 주간에 방향을 전환할 때 방향 지시등을
켰다.
④ 야간에 교행할 때 전조등의 광도를 감하였다.

해설

앞지르기 금지의 시기 및 장소(도로교통법 제22조)
• 앞차의 좌측에 다른 차가 앞차와 나란히 가고 있는
경우
• 앞차가 다른 차를 앞지르고 있거나 앞지르려고
하는 경우
• 법에 따른 명령에 따라 정지하거나 서행하고 있는
차
• 경찰공무원의 지시에 따라 정지하거나 서행하고
있는 차

• 위험을 방지하기 위하여 정지하거나 서행하고
있는 차
• 교차로, 터널 안, 다리 위
• 도로의 구부러진 곳, 비탈길의 고갯마루 부근
또는 가파른 비탈길의 내리막 등 지방경찰청장이
도로에서의 위험을 방지하고 교통의 안전과
원활한 소통을 확보하기 위하여 필요하다고
인정하는 곳으로서 안전표지로 지정한 곳

★
90 차의 신호에 대한 설명 중 틀린 것은?

① 방향전환, 횡단, 유턴, 서행, 정지 또는
후진 시 신호를 하여야 한다.
② 신호의 시기 및 방법은 운전자가 편리한
대로 한다.
③ 신호는 그 행위가 끝날 때까지 하여야
한다.
④ 진로 변경 시에는 손이나 등화로서 할 수
있다.

해설

운전자가 편리한 대로 하면 안 된다.

★
91 교통안전 표지 중 노면표지에서 차마가 일시
정지해야 하는 표시가 옳은 것은?

① 백색점선으로 표시한다.
② 황색점선으로 표시한다.
③ 백색실선으로 표시한다.
④ 황색실선으로 표시한다.

해설

중앙선표시, 노상장애물 중 도로중앙장애물표시,
주차금지표시, 정차·주차금지표시 및 안전지대표시는
황색으로, 버스전용차로표시 및 다인승차량
전용차선표시는 청색으로, 어린이보호구역 또는
주거지역 안에 설치하는 속도제한표시의 테두리선은
적색으로, 그 외의 표시는 백색으로 한다.

92 다음 중 도로 교통법상 모든 차의 운전자가 서행하여야 하는 장소가 아닌 것은?

① 도로가 구부러진 부근
② 가파른 비탈길의 내리막
③ 교통정리를 하고 있는 교차로
④ 비탈길의 고갯마루 부근

해설

서행 또는 일시정지할 장소 (도로교통법 제31조)
모든 차의 운전자가 서행해야 하는 곳
① 교통정리를 하고 있지 아니하는 교차로
② 도로가 구부러진 부근
③ 비탈길의 고갯마루 부근
④ 가파른 비탈길의 내리막
⑤ 지방경찰청장이 도로에서의 위험을 방지하고 교통의 안전과 원활한 소통을 확보하기 위하여 필요하다고 인정하여 안전표지로 지정한 곳

93 다음 중 도로교통법을 위반한 경우는?

① 밤에 교통이 빈번한 도로에서 전조등을 계속 하향했다.
② 낮에 어두운 터널 속을 통화할 때 전조등을 켰다.
③ 노면이 얼어붙은 곳에서 최고 속도의 20/100을 줄인 속도로 운행하였다.
④ 소방용 방화 물통으로부터 10m 지점에 주차하였다.

해설

최고속도의 100분의 50을 줄인 속도로 운행하여야 하는 경우
• 폭우 · 폭설 · 안개 등으로 가시거리가 100미터 이내인 경우
• 노면이 얼어붙은 경우
• 눈이 20밀리미터 이상 쌓인 경우

94 차마가 도로의 중앙이나 좌측 부분을 통행할 수 있는 경우는 도로 우측 부분의 폭이 몇 미터에 미달하는 도로에서 앞지르기가 가능한가?

① 5미터 ② 2미터
③ 6미터 ④ 3미터

해설

[도로교통법 제13조] 도로의 중앙이나 좌측 부분을 통행할 수 있는 경우
① 도로가 일방통행인 경우
② 도로의 파손, 도로공사나 그 밖의 장애 등으로 도로의 우측 부분을 통행할 수 없는 경우
③ 도로 우측 부분의 폭이 6미터가 되지 아니하는 도로에서 다른 차를 앞지르려는 경우. 다만, 다음 각 목의 어느 하나에 해당하는 경우에는 그러하지 아니하다.
  가. 도로의 좌측 부분을 확인할 수 없는 경우
  나. 반대 방향의 교통을 방해할 우려가 있는 경우
  다. 안전표지 등으로 앞지르기를 금지하거나 제한하고 있는 경우
④ 도로 우측 부분의 폭이 차마의 통행에 충분하지 아니한 경우

95 다음 중 도로를 운행하는 3톤 미만의 지게차를 조종하려면 어떤 자동차 운전면허를 소지해야 하는가?

① 제1종 소형 운전면허
② 제2종 소형 운전면허
③ 제1종 보통 운전면허
④ 제2종 보통 운전면허

해설

건설기계관리법 시행규칙 제75조
3톤 미만의 지게차를 조종하고자 하는 자는 (1종 보통면허) 자동차운전면허를 소지하여야 한다.

★
96 다음 중 도로를 통행하는 자동차가 야간에 켜야 하는 등화의 구분 중 견인되는 자동차가 켜야 할 등화는?

① 전조등, 미등
② 전조등, 차폭등, 미등
③ 차폭등, 미등, 번호등
④ 전조등, 미등, 번호등

해설

1. 밤에 도로에서 차를 운행하는 경우 등의 등화 (도로교통법 시행령 제19조)
① 자동차: 전조등(前照燈), 차폭등(車幅燈), 미등(尾燈), 번호등과 실내조명등(승합자동차, 승용자동차만 해당한다.)
② 원동기장치자전거: 전조등 및 미등
③ 견인되는 차: 미등·차폭등 및 번호등
④ 자동차등 외의 모든 차: 지방경찰청장이 정하여 고시하는 등화

2. 야간에 도로에서 정차하거나 주차할 때 켜야 하는 등화
① 자동차(이륜자동차는 제외한다.) : 자동차안전 기준에서 정하는 미등 및 차폭등
② 이륜자동차 및 원동기장치자전거 : 미등(후부 반사기를 포함한다.)
③ 자동차등 외의 모든 차 : 지방경찰청장이 정하여 고시하는 등화

★
97 다음 중 도로 교통법규 상 4차로 이상 고속도로에서 건설기계의 최저속도는?

① 30km/h   ② 40km/h
③ 50km/h   ④ 60km/h

해설

자동차 운행속도
① 일반도로(고속도로 및 자동차전용도로 외의 모든 도로를 말한다.)에서는 매 시 60킬로미터 이내. 다만, 편도 2차로 이상의 도로에서는 매 시 80킬로미터 이내
② 자동차전용도로에서의 최고속도는 매 시 90킬로미터, 최저속도는 매 시 30킬로미터

③ 고속도로
가. 편도 1차로 고속도로에서의 최고속도는 매 시 80킬로미터, 최저속도는 매 시 50킬로미터
나. 편도 2차로 이상 고속도로에서의 최고속도는 매 시 100킬로미터[화물자동차(적재중량 1.5톤을 초과하는 경우에 한한다.)·특수자동차·위험물운반자동차 및 건설기계의 최고속도는 매시 80킬로미터], 최저속도는 매 시 50킬로미터다. 편도 2차로 이상의 고속도로로서 경찰청장이 고속도로의 원활한 소통을 위하여 특히 필요하다고 인정하여 지정·고시한 노선 또는 구간의 최고속도는 매시 120킬로미터(화물자동차·특수자동차·위험물운반자동차 및 건설기계의 최고속도는 매 시 90킬로미터) 이내, 최저속도는 매시 50킬로미터

★★
98 다음 중 도로교통법상 주차금지 장소가 아닌 곳은?

① 터널 안
② 소방용 방화 물통으로부터 5m 이내
③ 소방용 기계기구가 설치된 곳으로부터 15m 이내
④ 화재 경보기로부터 3m 이내

해설

주차금지의 장소(도로교통법 제33조)
① 터널 안 및 다리 위
② 화재경보기로부터 3미터 이내인 곳
③ 다음 각 목의 곳으로부터 5미터 이내인 곳
가. 소방용 기계·기구가 설치된 곳
나. 소방용 방화(防火) 물통
다. 소화전(消火栓) 또는 소화용 방화 물통의 흡수구나 흡수관(吸水管)을 넣는 구멍
라. 도로공사를 하고 있는 경우에는 그 공사 구역의 양쪽 가장자리
④ 지방경찰청장이 도로에서의 위험을 방지하고 교통의 안전과 원활한 소통을 확보하기 위하여 필요하다고 인정하여 지정한 곳

99 다음 중 도로의 중앙으로부터 좌측을 통행할 수 있는 경우는?

① 편도 2차로의 도로를 주행할 때
② 도로가 일방통행으로 된 때
③ 중앙선 우측에 차량이 밀려있을 때
④ 좌측도로가 한산할 때

해설

일방통행이므로 좌측통행이 가능하다.

100 다음 노면표지 중 진로변경 제한선으로 맞는 것은?

① 황색 점선은 진로변경을 할 수 없다.
② 백색 점선은 진로변경을 할 수 없다.
③ 황색 실선은 진로변경을 할 수 있다.
④ 백색 실선은 진로변경을 할 수 없다.

해설

※ 노면표지관련법 14조 4항은 진로변경 제한선은 실선이다.

101 도로 교통법상 앞지르기 금지장소가 아닌 곳은?

① 버스 정류장 부근에 있는 주차 금지 구역
② 터널 안
③ 교차로, 도로의 구부러진 곳
④ 비탈길의 고갯마루 부근, 가파른 비탈길의 내리막

해설

앞지르기 금지의 시기 및 장소(도로교통법 제22조)
1. 앞차의 좌측에 다른 차가 앞차와 나란히 가고 있는 경우
2. 앞차가 다른 차를 앞지르고 있거나 앞지르려고 하는 경우

3. 모든 차의 운전자는 다음 각 호의 어느 하나에 해당하는 다른 차를 앞지르지 못한다.
   ① 이 법이나 이 법에 따른 명령에 따라 정지하거나 서행하고 있는 차
   ② 경찰공무원의 지시에 따라 정지하거나 서행하고 있는 차
   ③ 위험을 방지하기 위하여 정지하거나 서행하고 있는 차
4. 모든 차의 운전자는 다음 각 호의 어느 하나에 해당하는 곳에서는 다른 차를 앞지르지 못한다.
   ① 교차로
   ② 터널 안
   ③ 다리 위
   ④ 도로의 구부러진 곳, 비탈길의 고갯마루 부근 또는 가파른 비탈길의 내리막 등 지방경찰청장이 도로에서의 위험을 방지하고 교통의 안전과 원활한 소통을 확보하기 위하여 필요하다고 인정하는 곳으로서 안전표지로 지정한 곳

102 다음 중 도로 교통법상 술에 취한 상태의 기준은?

① 혈중알코올농도 0.05% 이상
② 혈중알코올농도 0.10% 이상
③ 혈중알코올농도 0.15% 이상
④ 혈중알코올농도 0.20% 이상

해설

운전이 금지되는 술에 취한 상태의 기준은 운전자의 혈중알코올 농도가 0.05퍼센트 이상인 경우로 한다.

103 10년된 타이어식 트럭지게차의 정기검사 유효 기간으로 옳은 것은?

① 3년　　　　② 1년
③ 4년　　　　④ 5년

정기검사의 유효기간(건설기계관리법 시행규칙 별표 7)

기종		연식	검사유효기간
1. 굴착기	타이어식	–	1년
2. 로더	타이어식	20년 이하	2년
		20년 초과	1년
3. 지게차	1톤 이상	20년 이하	2년
		20년 초과	1년
4. 덤프트럭	–	20년 이하	1년
		20년 초과	6개월
5. 기중기	–	–	1년
6. 모터그레이더	–	20년 이하	2년
		20년 초과	1년
7. 콘크리트 믹서트럭	–	20년 이하	1년
		20년 초과	6개월
8. 콘크리트펌프	트럭 적재식	20년 이하	1년
		20년 초과	6개월
9. 아스팔트 살포기	–	–	1년
10. 천공기	–	–	1년
11. 항타 및 항발기	–	–	1년
12. 타워크레인	–	–	6개월
13. 특수건설기계			
가. 도로보수트럭	타이어식	20년 이하	1년
		20년 초과	6개월
나. 노면 파쇄기	타이어식	20년 이하	2년
		20년 초과	1년
다. 노면 측정 장비	타이어식	20년 이하	2년
		20년 초과	1년
라. 수목 이식기	타이어식	20년 이하	2년
		20년 초과	1년
마. 터널용 고소 작업차	–	–	1년
바. 트럭지게차	타이어식	20년 이하	1년
		20년 초과	6개월
사. 그 밖의 특수건설기계		20년 이하	3년
		20년 초과	1년
14. 그 밖의 건설기계	–	20년 이하	3년
		20년 초과	1년

비고:
1. 신규 등록 후의 최초 유효기간의 산정은 등록일부터 기산한다.
2. 연식은 신규 등록일(수입된 중고건설기계의 경우에는 제작연도의 12월 31일)부터 기산한다.
3. 타워크레인을 이동 설치하는 경우에는 이동 설치할 때마다 정기검사를 받아야 한다.

104 타이어식 굴착기의 정기검사 검사유효 기간은?

① 1년　　　　② 2년
③ 3년　　　　④ 6월

103번 해설 참고

105 굴삭기를 이용한 굴착작업 중 황색 바탕의 위험표지 시트가 발견되었다. 예상할 수 있는 매설물은?

① 지하철　　　　② 하수도관
③ 전력케이블　　④ 지하차도

- **전력케이블** : 황색, 가스는(고압 : 적색, 저압 : 황색)
- 위험표시 시트 표시색은 법령으로 정해진 것이 없고 각 기관에 따라 정함(도시가스 : 가스공사, 전력케이블 : 한전)

106 다음 중 도로 굴착자는 공사 완료 후 도시가스 배관 손상방지를 위하여 최소한 몇 개월 이상 침하유무를 확인하여야 하는가?

① 1개월　　　　② 2개월
③ 3개월　　　　④ 4개월

도로 굴착자는 되메움 공사완료 후 최소 3개월 이상 지반 침하 유무를 확인하여야 한다.

107 도로 굴착 시 적색의 도시가스 보호포가 나왔다. 매설된 도시가스 배관의 압력은?

① 배관압력에 관계없이 보호포 색상은 적색이다.
② 중압 또는 저압
③ 저압 또는 고압
④ 고압 또는 중압

도시가스 보호색은 저압 : 황색, 저압이상은 적색이므로 중압과 고압은 적색이다.

108 아래보기에서 굴착공사 시 도시가스배관의 안전조치와 관련된 사항 중 다음 (   )안에 적합한 것은?

> 도시가스사업자는 굴착예정 지역의 매설배관 위치를 굴착공사자에게 알려 주어야 하며, 굴착공사자는 매설배관 위치를 매설배관 (   )의 지면에 (   )페인트로 표시할 것

① 좌측부, 적색   ② 직상부, 황색
③ 우측부, 황색   ④ 직하부, 황색

해설

굴착공사자는 도시가스사업자 입회하에 굴착공사 예상지역을 흰색페인트로 표시하고, 도시가스사업자가 굴착공사로 인하여 위해를 받을 우려가 있다고 알려준 매설배관 위치를 배관 직상부의 지면에 황색페인트로 표시하여야 합니다.

109 다음 중 제1종 운전면허를 받을 수 없는 사람은?

① 두 눈을 동시에 뜨고 잰 시력이 0.8 이상인 사람
② 적색, 황색, 녹색의 색채 식별이 가능한 사람
③ 양쪽 눈의 시력이 각각 0.5 이상인 사람
④ 한쪽 눈을 보지 못하고 색채 식별이 불가능한 사람

해설

• 제1종 운전면허 : 두 눈을 동시에 뜨고 잰 시력이 0.8 이상이고, 두 눈의 시력이 각각 0.5 이상일 것
• 제2종 운전면허 : 두 눈을 동시에 뜨고 잰 시력이 0.5 이상일 것. 다만, 한쪽 눈을 보지 못하는 사람은 다른 쪽 눈의 시력이 0.6 이상이어야 한다.
• 붉은색, 녹색 및 노란색을 구별할 수 있을 것
• 55데시벨(보청기를 사용하는 사람은 40데시벨)의 소리를 들을 수 있을 것

110 다음 중 등록사항의 변경 또는 등록이전신고 대상이 아닌 것은?

① 소유자의 변경
② 소유자의 주소지 변경
③ 건설기계의 소재지 변동
④ 건설기계의 사용본거지 변경

해설

건설기계관리법 시행령 제5조(등록사항 변경), 제6조(등록이전)에 의한 등록사항 신고 대상은 소유자, 소유자 주소 또는 건설기계의 사용 본거지가 시·도 간의 변경이 있는 경우에 한한다.

111 안전 기준을 초과하는 화물의 적재허가를 받은 자는 그 길이 또는 폭의 양 끝에 몇 cm 이상의 빨간 헝겊으로 된 표지를 달아야 하는가?

① 너비 60cm, 길이 90cm
② 너비 15cm, 길이 30cm
③ 너비 30cm, 길이 50cm
④ 너비 20cm, 길이 40cm

해설

너비 30cm, 길이 50cm 빨간 헝겊(밤에는 반사체) 표지를 부착하여야 한다.

112 안전표시 색채 중 대피장소 또는 방향 표시의 색채로 적합한 것은?

① 청색   ② 녹색
③ 노란색   ④ 빨간색

해설

안내표지는 안전에 관한 정보를 제공합니다. 이 표지는 녹색바탕의 정방형 또는 장방형이며, 표현하는 내용은 흰색이고, 녹색은 전체 면적의 50% 이상이 되어야 합니다. 안내표지는 녹십자, 응급구호, 들것, 세안장치, 비상구 등이 있다.

★

113 점검주기에 따른 안전점검의 종류에 해당하지 않는 것은?

① 특별점검　　② 구조점검

③ 수시점검　　④ 정기점검

해설

점검주기는 시기로 구분하는데 시기를 나눌 때 구조는 없다.

★★

114 일반 가연성 물질의 화재로서 물질이 연소 된 후에 재를 남기는 일반적인 화재는?

① A급 화재　　② D급 화재

③ B급 화재　　④ C급 화재

해설

분류	원인물질	분류색	소화방법	비고
일반 화재 A급	연소 후 재가 남는 화재(종이, 목재, 직물 등)	백색	물, 분말 소화기	물로 소화 가능
유류 화재 B급	연소 후 재가 남지 않는 화재(석유, 기름, 페인트 등)	황색	거품 소화기	물효과 없음
전기 화재 C급	전기스파크, 단락, 과부하 등 전기에너지에 의한 화재	청색	이산화탄소, 질식소화	물 사용 감전
금속 화재 D급	철분, 마그네슘 등 금속물질에 의한 화재로 가루의 경우 폭발 동반	무색	마른모래나 특수소화기	물 사용 폭발
가스 화재 E급	가스누설로 연소 및 폭발	무색	밸브차단	

★

115 다음 산업 재해의 통상적인 분류 중 통계적 분류에 대한 설명으로 틀린 것은?

① 중경상 : 부상으로 인하여 30일 이상의 노동 상실을 가져온 상해 정도

② 무상해 사고 : 응급처치 이하의 상처로 작업에 종사하면서 치료를 받는 상해 정도

③ 경상해 : 부상으로 1일 이상 7일 이하의 노동 상실을 가져온 상해 정도

④ 사망 : 업무로 인해서 목숨을 잃게 되는 경우

해설

- 중경상은 부상으로 인하여 8일 이상의 노동 상실을 가져온 상해
- 무상해 사고 : 응급처치 이하의 상처, 사고가 발생하였으나 상해가 없는 사고
- 경상해 : 1일 이상, 7일 이하의 노동 상실
- 사망 : 업무로 인해 목숨을 잃게 되는 경우

★

116 경찰 공무원의 수신호 종류 중 틀린 것은?

① 회전신호　　② 정지신호

③ 진행신호　　④ 추월신호

해설

도로교통법시행규칙 별표7의 경찰공무원 수신호 종류는 회전, 정지, 진행

★

117 교통안전 신호등이 표시하고 있는 신호와 경찰공무원의 수신호가 다른 경우 통행방법으로 옳은 것은?

① 신호기 신호를 우선적으로 따른다.

② 수신호는 보조 신호이므로 따르지 않아도 좋다.

③ 경찰공무원의 수신에 따른다.

④ 자기가 판단하여 위험이 없다고 생각되면 아무 신호에 따라도 좋다.

해설

- 신호보다 경찰공무원의 수신이 우선이다.

경찰공무원 등이 표시하는 수신호의 종류·표시 방법 및 신호의 뜻

정답 113. ② 　 114. ① 　 115. ① 　 116. ④ 　 117. ③

구분	신호의 종류	표시의 방법	신호의 뜻
손으로 할 때	진행	손바닥은 아래로 한 팔을 수평으로 올려서 측면을 지적하며 주목한 다음 팔꿈치를 굽히며 손을 위로 치켜들어 턱 앞 또는 머리 뒤를 가르키는 동작을 반복한다.	지적하며 주목을 받은 측의 보행자, 차마는 가리키는 방향으로 진행할 수 있다는 것
	좌·우 회전	손바닥을 아래로 한팔을 수평으로 올려서 측면(전면 또는 다리와 상체만을 뒤로 돌리면서 후면)을 지적하며 주목한 다음 손과 팔을 수평으로 유지하면서 전면 또는 다리와 상체만을 뒤로 돌리면서 후면(측면 또는 다리와 상체만을 원위치로 돌리면서 측면)을 가리키는 동작을 한다.	지적하며 주목을 받는 측의 차마는 가리키는 방향으로 좌회전 또는 우회전할 수 있다는 것
	정지	팔을 수평선상 45도의 각도로 측면(전면 또는 다리와 상체만을 뒤로 돌리며 후면)으로 펴서 올리고 팔꿈치를 넓은 각도로 약간 굽혀 머리보다 높이 올린 손을 수직으로 하고 손바닥을 외측으로 향하게 하며 주목한다.	손바닥과 대면하여 주목을 받은 측의 보행자는 도로를 횡단하여서는 아니되고 차마는 정지선에 정지하여야 한다는 것
신호봉으로 할 때	진행	신호봉을 수평선상 45가 되도록 잡고 손으로 할 때의 진행신호를 한다.	지적하며 주목을 받은 측의 보행자, 차마는 가리키는 방향으로 진행할 수 있다는 것
	좌·우 회전	신호봉을 수평선상 45가 되도록 잡고 손으로 할 때의 좌·우회전신호를 표시하는 동작을 한다.	지적하며 주목을 받는 측의 차마는 가리키는 방향으로 좌회전 또는 우회전할 수있다는 것

정지	우측 팔꿈치를 옆구리에 가볍게 붙이고 신호봉을 잡은 손목을 상의 둘째단추 높이의 앞으로 올린 후 신호봉을 안면 중앙의 수직선에서 45도 각도(이하 같다)의 좌우로 흔든다. 다리와 상체만을 뒤로 돌리고 신호봉을 잡은 우측 손목을 어깨높이 45도 각도 앞으로 올리고 신호봉을 좌우로 흔든다. 상체만을 측면으로 돌리고 신호봉을 잡은 우측 손목을 어깨높이로 올리고 신호봉을 좌우로 흔든다.	좌우로 흔드는 신호봉 및 안면과 대면하는 보행는 도로를 횡단하여서는 아니 되고 차마는 정지선에 정지하여야 한다는 것

★
118 시 · 도지사가 수시검사를 명령하고자 할 때는 수시검사를 받아야 할 날부터 며칠 이전에 건설기계 소유자에게 명령서를 교부하여야 하는가?

① 10일 ② 1개월
③ 7일   ④ 15일

해설

건설기계관리법 시행규칙 제26조(수시검사)
①시 · 도지사는 법에 따라 수시검사를 명령하려는 때에는 수시검사를 받아야 할 날부터 10일 이전에 건설기계소유자에게 건설기계 수시검사명령서를 교부하여야 한다. 이 경우 검사대행을 하게 한 경우에는 검사대행자에게 그 사실을 통보하여야 한다.

★
119 다음 중 시도지사가 등록을 말소하고자 할 때에는 미리 그 뜻을 건설기계 소유자 및 이해관계자에게 통지하여야 하며 통지 후 얼마가 경과한 후가 아니면 이를 말소할 수 없는가?

① 1년   ② 6개월
③ 3개월 ④ 1개월

해설

말소 사유를 발견하였을 때 소유자 및 이해관계인에게 통지 후 이의가 없을 시 1개월이 경과 후 직권말소, 건설기계의 소유자 또는 점유자에게 통지 후 1월이 경과한 후 통보가 없을 시 해당 시도지사는 7일간의 공고를 한 후 폐기 처리와 함께 직권 말소

★
120 교차로에 이미 진입한 상태에서 황색등화가 점멸하고 있을 때 운전자의 행동으로 가장 적합한 것은?

① 그 자리에 정지하여야 한다.
② 다른 교통에 주의하면서 진행한다.
③ 빨리 좌회전으로 전환하여야 한다.
④ 일시 정지하여 녹색신호를 기다린다.

해설

다른 신호로 변하기 바로 전이므로 주의하면서 진행해야 한다.

★★
121 자동차를 운행할 때 어린이가 타는 이동수단 중 주의하여야 할 것은?

a. 퀵보드	b. 인라인 스케이트
c. 롤러스케이트	d. 스노보드

① a, b
② a, b, c
③ a, c
④ a, b, c, d

해설

스노보드는 눈 덮인 도로에서 주로 이용하는 수단이다.

★
122 다음 중 운전자의 준수사항에 대한 설명 중 틀린 것은?

① 고인 물을 튀게 하여 다른 사람에게 피해를 주어서는 안 된다.

② 과로, 질병, 약물의 중독 상태에서 운전하여서는 안 된다.
③ 보행자가 안전지대에 있는 때에는 서행하여야 한다.
④ 운전석으로부터 떠날 때에는 원동기의 시동을 끄지 말아야 한다.

해설

운전석을 떠날 때에는 시동을 끈다.

★
123 다음 중 진로를 변경하고자 할 때 운전자가 지켜야 할 사항으로 틀린 것은?

① 신호는 행위가 끝날 때까지 계속하여야 한다.
② 방향지시기로 신호를 한다.
③ 손이나 등화로도 신호를 할 수 있다.
④ 제한 속도에 관계없이 최단 시간 내에 진로변경을 하여야 한다.

해설

옆 차로와 대각선으로 안전공간을 확보한 후 서서히 진로 변경한다. 30m 이상의 밖에서 신호를 보내고 진로를 변경한다.

★
124 보호자 없이 아동, 유아가 자동차의 진행전방에서 놀고 있을 때 사고방지상 지켜야 할 안전한 통행방법은?

① 일시 정지한다.
② 안전을 확인하면서 빨리 통과한다.
③ 비상등을 켜고 서행한다.
④ 경음기를 울리면서 서행한다.

해설

항상 통행 시 일시정지가 기본이다.

★
125 다음 중 서행운전에 대한 설명으로 옳은 것은?

① 매시 15km 이내의 속도를 말한다.

② 매시 20km 이내의 속도를 말한다.

③ 정지거리 2m 이내에서 정지할 수 있는 경우를 말한다.

④ 위험을 느끼고 즉시 정지할 수 있는 느린 속도로 운행하는 것을 말한다.

해설

서행 : 운전자가 차를 즉시 정지시킬 수 있는 정도의 느린 속도로 진행하는 것을 말한다.

★
126 차마가 도로 이외의 장소에 출입하기 위하여 보도를 횡단하려고 할 때 가장 적합한 통행방법은?

① 보행자 유무에 구애받지 않는다.

② 보행자가 없으면 서행한다.

③ 보행자가 있어도 차마가 우선 출입한다.

④ 보도 직전에서 일시 정지하여 보행자의 통행을 방해하지 말아야 한다.

해설

차마가 도로 이외의 장소를 출입하기 위하여 보도를 횡단할 때는 반드시 보도직전에서 일시 정지하여 보행자의 통행을 방해하지 말아야 한다.

★
127 다음 중 운전면허 취소처분에 해당되는 것은?

① 중앙선침범

② 신호위반

③ 과속운전일 때

④ 면허 정지기간에 운전한 경우

해설

면허정지기간일 때 운전을 하면 법상으로 위반이기 때문에 면허취소가 가능하다.

★
128 다음 중 교통사고를 야기한 도주차량 신고로 인한 벌점 상계에 대한 특혜 점수는?

① 40점
② 60점

③ 120점
④ 30점

해설

교통사고(인적 피해사고) 야기 도주차량 검거 또는 신고하여 검거케 한 운전자에 대해, 40점의 특혜점수를 부여, 기간에 관계없이 그 운전자가 정지 또는 취소처분을 받게 될 경우 검거 또는 신고별로 각 1회에 한하여 누산점수에서 이를 공제한다.

★
129 긴급 자동차의 우선통행에 관한 설명으로 틀린 것은?

① 우선특례의 적용을 받으려면 사이렌을 울리거나 경광등을 켜야 한다.

② 긴급용무 중일 때에만 우선통행 특례의 적용을 받는다.

③ 긴급 용무임을 표시할 때는 제한속도 준수 및 앞지르기 금지 · 끼어들기 금지 의무 등의 적용은 받지 않는다.

④ 소방자동차, 구급 자동차는 항시 우선권과 특례의 적용을 받는다.

해설

소방자동차, 구급 자동차는 항시 우선권과 특례의 적용이 아니라 긴급용무 중일 때에만 적용받는다.

★
130 교차로 또는 그 부근에서 긴급자동차가 접근하였을 때 피양 방법으로 가장 적절한 것은?

① 교차로를 피하여 도로의 우측 가장자리에 일시 정지한다.

② 그 자리에 즉시 정지한다.

③ 그대로 진행방향으로 진행을 계속한다.

④ 서행하면서 앞지르기하라는 신호를 한다.

정답 | **125.** ④　**126.** ④　**127.** ④　**128.** ①　**129.** ④　**130.** ①

해설

도로의 우측 가장자리에 일시 정지한다.

131 고속도로를 운행 중일 때 안전운전상 준수사항으로 가장 적합한 것은?

① 정기점검을 실시 후 운행하여야 한다.
② 연료량을 점검하여야 한다.
③ 월간 정지점검을 하여야 한다.
④ 모든 승차자는 좌석 안전띠를 매도록 하여야 한다.

해설

고속도로는 모든 승차자는 좌석 안전띠를 맨다.

132 다음 중 도로운행 시의 건설기계의 축 하중 및 총 중량 제한은?

① 윤 하중 5톤 초과, 총 중량 20톤 초과
② 축 하중 10톤 초과, 총 중량 20톤 초과
③ 축 하중 10톤 초과, 총 중량 40톤 초과
④ 윤 하중 10톤 초과, 총 중량 10톤 초과

해설

차량의 운행제한 기준
• 축 하중 10톤, 총 중량 40톤 중 어느 하나를 초과하는 차량
• 폭 2.5미터, 높이 4.0미터(도로의 보전과 통행의 안전에 지장이 없다고 관리청이 인정하여 고시한 도로노선의 경우에는 4.2미터로 한다.)
• 길이 16.7미터를 초과하는 차량
• 도로 구조를 보전하고 통행의 위험을 방지하기 위하여 도로에서의 운행을 제한할 필요가 있다고 인정하는 차량
• 천재지변이나 그 밖의 비상사태 시에 도로 구조를 보전하고 통행의 위험을 방지하기 위하여 도로에서의 운행을 제한할 필요가 있다고 인정하는 차량

133 그림의 교통안전표지로 맞는 것은?

① 우로 이중 굽은 도로
② 좌우로 이중 굽은 도로
③ 좌로 굽은 도로
④ 회전형 교차로

134 그림의 교통안전 표지는?

① 유턴금지 표지   ② 회전 표지
③ 좌회전 표지   ④ 횡단금지 표지

135 다음의 교통안전표지는 무엇을 의미하는가?

① 차 중량 제한 표지
② 차 폭 제한 표지
③ 차 높이 제한 표지
④ 차 적재량 제한 표지

정답 **131.** ④ **132.** ③ **133.** ② **134.** ① **135.** ①

★
136 다음 그림의 교통안전표지에 대한 설명으로 맞는 것은?

① 30톤 자동차 전용도로
② 최고중량 제한표시
③ 최고시속 30km 속도제한 표시
④ 최저속도 30km 속도제한 표시

해설

숫자 아래 밑줄은 최저속도 제한 표시

★
137 특별표지판을 부착하여야 할 건설기계의 범위에 해당하지 않는 것은?

① 높이가 5m인 건설기계
② 총중량이 45톤인 건설기계
③ 최소회전반경이 13m인 건설기계
④ 길이가 16m인 건설기계

해설

부착대상 건설기계(경고 표지판 부착 위치 : 특별도장, 운전석 내부의 보기 쉬운 곳에 경고 표지판 부착)
• 길이가 16.7m 이상인 건설기계
• 너비가 2.5m 이상인 건설기계
• 높이가 3.8m 이상인 건설기계
• 최소 회전반경이 12m 이상인 건설기계
• 총중량이 40톤 이상인 건설기계
• 축중이 10톤 이상인 건설기계

★★
138 교통사고가 발생하였을 때 운전자가 가장 먼저 취해야 할 조치는?

① 모범운전자에게 신고한다.
② 즉시 피해자 가족에게 알린다.
③ 즉시 사상자를 구호하고 경찰공무원에게 신고한다.
④ 즉시 보험회사에 신고한다.

해설

교통사고 시 운전자가 가장 먼저 취해야 할 조치는 사상자 구호 조치이다.

★★
139 주차 및 정차 금지 장소는 건널목의 가장자리로부터 몇 미터 이내인 곳인가?

① 50m   ② 40m
③ 10m   ④ 30m

해설

정차 및 주차의 금지(도로교통법 제32조)
• 교차로 · 횡단보도 · 건널목이나 보도와 차도가 구분된 도로의 보도(「주차장법」에 따라 차도와 보도에 걸쳐서 설치된 노상주차장은 제외한다.)
• 교차로의 가장자리나 도로의 모퉁이로부터 5미터 이내인 곳
• 안전지대가 설치된 도로에서는 그 안전지대의 사방으로부터 각각 10미터 이내인 곳
• 버스여객자동차의 정류지(정류지)임을 표시하는 기둥이나 표지판 또는 선이 설치된 곳으로부터 10미터 이내인 곳. 다만, 버스여객자동차의 운전자가 그 버스여객자동차의 운행시간 중에 운행노선에 따르는 정류장에서 승객을 태우거나 내리기 위하여 차를 정차하거나 주차하는 경우에는 그러하지 아니다.
• 건널목의 가장자리 또는 횡단보도로부터 10미터 이내인 곳
• 지방경찰청장이 도로에서의 위험을 방지하고 교통의 안전과 원활한 소통을 확보하기 위하여 필요하다고 인정하여 지정한 곳

★★★
140 교통사고 시 사상자가 발생하였을 때, 도로교통법상 운전자가 즉시 취하여야 할 조치사항 중 가장 옳은 것은?

① 즉시 정차-위해방지-신고
② 증인확보-정차-사상자 구호
③ 즉시 정차-사상자 구호-신고
④ 즉시 정차-신고-위해방지

해설

즉시 정차 → 사상자 구호 → 신고

★★
141 다음 중 양중기가 아닌 것은?

① 기중기   ② 지게차
③ 리프트   ④ 곤돌라

해설

양중기 : 크레인, 곤돌라, 승강기(최대하중이 0.25톤 이상), 리프트

★
142 다음 중 기중기의 안전 규칙에서 와이어로프 또는 달기 체인의 권상 안전계수는?

① 4   ② 5
③ 8   ④ 10

해설

권상, 지브의 기복용, 횡행용 체인의 안전계수는 5이상으로 하여야 한다.

★
143 작업장에서 화물운반 시 빈차, 짐차, 사람이 있다. 이때 통행의 우선순위는?

① 사람-짐차-빈차
② 빈차-짐차-사람
③ 사람-빈차-짐차
④ 짐차-빈차-사람

해설

작업장에서 통행의 우선순위는 짐차-빈차-사람

★★
144 다음 중 통행의 우선순위가 맞는 것은?

① 긴급자동차→일반 자동차→원동기장치 자전거
② 긴급자동차→원동기장치 자전거 → 승용자동차
③ 건설기계→원동기장치 자전거 → 긴급자동차
④ 승합자동차→원동기장치 자전거 → 긴급자동차

해설

건설기계관리 법규 및 도로교통법 제16조 제1항에 차량별 우선순위에 대해서 규정하고 있는데, 동일방향으로 진행하는 과정에서의 통행순위로 긴급자동차가 가장 우선순위가 있고, 그다음은 긴급자동차를 제외한 자동차이며, 그다음으로는 원동기장치자전거 그리고 자동차나 원동기장치자전거 외의 차마 순으로 우선적으로 통행하도록 하고 있다. 그리고 긴급자동차 외의 승용자동차와 승합자동차, 그리고 화물자동차 특수자동차처럼 자동차 간의 통행의 우선순위는 건설기계관리 법규 및 도로교통법 시행규칙에서 정하는 최고속도의 순서에 따르도록 하고 있는데, 즉 속도가 빠른 차량을 우선 통행하고 있다.

★
145 다음 중 등록사항의 변경 또는 등록 이전 신고 대상이 아닌 것은?

① 소유자의 변경
② 소유자의 주소지 변경
③ 건설기계의 소재지 변동
④ 건설기계의 사용본거지 변경

해설

건설기계의 소유자의 변경, 등록한 주소지 또는 사용본거지가 변경된 경우

정답 140. ③   141. ②   142. ②   143. ④   144. ①   145. ③

146 다음 중 지하 매설물의 종류가 아닌 것은?

① 주상 변압기 　　② 광통신 케이블
③ 전력 케이블 　　④ 가스관

해설

주상 변압기는 지하 매설물이 아니다.

147 다음 중 도로명주소의 표기 방법 중 틀린 것은?

① 행정구역명＋도로명＋건물번호＋상세주소 ＋참고항목 순이다.
② 가지번호가 있는 경우 주된 번호와 가지번호를 포함하여 표기한다.
③ 건물의 동, 층, 호가 별도로 구분되는 경우 '동', '층', '호'로 표시한다.
④ 건물번호의 '–'는 '의'로 읽고 건물번호 뒤에는 '호'를 붙여 읽는다.

해설

건물번호의 '–'는 '의'로 읽고, 건물번호의 뒤에는 '번'을 붙여 읽는다.
예) '401' ⇒ "사백일번", '120–34' ⇒ "백이십의 삼십사번",
　'지하 201' ⇒ "지하 이백일번"

148 도로명주소 부여 시 도로구간 설정에 대한 설명 중 바른 것은?

① 도로구간의 시작지점과 끝점은 동쪽에서 서쪽방향으로 설정한다.
② 도로구간의 시작지점과 끝점은 북쪽에서 남쪽방향으로 설정한다.
③ 도로구간의 시작지점과 끝점은 서쪽에서 동쪽방향으로 설정한다.
④ 도로구간의 시작지점과 끝점은 동쪽에서 남쪽방향으로 설정한다.

해설

도로구간 설정
도로구간의 시작지점과 끝지점은 『서쪽에서 동쪽, 남쪽에서 북쪽 방향』으로 설정·변경한다.

149 도로명주소 부여절차에서 기초번호를 부여하는 데 바른 설명으로 맞는 것은?

① 도로의 시작지점에서 끝지점 방향으로 왼쪽에서 홀수, 오른쪽에서 짝수의 번호 부여
② 도로의 시작지점에서 끝지점 방향으로 왼쪽에서 짝수, 오른쪽에서 홀수의 번호 부여
③ 기초번호는 도로의 시작지점에서 끝지점까지 "좌우 대칭"이 되어서는 안 된다.
④ 기초간격은 도로변에 위치한 건물의 수와 관계없이 30m로 설정한다.

해설

기초간격은 도로변에 위치한 건물 등의 수와 관계없이 "20미터"로 설정하는 것을 원칙으로 한다.

150 도로명에서 기초번호의 정의에 대해 바르게 설명한 것은?

① 도로구간의 시작지점부터 끝지점까지 일정한 간격으로 부여된 번호
② 도로구간의 끝지점부터 시작지점까지 일정한 간격으로 부여된 번호
③ 도로구간의 시작지점부터 중간지점까지 일정한 간격으로 부여된 번호
④ 도로구간의 중간지점부터 끝지점까지 일정한 간격으로 부여된 번호

해설

기초번호 : 도로구간의 시작지점부터 끝지점까지 일정한 간격으로 부여된 번호

정답 146. ① 　 147. ④ 　 148. ③ 　 149. ① 　 150. ①

151 도로명 부여 대상 도로의 위계에 대한 설명 중 옳은 것은?

① 대로(大路)는 도로폭이 40m 이상 또는 왕복 6차로 이상인 도로

② 대로(大路)는 도로폭이 40m 이상 또는 왕복 8차로 이상인 도로

③ 로(路)는 도로폭이 12m 이상 또는 왕복 4차로 이상인 도로

④ 로(路)는 도로폭이 12m 이상 또는 왕복 8차로 이상인 도로

해설

도로명 부여 대상 도로의 위계
- 대로(大路) : 도로의 폭이 40미터 이상 또는 왕복 8차로 이상인 도로
- 로(路) : 도로의 폭이 12미터 이상 40미터 미만 또는 왕복 2차로 이상 8차로 미만인 도로
- 길 : '대로'와 '로' 외의 도로

152 도로명 부여 시 중복 도로명 사용금지의 원칙 중 바르게 설명한 것은?

① 도로명을 부여하는 시내에서는 같은 도로명을 중복하여 부여할 수 있다.

② 도로명을 부여하는 군내에서는 같은 도로명을 중복하여 부여할 수 있다.

③ 도로명을 부여하는 구내에서는 같은 도로명을 중복하여 부여할 수 있다.

④ 도로명을 부여하는 시·군·구내에서는 같은 도로명을 중복하여 부여할 수 있다.

해설

중복 도로명 사용금지의 원칙
- 도로명을 부여하는 시·군·구내에서는 같은 도로명을 중복하여 부여할 수 없다(도로별 구분 기준만 다르고 주된 명사 부분이 같으면 같은 도로명으로 본다).
- 시·군·구가 다른 경우에도 인접하여 연결된 도로가 아니면 해당 도로구간의 반경 5킬로미터 이내에서는 같은 도로명을 부여할 수 없다.

153 도로명 부여의 일반원칙을 설명한 것이다. 이중 틀린 것은?

① 1도로 구간 1도로명 부여 원칙이 기준이다.

② 중복 도로명 사용금지의 원칙이다.

③ 같은 시, 군, 구내에서 폐지된 도로명은 최소 3년간 다시 사용할 수 없다.

④ 고시된 날로부터 3년이 지나지 않은 도로명은 변경할 수 없다.

해설

같은 시, 군, 구 내에서 도로명 변경으로 폐지된 도로명의 재사용은 최소한 5년간 다시 사용할 수 없다.

154 건물 등의 출입구가 둘 이상의 도로에 접해 있으면 다음 구분에 따라 기초번호를 부여하는 데 틀린 것을 고르시오?

① "대로(大路)와 로(路)"의 접한 경우에는 "대로(大路)"

② "로(路)와 길"이 접한 경우에는 "로(路)"

③ "대로(大路)와 대로(大路)", "로(路)와 로(路)", "길과 길"에 각각 접한 경우 사람이 많은 도로

④ "길"과 "길"이 접한 경우 "길"

해설

건물 등의 출입구가 둘 이상의 도로에 접해 있으면 다음의 구분에 따른 도로의기초번호를 건물번호로 부여·변경한다. 다만, 해당 소유자나 점유자가 다르게 원하는 경우에는 그에 따라 부여·변경할 수 있다.
- "대로와 로(路)"에 접한 경우에는 "대로"
- "로(路)와 길"이 접한 경우에는 "로(路)"
- "대로와 대로", "로(路)와 로", "길과 길"에 각각 접한 경우에는 교통량이 많은 도로

155 아래의 그림은 도로명판의 종류 중 하나이다. 이를 바르게 설명한 것은?

① 도로명의 시작지점을 알리는 명판이다.
② 한방향용 도로명판이다.
③ 양방향용 도로 명판이다.
④ 앞쪽 방향용 도로 명판이다.

해설

앞쪽 방향용 명판	양방향용 명판
사임당로 250 92 Saimdang-ro	92 중앙로 96 Jungang-ro

156 아래 그림의 명판에 대해서 바르게 설명한 것은?

① 일반용 건물 번호판이다.
② 문화재 관광용 건물번호판이다.
③ 관공서용 건물번호판이다.
④ 학교용 건물표지판이다.

해설

구분 기준별 건물번호판의 종류는 다음과 같다.

일반용 건물표지판		문화재, 관광용	관공서용
중앙로 35 Jungyeng-ro	평촌길 60 Pyeongchan-gil	24 보성길 Boseong-gil	6 문연로 Munyeon-Ro

157 도로명 안내 표지 종류 중 노선표지에 해당하지 않는 것은?

① 노선유도 표지
② 노선방향 표지
③ 노선확인 표지
④ 차로 지정 표지

해설

도로명 안내 표지 종류에는 방향 표지, 이정 표지, 경계 표지, 노선 표지, 기타 표지가 있고 차로 지정 표지에는 도로명 표지, 도로명 예고 표지, 차로 지정 표지가 있다.

158 도로명 예고표지 설치 방법이다. 맞지 않은 것은?

① 3방향 도로명 예고 표지(편지식) – 도로의 교차지점으로부터 전방 100~300m 지점의 오른길옆에 편지식으로 설치 한다.
② 3방향 도로명 예고 표지(일면식) – 도로의 교차지점으로부터 전방 100~300m 지점의 오른쪽 길옆에 일면식으로 설치한다.
③ 2방향 도로명 예고 표지(일면식) – 도로의 교차지점으로부터 전방 100~300m 지점의 오른쪽 길옆에 일면식으로 설치한다.
④ 다방향 도로명 표지(회전교차로) – 다지형 교차로 시점으로부터 전방 100~300m 지점의 오른쪽 길옆에 일면식으로 설치한다.

해설

여러 방향 도로명 표지 설치 방법에는 회전 교차로와 다지형 교차로가 있으며 회전 교차로 설치 방법은 다지형 교차로 시점으로부터 전방 100~300m 지점의 오른쪽 길 옆에 현수식으로 설치한다.

정답 155. ④　156. ②　157. ④　158. ④

★★★
159 도로명 주소 표기 방법으로 맞지 않은 것은?

① 도로명은 모두 붙여 쓴다.

② 도로명과 건물 번호는 띄어 쓴다.

③ 건물번호와 상세 주소(동. 층. 호) 사이에는 쉼표(", ")를 찍는다.

④ 도로명은 한글과 숫자는 띄어 쓴다.

해설

도로명의 한글과 숫자는 붙여 쓴다. 국회대로62번길, 용호로21번길

★★★
160 도로명 주소 부여 방법 중 도로 구간 및 기초 번호 간격의 설정 방법이다. 맞지 않은 것은?

① 도로 구간은 직진성과 연속성을 고려하여 "서쪽에서 동쪽"으로 "남쪽에서 북쪽"으로 설정 한다.

② 기초번호는 "왼쪽은 홀수, 오른쪽은 짝수"로 부여한다.

③ 간격은 도로의 시작점에서 20m 간격으로 설정한다.

④ 기초 번호 부여 방법 중 간격이 길인 경우 15m 이하로 설정할 수 있다.

해설

길인 경우는 10m 이하로 한다.

★★
161 도로명 부여를 위한 대로 표지의 규정이다. 맞는 것은?

① 도로폭이 40M 이상 또는 왕복 8차로 이상인 도로

② 도로폭이 40M 이하 또는 왕복 8차로 이상인 도로

③ 도로폭이 12M 이상 40M 이하 또는 왕복 2차로 이상 8차로 미만인 도로

④ 도로폭이 30M 이상 또는 왕복 6차로 이상인 도로

해설

대로 표지는 폭이 40미터 이상 또는 8차로 이상의 도로의 경우 폭이 12미터 이상부터 40미터 미만 또는 2차로부터 7차로 이하의 도로를 말한다

★★
162 도로명 주소를 활용한 건물 찾기 방법으로 "경기도 의정부시 의정로46번길 25"란 주소로 건물을 찾고자 한다. 틀린 것은?

① 의정로의 위치를 확인("로" : 8차 도로)한다.

② 의정로에서 오른쪽으로 분기되는 도로 위치를 시작점에서 460미터 지점에 위치한다.

③ 의정로46번길 시작지점부터 250미터 지점의 건물을 확인한다.

④ 의정로46번길 끝지점부터 왼쪽(홀수)으로 250미터 지점의 건물을 확인한다.

해설

• 의정로의 위치를 확인("로" : 2~7차로 도로)한다.

• 의정로에서 오른쪽(짝수)으로 분기되는 도로로 위치는 시작 지점에서 460미터지점에 위치한다.

• 46번길은 시작지점에서 오른쪽(짝수)으로 460미터(46(기초 번호)×10m)지점에서 분기

• 의정로46번길 시작지점부터 왼쪽(홀수)으로 250미터지점의 건물을 확인한다.

• 25(건물번호)×10m=250m

★★★
163 주소의 법률적 의미로 맞지 않은 것은?

① 주소란 생활의 근거가 되는 곳

② 법인의 경우 주사무소 또는 본점의 소재지

③ 주소는 동시에 2곳 이상을 둘 수 없다.

④ 주소를 알 수 없을 경우 거소를 주소로 본다.

> **해설**
> • 주소란 생활의 근거가 되는 곳 – 법인의 경우 주사무소 또는 본점의 소재지
> • 주소는 동시에 2곳 이상을 둘 수 있다. – 주소를 알 수 없는 경우 거소를 주소로 본다.
> • 국내에 주소가 없는 자는 국내에 있는 거소를 주소로 본다.
> • 어느 행위에 있어서 가주소를 정한 때에는 그 행위에 관하여 가주소를 주소로 본다.

★
164 공공분야에서 주소활용으로 적절치 않은 것은?

① 범죄 및 세금 포탈자 등을 종합적으로 관리하는 데 사용한다.
② 소방 치안, 구조 등 응급 서비스와 우정사업에 사용한다.
③ 재난 치안, 도시계획 등에 관한 정책 개발에 사용한다.
④ 4대 보험 등의 회원 관리, 내부 직원 인사 및 비상 연락망 등에 주소를 사용한다.

> **해설**
> • 주민등록 등 · 초본, 건축물대장, 가족 관계 등록부 등 각종 공부 관리 발급, 선거인 명부 작성
> • 소방, 치안, 구조 등 응급 서비스와 우정사업 등 – 재난, 치안, 도시계획 등에 관한 정책 개발
> • 4대 보험 등의 회원 관리, 내부 직원 인사 및 비상 연락망 등에 주소를 사용한다.

★
165 우리나라 구 주소 체계인 지번 주소의 문제점으로 틀린 것은?

① 본번의 체계성이 잘 정리되어 있다.
② 하나의 지번에 여러 개의 건물이 있다.
③ 하나의 건물이 법정동을 관리하는 경우
④ 하나의 법정동이 여러 개의 행정동을 포함한 경우

> **해설**
> • 본번의 체계성이 훼손된 경우 – 하나의 지번에 여러 개의 건물이 있는 경우
> • 하나의 건물이 법정동을 달리하는 경우 –하나의 법정동이 여러 개의 행정동을 포함한 경우

★
166 도로명 주소의 필요성으로 틀린 것은?

① 물류기반 주소 정보 인프라 구축 필요
② 활발한 전자상거래 확대에 의한 주소의 정보화 필요
③ 국제적으로 보편화 주소 제도 사용 필요
④ 군사적 측면에서 활용 가치

> **해설**
> • 물류 기반 주소 정보 인프라(Infra) – 전자상거래의 확대에 따른 주소 정보화
> • 국제적으로 보편화된 주소 제도 사용 – 행정적 측면 : 소방, 방범, 재난 등 국민의 생명과 재산 관련업무에 이용할 최적의 위치 찾기 시스템 구축이 시급하다.

5. 안전관리

01 조정렌치 사용상 안전 및 주의사항으로 맞는 것은?

① 렌치를 사용할 때는 반드시 연결 대를 사용한다.

② 렌치를 사용할 때는 밀면서 사용한다.

③ 렌치를 잡아당기며 작업한다.

④ 렌치를 사용할 때는 규정보다 큰 공구를 사용한다.

해설

렌치를 잡아당기며 작업한다.

02 다음 중 탁상용 연삭기 사용 시 안전 수칙으로 바르지 못한 것은?

① 받침대는 숫돌차의 중심보다 낮게 하지 않는다.

② 숫돌차의 주면과 받침대는 일정 간격으로 유지해야 한다.

③ 숫돌차를 나무 해머로 가볍게 두드려 보아 맑은 음이 나는가 확인한다.

④ 숫돌차의 측면에 서서 연삭해야 하며 반드시 차광안경을 착용한다.

해설

숫돌차의 측면이 아닌 정면에 서서 연삭한다.

03 다음 중 연삭기 받침대와 숫돌과의 틈새는?

① 3mm ② 5mm

③ 7mm ④ 10mm

해설

받침대와 숫돌 사이의 간격은 3mm 이내로 유지한다.

04 다음 중 연삭기의 안전한 사용방법이 아닌 것은?

① 숫돌 측면 사용 제한

② 보안경과 방진마스크 착용

③ 숫돌 덮개 설치 후 작업

④ 숫돌 받침대 간격 가능한 넓게 유지

해설

숫돌과 작업받침대(work rest)는 3mm 이하로 간격을 조정한다.

05 다음 중 드라이버 사용 시 바르지 못한 것은?

① 드라이버 날 끝이 나사 홈의 너비와 길이에 맞는 것을 사용한다.

② (−) 드라이버 날 끝은 평범한 것이어야 한다.

③ 이가 빠지거나 둥글게 된 것은 사용하지 않는다.

④ 필요에 따라서 정으로 대신 사용한다.

해설

정으로 사용해서는 안 된다.

06 다음 중 굴착 작업 시 안전사항으로 틀린 것은?

① 굴착 면 및 굴착 심도 기준을 준수하여 작업 중에 붕괴를 예방해야 한다.

② 굴착 토사나 자재 등을 경사면 및 토사 벽 전단부 주변에 견고하게 쌓아두어 작업해야 한다.

③ 굴착 면 및 흙막이 상태를 주의하여 작업을 진행해야 한다.

정답 1. ③ 2. ④ 3. ① 4. ④ 5. ④ 6. ②

④ 지반의 종류에 따라 정해진 굴착 면의 높이와 기울기로 진행해야 한다.

> **해설**
>
> 굴착 토사나 자재 등을 경사면 및 전단부 주변에 쌓아 두면 매몰될 우려가 있다.

★★
07 굴착을 깊게 해야 하는 작업 시 안전준수 사항으로 가장 거리가 먼 것은?

① 산소결핍의 위험이 있는 경우 안전 담당자에게 산소농도 측정 및 기록을 하게 한다.
② 작업은 가능한 숙련자가 하고 작업안전 책임자가 있어야 한다.
③ 여러 단계로 나누지 않고 한 번에 깊게 굴착한다.
④ 작업장소의 조명 및 위험요소의 유무 등에 대하여 점검해야 한다.

> **해설**
>
> 깊은 굴착은 여러 단계로 나누어 굴착한다.

★
08 굴착작업 중 줄파기 작업에서 줄파기 1일 시공량 결정은 어떻게 하도록 되어 있는가?

① 시공속도가 가장 느린 천공작업에 맞추어 결정한다.
② 공사시방서에 명기된 일정에 맞추어 결정한다.
③ 시공속도가 가장 빠른 천공작업에 맞추어 결정한다.
④ 공사관리 감독기관에 보고한 날짜에 맞추어 결정한다.

> **해설**
>
> 시공속도가 가장 느린 천공작업에 맞추어 결정한다.

★★
09 전선로가 매설된 도로에서 굴착작업 시 설명으로 가장 적합한 것은?

① 지하에는 저압케이블만 매설되어 있다.
② 굴착작업 중 케이블 표지시트가 노출되면 제거하고 계속 작업한다.
③ 전선로 매설 지역에서 기계굴착 작업 중 모래가 발견되면 인력으로 작업을 한다.
④ 접지선이 노출되면 철거 후 계속 작업한다. 전선로 매설 지역에서 기계굴착 중 모래가 발견되면 인력으로 작업을 한다.

> **해설**
>
> 전선로를 매설할 때 일정 깊이의 모래를 먼저 덮고 매설한다. 그러므로 기계굴착을 하다가 모래가 발견되면 전선로가 가까이 있다는 신호이다. 기계로 굴착하면 전선로를 건드릴 수 있어서 기계굴착 시 안전을 위해 모래가 발견되면 인력으로 작업해야 한다.

★★
10 가공전선로 주변에서 굴삭작업 중 [보기]와 같은 상황 발생 시 조치사항으로 가장 적절한 것은?

> 굴삭작업 중 작업장 상부를 지나는 전선이 버킷 실린더에 의해 단선되었으나 인명과 장비의 피해는 없었다.

① 발생 즉시 인근 한국전력 사업소에 연락하여 복구하도록 한다.
② 전주나 전주 위의 변압기에 이상이 없으면 무관하다.
③ 발생 후 1일 이내에 감독관에게 알린다.
④ 가정용이므로 작업을 마친 다음 현장 전기공에 의해 복구시킨다.

> **해설**
>
> 발생 즉시 인근 한국전력 사업소에 연락하여 복구하도록 한다.

11 작업현장에서 전기 기구를 취급할 때 틀린 사항은?

① 동력기구 사용 시 정전되었다면 전원 스위치를 끈다.

② 퓨즈가 끊어졌다고 함부로 손을 대서는 안 된다.

③ 보호덮개를 씌우지 않은 백열전등 작업등을 사용한다.

④ 안전점검 사항을 확인하고 스위치를 넣는다.

해설

백열전등은 열이 발생하므로 접촉 시 화상 위험 및 화재가 발생할 수 있으므로 반드시 보호덮개를 씌워야 한다(에너지 효율이 낮아 에너지 절약차원에서 백열전등을 사용할 수 없도록 법으로 강제하려 한다).

12 작업장에서 직접 사람이 접촉하여 말려들거나 다칠 위험이 있는 장소를 덮어씌우는 방호장치는?

① 격리형 방호장치

② 위치제한형 방호장치

③ 포집형 방호장치

④ 접근 거부형 방호장치

해설

격리형 방호장치 : 작업자가 작업점에 접촉되어 재해를 당하지 않도록 기계설비 외부에 차단벽이나 방호막을 설치하는 것으로 작업장에서 가장 많이 사용하는 방식이다.

13 다음 중 전등의 스위치가 옥내에 있으면 안 되는 것은?

① 절삭유 저장소 ② 카바이드 저장소

③ 공구 창고 ④ 건설기계 차고

해설

카바이드 저장소 : 인화성이 강한 아세틸렌(C2H2) 가스가 발생하여 농도가 폭발 하한 농도 이상이 될 때 주변에 불씨가 있으면 폭발한다. 그러므로 스위칭 작용 시 불씨가 발생하는 전등 스위치가 옥내에 있으면 안 된다.

14 다음 중 벨트 취급에 대한 안전 사항 중 틀린 것은?

① 벨트에 기름이 묻지 않도록 한나.

② 벨트의 회전을 정지시킬 때 손으로 잡아 정지시킨다.

③ 벨트의 적당한 유격을 유지하도록 한다.

④ 벨트 교환 시 회전을 완전히 멈춘 상태에서 한다.

해설

회전하는 벨트 풀리나 기어에 손, 옷자락, 긴 머리 등이 감겨 들어간다. 그리고 카바이드가 공기 중의 수분과 반응하여 아세틸렌을 만드는데 이것이 식물의 과일을 숙성시키는 호르몬 역할도 한다.

15 다음 중 스패너 사용 시 주의사항으로 틀린 것은?

① 스패너가 빠져도 몸의 균형을 일치 않도록 한다.

② 스패너가 볼트나 너트의 치수에 맞는 것을 사용한다.

③ 스패너에 연장대를 끼워서 사용해서는 안 된다

④ 스패너를 깊이 물리고 몸 밖으로 밀면서 풀거나 조인다.

해설

스패너 작업의 안전
• 자세는 양발을 적당하게 벌리고서 몸의 균형을 잡은 다음 작업을 하여야 한다. 높은 곳이나 균형을 잡기 힘든 장소에서는 각별히 주의하여야 한다.
• 스패너는 너트에 알맞은 것을 사용하며, 너트에 스패너를 깊이 물려서 약간씩 앞으로 당기는 식으로 풀고 조이도록 한다.
• 스패너는 가급적 손잡이가 긴 것을 사용하는 것이 좋으며 스패너의 자루에 파이프 등을 연결하거나 발로 하지 않도록 한다.
• 스패너를 해머로 때리거나 사용용도 이외에 사용하지 않는다.

★
16 다음 중 배력 공구 사용 시 주의사항으로 적합하지 않은 것은?

① 규정 공기압력을 유지한다.
② 압축공기 중의 수분을 제거하여 준다.
③ 특히 에어 그라인더는 회전수에 유의한다.
④ 보호구는 사용 안 해도 무방하다.

해설

보호구는 반드시 착용해야 한다.

★
17 해머 작업 시 주의사항으로 틀린 것은?

① 기름 묻은 손으로 작업하지 않는다.
② 자루가 견고히 연결된 것을 확인한다.
③ 담금질한 것은 함부로 두들기지 않는다.
④ 목표를 정하여 한 번에 가격하여 작업을 끝내야 한다.

해설

한 번에 가격하여 작업을 끝낼 경우 정확도가 떨어지고 세밀하게 작업을 할 수 없기 때문에 한 번에 가격하여 작업을 끝내면 안 된다.

★
18 유지보수 작업의 안전에 대한 설명으로 틀린 것은?

① 작업 조건에 맞는 기계가 되어야 한다.
② 기계는 분해하기 쉬워야 한다.
③ 보전용 통로는 없어도 가능하다.
④ 기계의 부품은 교환이 용이해야 한다.

해설

고장난 기계로 접근할 수 있는 통로가 있어야 유지보수를 할 수 있다.

★
19 지중전선로 지역에서 지하 장애물 조사 시 가장 적합한 방법은?

① 굴착개소를 종횡으로 조심스럽게 인력 굴착한다.
② 일정 깊이로 보링을 한 후 코어를 분석하여 조사한다.
③ 작업속도 효율이 높은 굴삭기로 굴착한다.
④ 장애물 노출 시 굴삭기 브레이커 장비로 찍어본다.

해설

인력이 아닌 굴삭기로 하면 위험하다.

★
20 공기구 사용에 대한 설명으로 틀린 것은?

① 마이크로미터를 보관할 때는 직사광선에 노출시키지 않는다.
② 토크 렌치는 볼트와 너트를 푸는데 사용한다.
③ 공구를 사용 후 공구상자에 넣어 보관한다.
④ 볼트와 너트는 가능한 소켓 렌치로 작업한다.

해설

마이크로미터의 재질은 합금이므로 보관할 때는 직사광선에 노출과 상관없다.

★★
21 기계의 회전부분(기어, 벨트, 체인)에 덮개를 설치하는 이유는?

① 회전부분과 신체의 접촉을 방지하기 위하여
② 좋은 품질의 제품을 얻기 위하여
③ 제품의 제작과정을 숨기기 위하여
④ 회전부분의 속도를 높이기 위하여

해설

회전부분과 신체의 접촉을 방지하기 위함이다.

★
22 볼트 너트를 가장 안전하게 조이거나 풀 수 있는 공구는?

① 스패너　　　　　② 파이프렌치
③ 6각 소켓렌치　　④ 조정렌치

해설

이 중에서는 6각 소켓렌치가 가장 안전하다.

★
23 다음 전력케이블 매설지역의 도로굴착 방법으로 가장 적합한 것은?

① 작업자 주관 하에 굴착을 한다.
② 통신회사 직원 입회하에 굴착한다.
③ 경찰관 입회하에 굴착을 한다.
④ 해당시설 관리자 입회하에 굴착을 한다.

해설

해당시설 관리자 입회하에 굴착을 한다.

★★
24 다음 중 산소결핍의 우려가 있는 장소에서 착용하는 마스크는?

① 송기 마스크　　② 가스 마스크
③ 방독 마스크　　④ 방진 마스크

해설

• 공기정화식은 가격이 저렴하며 사용이 간편하여 널리 사용되지만, 산소농도가 18% 미만인 장소나 유해비(공기 중 오염물질의 농도/노출기준)가 높은 경우에는 사용할 수 없으며, 또한 단기간(30분) 노출되었을 시 사망 또는 회복 불가능한 상태를 초래할 수 있는 농도 이상에서는 사용할 수 없다(방독 마스크, 방진마스크).
• 공기공급식은 외부로부터 신선한 공기를 공급받은 경우이므로 가격이 비싸지만, 산소농도가 18% 미만인 장소나 유해비가 높은 경우에 사용이 권장된다(송기 마스크, 산소호흡기).

★★★
25 작업안전 상 보호안경을 사용하지 않아도 되는 작업은?

① 장비운전 작업
② 연마작업
③ 용접 작업
④ 먼지세척 작업

해설

장비운전 작업은 보호안경을 착용하지 않아도 된다.

★★★
26 정비작업 시 안전에 가장 위배되는 것은?

① 가연선 물질을 취급 시 소화기를 준비한다.
② 연료를 비운 상태에서 연료통을 용접한다.
③ 깨끗하고 먼지가 없는 작업환경을 조성한다.
④ 회전 부분에 옷이나 손이 닿지 않도록 한다.

해설

인화성 물질을 완전히 제거하고 불활성 가스(이산화탄소, 질소 등)를 주입 후 용접한다.

★★★
27 해머작업에 대한 주의사항으로 틀린 것은?

① 타격범위에 장해물이 없도록 한다.

② 작업자가 서로 마주 보고 두드린다.

③ 작게 시작하여 차차 큰 행정으로 작업하는 것이 좋다.

④ 녹슨 재료 사용 시 보안경을 사용한다.

해설

마주 보고 두드리면 위험하다.

★★★
28 다음 중 소화 작업 시 적합하지 않은 것은?

① 화재가 일어나면 화재 경보를 한다.

② 카바이드 및 유류에는 물을 뿌린다.

③ 가스 밸브를 잠그고 전기 스위치를 끈다.

④ 배선의 부근에 물을 뿌릴 때에는 전기가 통하는지 여부를 확인 후에 한다.

해설

배선의 부근에 물을 뿌리면 감전의 위험이 있으므로 안 된다.

★★★
29 다음 중 전기설비에 화재가 발생했을 때 사용해서는 안 되는 소화기는?

① 이산화탄소 소화기

② 분말 소화기

③ 할론 소화기

④ 포말 소화기

해설

포말 소화기는 황산알루미늄과 탄소수소나트륨을 물에 용해하여 사용하는 데, 사용 시에 흔들어 사용한다. 그때 화학반응을 일으켜 탄산가스가 발생하여 거품으로 소화하는데 목재·섬유 등 일반화재에도 사용되지만, 특히 가솔린과 같은 타기 쉬운 유류(油類)나 화학약품의 화재에 적당하며, 전기화재는 거품 속의 물에 전기가 통하여 감전의 위험이 있어서 부적합하다.

★★★
30 화재의 분류기준으로 틀린 것은?

① B급 화재 : 액상 또는 기체상의 연료성 화재

② D급 화재 : 금속화재

③ A급 화재 : 고체 연료성 화재

④ C급 화재 : 가스화재

해설

C급 : 전기화재, E급 : 가스화재

★★
31 화재에 대한 설명으로 틀린 것은?

① 전기 에너지가 발화원이 되는 화재를 C급 화재라 한다.

② 화재는 어떤 물질이 산소와 결합하여 연소하면서 열을 방출시키는 산화반응을 말한다.

③ 가연성 가스에 의한 화재를 D급 화재라 한다.

④ 화재가 발생하기 위해서는 가연성 물질, 산소, 발화원이 반드시 필요하다.

해설

D급 화재는 금속화재이다.

★
32 이미 소화하기 힘들 정도로 화재가 진행된 화재 현장에서 제일 먼저 하여야 할 조치로 가장 올바른 것은?

① 소화기 사용

② 화재 신고

③ 인명 구조

④ 분말 소화기 사용

해설

생명을 가장 우선시해야 한다.

★
33 작업장에서 휘발유 화재가 일어났을 경우 가장 적합한 소화 방법은?

① 물 호스의 사용
② 불의 확대를 막는 덮개의 사용
③ 소다, 가성소다의 사용
④ 탄산가스 소화기의 사용

해설

휘발유 화재 시 탄산가스 소화기를 사용한다.

★
34 화재 발생 시 소화기를 사용하여 소화 작업을 하고자 할 때 올바른 방법은?

① 바람을 안고 우측에서 좌측을 향해 실시한다.
② 바람을 등지고 좌측에서 우측을 향해 실시한다.
③ 바람을 안고 아래쪽에서 위쪽을 향해 실시한다.
④ 바람을 등지고 위쪽에서 아래쪽을 향해 실시 한다.

해설

바람을 등지고 위쪽에서 아래쪽을 향해 실시한다.

★★
35 다음은 화재 발생상태의 소화방법이다. 잘못된 것은?

① B급 화재 : 포말, 이산화탄소, 분말 소화기를 사용하여 소화
② A급 화재 : 초기에는 포말, 강화액, 분말 소화기를 사용하여 진화, 불길이 확산되면 물을 사용하여 소화
③ C급 화재 : 이산화탄소, 하론 가스, 분말 소화기 등을 사용하여 소화
④ D급 화재 : 물을 사용하여 소화

해설

D급 화재(금속화재) : 물을 사용하면 폭발한다.

★
36 다음 중 유류 화재 시 소화기 외 소화재료로 가장 적당한 것은?

① 모래   ② 시멘트
③ 진흙   ④ 물

해설

유류 화재 시 최대한 외부 공기와의 차단이 중요하다.

★
37 다음 중 소화 설비를 설명한 내용으로 맞지 않는 것은?

① 포말 소화 설비는 저온 압축한 질소가스를 방사시켜 화재를 진화한다.
② 분말 소화 설비는 미세한 분말소화재를 화염에 방사시켜 화재를 진화시킨다.
③ 물 분무 소화 설비는 연소물의 온도를 인화점 이하로 냉각시키는 효과가 있다.
④ 이산화탄소 소화 설비는 질식작용에 의해 화염을 진화시킨다.

해설

본체를 거꾸로 뒤집은 다음에 흔들어서 황산알루미늄 용액과 이산화탄소가 함께 혼합되어 거품 형태로 분사시켜 질식작용으로 화재를 진압한다. 주로 일반화재(A급), 유류화재(B급) 진화용으로 사용된다. 소화 성능은 매우 뛰어나지만, 사용방법이 번거롭고 약재에 의한 부식 가능성이 높다는 단점이 있어서 현재는 생산되지 않는다.

★★
38 화재의 분류에서 유류 화재에 해당되는 것은?

① C급 화재   ② D급 화재
③ A급 화재   ④ B급 화재

해설

유류 화재 : B급

분류	원인물질
일반화재A급	연소 후 재가 남는 화재(종이, 목재, 직물 등)

유류화재B급	연소 후 재가 남지 않는 화재(석유, 기름, 페인트 등)
전기화재C급	전기스파크, 단락, 과부하 등 전기 에너지에 의한 화재
금속화재D급	철분, 마그네슘 등 금속물질에 의한 화재로 가루의 경우 폭발 동반
가스화재E급	가스누설로 연소 및 폭발

해설

스핀들에 주유나 그리스를 발라서는 안 된다.
다이얼 게이지 사용 시 유의사항
- 게이지를 작업장 바닥에 떨어뜨리지 않도록 주의하여야 한다.
- 게이지가 마그네틱 스탠드(베이스)에 잘 고정되어 있는지를 조사하여야 한다.
- 게이지를 사용하기 전에 지시 안정도를 검사 확인하여야 한다.
- 반드시 정해진 지지대에 설치하고 사용한다.
- 분해 소제나 조정을 해서는 안 된다.
- 스핀들에는 주유하거나 그리스를 발라서는 안 된다.
- 스핀들에 충격을 가해서는 안 된다.

★
39 지하매설 배관탐지장치 등으로 확인된 지점 중 확인이 곤란한 분기점, 곡선부, 장애물 우회지점의 안전 굴착방법으로 가장 적합한 것은?

① 절대 불가 작업 구간으로 제한되어 굴착할 수 없다.
② 유도관(가이드 파이프)을 설치하여 굴착한다.
③ 시험굴착을 실시하여야 한다.
④ 가스배관 좌–우측 굴착을 실시한다.

해설

지하매설이 확인된 경우 유도관을 설치하여 굴착한다.

★
41 다음 중 기업체에서 안전을 지킴으로서 얻을 수 있는 장점이 아닌 것은?

① 직장 상·하 동료 간 인간관계 개선 효과도 기대된다.
② 직장의 신뢰도를 높여준다.
③ 사내 안전수칙이 준수되어 질서유지가 실현된다.
④ 기업의 투자 경비가 늘어난다.

해설

기업의 투자 경비가 늘어나는 것은 단점이다.

★
40 다이얼 게이지 사용 시 유의사항에 대한 설명으로 틀린 것은?

① 게이지에 어떤 충격이라도 가해서는 안 된다.
② 스핀들에 주유하거나 그리스를 발라서 보관하는 것이 좋다.
③ 게이지를 설치할 때에는 지지대의 팔을 가능한 한 짧고 확실하게 고정시킨다.
④ 분해 청소나 조정을 함부로 하지 않는다.

★
42 다음 중 안전교육의 목적으로 맞지 않는 것은?

① 소비절약 능력을 배양한다.
② 위험에 대처하는 능력을 기른다.
③ 작업에 대한 주의심을 파악할 수 있게 한다.
④ 능률적인 표준작업을 숙달시킨다.

해설

안전교육의 목적

- 재해로부터 미연에 방지 및 보호
- 직간접 경제적 손실 방지
- 지식, 기능, 태도 향상하여 생산방법 개선
- 생산성 및 품질 향상

★
43 이동식 크레인 작업 시 일반적인 안전 대책으로 틀린 것은?

① 지반이 연약한 때에는 침하방지 대책을 세운 후 작업을 하여야 한다.
② 크레인의 정격 하중을 표시하여 하중이 초과하지 않도록 하여야 한다.
③ 붐의 이동범위 내에서는 전선 등의 장애물이 있어도 된다.
④ 인양물은 경사지 등 작업바닥의 조건이 불량한 곳에 내려놓아서는 안 된다.

해설

붐의 이동범위 내에서는 전선 등의 장애물이 없어야 된다.

★
44 다음 중 장갑을 끼고 작업을 할 때 위험한 작업은?

① 타이어 교환작업
② 건설기계 운전작업
③ 오일 교환작업
④ 해머작업

해설

해머작업은 미끄러지면 위험하므로 장갑을 끼고 작업하면 위험하다.

★★
45 V벨트나 평벨트 또는 기어가 회전하면서 접선 방향으로 물리는 장소에 설치되는 방호장치는?

① 격리형 방호장치
② 위치제한 방호장치
③ 덮개형 방호장치
④ 접근 반응형 방호장치

해설

- **격리형 방호 장치** : 작업자가 위험한 작업점에 접근하여 일어날 수 있는 재해를 방지하기 위해 작업점 주위에 차단벽이나 망을 설치하는 것으로, 사업장에서 가장 많이 볼 수 있는 방호형태이다.
- **덮개형 방호 장치** : V벨트나 평벨트 또는 기어가 회전하면서 접선 방향으로 물려 들어가는 장소에 많이 설치하며, 동력 전달 장치뿐만 아니라 모든 기계 기구의 동작 부분이나 위험점에까지 확대될 수 있어서 앞으로 더 많은 보급이 기대된다.

★★
46 다음 중 작업장에서 V벨트나 평면벨트 등에 직접 사람이 접촉하여 말려들거나 마찰위험이 있는 작업장에서의 방호장치로 맞는 것은?

① 완전차단형 방호장치
② 덮개형 방호장치
③ 위치 제한형 방호장치
④ 접근 반응형 방호장치

해설

덮개형 : 작업자가 말려들거나 끼일 위험이 있는 곳을 덮어씌우는 것

47 가스용접의 안전작업으로 적합하지 않은 것은?

① 산소누설 시험은 비눗물을 사용한다.

② 토치 끝으로 용접물의 위치를 바꾸거나 재를 제거하면 안 된다.

③ 토치에 점화할 때 성냥불과 담뱃불로 사용하여도 된다.

④ 산소 봄베와 아세틸렌 봄베 가까이에서 불꽃 조정을 피한다.

> **해설**
>
> 가스용접 및 절단을 위하여 토치에 점화할 때 성냥불과 담뱃불로 점화하면 상당히 위험하므로 반드시 점화 공구를 이용한다. 요즘은 안전 및 편의를 위하여 자동점화 장치도 있다.

48 아래 보기에서 가스 용접기에 사용되는 용기의 도색으로 옳게 연결된 것을 모두 고른 것은?(단 공업용) ③

㉠ 산소-녹색	㉡ 수소-흰색
㉢ 아세틸렌-황색	

① ㉠, ㉡   ② ㉡, ㉢

③ ㉠, ㉢   ④ ㉠, ㉡, ㉢

> **해설**
>
> 산소-녹색, 수소-주황색, 아세틸렌-황색

49 가스용접 작업 시에 주의해야 할 사항 중 틀린 것은?

① 봄베는 던지거나 넘어뜨리지 않는다.

② 점화는 성냥불로 지접하지 않는다.

③ 토치는 반드시 작업대 위에 놓고 기름이나 그리스가 묻지 않도록 한다.

④ 산소 용기의 보관 온도는 70℃ 이하로 유지해야 한다.

> **해설**
>
> 산소 용기의 보관 온도는 40℃ 이하로 유지해야 한다.

50 다음 중 용접할 때의 주의사항으로 틀린 것은?

① 피부 노출을 없이 한다.

② 가열된 용접봉 홀더는 물에 넣어 냉각시킨다.

③ 슬래그를 제거할 때는 보안경을 착용한다.

④ 우천 시 옥외 작업은 금한다.

> **해설**
>
> 전기용접할 때 주의사항은 가열된 용접봉 홀더를 냉각시킬 필요가 없다.

51 가스 용접기에서 아세틸렌 용접장치의 방호장치는?

① 덮개   ② 제동장치

③ 자동전격방지기   ④ 안전기

> **해설**
>
> 가스 용접기 방호장치는 안전기를 사용한다.

52 아크 용접에서 눈을 보호하기 위한 보안경 선택으로 맞는 것은?

① 도수 안경

② 방진 안경

③ 차광용 안경

④ 실험실용 안경

> **해설**
>
> 차광용 보안경은 아크빛을 차광시켜 눈을 보호해 준다.

정답 ᅴ 47. ③   48. ③   49. ④   50. ②   51. ④   52. ③

★
53 다음 중 가스 용접 작업 시 안전수칙으로 바르지 못한 것은?

① 산소용기는 화기로부터 지정된 거리를 둔다.
② 40℃ 이하의 온도에서 산소용기를 보관한다.
③ 산소용기 운반 시 충격을 주지 않도록 주의한다.
④ 올바른 착용으로 안전도를 증가시킬 수 있다.

> **해설**
> 무엇을 올바른 착용으로 하는지 알 수 없다.

★
54 가스 누설 여부를 검사하는데 가장 좋은 방법은?

① 기름을 발라 본다.
② 순수한 물을 발라 본다.
③ 촛불을 대어 본다.
④ 비눗물을 발라 본다.

> **해설**
> 가스 누설 여부는 비눗물을 발라 본다.

★
55 다음 중 전기용접 작업 시 보안경을 사용하는 이유로 가장 적절한 것은?

① 유해 광선으로부터 눈을 보호하기 위하여
② 유해 약물로부터 눈을 보호하기 위하여
③ 중량물의 추락 시 머리를 보호하기 위하여
④ 분진으로부터 눈을 보호하기 위하여

> **해설**
> 강한 아크빛으로 인해 보안경을 쓰지 않으면 눈에 치명적이다.

★★
56 안전한 작업을 위해 보안경을 착용하여야 하는 작업은?

① 엔진 오일 보충 및 냉각수 점검 작업
② 제동등 작동 점검 시
③ 장비의 하체 점검 작업
④ 전기저항 측정 및 배선 점검 작업

> **해설**
> 하체 작업 시 발생할 공구나 부품들의 충격으로부터 보호할 수 있다.

★★
57 다음 중 작업 시 안전사항으로 준수해야 할 사항 중 틀린 것은?

① 정전 시는 반드시 스위치를 끊을 것
② 딴 볼일이 있을 때는 기기 작동을 자동으로 조정하고 자리를 비울 것
③ 고장중의 기기에는 반드시 표식을 할 것
④ 대형 건물을 기중 작업할 때는 서로 신호에 의거할 것

> **해설**
> 작업 시 절대 자리를 비워서는 안 된다.

★
58 작업장에서 작업복을 착용하는 이유로 가장 적절한 것은?

① 작업자의 복장 통일을 위해서
② 작업장의 질서를 확립시키기 위해서
③ 재해로부터 작업자의 몸을 보호하기 위해서
④ 작업자의 직책과 직급을 알리기 위해서

> **해설**
> 재해로부터 작업자의 몸을 보호하기 위해서 반드시 작업복 및 안전화를 착용한다.

정답 ▶ 53. ④ 54. ④ 55. ① 56. ③ 57. ② 58. ③

59 먼지가 많은 장소에서 착용하여야 하는 마스크는?

① 방독 마스크 ② 산소 마스크

③ 방진 마스크 ④ 일반 마스크

해설

- **방진 마스크** : 분진이 많은 작업장, 즉 광산·채석장 등에서 규폐(珪肺)증이나 진폐(塵肺) 증을 예방하기 위해 착용한다. 이와 같은 마스크에는 특수한 필터가 장치되어 있어 분진을 막아주는 한편 흡기(吸氣)의 능률에 지장이 없도록 고안되어 있다. 오늘날은 대부분 다공질의 플라스틱으로 만들어진다.
- **방독 마스크** : 작업장에 발생하는 유해가스, 증기 및 공기 중에 부유(浮遊)하는 미세한 입자물질을 흡입해서 인체에 장해를 유발할 우려가 있는 경우에 사용하는 호흡보호구를 말한다. 일반적으로 흡수관, 직결관, 면체 등에 의해 구성되며, 흡수관 내의 약제에 의해 대상가스를 흡수하고 청정한 공기를 착용(着用)자에게 흡기(吸氣)하도록 한다. 이 마스크는 산소농도 18% 미만인 장소에서 사용을 금지한다.
- **산소 마스크** : 산소를 공급해 주는 마스크 (비행기 내)

60 다음 중 재해 발생 원인으로 가장 높은 비율을 차지하는 것은?

① 사회적 환경

② 불안전한 작업환경

③ 작업자의 성격적 결함

④ 작업자의 불안전한 행동

해설

재해 통계에 의하면 사고를 일으키는 직접적인 원인은 불안전한 상태에 의한 것이 10%, 불안전한 행동에 의한 것이 88%이다. 따라서, 사고 방지를 위해서는 이 중 하나 또는 둘 모두를 제거하면 된다.

61 다음 중 재해율 중 연천인율 계산식으로 옳은 것은?

① (재해자 수 / 평균근로자 수)×1,000

② (재해율 × 근로자 수)/1,000

③ 강도율×1,000

④ 재해자 수÷연평균근로자 수

해설

- **연천인율** : 1,000명당 재해 발생 건수를 이야기 한다.

$$연천인율 = \frac{연간\ 재해건\ 수}{연평균\ 근로자\ 수} \times 1,000$$

연천인율=도수율 × 2.4

- **도수율** : 빈도율이라고도 하며 산업 재해가 나타나는 단위로 국제 표준 척도로 이용되고 있다. 연간 총 근로시간에서 100만 시간당 재해발생건 수를 말한다.

$$도수율 = \frac{재해건\ 수}{연간\ 총\ 근로자\ 수} \times 1,000,000$$

- **강도율** : 산업 재해로 인한 근로 손실 정도를 나타내는 통계로 재해 발생의 경도(강/약)을 말한다. 연간 총근로 시간에서 1,000시간당 근로 손실일 수를 말한다.

$$강도율 = \frac{근로\ 손실일\ 수}{연간\ 총\ 근로시간} \times 1,000$$

- **건수율**

$$건수율 = \frac{재해건\ 수}{근로자\ 수} \times 1,000$$

62 자연적 재해가 아닌 것은?

① 홍수 ② 태풍

③ 지진 ④ 방화

해설

방화는 인재이다.

63 다음 중 재해의 복합 발생 요인이 아닌 것은?

① 환경의 결함　　② 사람의 결함
③ 품질의 결함　　④ 시설의 결함

해설

재해 발생 형태의 종류
- **단순 자극형(집중형)** : 재해발생의 원인이 여러 가지가 상호작용하지 않고 한 가지가 독립적으로 작용한 형태를 말한다.
- **연쇄형** : 어느 하나의 요소가 원인이 되어 다른 요인을 발생시키고 이것이 또 다른 요소를 연쇄적으로 발생시키는 형태, 즉 연쇄적인 작용으로 재해를 일으키는 형태이다.
- **복합형** : 집중형과 연쇄형의 복합적인 형태로 대부분 단순한 자극적 요인으로 시작되어 연쇄요인으로 진행 확대되고 결합하여 하나의 복합된 사고원인을 형성, 재해를 일으킨다. 대부분의 경우 재해발생은 복합형으로 일어난다고 볼 수 있다.

64 작업 시 일반적인 안전에 대한 설명으로 틀린 것은?

① 장비는 취급자가 아니어도 사용한다.
② 장비 사용법은 사전에 숙지한다.
③ 장비는 사용 전에 점검한다.
④ 회전되는 물체에 손을 대지 않는다.

해설

장비는 취급자만 사용한다.

65 사고를 일으킬 수 있는 직접적인 재해의 원인은?

① 위험 장소 접근
② 안전 의식 부족
③ 경험, 훈련 미숙
④ 인원 배치 부적당

해설

사고의 직접 원인

불안전한 행동(인적요소)	불안전한 상태(물적 요인)
• 위험 장소 접근 • 위험물 취급 부주의 • 안전장치의 기능 제거 • 불안전한 자세 및 동작 • 복장·보호구의 잘못 사용 • 운전 중인 기계 장치의 손질 • 불안전한 속도 조작·상태 방치	• 물체 자체의 결함 • 작업 환경의 결함 • 생산 공정의 결함 • 안전 보호 장치 결함 • 안전 보호 장비 결함 • 경계 표시·설비의 결함 • 물체의 배치 및 작업 장소 결함

66 아래 보기는 재해 발생 시 조치요령이다. 조치 순서로 가장 적합하게 이루어진 것은?

1. 운전정지
2. 관련된 또 다른 재해방지
3. 피해자 구조
4. 응급처치

① 3-4-1-2　　② 3-2-4-1
③ 1-3-4-2　　④ 1-2-3-4

해설

더 이상의 피해를 방지하고 피해자를 구조하기 위해 먼저 운전을 정지시키고 다음에 피해자를 구조하여 응급처치를 한 후 마지막으로 다시는 같은 재해가 발생하지 않도록 재해방지를 한다.

67 다음 사고 원인 중 불가항력에 해당되는 것은?

① 무관심　　② 기능불량
③ 천재지변　　④ 방심

해설

천재지변은 불가항력이다.

★
68 건설 산업 현장에서 재해가 자주 발생하는 주요 원인이 아닌 것은?

① 안전의식 부족
② 작업의 용이성
③ 작업 자체의 위험성
④ 안전교육의 부족

해설

작업이 용이하면 재해 발생이 적다.

★
69 중량물을 들어 올리거나 내릴 때 손이나 발이 중량물과 지면 등에 끼어 발생하는 재해는?

① 충돌   ② 전도
③ 협착   ④ 낙하

해설

사고의 형태
• **전도** : 넘어지는 경우
• **협착** : 물체 사이에 끼이는 경우
• **추락** : 높은 곳에서 떨어지거나 계단 등에서 굴러떨어지는 경우
• **충돌** : 물체에 부딪히는 경우
• **낙하** : 떨어지는 물체에 맞는 경우
• **비래** : 날아오는 물체에 맞는 경우
• **붕괴, 도괴** : 적재물, 비계, 건축물이 무너지는 경우
• **절단** : 장치, 구조물 등이 잘려 분리되는 경우
• **과다 동작** : 무거운 물건 들기, 몸을 비틀어 작업하는 경우
• **감전** : 전기에 접촉하거나 방전 때문에 충격을 받는 경우
• **폭발** : 압력이 갑자기 증대하거나 개방되어 폭음을 일으키며 터지는 경우
• **파열** : 용기나 장비가 외력에 부서지는 경우
• **화재** : 불이 난 경우

★
70 사고 원인으로서 작업자의 불안전한 행위는?

① 고용자의 능력한계
② 기계의 결함상태
③ 안전 조치의 불이행
④ 물적 위험상태

해설

작업자의 불안전한 행위 : 안전 조치의 불이행

★
71 재해 발생원인 중 직접원인이 아닌 것은?

① 불량 공구 사용
② 작업 조명의 불량
③ 기계 배치의 결함
④ 교육 훈련 미숙

해설

교육 훈련 미숙은 간접원인이다.

★
72 다음 중 재해의 간접 원인이 아닌 것은?

① 신체적 원인   ② 자본적 원인
③ 교육적 원인   ④ 기술적 원인

해설

자본적인 원인은 재해와 무관하다.

★
73 다음 중 산업재해의 분류에서 사람이 평면상으로 넘어졌을 때(미끄러짐 포함)를 말하는 것은?

① 낙하   ② 충돌
③ 전도   ④ 추락

해설

①,②,④는 수직화 방향으로 운동방향이 진행되는 경우이다.

정답 68. ②   69. ③   70. ③   71. ④   72. ②   73. ③

74 사고의 원인 중 불안전한 행동이 아닌 것은?

① 사용 중인 공구에 결함 발생
② 부적당한 속도로 기계장치 운전
③ 작업 중에 안전장치 기능 제거
④ 허가 없이 기계장치 운전

해설

불안전한 행동이 아니라 공구의 결함이다.

75 산업안전보건법상 산업재해의 정의로 옳은 것은?

① 일상 활동에서 발생하는 사고로서 인적 피해뿐만 아니라 물적 손해까지 포함하는 개념이다.
② 고의로 물적 시설을 파손한 것도 산업재해에 포함하고 있다.
③ 운전 중 본인의 부주의로 교통사고가 발생된 것을 말한다.
④ 근로자가 업무에 관계되는 작업이나 기타 업무에 기인하여 사망 또는 부상하거나 질병에 걸리게 되는 것을 말한다.

해설

산업재해 : 근로자가 업무에 관계되는 건설물, 설비, 원재료, 가스, 증기, 분진 등에 의하거나 작업 또는 그 밖에의 업무로 인하여 사망 또는 부상하거나 질병에 걸리는 것을 말한다.

76 다음 중 안전작업 방법으로 옳지 않은 것은?

① 숫돌바퀴의 교환 작업은 숙련공이 한다.
② 압축공기는 먼지를 털기 위하여 사람에게 사용해서는 안 된다.
③ 주유작업은 반드시 기계를 멈추고 한다.
④ 쇠톱작업은 안쪽으로 당길 때 절삭이 되도록 한다.

해설

전동으로 된 모든 톱과 핸드나무톱은 톱날 방향이 시계방향, 즉 몸쪽으로 당기는 방향이고 핸드 쇠톱만 톱날 방향이 미는 쪽 방향이다.

77 다음 보기에서 작업자의 올바른 안전 자세로 모두 짝지어진 것은?

> a. 자신의 안전과 타인의 안전을 고려한다.
> b. 작업에 임해서는 아무런 생각 없이 작업한다.
> c. 작업장 환경 조정을 위해 노력한다.
> d. 작업 안전사항을 준수한다.

① a, b, c
② a, c, d
③ a, b, d
④ a, b, c, d

해설

자신의 안전과 타인의 안전고려. 작업장 환경조정. 작업 안전사항 준수

78 사고의 직접원인으로 가장 옳은 것은?

① 유전적인 요소
② 성격결함
③ 불안전한 행동 및 상태
④ 사회적 환경요인

해설

불안전한 행동 및 상태는 사고의 직접원인이다.

79 다음 중 안전관리상 장갑을 끼고 작업할 경우 위험할 수 있는 것은?

① 판금작업
② 용접작업
③ 드릴작업
④ 줄작업

해설

장갑을 끼고 작업해서는 안 되는 경우는 회전체가 있는 경우(드릴, 선반), 망치나 정작업처럼 손잡이가 미끄럼이 있는 경우, 정밀측정기를 다루는 경우이다.

★
80 다음 중 동력기계 장치의 표준 방호덮개의 설치 목적이 아닌 것은?

① 동력전달장치와 신체의 접촉방지
② 주유나 검사의 편리성
③ 가공물 등의 낙하에 의한 위험방지
④ 방음이나 집진

해설

기계 기구 및 설비를 사용할 경우 작업자에게 상해를 입힐 우려가 있는 부분으로부터 작업자를 보호하기 위하여 일시적 또는 영구적으로 설치하는 기계적 안전장치를 방호장치라 한다.

★★
81 건설기계로 작업 중 가스배관을 손상시켜 가스가 누출되고 있을 경우 긴급 조치사항과 가장 거리가 먼 것은?

① 가스가 다량 누출되고 있으면 우선적으로 주위 사람들을 대피시킨다.
② 가스배관을 손상한 것으로 판단되면 즉시 기계작동을 멈춘다.
③ 즉시 해당 도시가스회사나 한국가스안전 공사에 신고한다.
④ 가스가 누출되면 가스배관을 손상시킨 장비를 빼내고 안전한 장소로 이동한다.

해설

가스가 누출되면 즉시 장비를 멈추고 안전조치를 취해야 한다.

★★
82 건설기계의 안전사항으로 적합하지 않은 것은?

① 회전부분(기아, 벨트, 체인) 등은 위험 하므로 반드시 커버를 씌워둔다.
② 발전기, 용접기, 엔진 등 장비는 한곳에 모아서 배치한다.
③ 작업장의 통로는 근로자가 안전하게 다닐 수 있도록 정리 정돈한다.
④ 작업장의 바닥은 보행에 지장을 주지 않도록 청결하게 유지한다.

해설

용접 시 불꽃이 튀기 때문에 장비를 한곳에 모아서 배치하면 위험하다.

★★
83 다음 중 도시가스 배관을 지하 매설 시 특수한 사정으로 규정에 의한 심도를 유지할 수 없어 보호관을 사용하였을 때 보호관 외면이 지면과 최소 얼마 이상의 깊이를 유지하여야 하는가?

① 0.3m
② 0.4m
③ 0.5m
④ 0.6m

해설

보호관 외면이 지면과 최소 0.3m 이상 설치

★
84 다음 중 가스 배관용 폴리에틸렌관의 특징으로 틀린 것은?

① 지하 매설용으로 사용된다.
② 일광, 열에 약하다.
③ 도시 가스 고압관으로 사용된다.
④ 부식이 잘되지 않는다.

해설

폴리에틸렌관은 중압관으로 사용된다. 지하 매설용 으로 사용된다. 일광-열 및 충격에 약하다. 부식이 되지 않는 재료이다.

정답 80. ② 81. ④ 82. ② 83. ① 84. ③

★
85 고압선로 주변에서 건설기계에 의한 작업 중 고압선로 또는 지지물에 접촉 위험이 가장 높은 것은?

① 하부 주행체
② 장비 운전석
③ 붐 또는 권상로프
④ 상부 회전체

해설

건설기계의 가장자리의 외형(붐 또는 권상로프)이 접촉 위험이 가장 높다.

★★★
86 다음 중 전선로 주변에서의 굴착작업에 대한 설명 중 맞는 것은?

① 버킷이 전선에 근접하는 것은 괜찮다.
② 붐이 전선에 근접되지 않도록 한다.
③ 붐의 길이는 무시해도 된다.
④ 전선로 주변에서는 어떠한 경우에도 작업할 수 없다.

해설

붐 및 버킷이 전선에 가까이 가지 않도록 작업한다.

★★★
87 고압 전선로 부근에서 작업 도중 고압선에 의한 감전사고가 발생하였다. 조치사항으로 틀린 것은?

① 전선로 관리자에게 연락을 취한다.
② 가능한 한 전원으로부터 환자를 이탈시킨다.
③ 감전사고 발생 시에는 감전자 구출, 증상의 관찰 등 필요한 조치를 취한다.
④ 사고 자체를 은폐시킨다.

해설

사고 자체를 은폐하면 형사처벌을 받을 수 있다.

★
88 전선로와의 안전 이격 거리에 대하여 틀린 것은?

① 전압이 높을수록 멀어져야 한다.
② 이격거리는 전선의 굵기와 무관하다.
③ 전압에 관계없이 일정하다.
④ 1개 줄의 애자수가 많을수록 멀어져야 한다.

해설

제322조(충전전로 인근에서의 차량·기계장치 작업)
사업주는 충전전로 인근에서 차량, 기계장치 등(이하 이 조에서 "차량 등"이라 한다)의 작업이 있는 경우에는 차량 등을 충전전로의 충전부로부터 300센티미터 이상 이격시켜 유지시키되, 대지전압이 50킬로볼트를 넘는 경우 이격시켜 유지하여야 하는 거리(이하 이 조에서 "이격거리"라 한다)는 10킬로볼트 증가할 때마다 10센티미터씩 증가시켜야 한다. 다만, 차량 등의 높이를 낮춘 상태에서 이동하는 경우에는 이격거리를 120센티미터 이상(대지전압이 50킬로볼트를 넘는 경우에는 10킬로볼트 증가할 때마다 이격거리를 10센티미터씩 증가)으로 할 수 있다.

★
89 감전재해 사고 발생 시 취해야 할 행동으로 틀린 것은?

① 피해자 구출 후 상태가 심할 경우 인공호흡 등 응급조치를 한 후 작업을 직접 마무리 하도록 도와준다.
② 설비의 전기 공급원 스위치를 내린다.
③ 전원을 끄지 못했을 때는 고무장갑이나 고무장화를 착용하고 피해자를 구출한다.
④ 피해자가 지닌 금속체가 전선 등에 접촉되었는가를 확인한다.

해설

작업을 직접 마무리할 필요는 없다.

정답 85. ③ 86. ② 87. ④ 88. ③ 89. ①

90 송전, 변전 건설 공사 시 지게차, 크레인, 호이스트 등을 사용하여 중량물을 운반할 때의 안전수칙 중 잘못된 것은?

① 올려진 짐의 아래 방향에 사람을 출입 시키지 않는다.
② 미리 화물의 중량, 중심의 위치 등을 확인하고, 허용 무게를 넘는 화물을 싣지 않는다.
③ 작업원은 중량물 위에나 지게차의 포크 위에 탑승한다.
④ 법정자격이 있는 자가 운전한다.

해설

중량물 위나 지게차 포크 위에 절대로 탑승하지 않는다.

91 콘크리트 전주 주변을 건설기계로 굴착작업 할 때의 사항으로 맞는 것은?

① 작업 중 지선이 끊어지면 같은 굵기의 철선을 이으면 된다.
② 전주 및 지선 주위는 굴착해서는 안 된다.
③ 전주 밑동에는 근가를 이용하여 지지 되어 있어 지선의 단선과는 무관하다
④ 전주는 지선을 이용하여 지지 되어 있어 전주 굴착과는 무관하다.

해설

지선 : 전주를 지지하기 위하여 전주 주변 땅속에 가로로 묻힌 철근

92 다음 안전표시 중 응급치료소 응급처치용 장비를 표시하는 데 사용하는 색은?

① 황색과 흑색   ② 녹색
③ 적색   ④ 흑색과 백색

해설

• 금지 표지 : 금지 표지는 어떤 특정한 행위가 허용되지 않음을 나타낸다. 이 표지는 바탕에 빨간색 원과 45° 각도의 실선으로 이루어진다. 금지할 내용은 원의 중앙에 검은색으로 표현하며, 둥근 태와 사선의 굵기는 원외경의 10%이다. 금지 표지로는 출입금지, 금연, 화기금지, 음식물반입금지 등이 있을 수 있다.

• 경고 표지 : 경고 표지는 일정한 위험에 대한 경고를 나타냅니다. 이 표지는 노란색 바탕에 검은색 삼각테로 이루어지며, 경고한 내용은 삼각형 중앙에 검은색으로 표현하고 노란색의 면적이 전체의 50% 이상을 차지하도록 하여야 한다. 경고 표지에는 인화성물질, 산화성물질, 폭발물경고, 독극물 경고, 부식성물질경고, 고압전기경고, 레이저광선 경고, 위험장소 경고등이 있을 수 있다.

• 지시 표지 : 지시 표지는 일정한 행동을 취할 것을 지시하는 것으로 파란색의 원형이며, 지시하는 내용을 흰색으로 표현한다. 원의 직경은 부착된 거리의 40분의 1 이상이어야 하며, 파란색은 전체 면적의 50% 이상이어야 한다. 지시 표지에는 보안경 착용, 방독마스크 착용, 방진마스크 착용, 보안면 착용, 안전모 착용, 귀마개 착용, 안전화 착용, 안전장갑 착용, 안전복 착용 등 주로 개인보호구 착용에 관한 것이 많다.

• 안내 표지 : 안내 표지는 안전에 관한 정보를 제공합니다. 이 표지는 녹색바탕의 정방형 또는 장방형이며, 표현하는 내용은 흰색이고, 녹색은 전체 면적의 50% 이상이 되어야 한다. 안내 표지는 녹십자, 응급구호, 들것, 세안장치, 비상구 등이 있다.

93 다음 구급처치 중에서 환자의 상태를 확인 하는 사항과 가장 거리가 먼 것은?

① 상처   ② 의식
③ 출혈   ④ 격리

해설

격리 : 전염병 환자 등을 다른 사람과 접촉하지 못하도록 따로 옮겨서 떼어놓는다.

94 안전보건 표지의 종류와 형태에서 그림의 표지로 맞는 것은?

① 안전복 착용　② 안전모 착용
③ 보안경 착용　④ 출입금지

95 안전 보건 표지의 종류와 형태에서 그림의 안전 표지판이 사용되는 곳은?

① 폭발성의 물질이 있는 장소
② 레이저광선에 노출될 우려가 있는 장소
③ 발전소나 고전압이 흐르는 장소
④ 방사능 물질이 있는 장소

해설

안전 표지는 레이저광선에 노출될 우려가 있는 장소이다.

96 안전 보건 표지의 종류와 형태에서 그림의 표지로 맞는 것은?

① 비상구　② 안전제일 표지
③ 응급구호 표지　④ 들것 표지

97 산업안전보건에서 안전 표지의 종류가 아닌 것은?

① 경고 표지　② 지시 표지
③ 금지 표지　④ 위험 표지

해설

• **경고 표지**: 인화성물질, 산화성 물질, 폭발물, 독극물, 방사성 물질 경고 등
• **지시 표지**: 보안경, 방독마스크, 보안면, 안전도, 안전복 착용 등
• **금지 표지**: 출입, 보행, 차량통행, 금연, 화기, 이동금지 등
• **안내 표지**: 응급구호 표지, 들 것, 세안장치, 비상구 표지 등

98 다음 중 산업안전보건법상 안전보건 표시에서 색채와 용도가 다르게 짝지어진 것은?

① 파란색 : 지시　② 녹색 : 안내
③ 노란색 : 위험　④ 빨간색 : 금지, 경고

해설

노란색 : 주의

99 안전 표지의 종류만으로 나열된 것은?

① 경고 표지, 지시 표지, 금지 표지, 인도 표지
② 경고 표지, 금지 표지, 지도 표지, 안내 표지
③ 금지 표지, 경고 표지, 지시 표지, 안내 표지
④ 지시 표지, 경적 표지, 지도 표지, 인도 표지

해설

금지 표지, 경고 표지, 지시 표지, 안내 표지는 안전 표지에 해당한다.

정답 **94.** ③　**95.** ②　**96.** ③　**97.** ④　**98.** ③　**99.** ③

100 다음 중 안전 표지의 구성요소가 아닌 것은?

① 크기　　　　② 내용
③ 색깔　　　　④ 모양

해설

안전 표지의 구성 요소 : 내용, 색깔, 모양

101 안전·보건 표지에서 안내 표지의 바탕색은?

① 녹색　　　　② 적색
③ 백색　　　　④ 흑색

해설

안내 표지 : 녹색

102 지게차의 운행 시 주의사항이 아닌 것은?

① 이동 시 포크를 지면에서 300㎜ 정도 올린다.
② 운행 및 작업을 위한 조작은 시동하고 워밍업 한 후에 한다.
③ 주차 시 포크를 지면에 완전히 내린다.
④ 짐을 싣고 경사로를 내려갈 때는 전진으로 하는 것이 좋다.

해설

주행할 때의 안전 수칙
• 후진을 할 때에는 반드시 뒤를 살필 것
• 전·후진으로 변속할 때에는 지게차를 반드시 정지시킨 후 행한다.
• 주·정차를 할 때에는 포크를 지면에 내려놓고 주차 브레이크를 장착한다.
• 경사지를 내려올 때에는 반드시 후진으로 주행한다.
• 틸트는 적재물이 백레스트에 완전히 닿도록 한 후 운행한다.
• 급선회·급가속 및 급제동은 피하고, 내리막길에서는 저속으로 운행한다.

103 스크루 또는 머리에 홈이 있는 볼트를 박거나 뺄 때 사용하는 스크루 드라이버의 크기는 무엇으로 표시하는가?

① 생크의 두께
② 손잡이를 포함한 전체 길이
③ 손잡이를 제외한 길이
④ 포인트의 너비

해설

생크의 두께로 표시한다.

104 볼트나 너트를 조이고 풀 때 사항으로 틀린 것은?

① 볼트와 너트는 규정 토크로 조인다.
② 토크렌치는 볼트를 풀 때만 사용한다.
③ 한 번에 조이지 말고 2~3회 나누어 조인다.
④ 규정된 공구를 사용하여 풀고 조이도록 한다.

해설

토크렌치는 볼트를 잠글 때도 사용한다.

105 다음 중 볼트나 너트를 죄거나 푸는 데 사용하는 각종 렌치에 대한 설명으로 틀린 것은?

① 조정렌치 : 멍키 렌치라고도 호칭하며 제한된 범위 내에서 어떠한 규격의 볼트나 너트에도 사용할 수 있다.
② 엘(L)렌치 : 6각형 봉을 L자 모양으로 구부려서 만든 렌치이다.
③ 복수렌치 : 연료 파이프 피팅 작업에 사용한다.
④ 소켓렌치 : 다양한 크기의 소켓을 바꾸어 가며 작업할 수 있도록 만든 렌치이다.

정답 100. ①　101. ①　102. ④　103. ①　104. ②　105. ③

해설

복수렌치는 연표 파이프 피팅 작업은 할 수 없다.

106 수공구 취급 시 지켜야 될 안전수칙 중 틀린 것은?

① 조정렌치 작업을 할 때에는 고정죠에 힘이 많이 걸리도록 한다.
② 줄 작업을 할 때에는 절삭분을 반드시 입으로 불어 낸다.
③ 정으로 쪼아내기 작업을 할 때에는 보안경을 쓴다.
④ 해머로 상향 작업을 할 때에는 반드시 보호구를 쓴다.

해설

줄 작업을 할 때에는 절삭분을 반드시 붓이나 쇠솔로 제거한다.

107 수공구를 취급할 때 지켜야 될 안전수칙으로 옳은 것은?

① 줄질 후 쇳가루는 입으로 불어낸다
② 해머 작업 시 손에 장갑을 끼고 한다.
③ 사용 전에 충분한 사용법을 숙지하고 익히도록 한다.
④ 큰 회전력이 필요한 경우 스패너에 파이프를 끼워서 사용한다.

해설

충분한 사용법이 없을 경우 자칫 조작미숙으로 안전사고가 발생할 확률이 높다.

108 다음 중 수공구 사용상 재해의 원인이 아닌 것은?

① 잘못된 공구 선택
② 사용법의 미 숙지
③ 공구의 점검 소홀
④ 규격에 맞는 공구 사용

해설

수공구는 규격에 맞는 공구를 사용한다.

109 다음 중 기관에서 워터 펌프의 역할로 맞는 것은?

① 정온기 고장 시 자동으로 작동하는 펌프이다.
② 기관의 냉각수 온도를 일정하게 유지한다.
③ 기관의 냉각수를 순환시킨다.
④ 냉각수 수온을 자동으로 조절한다.

해설

기관의 냉각수를 순환시켜 엔진의 온도를 조절한다.

110 다음 중 중량물 운반에 대한 설명으로 틀린 것은?

① 무거운 물건을 운반할 경우 주위 사람에게 인지하게 한다.
② 무거운 물건을 상승시킨 채 오랫동안 방치하지 않는다.
③ 규정 용량을 초과해서 운반하지 않는다.
④ 흔들리는 중량물은 사람이 붙잡아서 이동한다.

해설

움직임이 과도한 경우 안전사고 발생이 높아 가능한 멀리 거리를 두고 작업해야 한다.

111 기관에서 완전연소 시 배출되는 가스 중에서 인체에 가장 해가 없는 가스는?

① CO_2 ② CO
③ NOx   ④ HC

해설

사람도 호흡을 하면 이산화탄소(CO_2)를 배출한다.

112 기중기에서 항타 작업을 할 때 바운싱 (bouncing)이 일어나는 원인과 가장 거리가 먼 것은?

① 파일이 장애물과 접촉할 때
② 증기 또는 공기량을 약하게 사용할 때
③ 2중 작동 해머를 사용할 때
④ 가벼운 해머를 사용할 때

해설

바운싱은 강한 충격으로 튀어 오를 때 발생되어 공기량이 강할 때 발생한다.

113 도시가스 작업 중 브레이커로 도시가스관을 파손 시 가장 먼저 해야 할 일과 거리가 먼 것은?

① 차량을 통제한다.
② 브레이커를 빼지 않고 도시가스 관계자에게 연락한다.
③ 소방서에 연락한다.
④ 라인마크를 따라가 파손된 가스관과 연결된 가스밸브를 잠근다.

해설

가스밸브를 잠그지 않으면 더 큰 사고가 발생할 수 있다.

114 다음 중 보호구 구비 조건으로 틀린 것은?

① 착용이 간편해야 한다.
② 작업에 방해가 안 되어야 한다.
③ 구조와 끝마무리가 양호해야 한다.
④ 유해 위험요소에 대한 방호성능이 경미해야 한다.

해설

방호성능이 우수해야 보호구로서 기능이다.

115 전선을 철탑의 완금(ARP)에 고정시키고 전기적으로 절연하기 위하여 사용하는 것은?

① 가공전선
② 애자
③ 완철
④ 클램프

해설

애자는 절연하기 위한 사기물체이다.

116 다음 중 운반작업 시의 안전수칙 중 틀린 것은?

① 무거운 물건을 이동할 때 호이스트 등을 활용한다.
② 화물은 될 수 있는 대로 중심을 높게 한다.
③ 어깨보다 높게 들어 올리지 않는다.
④ 무리한 자세로 장시간 사용하지 않는다.

해설

화물의 중심을 높게 하면 전복될 가능성이 크다.

117 다음은 감전재해의 대표적인 발생 형태이다. 틀린 것은?

① 누전상태의 전기기기에 인체가 접촉되는 경우
② 고압전력선에 안전거리 이상 이격한 경우
③ 전기기기의 충전부와 대지 사이에 인체가 접촉되는 경우
④ 전선이나 전기기기의 노출된 충전부의 양단간에 인체가 접촉되는 경우

해설

안전거리 이격한 경우는 안전하므로 재해와는 무관하다.

118 다음 중 감전되거나 화상을 입을 위험이 있는 작업 시 작업자가 착용해야 할 것은?

① 구명구 ② 보호구
③ 구명조끼 ④ 비상벨

해설
화상 및 감전 위험은 보호구로 보호한다.

119 다음 중 천연가스의 특징으로 틀린 것은?

① 누출 시 공기보다 무겁다.
② 원래 무색, 무취이나 부취제를 첨가한다.
③ 천연고무에 대한 용해성은 거의 없다.
④ 주성분은 메탄이다.

해설
누출 시 공기보다 가볍기 때문에 확산된다.

120 예방정비에 관한 설명 중 틀린 것은?

① 예상하지 않은 고장이나 사고를 사전에 방지하기 위해 실시한다.
② 일정한 계획표를 작성한 후 실시하는 것이 바람직하다.
③ 예방정비의 효과는 장비의 수명, 성능유지, 수리비 절감에 효과가 있다.
④ 예방정비는 운전자가 하는 것이 아니다.

해설
예방정비는 장비 사용 전 운전자가 기본적으로 하는 것이다.

121 연삭 칩의 비산을 막기 위하여 연삭기에 부착하여야 하는 안전 방호장치는?

① 안전 덮개
② 광전식 안전 방호장치
③ 급정지 장치
④ 양수 조작식 방호장치

해설
안전덮개를 사용한다.

122 다음 중 기계 및 기계장치 취급 시 사고 발생 원인이 아닌 것은?

① 불량 공구를 사용할 때
② 안전장치 및 보호장치가 잘되어 있지 않을 때
③ 정리 정돈 및 조명장치가 잘되어 있지 않을 때
④ 기계 및 기계장치가 넓은 장소에 설치되어 있을 때

해설
좁은 장소일 때 사고가 자주 발생한다.

123 정비공장의 정리 정돈 시 안전수칙으로 틀린 것은?

① 소화기구 부근에 장비를 세워두지 말 것
② 바닥에 먼지가 나지 않도록 물을 뿌릴 것
③ 잭 사용 시 반드시 안전작동으로 2중 안전장치를 할 것
④ 사용이 끝난 공구는 즉시 정리하여 공구 상자 등에 보관할 것

해설
물을 뿌리면 미끄러워져 사고가 발생하기 쉽다.

124 다음 중 연 100만 근로 시간당 몇 건의 재해가 발생했는가의 재해율 산출을 무엇 이라 하는가?

① 연천인율 ② 도수율
③ 강도율 ④ 천인율

해설

$$재해 \ 도수율 = \frac{총재해건 \ 수}{연근로시간 \ 수} \times 1,000,000$$

정답 = 118. ② 119. ① 120. ④ 121. ① 122. ④ 123. ② 124. ②

★
125 다음 중 귀마개가 갖추어야 할 조건으로 틀린 것은?

① 내습 내유성을 가질 것
② 적당한 세척 및 소독에 견딜 수 있는 것
③ 가벼운 귓병이 있어도 착용할 수 있을 것
④ 안경이나 안전모와 함께 착용을 하지 못하게 할 것

> **해설**
> 안경이나 안전모와 함께 착용한다.

★
126 다음 중 사용한 공구를 정리 보관할 때 가장 옳은 것은?

① 사용한 공구는 종류별로 묶어서 보관한다.
② 사용한 공구는 녹슬지 않게 기름칠을 잘해서 작업대 위에 진열해 놓는다.
③ 사용 시 기름이 묻은 공구는 물로 깨끗이 씻어서 보관한다.
④ 사용한 공구는 면 걸레로 깨끗이 닦아서 공구상자 또는 공구 보관으로 지정된 곳에 보관한다.

> **해설**
> 사용한 공구는 면 걸레로 깨끗이 닦아서 공구상자 또는 공구 보관으로 지정된 곳에 보관한다.

★
127 다음 중 전기 기기에 의한 감전 사고를 막기 위하여 필요한 설비로 가장 중요한 것은?

① 접지 설비
② 방폭 등 설비
③ 고압계 설비
④ 대지 전위 상승 설비

> **해설**
> 지면에 접지 설비

★
128 다음 중 크레인으로 인양 시 물체의 중심을 측정하여 인양하여야 한다. 다음 중 잘못된 것은?

① 형상이 복잡한 물체의 무게중심을 확인한다.
② 인양 물체를 서서히 올려 지상 약 30m 지점에서 정지하여 확인한다.
③ 인양 물체의 중심이 높으면 물체가 기울 수 있다.
④ 와이어로프나 매달기용 체인이 벗겨질 우려가 있으면 되도록 높이 인양한다.

> **해설**
> 와이어로프나 매달기용 체인이 벗겨질 우려가 있으면 되도록 낮게 인양한다.

★
129 다음 중 체인블록을 사용할 때 가장 옳다고 생각되는 것은?

① 체인이 느슨한 상태에서 급격히 잡아당기면 재해가 발생할 수 있다.
② 밧줄은 무조건 굵은 것을 사용하여야 한다.
③ 기관을 들어 올릴 때에는 반드시 체인으로 묶어야 한다.
④ 이동 시에는 무조건 최단거리 코스로 빠른 시간 내에 이동시켜야 한다.

> **해설**
> 체인이 느슨한 상태에서 급격히 잡아당기면 재해가 발생할 수 있다.

★
130 중장비 기계작업 후 점검 사항으로 거리가 먼 것은?

① 파이프나 실린더의 누유를 점검한다.
② 작동 시 필요한 소모품의 상태를 점검한다.
③ 겨울철엔 가급적 연료 탱크를 가득 채운다.
④ 다음날 계속 작업하므로 차의 내 외부는 그대로 둔다.

정답 125. ④ 126. ④ 127. ① 128. ④ 129. ① 130. ④

해설

항상 정리 정돈한다.

★ 131 다음 중 기계공장에 관한 안전수칙 중 잘못된 것은?

① 기계운전 중에는 자리를 지킨다.
② 기계의 청소는 작동 중에 수시로 한다.
③ 기계운전 중 정지 시 즉시 주 스위치를 끈다.
④ 기계공장에서는 반드시 작업복과 안전화를 착용한다.

해설

기계의 청소는 작동을 멈추고 한다.

★ 132 다음 중 차체에 직접용접 시 주의사항이 아닌 것은?

① 용접부위에 인화될 물질이 없나를 확인 후 용접한다.
② 유리 등에 불똥이 튀어 흔적이 생기지 않도록 보호막을 씌운다.
③ 전기용접 시 접지선을 스프링에 연결한다.
④ 전기용접 시 필히 차체의 배터리 접지선을 제거한다.

해설

전기용접 시 접지는 차체에 한다.

★★ 133 다음 벨트를 풀리에 걸 때는 어떤 상태에서 하여야 하는가?

① 저속 상태
② 고속 상태
③ 정지 상태
④ 중속 상태

해설

벨트를 풀리에 걸 때에는 정지 상태에서 하여야 한다.

★ 134 다음 중 복스 렌치가 오픈엔드 렌치보다 비교적 많이 사용되는 이유로 옳은 것은?

① 두 개를 한 번에 조일 수 있다.
② 마모율이 적고 가격이 저렴하다.
③ 다양한 볼트, 너트의 크기를 사용할 수 있다.
④ 볼트와 너트 주위를 감싸 힘의 균형 때문에 미끄러지지 않는다.

해설

복스 렌치의 장점 : 볼트와 너트 주위를 감싸 힘의 균형 때문에 미끄러지지 않는다.

★ 135 작업장 내의 안전한 통행을 위하여 지켜야 할 사항이 아닌 것은?

① 주머니에 손을 넣고 보행하지 말 것
② 좌측 또는 우측통행 규칙을 엄수 할 것
③ 운반차를 이용할 때에는 가능한 빠른 속도로 주행할 것
④ 물건을 든 사람과 만났을 때는 즉시 길을 양보할 것

해설

운반차를 이용할 때에는 규정 속도로 주행할 것

★ 136 다음 중 산업안전을 통한 기대효과로 옳은 것은?

① 기업의 생산성이 저하된다.
② 근로자의 생명이 보호된다.
③ 기업의 재산만 보호된다.
④ 근로자와 기업의 발전이 도모된다.

해설

산업 안전을 통한 기대 효과는 근로자와 기업 상생 발전이다.

정답 131. ② 132. ③ 133. ③ 134. ④ 135. ③ 136. ④

137 가스배관 파손 시 긴급조치 요령으로 잘못된 것은?

① 소방서에 연락한다.
② 주변의 차량을 통제한다.
③ 누출된 가스배관의 라인마크를 확인하여 후면 밸브를 차단한다.
④ 천공기 등으로 도시가스 배관을 뚫었을 경우에는 그 상태에서 기계를 정지시킨다.

해설

전면 밸브를 차단한다.

138 작업 후 탱크에 연료를 가득 채워주는 이유가 아닌 것은?

① 연료의 기포방지를 위해서
② 내일의 작업을 위해서
③ 연료 탱크에 수분이 생기는 것을 방지하기 위해서
④ 연료의 압력을 높이기 위해서

해설

탱크에 연료를 가득 채워주는 이유는 연료의 압력 하고는 아무 상관이 없다.

139 타이어식 로더에 차동제한 장치가 있을 때의 장점으로 맞는 것은?

① 충격이 완화된다.
② 조향이 원활해진다.
③ 연약한 지반에서 작업이 유리하다.
④ 변속이 용이하다.

해설

차동장치제한을 둠으로 양쪽 바퀴가 연약지반지면에 미끄러질 경우 유용하게 쓰인다.

MEMO

중장비 운전기능사 **필기인용 및 참고문헌**

- 경기도 교육청(2011) 자동차 전기·전자제어 인정도서 편찬위원회
- 전라북도 교육청 건설기계 구조·정비 정재연 외 3인
- 전라북도 교육청 원동기 송규근 외 3인
- 교육과학기술부(2013) 자동차기관 한국직업능력개발원
- 교육과학기술부(2012) 자동차·건설기계 한국직업능력개발원
- 교육과학기술부(2011) 자동차전기 국민대학교 국정도서 편찬위원회
- 교육과학기술부(2011) 건설기계구조·정비 신성대학 교육개발연구소
- 교학사(2008) 공업인문 이상혁 외 2인
- 한국산업인력공단(2012) 자동차기관
- 한국산업인력공단(2012) 자동차 전기전자장치
- 한국산업인력공단(2012) 자동차기관 실기
- 한국산업인력공단(2011) 자동차 전기전자장치 실기
- 한국산업인력공단(2011) 자동차 차체 도장실기
- 교육과학기술부(2009) 자동차·건설기계 동아대학교 동력기계연구소
- 자동차공학개론(기관·전기전자·섀시) 중원사(1998) 은정표 외 2인
- 건설기계공학 골든벨(2013) 고현배 외 3인
- 자동차기능사 골든벨(2012) 김연수 외 4인
- 중기정비실기 시험의 모든 것 골든벨(2006) 고현배 외 3인
- 공업일반(2014) 일진사 이종식 외 2인
- 지게차 정비지침서(D20S-5) 두산 인프라코어
- 신편 알고 싶은 유압 기초편(2009) 기전연구사 이징구
- 장비 취급 설명서 정비기술부
- 운전자 매뉴얼(1400W-7A) 현대

[집필진]

■ **최성욱**
  • 줄포자동차공업고등학교 재직 중

■ **주용호**
  • 줄포자동차공업고등학교 재직 중

■ **박찬모**
  • 군산기계공업고등학교 재직 중

■ **정욱재**
  • 줄포자동차공업고등학교 재직 중

| 감수 |

■ **탁덕기**
  • 줄포자동차공업고등학교 재직 중

중장비 운전기능사

2017. 1. 10. 1판 1쇄 발행
2022. 1. 5. 개정증보 1판 1쇄 발행

저자와의
협의하에
검인생략

저자 | 탁덕기, 최성욱, 주용호, 박찬모, 정욱재
펴낸이 | 이종춘
펴낸곳 | BM (주)도서출판 성안당

주소 | 04032 서울시 마포구 양화로 127 첨단빌딩 3층(출판기획 R&D 센터)
10881 경기도 파주시 문발로 112 파주 출판 문화도시(제작 및 물류)

전화 | 02) 3142-0036
031) 950-6300

팩스 | 031) 955-0510
등록 | 1973. 2. 1. 제406-2005-000046호
출판사 홈페이지 | www.cyber.co.kr
도서 내용 문의 | tak7355@korea.kr
ISBN | 978-89-315-3304-0 (13550)
정가 | 20,000원

이 책을 만든 사람들
책임 | 최옥현
진행 | 최창동
본문 디자인 | 인투
표지 디자인 | 박원석
홍보 | 김계향, 이보람, 유미나, 서세원
국제부 | 이선민, 조혜란, 권수경
마케팅 | 구본철, 차정욱, 나진호, 이동후, 강호묵
마케팅 지원 | 장상범, 박지연
제작 | 김유석

이 책의 어느 부분도 저작권자나 BM (주)도서출판 성안당 발행인의 승인 문서 없이 일부 또는 전부를 사진 복사나 디스크 복사 및 기타 정보 재생 시스템을 비롯하여 현재 알려지거나 향후 발명될 어떤 전기적, 기계적 또는 다른 수단을 통해 복사하거나 재생하거나 이용할 수 없음.

※ 잘못된 책은 바꾸어 드립니다.